经略海洋

(2022)

——和谐海洋专辑

李乃胜　乔方利　宋金明　等 编著

海洋出版社

图书在版编目（CIP）数据

经略海洋. 2022 ：和谐海洋专辑/李乃胜等编著.
-- 北京：海洋出版社，2022. 12
ISBN 978-7-5210-1070-1

Ⅰ. ①经… Ⅱ. ①李… Ⅲ. ①海洋经济-经济发展-中国②海洋开发-科学技术-中国 Ⅳ. ①P74

中国国家版本馆 CIP 数据核字（2023）第 015277 号

策划编辑：方　菁
责任编辑：林峰竹
责任印制：安　淼
海洋出版社　出版发行
http://www.oceanpress.com.cn
北京市海淀区大慧寺路 8 号　邮编：100081
鸿博昊天科技有限公司印刷　新华书店北京发行所经销
2022 年 12 月第 1 版　2023 年 5 月第 1 次印刷
开本：787mm×1092mm　1/16　印张：20
字数：379 千字　定价：185.00 元
发行部：010-62100090　邮购部：010-62100072

《经略海洋》（2022）编委会

前 言

海洋，地球表面最庞大、最复杂的自然系统，几乎覆盖了我们赖以生存的整个星球，使之成为滔滔银河中一颗蔚蓝色的水球。海洋，茫茫宇宙中最伟大的母亲，不仅以博大的胸怀孕育了大千世界的芸芸众生，而且把不尽的空间和资源无私地奉献给了当今人类。同时又以最犀利的目光审视着人类几千年来走向海洋的蹒跚脚步，并给出最及时、最直接的褒贬奖惩！

全人类居住在同一个星球上，全世界拥有同一片海洋！探索海洋、认知海洋、经略海洋，是全世界海洋人的共同梦想，也是打造海洋命运共同体的必由之路！

中华民族，炎黄子孙，龙的传人自古不乏龙的精神，开“渔盐之利”之先河，创“舟楫之便”之范例。上溯至千古一帝秦始皇，矢志“向海图强”，到今天华夏儿女大手笔“耕海探洋”。自徐福东渡到郑和西行，飘扬在中国船头的旗帜始终引领着世界海洋探索的风雨历程。只是近代“明清海禁”，才不经意间把“大国崛起”的蓝色舞台拱手让给了西方。

以海强国、依海富国，是建设海洋强国的宏伟目标。谋海济国、经略海洋是实现这一宏伟目标的必然选择。而“人海和谐”、海洋生态系统和谐、资源与环境和谐、开发与保护和谐是不可替代的重要手段，也是全世界沿海国家实现海洋生态文明、保证可持续发展的共同路径。

在全国一万八千多千米的海岸线上，山东半岛犹如一条巨龙直插大海。扼渤海咽喉、守京津门户、连东北三省、镇东亚三国。山东半岛凝聚了堪称“国家队”水平的海洋科技人才队伍，拥有“国家队”水平的海洋科技装备，承担了“国家队”水平的海洋科研任务，也做出了“国家队”水平的工作业绩。

习近平总书记对山东的海洋发展寄予殷切期望，多次强调，要更加注重经略海洋；海洋蕴藏着人类可持续发展的宝贵财富，是高质量发展的战略要地；山东有条件把海洋开发这篇大文章做深做大；希望山东努力在发展海洋经济上走在前列，加快建设世界一流的海洋港口、立足新时代、新起点，加快建设海洋强省。

山东发展的最大优势和潜力在海洋，率先建设海洋强省是落实海洋强国建设战略部署的使命担当。探索新路径、拓展新空间、创造新模式，加快建设海洋强省，是落实总书记对山东工作的新要求，是实现走在前列、由大到强、全面求强的必由之路。因此，本专辑列出较大篇幅探讨山东半岛海洋领域可持续发展的重要问题。

中国侨联特聘专家海洋专业委员会、山东省侨联特聘专家海洋专业委员会凝聚了一大批海洋领域的海归专家，他们心系祖国海洋事业、立足国际技术前沿，了解国外海洋动态，瞄准山东海洋可持续发展的紧迫问题建言献策，构成了本专辑的另一特色。

中国科学院战略性先导科技专项“美丽中国生态文明建设科技工程”启动了“近海与海岸带环境综合治理和生态调控”的研究项目，把“和谐海洋”建设作为重点调查研究内容，本专辑集成了项目组的部分研究成果。同时，本专辑也得到了中国工程院战略研究与咨询项目（2022-DFZD-35）的资助，也属于该项目的战略研究成果。

战略研究是经略海洋的决策基础，建言献策是科技工作者的神圣使命。本专辑付梓面世，汇集了三方面海洋科技工作者的心血。但我们也清楚地知道，限于时间和水平，差错与不足之处甚多。恳请相关领导和读者在阅读参考的同时，不吝赐教，给予直接的批评指正。

今天，站在社会主义现代化国家建设新征程的起跑线上，迎着全世界“海洋工业文明”的第一缕曙光，面对整个蓝色版图，策划编辑《经略海洋（2022）》有着特殊的时代背景和重要的战略意义。

纵观地理大发现以来500多年的海洋文明，正在悄悄地实践着三大转变：海洋商业文明向海洋工业文明转变；浅水近海向深海远洋转变；科学调查研究向全球综合治理转变。在可预见的未来，勇立潮头的中华民族一定会在地球蓝色版图上实现伟大复兴！

“和谐海洋”，是一个永恒的命题！

李乃胜

2022年仲秋于青岛

目 次

第一编 强化综合治理 共创人海和谐

引领世界海洋科技潮流，助力海洋强国建设——联合国“海洋十年”为我国引领全球海洋治理提供重大契机 …………………………………………………… 乔方利（3）

努力拓展蓝色空间 率先建设海洋强省——试论山东海洋高质量发展的紧迫问题 ………………………………………………………………………… 李乃胜（11）

实施创新性产业化项目集群 推动山东海洋渔业高质量发展……………… 王印庚等（21）

完善渔业污染事故调查处理机制 更好保护和维护渔业、渔民利益与权益 ……………………………………………………………………………… 马绍赛（33）

山东省科技支撑海洋生态修复对策研究 ……………………………………… 马健等（43）

山东深海矿产资源勘探开发产业发展与对策 ………………………………… 黄博等（52）

新旧动能转换，长效巩固山东近岸海域污染综合治理 ……………………… 吕剑（59）

加强塑料污染管控，促进黄河三角洲区域高质量发展 ……………………… 孙承君（63）

发挥海洋科技优势 支撑海洋强省建设………………………………………… 李乃胜等（67）

我国海洋政策回顾与展望 ——从“五年规划”看海洋政策发展 ……… 王 芳（74）

第二编 突出生态文明 修复海洋环境

海洋大气沉降及其生态环境效应的研究展望 ……………………………… 宋金明等（89）

了解海洋微生物，营造和谐海洋 ……………………………………………… 马庆军等（100）

海洋文化旅游业概念探析与发展对策研究 …………………………………… 孙吉亭（111）

关于开展水产育种关键共性技术研发助力山东省海洋农业发展的建议 ……………………………………………………………………………… 张琳琳等（125）

渤海的大气干湿沉降与溯源 …… 邢建伟等（134）
亚洲沙尘/灰霾事件影响下的海洋大气沉降 …… 邢建伟等（166）
大气氮沉降及其对海洋生态环境的影响 …… 戴佳佳等（199）
酸沉降的形成及生态环境影响 …… 戴佳佳等（229）
黄河三角洲生态修复湿地恢复效果监测研究 …… 张奇奇等（238）
南海珊瑚礁区多环芳烃污染现状及生态效应研究进展 …… 韩民伟（254）
陆海统筹宜“标准”先行 …… 胡娜娜等（267）
GNSS/声学定位关键技术研究…… 刘焱雄等（280）
开展底层水体异动对海水养殖业影响研究的建议 …… 崔国平等（296）
中国海洋生物医药产业发展研究 …… 董争辉（305）

第一编　强化综合治理
共创人海和谐

引领世界海洋科技潮流，助力海洋强国建设

——联合国“海洋十年”为我国引领全球海洋治理提供重大契机

乔方利

（自然资源部第一海洋研究所，山东 青岛 266061）

摘要：本文介绍了正在实施的联合国“海洋科学与可持续发展十年”（以下简称“海洋十年”）倡议的发起背景和工作重点，分析了“海洋十年”对我国带来的重大机遇及可能面临的挑战，回顾了“海洋十年”框架下我国取得的主要进展，包括获批了1个海洋与气候协作中心和4个大科学计划等。分析了我国在海洋与气候预测领域通过几十年努力从长期“跟跑”到国际“领跑”的核心科技突破，并对“海洋十年”框架下我国深度参与甚至引领全球海洋治理工作提出了相关工作建议。

2020年第75届联大通过决议，批准正式启动“联合国海洋科学与可持续发展十年”倡议（2021—2030年）（以下简称“海洋十年”），以遏制海洋健康不断下滑的态势，保持海洋在人类长期可持续发展中继续提供强有力支撑。“海洋十年”通过激发一场海洋科学的深刻变革，将在《联合国海洋法公约》框架下为全球、区域、国家以及局部地区等不同层级海洋管理提供科学解决方案。“海洋十年”高度契合习近平主席提出的“海洋命运共同体”理念和“21世纪海上丝绸之路”倡议。我国通过把握海洋领域这一重大历史机遇，可进一步夯实海洋科技核心优势、发挥全球海洋治理的示范作用，为全球海洋治理做出更大贡献，同时将提升我国全球海洋治理的国际话语权，支撑海洋强国建设。

一、“海洋十年”的背景与工作重点

（一）围绕2030可持续发展目标，发起“海洋十年”科学倡议

72届联大通过决议，授权联合国教科文组织政府间海洋学委员会（UNESCO-

IOC，以下简称“海委会”）牵头制定“海洋十年”实施的路线图。海委会从世界各国遴选出19名专家组成规划委员会（EPG专家），负责“海洋十年”路线图即实施方案的编制，本人作为我国唯一专家入选。海委会通过鼓励和动员科学界、决策者、企业和民间团体等各方力量，通过3年密切合作，完成了“海洋十年”路线图编制，该路线图于2020年12月获得75届联大批准，从2021年1月开始正式实施[1]。

“海洋十年”被联合国称为“一生一次”的重大契机，将推动海洋科技与全球可持续发展特别是《联合国2030年可持续发展议程》目标14的深度融合。“海洋十年”的愿景是：“构建我们所需要的科学，打造我们所希望的海洋”。预期将实现七大社会成果，即：①清洁的海洋；②健康且有复原力的海洋；③物产丰盈的海洋；④可预测的海洋；⑤安全的海洋；⑥可获取的海洋；⑦富于启迪并具有吸引力的海洋。

深度参与或在某些领域引领“海洋十年”，主要通过两类方式，一是搭建合作平台，建立“海洋十年”协作中心或协调办公室（后者工作人员须是联合国雇员）；二是发起或者积极参与大科学计划、项目、活动和捐助等4类行动。

（二）突出工作重心转移，从科学研究走向为海洋治理提供科学解决方案

2016年，联合国首次世界海洋评估报告指出，留给人类着手海洋可持续管理的时间已经不多了。这一令人震惊的结论警醒世界，必须考虑在气候不断变化和人类活动不断加剧双重压力的背景下，如何继续依靠海洋来满足我们日益增长的物质与环境需求，同时如何扭转海洋健康状况不断恶化的趋势。2017年联合国大会指出，海洋科学必须从原来侧重科学研究转向未来的支撑海洋综合性治理，这是对海洋科技进行的一场深层次革命。

“海洋十年”以“促进形成变革性的海洋科学解决方案，促进可持续发展，将人类和海洋联结起来”为使命。“海洋十年”的重要性不仅在于它是联合国发起的顶层海洋科学倡议，还因为它将引发一场从海洋科研到实施基于海洋科技的全球海洋深度治理方案的巨大变革。“海洋十年”将通过一系列举措，大力推动海洋科技创新，从海洋视角提出人类社会可持续发展的解决方案，以构建更加强大的基于海洋科技的决策支持系统，提升全球海洋综合治理水平。

“海洋十年”的治理机制自上而下包括联合国大会、海委会成员国大会及理事会和“海洋十年”咨询委员会（DAB专家）。作为“海洋十年”的重要战略咨询机构，咨询委员会负责梳理并确定“海洋十年”重大战略性问题，并就“海洋十年”的实施向联合国大会和海委会提出咨询建议。咨询委员会由20名代表组成，其中5名为联合国机构代表，15名由各成员国或其他渠道提名竞选。2021年12月咨询委员会正式成立，本人在全球提名的240余名候选人中再次成功当选。连续成功当选

EPG 和 DAB 专家的，全球仅有 2 位，另一位是美国 Scripps 海洋研究所所长 Margaret Leinen 院士。

全球“海洋十年”的总体协调由增设于海委会的协调部门 DCU 统领，下设协作中心和协调办公室等机构。协作中心将负责协调若干个相关大科学计划和捐助等行动，在“海洋十年”行动的策划、征集、实施、监测和评估及其成果编制、集成和应用等方面发挥承上启下的关键性作用。

目前，“海洋十年”已逐步完成了各项建制工作，一批大科学计划和重大项目正在全球广袤的海洋和深邃的海底紧锣密鼓地进行，并不断取得“颠覆性”发现和“创新性”成果，全球科技巨轮正在转向“我们希望的海洋”。

二、对我国影响分析

(一)“海洋十年”的重大机遇

首先，联合国“海洋十年”在我国两个百年的历史交汇点，为中华崛起提供了重要契机。该倡议与习主席提出的“海洋命运共同体”“21 世纪海上丝绸之路”以及科技创新、绿色发展的理念完全契合，为我国快步走向国际舞台中央提供了更广阔的合作平台，也会为我国经济与社会的可持续发展提供强大的科技动力。第一，我国科技及经济 40 余年来快速稳步发展的成果，可在全球形成示范，并为其他国家特别是发展中国家的崛起提供借鉴。第二，国际合作秩序的深刻变革为我国在国际治理中做出更大贡献并发挥更重要作用提供了新机遇。在“海洋十年”框架下，其他国家与我国海洋合作需求与愿望在不断增长。我国改革开放 40 余年来与东南亚、俄罗斯、欧洲、非洲及小岛屿国家的海洋科技合作基础扎实，合作前景非常广阔。第三，原创海洋科学成果为我国提升国际治理话语权提供了重要抓手。近期，我国在海洋与气候预测领域取得系列原创突破，使得我国在可预测海洋和安全的海洋等领域形成了科技制高点，成为我国引领“海洋十年”的重要抓手。

(二)“海洋十年”的挑战

“海洋十年”带来的挑战也非常严峻。一是我国管理体系方面仍有待完善。自然资源部是海洋综合管理部门，但海洋管理同时也涉及生态环境部、农业农村部、交通运输部、中国科学院、教育部等众多部门，需要理顺体制。二是数据共享对我国的挑战。针对资料共享难的顽疾，建议将资料分级分类，尽快实现分级共享，不仅有利于国际合作，也能推进我国的海洋科技。三是关于清洁的海洋，伴随着 40 余年来我国经济快速的发展，我国近海污染状况不容忽视，而且这种污染通过海水流动影响更大范围，甚至影响全球；关于健康的海洋，我国海洋生态系统健康状况不容乐观，绿潮、赤潮和水母等海洋生态灾害频发，还需要加强基于科学的管控与治理行动；关于具有可持续生产能力的海洋，海洋渔业资源的争夺可能形成新的国际热点和焦点，我国也需要及早布局。

三、已经取得的主要进展

（一）获批“海洋十年”协作中心

2022 年 6 月 22 日，联合国海委会执行秘书长弗拉基米尔·拉宾宁正式宣布，中国申办的“海洋十年”海洋与气候协作中心正式获批。海委会于 2022 年 6 月 27 日至 7 月 1 日在葡萄牙里斯本召开的“联合国海洋大会”上宣布首批启动 5 个协作中心。我国此次获批的协作中心将在“海洋十年”框架下协调全球海洋与气候领域的科技合作与创新，大幅提升世界海洋与气候预测能力，寻求基于海洋的气候变化应对方案。该协作中心的申办成功，体现了国际社会对我国在海洋与气候领域自主创新能力的高度认可，标志着我国在该领域已从过去的深度参与走向了国际引领。

1. 发挥海洋科技集团军优势，连闯“八关”成功获批

海委会作为联合国指定的“海洋十年”全球协调机构，制定了 8 道筛选程序，面向全球征集“海洋十年”协作中心申报方案[2]。

在自然资源部的统一领导下，海洋与气候协作中心的申办工作由自然资源部第一海洋研究所（简称“海洋一所”）牵头，联合国内 3 家科研机构和 2 家国际组织，集成优势力量共同完成。我国申办团队自 2021 年开始，经过一年多的认真准备，于 2022 年 3 月初正式提交了申办报告。此后，海委会面向全球招募评审专家，进行了长达 3 个月的可行性审查、评估与论证。国际评审专家以书面审查和视频调研等多种方式，对申办报告进行了数轮评审，并广泛征求全球各利益攸关方的意见和建议。申办团队以书面和视频会议等方式高质量地完成了多轮答辩。同时还与其他协作中心申办方、合作伙伴和诸多利益攸关方开展了一系列研讨与磋商。最终，我国申办的“海洋十年”海洋与气候协作中心成功获批，成为联合国“海洋十年”的首批 5 个协作中心之一。

2. 依据联合国机构授权，协调全球海洋与气候综合治理

我国获批的海洋与气候协作中心将在自然资源部统筹指导下，根据联合国“海洋十年”的授权，由海洋一所联合相关单位运行。主要职责是：针对联合国确定的全球

海洋面临的十大科技挑战中与气候变化相关的重要科技领域，增进对海洋与气候变化之间关系的科学理解，提升海洋与气候的预测预报水平，不断改善海洋、气候和天气预测服务，形成新的科学认知和全球气候变化的解决方案，增强人类社会对极端气候事件的抵御能力。为此，该协作中心将在全球范围内，协调、推动和评估“海洋十年”相关行动的实施进程，支撑“海洋十年”计划有序推进；为世界制作和提供高质量科技公共服务产品，为人类社会可持续发展和气候变化提供基于海洋的解决方案；在国家、区域和全球层面分别开展基于海洋的气候变化应对和示范应用；辨识海洋与气候变化领域的科技短板，协调利益攸关方突破这些短板以不断提高预测能力；开展能力建设，特别是提升小岛屿国家、不发达国家和发展中国家以及世界青年学者参与“海洋十年”的能力；增进各利益攸关方的交流，推动其积极参与“海洋十年”；为“海洋十年”的顺利实施不断拓展资源空间。此外，该协作中心还将协调和推动我国参与“海洋十年”实施合作伙伴等的相关工作。

（二）成功发起了 4 个大科学计划

大科学计划是“海洋十年”的顶层行动，分为竞争性和注册类两大类，其中竞争类需要应“海洋十年”的行动召集，申请书需经过多轮评审。迄今，海委会共发起了 4 轮“海洋十年”行动征集。已完成评审的前两轮征集共收到大科学计划申请 280 余项，经过激烈竞争，35 项大科学计划获得了批准，我国占 4 项。美国牵头了 12 项大科学计划，全球排名第一；我国牵头 4 项，全球排名第二。

2020 年 10 月，海委会发布了“十年行动”第一号征集令，首次向全世界公开征集“海洋十年”行动。海委会收到了来自不同国家和国际组织的 240 多份大科学计划申请，批准 31 项。在首批“十年行动”获批名单中，由我国科研机构牵头的大科学计划有 2 项，分别是由华东师范大学河口海岸学国家重点实验室牵头的“与大型河流相连的三角洲：寻求可持续发展问题的解决办法”和由香港城市大学海洋污染国家重点实验室牵头的“全球河口监测计划”。

第二次“海洋十年”行动征集开放时间为 2021 年 10 月 15 日至 2022 年 1 月 31 日。共征集到来自 13 个国家的 38 项大科学计划申请，最终有 4 项获得批准。特别值得一提的是，我国科研机构牵头的 2 项大科学计划均获得批准。这 4 项大科学计划包括圣安德鲁斯大学牵头的“全球蓝碳大科学计划”（GO-BC）、全球水伙伴组织牵头的“健康的河流和健康的海洋”大科学计划（HRHO）、厦门大学焦念志院士牵头的“全球海洋负排放”大科学计划（ONCE）以及笔者牵头的“海洋与气候无缝预报系统”大科学计划（OSF）。

四、系列海洋原创性科技成果，支撑我国在海洋与气候预测领域引领“海洋十年”

协作中心成功申办是自然资源部统筹国际科学前沿与国家重大需求、全球海洋治理与自主科技创新、前瞻性布局和持续性推动的显著成果；也是以海洋一所为代表的我国科研机构长期深耕于国际海洋科学前沿领域、拥有系列自主原创科技成果和丰实的海洋调查资料而厚积薄发的具体体现。在自然资源部、科技部和国家自然科学基金委员会长期指导和支持下，我国几代海洋科技工作者砥砺前行，以解决海洋与气候领域“卡脖子”问题为己任，围绕海洋与气候精确预测预报这一世界科学难题，数十年磨一剑，在国际上首次提出了海浪、潮流、环流耦合建模的学术思想，形成了浪致混合理论的原创性突破[3]，构建了国际上首个海浪-潮流-环流耦合模式和首个包含海浪的地球系统模式[4,5]，克服了海洋预报领域长达半个世纪的共性难题，将海洋模拟与预报误差减少了80%以上，欧美权威专家评估结果和我国专家第三方量化评估结果显示[6,7]，我国气候模式的综合模拟能力排名世界首位，使我国在海洋预报与气候预测领域从长期“跟跑”跨入了“领跑”的新阶段。

海洋一所立足国际科技前沿，瞄准世界海洋科技前沿，以全球视野与国际伙伴同心协力，扎实推进海洋科技合作，务实为全球提供高质量海洋与气候预报预测服务产品。创办的10个国际合作平台硕果累累，如“中泰气候与海洋生态系统联合实验室”“中俄海洋与气候联合研究中心”“UNESCO/IOC海洋动力学和气候区域培训与研究中心”和“世界气候研究计划CLIVAR国际项目办公室”等，都取得了不凡的业绩。与30多个国家的50多所科研机构开展了实质性海洋科技合作，成功实施了多个大型国际合作科技项目，涵盖海洋观测与预报、季风爆发监测预测、海洋濒危物种保护、海洋空间规划等多个学科领域，为全球和区域海洋可持续发展做出了卓有成效、历久弥坚的科技贡献，得到国际社会的高度认可与赞誉。

五、未来工作建议

（一）“海洋十年”可以更高层次支撑海洋强国建设

习主席指出，今天的海洋不再是把各大陆分割成一个个“孤岛”的天然屏障，而是把各大陆联结为一个整体的自然纽带。全人类共享一片蓝天、共居一个地球，共有一片海洋。中国作为一个负责任的大国，率先提出人类命运共同体和海洋命运共同体理念，既体现了一个大国的责任担当，也体现了对未来世界可持续发展共性问题的前瞻性科学预判。

当前，中国海洋强国建设如火如荼，“21 世纪海上丝绸之路”的宏伟构想逐渐变成现实。中国的海洋科技力量生机勃勃，中国的科考船驰骋世界大洋，中国的深潜装备集群化，中国的海洋“大国重器”惊艳世界。在我国对海洋科技发展高度重视的形势下，我们需要承担大国的全球海洋综合治理责任，也应该获得更多海洋领域的“国际话语权”。联合国“海洋十年”海洋与气候协作中心将在联合国框架下支撑我国的海洋强国建设和海上丝绸之路建设。

该“协作中心”将立足国际海洋科技前沿，努力满足全人类对精准海洋预报和气候预测的重大需求，这同时也是国家的重大需求，我们将以实际科技贡献不断增强我国在世界海洋和气候领域的科技贡献和“话语权”。

（二）可有力支撑山东海洋强省建设和青岛海洋中心城市建设

山东海洋科技在全国独树一帜，青岛是中国的海洋科技城。但海洋科技支撑海洋综合治理与蓝色经济发展长期以来是我国科技的短板。联合国“海洋十年”为我国深度参与全球海洋治理提供了重大契机，也为山东海洋强省建设和青岛引领型海洋创新城市建设提供了核心抓手。通过努力不仅可以成为全球海洋治理的示范省市，而且能够为省市的海洋、气候、经济与社会的可持续发展提供全新的路径。

“长风破浪会有时，直挂云帆济沧海”。我们期待“海洋十年”不断产出核心科技成果并应用于全球海洋综合治理，贡献中国智慧，体现大国担当；更期待我国海洋科技工作者继续踔厉奋进，为构建海洋命运共同体、实现海洋可持续发展写出更加绚丽的篇章。

参考文献

[1] The United Nations Decade of Ocean Science for Sustainable Development (2021-2030), Implementation Plan. Published by the United Nations Educational, Scientific and Cultural Organization (UNESCO), 7 place de Fontenoy, 75352 Paris 07 SP, France. 2021.

[2] Decade Collaborative Centres and Decade Implementing Partners Operational Guidelines. Published by the United Nations Educational, Scientific and Cultural Organization (UNESCO), 7 place de Fontenoy, 75352 Paris 07 SP, France. 2021.

[3] QIAO F, Y YUAN, Y YANG, et al. Wave-induced mixing in the upper ocean: Distribution and application to a global ocean circulation model. Geophys. Res. Lett., 2004, 31, L11303, doi: 10. 1029/2004GL019824.

[4] QIAO F, Z SONG, Y BAO, et al. Development and evaluation of an Earth System Model with surface gravity waves. J. Geophys. Res. Oceans, 2013, 118, 4514-4524, doi: 10. 1002/

jgrc. 20327.

[5] BAO Y, SONG Z, QIAO F. FIO-ESM version 2. 0: Model description and evaluation. Journal of Geophysical Research: Oceans, 2020, 125, e2019JC016036. https://doi. org/10. 1029/2019JC016036.

[6] LEE J, PLANTON Y Y, GLECKLER P J, et al. Robust evaluation of ENSO in climate models: How many ensemble members are needed? Geophysical Research Letters, 2021, 48, e2021GL095041. https://doi. org/10. 1029/2021GL095041.

[7] ZHANG Z, XU Z, HAN Y, et al. Evaluation of CMIP6 models toward dynamical downscaling over 14 CORDEX domains. Climate Dynamics, 2022. https://doi. org/10. 1007/s00382-022-06355-5.

作者简介：

乔方利，男，1966 年出生，国际欧亚科学院院士。自然资源部第一海洋研究所副所长、研究员、博士生导师。联合国“海洋十年”咨询委员会专家，联合国政府间海洋学委员会西太分委会共同主席，国际知名学术期刊《海洋模拟》主编，中国海洋研究委员会主席。

努力拓展蓝色空间　率先建设海洋强省

——试论山东海洋高质量发展的紧迫问题

李乃胜

（中国科学院海洋研究所，山东 青岛 266071）

摘要：山东是海洋大省，是中国“渔盐之利、舟楫之便”的发源地，拥有“一洲二带三湾四港五岛群”的海洋自然资源禀赋，堪称地理区位优越、海洋资源丰富、海洋科技先进、蓝色经济发达。但随着蓝色经济的发展，三大短板日渐突出，表现为人才结构不合理、产业结构不合理、产品结构不合理。本文在对山东海洋自然资源禀赋和蓝色经济发展状况进行系统分析的基础上，提出并分析了山东海洋高质量发展的紧迫问题。

从茫茫莱州湾畔到滔滔黄海之滨，齐鲁大地是世界海洋产业的发祥地。有据可查的资料表明，全球范围内的“渔盐之利，舟楫之便”始于山东。浙江余姚的河姆渡遗址虽然发现了7000年前的单柄船桨，但充其量只能用来划独木舟渡河，远谈不上航运。公元前220年的徐福东渡被公认为是世界大规模航海的开端，徐福的船队拥有近百艘“大船”，除搭载3000多人和持续数月的生活物资外，还有各种粮食谷物、蔬菜水果、家畜动物，以及各种农耕与渔猎的工具，堪称世界海洋航运的开端，也创造了世界范围内第一次大规模的航海记录。公元前219年徐福第二次东渡继续从山东琅琊港拔锚启航，再加上秦始皇的船队引领，当年可能有近200艘船舶浩浩荡荡从琅琊港同时扬帆远航。因此，可以说世界航运始于山东。

三皇五帝时期的夙沙氏部落在潍坊北部的莱州湾畔“煮海为盐”，开创了人类提取海盐的先河。学术界争议的海洋盐业发祥地，不管是“莱州湾”还是“胶州湾”，都属于齐鲁大地。寿光市羊口镇古盐业遗址的大规模考古发现被列入2008年中国十大考古发现名录，山东寿光市被第九届世界海盐大会命名为“世界海盐之都”。这一切说明，人类海盐开发始于山东基本上是学术界的共识。

此外，考古研究加民间传说，伏羲氏部落首创近海渔猎，在近海浅水用鱼叉抓鱼，最大可能的地点也在莱州湾畔。尽管其中不乏神话传说，但总体说来老祖宗几千年的

“渔盐之利，舟楫之便”起源于山东可以自圆其说。由此可见，山东的蓝色经济历史悠久，业绩斐然！

一、山东的海洋地理资源特色

春秋战国时期的齐国以海治国、以海兴邦，迅速成为“五霸之首，七雄之冠”。千古一帝秦始皇在短短十几年执政期间曾经四巡东海，三登琅琊，当时的琅琊港堪称中国第一大港，当时的琅琊城堪称除首都咸阳以外的滨海第一重镇。这一切均得益于山东半岛的地理区位优势和海洋资源特色。

（一）地理区位优越

当年全真教龙门派创始人丘处机老先生站在崂山顶上说了一句话：鳌山北枕东洋海，秀出山东人不知。山东半岛像一条巨龙，头枕东洋大海，把中国黄海、渤海一分为二。山东半岛从地形地貌上说，就像一个高昂的龙头直插汪洋大海。龙角是长山列岛；龙眼是烟台市；龙嘴就是荣成湾；成山角就是龙须，这个龙须飘向东北延伸到白翎岛，把黄海分为北黄海和南黄海两大沉积盆地，而成山头至白翎岛就是一条海底隆起带。

就山东半岛的地理区位来说，守京津门户、扼渤海咽喉、连东北三省，镇朝鲜、日本、韩国三国，这是全国一万八千多千米的海岸线上不可替代的地理区位优势。就经济发展来说，北连京津冀，坐拥黄渤海，南接长三角。京津冀一带是政治文化核心，山东半岛与辽东半岛就像哼哈二将，守卫着京津的门户。同时又是渤海、黄海两大海区的交界咽喉之地，也是东北三省与山东省的海陆通道，实际上也是关内与关外的联系通道，其要塞在渤海海峡。将来的跨海大桥、海底隧道、同三高速、沿海高铁，都是东北与内地联系的未来通道，其咽喉也在渤海海峡。山东半岛与朝鲜、韩国和日本隔海相望，所以说也是联结朝鲜、韩国和日本的海陆窗口和海上通道。

（二）近海资源丰富

简单地说就是“一洲二带三湾四港五岛群”。

一洲，指黄河三角洲，大家都知道，黄河是中华民族的“母亲河”，黄河近 150 年来从山东东营入海。黄河三角洲发育了独特的河口地貌和泥沙、湿地、生态环境，是全国唯一一块土地不断增长的地方。

二带，是指两个特殊的黄金海岸带。一个是莱州湾畔的卤水资源密集区或者是盐化工密集产业带。就海盐来讲，从历史到现在，山东的地位稳居世界前列。从夙沙氏煮海为盐，到古齐国的“私盐官营”“计口授盐”，历朝历代统购统销，都把海盐作为国家经济的命脉。寿光的双王城遗址证明，从商周就开始熬盐，考古发现了大量古盐场遗址，发现了晒盐的陶罐。到今天为止，作为海盐产量，莱州湾畔占全国一半以上。另一个是从莱州的三山岛一直到日照的岚山头，岩石质、砂质的海岸带，堪称黄金海岸带。不仅提供了阳光碧海金沙滩的旅游资源，而且也提供了“鱼虾贝藻参”的天然生物资源，在全国可谓独一无二。在山东半岛的黄海沿岸，万米沙滩比比皆是，但在全国的其他海岸非常零星。整个辽东半岛几乎没有像样的沙滩，仅辽西的葫芦岛有一点。秦皇岛附近的南戴河、北戴河两块沙滩频繁告急。其余环渤海沿岸几乎全是一片淤泥潮坪沉积，上潮水汪汪，退潮烂泥汤，要不是有防潮大坝隔挡，高潮时海水能侵入陆地 20 千米。从日照再往南，整个苏北、穿过上海，一直到杭州湾，一片泥滩，近岸 50 千米范围内，海水基本上是黄的。再往南，浙闽粤沿海，除福建的东山岛、平潭岛外基本没有成规模的沙滩。进入南海，就是北海银滩和三亚的亚龙湾、海棠湾。像山东半岛沿岸的岩石砂质海岸，提供的第一是港航资源，第二是旅游资源，第三是海水养殖资源。

三湾 ，是指山东拥有三个著名的海湾，分别是莱州湾、胶州湾、荣成湾。中国地质历史上有个“胶莱盆地”，就是以胶州湾、莱州湾命名，是一个庞大的中生代盆地，发育了富含恐龙化石的中生代地层，如北京自然博物馆陈列的第一头产自莱阳的“青岛龙”以及发现大量恐龙化石的诸城“龙骨涧”，都属于胶莱盆地。世界海盐的发祥地也由考古证明是莱州湾和胶州湾。元代挖掘的“胶莱运河”也是联结了胶州湾和莱州湾，实际上沟通了渤海和南黄海。荣成湾泛指荣成市东侧的海湾，地理单元上涵盖了荣成湾、爱莲湾、桑沟湾和石岛湾，是我国著名的海洋产业密集区，也是世界范围内海带养殖的主产区。

四港，是指山东拥有四大港口，自南往北分别是日照港、青岛港、烟台港、渤海湾港，现已统筹整合为山东港口集团。港口年吞吐量接近 20 亿吨。就单港来说，可能不如上海，甚至不如广州、深圳，但是一个省内有近 20 亿吨以上吞吐量的港口群，已跃居全国沿海省份第一位。

五岛群，是指山东沿海发育了各具特色的五个岛群，分别是滨州近岸岛群、烟台境内的庙岛列岛、威海近海岛群、青岛近海岛群、日照的南三岛岛群，这五个岛群显示了丰富的自然资源禀赋。

（三）科技人才领先

笼统地说，驻鲁的高层次海洋科技人才占全国 1/3 以上。拥有中国海洋大学、中国科学院海洋研究所等十几家海洋领域的大院大所。近 20 年来，从国家各个部委争取的国家海洋领域科研项目经费总量几乎占全国的“半壁江山”。当年国家海洋 973 专项，每个科研项目经费3000万元左右，全国共启动了50个左右，其中第一承担单位、首席科学家在山东的就达30个；当年的海洋863专项，山东也基本上占了一半。国家支撑计划、国务院的海洋专项等大项目，山东也获取了大致一半经费。这些海洋领域的国家大型科研项目落户山东，本身就说明了山东的科技创新能力和竞争力。

山东的这支海洋科技队伍执行了这么多国家项目，都干出了什么业绩？简单说：国家公益性的海洋调查研究完成了三大目标，“查清中国海，探索四大洋，考察南北极”，山东的海洋科技力量是先遣队；蓝色产业在中国兴起的“鱼虾贝藻参”五次浪潮，山东是排头兵；成功引进了“海湾扇贝、南美白对虾、英国大鲮鲆”三大品种，也是山东干的。

（四）海洋产业密集

山东的海洋历史积淀和产业基础都比较雄厚。海洋产业总产值基本上与广东并驾齐驱，位居全国前列，海洋产业总值已接近1.5万亿元。水产养殖的总产量占全国第一；生物医药产值占全国接近50%；海洋卤水化工产业，原盐、烧碱、纯碱、溴系列产品，总体占全国一半以上，特别是溴系列产品占全国80%以上；体现科技含量的海洋工程技术产业，山东占了全国的40%以上；海藻化工产业，在全国稳居第一。

二、山东蓝色经济发展的短板

山东拥如此多的海洋优势，但也存在一些根本性的问题，成为制约未来蓝色经济发展的短板，可简单归纳为三大类。

（一）人才结构不合理

驻鲁海洋工作者非常多，但绝大多数，甚至超过90%，是从事国家公益性的海洋调查研究，他们的任务是获得调查资料，发表论文，出版专著。真正投身海洋高新技术产业、从事海洋技术开发的人员比例非常少，一些重要产业领域的海洋高新技术领军人物还十分匮乏，与海洋产业发展的需求不相适应。因此，必须清醒地看到，我们拥有国家队水平的海洋科技队伍，但我们缺少产业领军人才，特别是尖子式的人物少之又少。这主要是科研单位本身的发展定位问题，也有历史上国家科技布局的问题，当时设立这些科研院所，就是从事公益性调查研究，就是为了查清中国海、进军四大洋。正因为山东省海洋产业领军人才缺乏，才造成了科技和经济结合不紧密这一普遍性问题。

（二）产业结构不合理

尽管山东海洋产业面大量广，但是总体上传统产业一统天下，新兴产业规模非常之小。整个沿海涉海产业，主体上还是渔盐之利、舟楫之便，靠渔捞、养殖、水产品加工，靠晒盐、靠港航运输，再加上一点旅游。这些事老祖宗都会干，几乎是两千年一贯制。真正新兴的高新技术产业，特别是战略性高新技术产业规模很小。譬如海洋医药、活性物质提取，大型观测分析装备研发制造等高附加值的产品，还仅仅是苗头。而传统产业低水平重复的现象非常普遍。

（三）产品结构不合理

具体表现在三个方面，一是劳动力密集型的粗浅加工，绝大部分涉海企业，特别是水产品加工企业基本上是密集型人工劳动。既缺少自动化，又缺少精准性，大大增加劳动力成本。二是原料型、食品型、中间品型的产品出口上市，缺少终端、高附加值的产品。甚至我们的造船业、海洋大型工程装备制造业也主要是组装型产品，缺乏核心技术。三是缺少品牌，更缺少名牌产品。我们已经注册了不少驰名商标、品牌，但是跳出山东范围，实际上知名度很低，甚至到北京吃海参，明明是产自山东的海参，但商家打出的牌子是“辽参”。由此可见，产品结构不合理，体现出技术含量不够，或者是产品档次很低。

这三个主要问题说明山东的海洋产业到了一个该腾笼换鸟、转型升级的新阶段，这个新阶段的特点是突出三大转变。

首先是数量规模型向质量效益型转变。不是再单纯追求增加多少吨的海水养殖量，而是如何提升质量效益和生态安全的问题。不是简单地扩大产品多少倍，而是在利税附加值上提高多少倍，不是靠拼资源、拼海面得来的产量增加，而是靠科技含量增加，在促进资源可持续利用和生态文明的前提下，能够多赚钱。

其次是从劳动力密集型粗浅加工方式向数字化、自动化的精准加工转变。这里面核心的是提高科技含量，提高自动化程度。靠大量手工型的农民工劳动很难做出精准化程度高、附加值高的产品。必须从技术上有一个大的转变。譬如说，目前农村粮食作物种植，从播种、灌溉、施肥、收获、加工，基本上实现了“一条龙”式的机械化作业，甚至大面积的“无人机”操作。可是海带养殖产业领域，从种海带、收海带、晒海带，基本上是大规模的人工重体力劳动。

再次是从原料型、食品型的中低端产品向终端化、高端化产品转变。任何一个目前只用来“吃”的东西都可能成为未来的重要高端原料，任何一种原料，别人购买后都是为了做成附加值更高的产品，任何一种海洋天然产物都可能变成生物医药，变成活性物质，变成高附加值的高端产品。关键靠思想解放和自主创新。只要掌握核心技术，突破关键技术，就能解决“卡脖子”问题，就能把中低端的产品变成中高端。

三、山东海洋可持续发展的紧迫问题

党中央和习近平总书记一直非常关心山东的海洋发展。习近平总书记在参加十三届全国人大山东代表团审议时强调，要更加注重经略海洋；海洋蕴藏着人类可持续发展的宝贵财富，是高质量发展的战略要地；山东有条件把海洋开发这篇大文章做深做大；希望山东充分发挥自身优势，努力在发展海洋经济上走在前列，加快建设世界一流的海洋港口、完善的现代海洋产业体系、绿色可持续的海洋生态环境，为海洋强国建设做出山东贡献。

山东省委、省政府做出加快建设海洋强省的决策部署，并将其纳入新旧动能转换重大工程加快推进，这是贯彻习近平总书记海洋强国战略思想、落实总书记重要讲话精神的具体行动。建设海洋强省是落实海洋强国战略的使命担当，是实现高质量发展的战略支撑。山东发展最大优势和潜力在海洋，加快建设海洋强省，探索新的发展路径、拓展新的蓝色空间，是实现走在前列、由大到强的必由之路。

（一）黄河三角洲以及黄河流域如何实现高质量发展

黄河从山东入海，这是大自然赐予山东的特殊地理资源。但黄河与长江截然不同。长江是国际上最有名的黄金水道。大航运、大港口、大旅游、大石化、大炼油、大钢铁都沿江布局，形成了著名的长江经济带。而黄河总体上不能通航，不但缺少沿河经济发展的基础，而且总带来非常严重的水旱灾害。因此黄河流域怎么保护、保护什么、发展什么，是关系中华民族国计民生与可持续发展的紧迫问题。特别是目前，整个黄河上游和中游地区通过几十年的努力，沿黄水土保持取得了重大进展，黄河来水的含沙量大规模减少，基本上恢复到了两千年前的自然水平。

黄河三角洲特殊的河口泥沙生态环境怎么保护？具体到陆域部分怎么保护、保护什么？特别是大片的淤泥盐碱地怎么发展、发展什么？海域部分如何治理？包括河口拦门沙随着水动力的过剩，逐渐由细沙、中沙变成了粗砂，该怎么治理？海洋滩涂贝类生态环境如何保护？这一切重大问题事关国计民生，对山东来说更是肩负着特殊使命！

建设黄河三角洲高效生态经济区是明智之举。围绕黄河三角洲及其邻近海域，开展河口生态体系研究与保护；加强河口湿地的综合治理和系统规划；通过盐碱地改良实现“白地绿化”；发展海水农业，实现半咸水、微咸水农作物种植；通过“油盐联产”开发地下资源；发展池沼养殖，发展现代渔业；创建黄河三角洲生态系统综合整治技术新模式。

（二）庙岛群岛如何打造海洋生态文明综合示范区

位于渤海要塞的庙岛群岛是山东特殊的海洋地理资源，也曾是山东唯一的“海岛县”。由于黄渤海交界的水体混合以及渤海海峡的营养盐交换，发育了特殊的海洋生态体系。庙岛群岛既是以海蚀悬崖地貌为特色的国家地质公园，又是东北候鸟迁徙的海上大通道，更是许多海洋生物的索饵场和产卵场。大规模的水体交换也为海洋渔捞和养殖提供了有利条件。因此，庙岛群岛如何保护、怎么发展？如何实现在发展中保护、在保护中发展？也是当前山东海洋高质量发展的紧迫问题。

首先必须确保候鸟落脚的海岛和迁徙路线不受人为干扰；其次千方百计保护海洋生物的产卵场和索饵场安全；再次保护好斑海豹等大型海洋动物的越冬海湾。同时以当年制定的100万名高端海洋游客、100万亩①海上生态养殖基地、100万亩海洋牧场为主要目标，建成山东特色的海洋生态文明与社会发展综合示范区。

（三）莱州湾畔地下卤水资源如何深层次开发利用

从滨州的无棣到烟台的莱州，整个莱州湾南岸滨海地区发育了浓度高、品位好的地下卤水资源，特别是高溴素含量，形成了山东沿海特殊的地下液体矿山，也是世界上数一数二的高浓度卤水资源区。但是由于几千年一贯制的人工晒盐没有经济效益，由于盐、碱、溴等化工基本原料出口上市附加值很低，又加之盐场占地面积巨大，造成了晒盐赔钱，不晒盐也赔钱的惨淡经营，于是“毁盐建房”一哄而上，利用盐业用地建设各类开发区变成了“新常态”。

盐是百味之祖、化工之母、健康之基。海盐自古就是国家统购统销的战略资源。之所以出现今天这样严重的局面，说到底，就是几千年一贯制的传统产业到了必须腾笼换鸟、转型升级的关键节点。

应当利用莱州湾地下卤水化学资源优势，深层次开发卤水资源，实现“颠覆性”转型升级。从提升人体免疫力入手，以“降钠补钾”为突破口，打造新型盐卤健康产业；从高纯金属钠入手，瞄准国内外核电站“快中子堆”的“钠冷技术”，实现“核电上山”，大幅度提升中国核电产业发展水平；从抽取地下高浓度卤水入手，改变地下水体局部循环体系，达到盐碱地改良的目的，实现真正意义上的“白地绿化”；从“绿色盐业”和循环经济入手，深层次开发盐化工、溴系列、苦卤系列、精细化工系列高端产品，形成区域产业链条的延伸和互补，发展综合性、生态型海洋化工开发新模式。

---

① 1亩≈666.67平方米。

（四）海水养殖业如何防病、减灾、提质、增效

中国是海水养殖的故乡，在世界范围内连续20年稳居第一位。实现了“海水超过淡水、养殖超过捕捞”两大突破，开始了真正意义上的“耕海种洋”。作为一个14亿人口的泱泱大国，人均水产品占有量超过50千克，雄辩地回答了“谁来养活中国”的问题。海水养殖的“五次浪潮”发起在山东，“三大品种”的引进成功在山东。

但是迄今为止，我们的海水养殖既缺少系统性理论研究，又缺少系列关键技术的创新。年复一年、日复一日，拼海面、拼规模、拼产量。我们的亩产、单产实际上不高，而且我们以贝藻养殖为主，而西方国家以鱼虾养殖为主，自然附加值差距很大。荣成湾是世界海带养殖的主产区，也是养殖规模最大、密度最高的海区，但去年大面积减产，部分养殖区甚至绝产。诱发的原因很多，但归根结底是六十年一贯制的同一海区、同一品种、同一模式的密集养殖。一旦发生病害，会防不胜防地迅速大面积传播，造成十分重大的损失。荣成海带的大面积减产给山东的海水养殖业敲响了警钟。

应当以海水健康养殖和海洋牧场为主攻方向，突出优良品种、生态养殖、食品安全、精深加工等技术体系，建设以荣成湾为核心的新型海水养殖产业技术密集区。

一是从健康优质苗种入手，建立工厂化育苗体系。加强水产原良种培育体系建设，对主要养殖品种进行选育和复壮，加大多倍体育种、性控技术、克隆技术等现代生物技术在苗种培育中的应用，加快新品种培育、改良和引进。重点培植一批科技型育苗企业，发展优良苗种供给体系。二是坚持养殖产业与生态效益相结合，加快海水养殖由粗放型向集约化转变，实施“离岸化”“轮作化”养殖模式，大力发展以深水网箱养殖、工厂化设施养殖、集约化池塘养殖为重点的高效渔业，提高名优产品比例。三是推广养殖生态环境修复、养殖品种抗生素替代与药残控制技术，实现无公害水产品的规模化生产。进一步加强资源修复行动，加大人工增殖放流投入，发展休闲渔业。四是发展水产品高值化精深加工、废弃物综合利用、食品安全保障等系列技术，建立外向型加工生产基地，开发以海参、鲍鱼为主的海珍品精深加工高档产品、以牡蛎为主的经济贝类特色化系列产品、以海带为主的大型经济海藻的高值化产品。充分发挥山东水产品加工、出口优势和重点水产加工企业的龙头作用，研制开发水产品专用自动化加工设备，建立海洋食品安全保障和产业化基地。

（五）如何进一步拓展蓝色经济空间

山东是人口大省、经济大省，但陆域面积不大，人口密度很大，人均耕地资源非

常有限，发展空间也受到土地的严重限制。但山东也是海洋大省，拥有3500多千米的海岸线，并同时拥有超过陆地面积的管辖海域，莱州湾畔也拥有广袤的盐碱地和滩涂资源。这一切为山东进一步拓展蓝色经济空间奠定了基础。

首先是发展“海水农业”，实现“白地绿化”，打造“渤海粮仓”。以黄河三角洲为代表，涵盖滨州、东营、潍坊沿海的盐碱地提供了广阔的土地空间资源，也是“海水农业”的用武之地。特别是随着地下卤水水位明显下降，土壤盐渍化程度明显减低，越来越适宜农作物和草木的生长。因此，可以大力发展湿地植被、抗盐碱植物、耐盐作物和蔬菜、滨海草场和牧场、滨海林业生态园，使过去寸草不生的茫茫“白地”变成今天草木青青的“沃土”。

其次是发展深水养殖和远洋渔捞。海岸线是黄金宝地，但近年来，山东沿岸“港航与生活争岸段、养殖与旅游争近海、房产与盐业争滩涂”的问题非常突出。建议利用山东大型海上工程装备的制造能力，瞄准黄海冷水团，打造特大型深海养殖工船和特大型智能化深海养殖网箱，实现深远海养殖。随着规模和数量的增多，可着手设计承担“屯渔戍边”任务的“海上城市”和流动码头。同时发展南极磷虾捕捞加工船、金枪鱼钓船、秋刀鱼捕捞加工船等新型远洋特种渔船，通过远洋渔业获取超过近海的经济效益。

再次是统筹海岸沙滩资源的保护与利用。山东拥有全国1/3以上的沙滩岸段资源，具有得天独厚的自然资源禀赋，但没有发挥应有的作用，甚至对滨海旅游的贡献不大，除青岛几个海水浴场外，普遍人气不足。特别是近几年来沙滩稳定性受到严重威胁，沙滩污染严重，沙滩垃圾成堆，到了必须认真规划治理的时候。目前全球范围内滨海砂矿告急，建筑用沙已达40多亿吨，海上挖沙、盗沙屡禁不止。由此可见，滨海沙滩已变成稀缺资源。山东很有必要对滨海沙滩的形成条件、沙滩的来源、沙滩的稳定性进行调查评估。在此基础上，进行资源修复和规划治理。一方面支撑滨海旅游业的发展，另一方面在合适的海区适当进行砂矿开发利用，逐渐发展成一种新型沙滩产业。

总之，山东发挥海洋科技优势，率先实现由海洋大省变成海洋强省的“蓝色跨越”，为全国沿海省份做出示范，是党中央、国务院赋予山东的重要使命。在海洋强国建设中做出山东的贡献是山东人的骄傲和自豪！

作者简介：

李乃胜，理学博士，海洋地质学研究员，博士生导师，欧亚科学院（中国）院士。曾任青岛市科技局局长；山东海洋工程院院长；青岛国家海洋科学研究中心主任。

现为中国科学院海洋研究所外聘院士。兼任中国侨联特聘专家委员会副主任。1992年获国务院特殊政府津贴；1993年获首届中国青年科学家奖；1995年入选首批“百千万人才”国家级人选；2003年获山东省政府留学回国优秀创业奖。发表海洋科学研究论文100多篇，出版了《西北太平洋边缘海地质》等27部研究专著；发表战略性研究论文120篇。

实施创新性产业化项目集群
推动山东海洋渔业高质量发展

王印庚　张正　王春元

（中国水产科学研究院黄海水产研究所，山东 青岛 266071）

摘要：2020年山东省海洋渔业经济总产值1287元，位列全国第一；从海洋水产品产量来看，福建省排名第一，产量740万吨，山东省排名第二，产量718万吨。山东作为我国海洋产业的龙头，引领发展了海水养殖五次浪潮，打造了可持续发展的良好产业技术体系和产业基础平台；紧紧把握和利用好科技人才资源、海洋生态资源和产业平台资源，海洋强省建设、海洋经济发展是山东最大的潜力所在。本文通过对山东省沿海区域海洋生态特点、海洋产业发展现状和区位优势的综合分析，提出五项海洋渔业重点发展项目建议，涉及烟台、威海、青岛、日照、潍坊、东营、滨州等7个沿海地区，预期项目总体经济效益达数百亿元。期望通过这些发展项目的思考和建议，引发从企业界、金融界到政府多方联动，凝心聚力推动海洋产业高质量发展，营造山东海洋经济发展新的增长点。

关键词：水产种业；海带养殖；浒苔治理；渔光盐一体化；绿色渔药；海上驿站

山东半岛三面环海，地理位置优越，海洋资源丰富，生态环境良好，海洋科技发达，自古就有经略海洋的传统。改革开放以来，山东从提出“海上山东”战略构想到全面建设“海上山东”再到山东半岛蓝色经济区建设，逐步形成了海洋一、二、三次产业全面发展的格局，海洋经济已成为全省经济发展的重要组成部分。2021年，山东省海洋生产总值实现1.49万亿元，占全省GDP比重超过18%。

2020年，山东省海洋渔业经济总产值1287亿元，位列全国第一，其余依次是福建省1178亿元，广东省794亿元，江苏省552亿元。2020年海洋水产品产量前五名分别是福建省740万吨，山东省718万吨，浙江省451万吨，广东省451万吨，辽宁省378万吨（中国渔业统计年鉴，2021）。从海洋渔业的产值和产量来看，山东省在全国名列前茅，具有一定领先优势。

山东省大陆海岸线长度3345千米，有着良好的海洋生态环境、丰富的海洋生物多样性、多样化的海水养殖模式。在海洋科技方面，山东聚集了全国30%的涉海院士、40%的涉海高端研发平台和50%的海洋领域国际领跑技术。山东作为我国海洋产业的龙头省份，引领发展了海水养殖五次浪潮，打造了可持续发展的良好产业技术体系和产业基础平台。2022年山东省政府工作报告提出，山东省将继续把贯彻落实习近平总书记对山东海洋工作的重要指示作为重大政治任务，坚定不移地深入推进海洋强省建设，加压奋进，做深做大海洋开发这篇大文章，为海洋强国建设做出积极贡献。在未来，紧紧把握和利用好科技人才资源、海洋生态资源和产业平台资源，海洋强省建设、海洋经济发展是山东最大的潜力所在。

本文通过对山东省沿海区域海洋生态特点、海洋产业发展现状和区位优势的综合分析，提出五项海洋渔业重点发展项目建议，涉及烟台、威海、青岛、日照、潍坊、东营、滨州7个沿海地区，项目总体经济效益预期达到600亿~800亿元。期望通过这些发展项目的思考和关注，引发从企业界、金融界到政府多方联动，凝心聚力推动海洋产业高质量发展，营造海洋经济发展新的增长点，为山东省海洋强省发展添砖加瓦。

一、百万吨海藻蛋白的挖掘及其生物质资源利用项目

（一）产业背景

自古以来，浒苔被认为是可食用和药用的藻类，制作海藻汤、饼干、春饼和调味品。研究表明：浒苔含蛋白质10.2%左右，以及碳水化合物、维生素、膳食纤维及矿物质等。作为水产饲料，浒苔能够有效促进鱼、虾、贝、参等水产动物生长，提高其产量和品质。在畜禽养殖中，浒苔能够提高鸡蛋中碘含量、降低蛋黄中胆固醇含量；在猪粮中添加10%鲜浒苔，其生长率可提高11.3%。在海藻肥方面，浒苔肥富含氮磷钾等，能使作物的产量提高3%。由此可见，浒苔含有丰富的蛋白质和矿物元素，可以作为食品、饲料、肥料产业原料的一种新型海藻蛋白源，具有很大的应用开发价值。

2008年，浒苔绿潮首次在青岛海域大规模暴发。此后，每年6—8月数千万吨的浒苔漂浮至青岛海域。大量浒苔引发海域绿潮，影响了航运和海上安全出行；浒苔堆积海岸、腐臭变质，使近海水质变坏、环境恶化，海岸生态景观遭受破坏，由此旅游业也受到严重影响。同时，潮间带堆积的浒苔对沿海水产养殖生产也造成了严重的经济损失。

（二）存在问题

浒苔绿潮发生后，为消除浒苔的诸多不利影响，青岛市政府先后多次组织开展了

“清除浒苔大战”。但以往对浒苔的主要处置方法是靠近岸打捞和岸边收集，然后运输到青岛后海区域进行简单的堆积掩埋处理，这样的处置方法存在明显的缺点：

（1）由于缺乏行之有效的前期浒苔处置技术，绿潮暴发后只能被动地等到浒苔集聚青岛近岸，加之采用渔船打捞的机械化水平不高，收集效率低下。浒苔暴发期，青岛市每天需出动船只 1000~2000 艘进行浒苔打捞作业，岸边每天出动 1 万~2 万人，耗费了巨大的社会资源并需要 2 个月的清理时间，成为每年岛城人民的负担和社会应急事件。

（2）在财力方面，每年青岛财政用于浒苔打捞处置就需花费十亿元左右。但由于收集效率低下，浒苔捞取量仅占漂浮浒苔总生物量的不足 10%。

（3）在处理效果方面，由于前期处置以打捞掩埋为主，这种处理方式不仅运输成本巨大，而且会对陆地环境造成二次污染。岸边打捞的浒苔因掺杂泥沙、杂物，不利于后续综合加工和高值化利用。

为避免上述弊端，进行浒苔的离岸处置和综合利用技术开发将是解决浒苔绿潮危害的一个新途径。首先，离岸处置只需若干机械化水平高的大型船只进行作业。其次，在船上边收集、边加工处理，收取浒苔运回陆地，进行进一步的分置加工，为医药、食品、饲料、肥料等行业提供高品质海藻蛋白源，真正实现浒苔变废为宝。

（三）发展途径

1. 浒苔离岸高效打捞设备研发

研究浒苔离岸快速打捞处置技术和设备，设计建造专业打捞船只及其相关装备设施；开展船载加工处置设备的研发、选型、装配、耦合运行，实现打捞和加工一体化处置，形成海上自动化打捞和初级加工作业。

2. 浒苔资源高值化利用

重点开发高质量浒苔原粉，并通过新型浒苔产品的生产技术研发，实现浒苔产品多元化与活性物质高值化利用，为医药、食品、饲料、肥料等行业提供原料，推动形成以浒苔利用为主导的新型产业经济模式。

（四）项目目标

建立一支包括浒苔打捞专业船（含船载加工处置流水线装备）、运输供给船、辅助作业船等数十艘，具有高度机械化、自动化、智能化水平，每艘打捞专业船具备处置浒苔 2000~3000 吨/日的能力。陆地上配备 800~1000 亩深加工基地，实现脱盐、脱水、烘干、粉碎、包装、储藏，以及分置化深加工等功能。本项目将与青岛、日照两地区的食品加工、海藻加工、饲料、肥料等相关企业进行合作，形成从浒苔打捞、运输到后期加工利用的一条完整产业链，每年获取百万吨海藻蛋白，产业链经济产值100亿~300亿元。另外，在疫情困境下，百万吨海藻蛋白可大大缓解鱼粉和海带的缺口，对稳定水产养殖饲料供应具有重要的现实意义。

二、胶东半岛百万吨海带养殖集群与转型升级发展项目

（一）产业背景

海带养殖加工产业是山东省水产支柱产业之一，海带产量约70万吨（干品），占全国总产量的50%。同时，山东省也是海带食品加工、化工产业的领头羊。但在海藻化工方面，长期以来海带原料依赖进口，化工产业整体利润率偏低，处于大而不强的局面。2021年底和2022年初春，养殖海带大面积死亡，其损失高达80%以上。加之疫情影响下进口阻滞，海带价格暴涨，极大地限制了海藻化工产业发展。同时，海带是海参、鲍鱼、鱼类等水生动物养殖的重要饵料成分，海带原料供应不足，已严重影响山东乃至全国水产养殖产业的顺利发展。

（二）存在问题

针对山东省海带产业存在的种质退化、抗病能力差，机械化程度低，高值化利用水平低，产能不足等问题，研究开发抗病、抗高温新品种，创新养殖工艺和模式，实现高产稳产和机械化收割；完善海带及海参、鲍鱼养殖产业链的综合发展，以及下游海带深加工产业，提高海带产业整体效益，已成为海带产业高质量发展的迫切需求。

（三）发展途径

1. 种质提升工程

针对海带产业对抗病、抗高温海带新品种的需求，在海带种业龙头企业，进行种质提质复壮，创制高产、抗病、抗高温的海带新品种，提升养殖成活率，实现稳产高产。同时，在威海、烟台、青岛、日照等地，选择适宜的海域，扩大苗种场和养殖场的规模，在较大程度上扩大海带养殖产能。

2. 养殖标准化与机械化工程

针对养殖海带机械化收获的产业需求，开展海带育苗、养殖及收获过程的设施标准化研发，创新养殖配套工艺和模式，研发机械化养殖管理和收割一体化装备，替代人工劳动力，提升收割效率，降低劳动强度和养殖成本。

3. 加工利用增值工程

针对海参、鲍鱼等海珍品养殖品种对海带的需求，探索海带与海参、鲍鱼的组合养殖模式；开发鲜海带活性物质综合利用技术，开发海带高值化利用新途径、新模式，提升海带的经济价值。

（四）建设目标

通过海带种质的提质复壮，创制高产、抗病、抗高温海带新品种并进行示范推广养殖；实施标准化养殖，实现高产稳产和机械化收割。联合胶东半岛大型龙头企业，扩大苗种场和养殖场的规模，形成一个150万~200万吨产能的藻类产业带，实现直接经济效益200亿~300亿元以上；同时，扩大海带养殖产能，以全面支撑水产养殖和海藻化工产业等下游产业群的发展。

三、北方滩涂贝类苗种产业化基地建设及其种业开发项目

（一）产业背景

浅海滩涂是海岸带最重要的渔业生产区域，2020年以贝类为主的滩涂养殖产量超过600万吨，产值逾1000亿元，在海洋蛋白输出和沿海渔业经济发展中扮演着重要角色。山东省海岸线约占全国的1/6，滩涂生物资源丰富，重要经济种类有文蛤、菲律宾蛤仔、四角蛤蜊、青蛤、泥蚶、西施舌、紫石房蛤、缢蛏、大竹蛏等20余种。2020年蛤、蚶、蛏等滩涂贝类（不包括底播牡蛎）产量为146万吨，占山东贝类总产量的36%左右。黄河三角洲地区有着丰富的适合滩涂贝类生长和生产的滩涂资源，潮间带滩涂面积400多万亩，为滩涂贝类增养殖提供了广阔资源。

（二）存在问题

目前，滩涂贝类苗种生产不均衡，苗种生产主要依赖南方地区，但养殖却以北方为主，优良苗种成为产业发展的限制性因素。以菲律宾蛤仔为例，2013年福建省壳长1厘米以上稚贝产量约8000吨，提供了全国蛤仔养殖80%以上苗种，但山东和辽宁的苗种产量几乎可以忽略；2020年山东和辽宁菲律宾蛤仔等蛤类的总产量为266万吨，占全国蛤类总产量的63.2%。近年来，由于福建地区菲律宾蛤仔苗种产业发展过快，出现了病害和质量不稳定等问题，甚至出现亲贝采集不足的现象，苗种的不稳定对北方贝类产业产生了很大影响。2018—2020年文蛤苗种出现大量短缺，价格飙升，由原来的每分钱20~30粒（规格5000粒/千克），增加到7分钱1粒。

充分利用滨州、东营、潍坊和莱州的滩涂贝类资源，集中贝类生产企业优势，加

大产学研协同攻关，开展北方滩涂贝类种质保存、良种选育和苗种产业化基地建设，是解决优良苗种不足的有效途径。

（三）发展途径

利用湾区海域滩涂贝类资源优势，开展文蛤、菲律宾蛤仔等滩涂贝类种质保护和良种繁育关键技术研发及产业化应用。采取的措施包括：①滩涂贝类种质资源保护基地建设；②优良品种选育和良种繁育中心建设；③室内贝类苗种高效繁育和室外生态繁育技术研发；④构建滩涂贝类中间培育基地；⑤浅海生态增养殖模式构建与应用；⑥埋栖性滩涂贝类的捕捞技术研发。

（四）建设目标

针对菲律宾蛤仔、文蛤、青蛤、缢蛏等滩涂贝类，选育新品种（系）3~5个；建造种贝保存面积1000亩，室内育苗场10万平方米，滩涂中间培育基地2万亩，年产滩涂贝类附底苗2000亿粒，培育大规格苗种1000亿粒以上。在潍坊建立北方埋栖性贝类苗种产业化基地，达到自给自足，为潍坊地区贝类百亿产业带发展提供种业保障。同时，联合东营、滨州，规划数个滩涂贝类养殖大区，打造形成渤海湾贝类碳汇示范区。

四、滨海渔光盐一体化产业园区建设与高效开发项目

（一）产业背景

目前，太阳能发电是在技术上和经济上最具开发价值的能源利用方式之一，地下卤水资源也是我国沿海地区制盐、提溴的重要来源。“渔光盐一体化”是将水产养殖与太阳能和地下卤水相结合的产业方式，即将地下卤水经过处理后进行工厂化水产养殖、池塘养殖，养殖过程中随着水的蒸发作用，盐度不断提高，盐度较高的养殖尾水进行卤虫养殖并净化水质，然后形成高卤水进行提溴、制盐。“渔光盐一体化”充分地利用了地下卤水资源以及水产养殖的空间资源，实现水产养殖、制盐提溴、光能发电的有机结合，不但显著提高了效率，降低了生产的成本，而且改变了三者的产业链结构，是光伏产业、水产养殖业和制盐产业价值链的进一步延伸。

（二）存在问题

我国水产养殖面积约700万公顷，特别是沿岸滨海区域的养殖面积广阔，对能源的需求较大，一些地区能源与水产养殖无法平衡，制约着养殖业的稳定发展。沿海地区光照资源丰富，但水产养殖工厂化车间、池塘的空间资源没有对其进行有效的利用，

并且养殖过程中存在尾水排放的问题。滨海地区应开展渔光盐一体化产业园区建设，充分利用养殖的空间资源，进行渔光一体化发展，并通过合理的设计将养殖尾水处理制盐、提溴，真正达到尾水的零排放，形成渔光盐综合发展新格局。

（三）发展途径

主要建设源水处理区、工厂化养殖区、工程化大棚养殖区、池塘生态养殖区以及养殖尾水生物净化区。利用工厂化养殖车间的空间资源，在车间棚顶搭建光伏组件；水处理区、养殖池塘和尾水处理区的上方可敷设光伏组件，充分利用池塘上方的空间资源，从而形成上光下渔的模式，实现一水多用、一地多用。

（四）建设目标

（1）实现卤水资源的多元化充分利用：利用区域内优质的地下卤水资源，增加卤水资源制盐前蒸发过程中水产养殖活动，将水产养殖与提溴制盐相结合，实现卤水资源的一体化利用，改变传统提溴制盐过程中卤水单一利用的局面。

（2）实现“上光下渔”的空间资源充分利用：渔光一体将水产养殖的空间充分利用起来，水下产出高品质水产品，水面持续产出清洁能源，二者的有机结合，一方面解决了光伏产业发展过程中发展迅速与土地资源短缺的矛盾，另一方面解决了水产养殖系统单一养殖水产品，单产效益低的问题。

（3）实现养殖尾水的零排放：实现了全过程养殖尾水的零排放，构建资源节约、环境友好的现代渔光盐一体化综合利用体系。

（4）在潍坊、东营、滨州地区，建设发展 100 万亩渔光盐一体化综合生产系统，每年产出 50 吉瓦清洁能、水产品 50 万吨、制盐 20 万吨、提溴 1 万吨，年实现经济价值数百亿元。

五、长岛海上粮仓与休闲渔业观光带建设项目

（一）产业背景

2018 年 6 月，山东省人民政府正式批复设立长岛海洋生态文明综合试验区，具有海岸线长 146 千米，管辖海域 3541 平方千米，在发展建设海洋牧场方面有着得天独厚的自然优势。长岛是“中国海带之乡”，盛产刺参、鲍、扇贝、海胆等海珍品，每年养殖水产品 30 万吨，产值 60 亿元。其次，旅游综合收入 38 亿元。

（二）存在问题

（1）长岛产业集群聚集能力不足。因受土地资源有限、保护与发展矛盾等因素制

约，产业链条不完善，在加工、物流等产业链条中没有更深入的延伸，缺乏连通外界的隧道、跨海大桥等交通基础设施。

（2）渔业产业中拳头产品产能不足。虽以海带、裙带菜、海参、鲍鱼、黑鲪等养殖品种为主，但是没有形成较大影响力的产能和品牌产品。

（3）浅海牧场投入不足。海洋牧场建设水平不高，产出效能不大。养殖设施设备在机械化、自动化、智能化等方面还需进一步提升，养殖技术更新较慢，现代化渔业水平低下，产能和效益不高。

（4）缺乏一二三产联动建设资金，大型渔业平台较少，休闲观光渔业未成为长岛生态旅游的重要支点，吸引旅游的动力不足。

（三）发展途径

（1）建设多营养层次的海洋牧场，扩大海带、裙带菜等藻类养殖面积，为支撑水产养殖和海藻化工产业提供充足的原料。大力开展刺参、鲍鱼、海胆等经济物种的增养殖工艺研究，研判渔礁形态、敷设方法与增殖效益关联性，提高产能和综合经济效益，打造北方典型的海珍品浅海牧场。

（2）吸引、集中资本在长岛开展大型设施化养殖平台建设，在海参、鲍鱼、黄条鰤、黑鲪等特色适宜养殖品种方面逐步推进向离岸、深水、立体等生态化养殖模式方向发展，提升机械化、自动化、智能化水平。

（3）实施一二三产融合发展，完善长岛产业链条；长岛作为以海洋为特色的重要旅游区，优化产业结构、发展休闲渔业观光平台。通过优化资源配置，以渔业生产为载体，将休闲娱乐、观赏旅游、生态建设、文化传承、科学普及以及餐饮美食等与渔业有机结合，提高渔业发展质量和效益。

（4）以浅海牧场、大型水产物流贸易平台、海鲜运输船建设为主线，构建一条海上驿站，把长岛周边区域海珍品直接从海上输送到京津冀地区，使长岛成为京津冀菜篮子工程的海上桑田。

（四）建设目标

充分发挥长岛海洋生态文明综合试验区的区位优势、产业优势、生态优势和民族文化优势，实现经济收益倍增，将长岛建设成为一个产能达到100亿~200亿元的海上粮仓；建设一条海上驿站，把长岛周边区域海珍品直接从海上输送到京津冀，使长岛成为京津冀菜篮子工程的海上桑田；以渔业绿色发展为引领，构建休闲渔业平台，形成与旅游相结合具有渔业文化特色的海上明珠。

六、绿色渔药研发与水产动保产业园建设项目

（一）产业背景

海洋渔业是我国海洋经济的重要组成部分，而海水养殖又是海洋渔业的主体产业。2020 年全国海水养殖产值达到 3836 亿元，而海水养殖病害损失超过 300 亿元。病害不仅给产业造成了严重的经济损失，同时还引发了药残、药害、环境污染和水产品质量安全等一系列问题。2019 年，农业农村部联合十部委出台了《关于加快推进水产养殖业绿色发展的若干意见》，提出了水产养殖行业绿色发展的战略目标。2021 年又再次出台了《农业农村部关于加强水产养殖用投入品监管的通知》，强调了对水产养殖用投入品的监管和科学使用。但近十年来，我国的渔用药物研发严重不足，在水产病害越来越多的情况下，产业可用的绿色药物却极为有限，已经无法满足产业的绿色发展需求。

（二）存在问题

（1）水产动物绿色渔药产品极度匮乏。2020 年农业农村部渔业渔政管理局联合中国水产科学研究院和全国水产技术推广总站发布了《水产养殖用药明白纸》，其中公布的可用于水产养殖的药物、生物制品、维生素类等共计 123 种，其中大部分为 2004 年地方标准升国家标准时纳入的水产药物。而自 2010 年来，我国获批的渔用药物只有 1 种化学药物和 3 种渔用疫苗，水产绿色渔药的研发已经远远滞后于产业发展，无法满足病害防控的技术需求。

（2）水产病害防控研究偏重基础，技术和产品研发缺乏持续性的资金支持。尽管我国水产养殖的病害发生较为严重，但在相当长的一段时间内各科研单位更多地关注病害发生的流行病学、病原致病机理和水产动物的免疫机制等基础性研究，对防控技术和产品的研发力度不足。此外，我国现行的新兽药注册申报制度要求较高，一个新兽药的成功申报需要投入大量的时间、人力和物力，耗资百万元以上，在没有持续性资金支持的情况下，研发单位的注册申报意愿不强。

（3）绿色渔药的产业化较为分散，未形成园区化发展。绿色渔药的研发和产业化是一项系统性工程，但目前山东省的渔药行业较为分散，各个企业基本处于“各自为战”的状态。一方面，没有与上游的研发单位做好承接，使科技成果未及时转化成生产力。另一方面，产品系列多而杂，各个企业的产品存在高度的重合性，没有形成自己的优势特色，在一定程度上造成了资源的内耗，不利于行业的做大做强。

（三）发展途径

（1）强化产学研合作，开发多元化的绿色渔药产品。山东省汇集了全国60%以上的海洋渔业科研资源，在水产病害防控技术和产品研发方面有领先全国的智力资源。同时，山东省内也有一些知名的兽药生产企业。通过制定相应的政策，进一步加强科研院所和生产企业的合作力度，开发疫苗、抗体、抗菌肽、中草药、微生态制剂等多元化的绿色渔药产品，为水产病害防控建立高效、安全的技术和产品储备，确保山东省在本领域的领先优势。

（2）加强绿色渔药的研发投入和资金支持。以产业化应用为导向，制定一些优惠政策，加大对绿色渔药研发和产业化的资金支持。除增加财政资金的支持力度外，鼓励社会资本、风险投资等多种资金来源投入绿色渔药研发和注册申报，助推绿色渔药研发形成高投入、高回报的良性发展模式。

（3）打造园区化的水产动保产业发展模式。山东省内的水产动保生产企业主要集中于潍坊、青岛、泰安等几个城市。政府应做好政策引导，积极鼓励各水产动保龙头企业主动与相关科研院所加强联合，根据企业自身特点和产业细分领域研发适合本企业和本地区情况的水产动保产品，形成企业优势特色和本地区产业集群，打造水产动保企业主产地区的园区化产业发展模式。

（四）建设目标

针对我国绿色渔药产品短缺的产业现状，充分利用山东省水产病害防控科技研发的资源优势，调动兽药生产企业的产业优势，加强新渔药研发的产学研合作，注册申报10~20个绿色渔药新兽药产品，获得新兽药注册证书，打造2~3个山东省绿色渔药和水产动保产品的产业化园区，形成30亿~50亿元的水产动保产业规模，为水产养殖健康发展保驾护航，保持山东省在海洋渔业领域的领先地位。

结 语

《山东省“十四五”海洋经济发展规划》提出：以高质量发展为主题，以供给侧结构性改革为主线，以改革创新为根本动力，以满足人民群众日益增长的美好生活需要为根本目的，着力提升海洋科技自主创新能力，加快建设完善的现代海洋产业体系、绿色可持续的海洋生态环境，努力打造具有世界先进水平的海洋科技创新高地、国家海洋经济竞争力核心区、国家海洋生态文明示范区、国家海洋开放合作先导区，推动新时代现代化强省建设；将坚持以创新驱动、坚持高质量发展、坚持生态优先、坚持海陆统筹、坚持开放合作为基本原则，积极抢占海洋关键技术领域制高点，把产业提档升级作为推动海洋经济高质量发展的重要抓手；优化提升海洋传统产业，发展壮大海洋新兴产业，精准建链补链强链，培育壮大海洋高端产业集群和特色产业基地，构建现代海洋产业体系。展望未来，山东省海洋渔业发展必将乘势而上，抢抓机遇、锐意进取，现代海洋渔业产业体系建设更趋完善，产业经济更趋稳健，做大做强，更上一层楼，建成具有全球影响力的海洋科技创新高地。

参考文献

农业农村部渔业渔政管理局，全国水产技术推广总站，中国水产学会，2021. 2021中国渔业统计年鉴[M]. 北京：中国农业出版社.

成慧中，王俊鹏，马汝芳，等，2020. 山东省贝类养殖现状分析及发展建议[J]. 中国水产，(10)：67-69.

戴靖怡，2020. 旅游型海岛旅游产业-社会经济-生态环境耦合协调度实证分析——以山东省长岛县为例[J]. 浙江海洋大学学报（人文科学版），37(02)：24-31.

丁瑞敏，2018. 论中国渔药的发展现状和发展趋势[J]. 渔业致富指南，(17)：55-59.

董志文，时叶叶，2014. 休闲渔业对解决长岛“三渔”问题的效应研究[J]. 海洋经济，4(06)：42-47.

杜冰青，杜逢超，于宁，2019. 山东省海带产业链增值路径研究[J]. 中国渔业经济，37(04)：67-76.

杜冰青，于宁，杜逢超，2018. 鲁闽海藻产业发展对比分析及山东省海藻产业发展研究[J]. 中国渔业经济，36(02)：71-77.

国家藻类产业技术体系　海带产业发展报告[J]. 中国水产，2021，(08)：23-41.

蒋丹，2018. 唐山地区盐田生态养殖综合利用现状[J]. 江西水产科技，(01)：38-39+44.

李琳，2019. 新旧动能转换下滩涂经济产业发展研究——以滨州北海新区为例[J]. 现代商贸工业，40(33)：13-14.

刘桂宏，郭德明，2016. 浅析山东省贝类产业发展的问题与对策[J]. 青岛农业大学学报（社会科学版），28(01)：55-58.

刘朋，2020. 浅析山东省水产养殖用药减量技术措施[J]. 中国水产，(12)：56-58.

刘婷，2019. 我国水产养殖病害发生的主要特点及趋势[J]. 农业知识，(24)：32-33.

刘振鲁，高兆明，赵玉静，等，2022. 探索滨州对虾产业绿色高效发展的路径[J]. 中国水产，(06)：69-71.

农业农村部水产养殖病害防治专家委员会，2020. 农业农村部水产养殖病害防治专家委员会提出防止重大水生动物疫情发生的指导建议[J]. 水产科技情报，47(02)：112-113.

秦雕，李聪，秦宇，2021. 中国海藻产业发展与应用现状[J]. 科技和产业，21(03)：104-110.

王芳，王刚，刘冲，等，2016. 长岛县海洋产业结构优化研究[J]. 海洋开发与管理，33(03)：

20-24.

王玉堂,2013. 中国渔药产业乱象与管理疏漏[J]. 中国水产,(11):44-47.

吴海一,宋祖德,王先磊,等,2021. 以长山列岛为例探讨我国渔业经济可持续发展[J]. 广西科学院学报,37(02):117-122.

熊志康,刘佳祺,沈美琪,等,2020. 渔光一体项目的效益分析——以TW新能源省级渔业精品园为例[J]. 热带农业工程,44(03):38-42.

徐涛,刘朋,李凯,等,2019. 山东省海带产业发展现状及发展策略研究[J]. 山东师范大学学报(自然科学版),34(03):347-351.

徐涛,王庆龙,王海涛,等,2020. 山东省水生生物病害防控体系建设与思考[J]. 中国渔业经济,38(04):43-48.

徐卫国,蒋路平,吕伟清,等,2017. 聚焦渔光产业发展及对策[J]. 渔业致富指南,(05):19-23.

徐岩,朱玉贵,2020. 山东省海水贝类养殖产业变化特征分析[J]. 现代农业科技,(12):215-216+220.

杨怡红,2021. 滩涂贝类产业发展新契机[J]. 水产养殖,42(10):73-76.

姚东瑞,2011. 浒苔资源化利用研究进展及其发展战略思考[J]. 江苏农业科学,39(02):473-475.

游锡火,2013. 我国渔药产业发展战略研究[J]. 中国动物保健,15(09):1-3.

张家华,刘兴国,顾兆俊,等,2022. 渔光互补生态经济特征及其发展方向[J]. 水产学报,46(08):1525-1535.

张婧,沈玉芳,殷为华,2010. 海岛产业发展定位及布局研究——以长岛县为例[J]. 国土与自然资源研究,(05):4-6.

周健,王源,胡静雯,等,2018. 关于浒苔绿潮灾害应对的几点思考[J]. 城市与减灾,(04):35-39.

周井娟,2022. 中国海洋贝类产业发展特征及技术变迁[J]. 中国渔业经济,40(02):66-74.

作者简介：

王印庚，博士、研究员，中国水产科学研究院棘皮动物创新团队首席、水产病害防治领域首席科学家；青岛市拔尖人才、山东省泰山产业领军人才、国务院特殊津贴专家、中国侨联特聘专家；获国家科技进步奖二等奖等成果奖28项，专利106项；发表论文230篇、出版专著10部。

完善渔业污染事故调查处理机制
更好保护和维护渔业、渔民利益与权益

马绍赛
（中国水产科学研究院黄海水产研究所，山东 青岛 266071）

摘要：渔业污染事故长期以来一直是影响我国渔业健康可持续发展的重要因素之一，受到广泛关注与重视。早在20世纪90年代，农业部就根据《中华人民共和国渔业法》及有关法律法规，发布了《渔业水域污染事故调查处理程序规定》，建立了以此规定为标志的渔业污染事故调查处理机制，在保护和维护渔业、渔民利益与权益方面发挥了重要作用。然而，在2018年全国机构改革的机构与职能调整与优化、近年水产品价格上涨和渔业生产成本上升、当下产业发展对生态环境现实要求以及2013年农业部决定取消“渔业污染事故调查鉴定机构资格认定”行政审批事项的背景下，支撑渔业污染事故调查处理机制的法规体系、标准体系与能力体系不同程度地显现出不能满足现实实际要求，或与现实实际要求不协调的问题。本文在阐述我国渔业污染事故调查处理机制建立以来所取得的突出成就的同时，从进一步完善渔业污染事故调查处理机制的角度出发，提出意见与建议，以期助力渔业污染事故调查处理机制协调、健康、持续运行。

关键词：渔业水域；污染事故；损害调查；鉴定评估；处理机制；持续运行

一、引言

我国是渔业大国，新中国成立70多年来，特别是改革开放40多年来，我国渔业得到了突飞猛进的发展。2021年我国水产品总产量达到6690.29×10^4 t[1]，占全球水产品产量的1/3以上，连续30多年位居世界第一。渔业已经成为我国粮食安全保障的重要组成部分和优质蛋白的“蓝色粮仓”。与此同时，渔业也是沿海、沿江、沿湖地区经济发展、乡村振兴、渔民致富的支柱产业。然而，我国渔业发展并非一帆风顺，经历着各种风险挑战，如气象灾害（台风、暴雨、洪水、冰冻、高温等）、生物灾害

[赤潮灾害、浒苔（绿潮）灾害、海星灾害、水母灾害、海胆灾害、蓝藻藻华灾害等]、全球变化（气候变暖、极端天气等）以及城镇化进程、港口工程、油气工程、水电核电工程（围填海造地、生活与工业废水排放、疏浚工程等）等人类活动导致的生态影响等等[1]。除上述诸多风险挑战外，渔业污染事故导致的风险挑战亦十分突出。统计显示，2002—2020 年共发生渔业污染事故 12 628 起，仅直接经济损失就高达 53.618 亿元，严重制约着渔业发展。本文秉持渔业生态文明和绿色健康可持续发展理念，在充分阐释我国渔业污染事故调查处理机制建立以来所取得的突出成就的同时，剖析存在的问题，从进一步完善渔业水域污染事故调查处理机制的角度出发，提出意见与建议，旨在使渔业污染事故调查处理更加客观、更加科学、更加规范、更加公正，从而更好保护渔业、渔民以及当事各方的利益，维护社会公平、正义、协调与稳定。

二、资料来源

渔业污染事故发生频次、直接经济损失、渔业污染事故典型案例等资料信息引自《中国渔业生态环境状况公报》（2002—2020 年）；水产品产量数据引自《全国渔业经济统计公报》（2021 年）；全国渔业生态环境监测网与渔业污染事故调查鉴定资质等有关资料由农业农村部渔业生态环境监测中心提供。

三、渔业污染事故及其渔业损害

（一）渔业污染事故定义

渔业污染事故系指，由于单位和个人将某种物质和能量引入或释放到渔业水域，导致该物质超过该水域所要求的标准，损坏渔业水体使用功能，影响渔业水域内的生物繁殖、生长或造成该生物死亡、数量减少，以及造成该生物有毒有害物质积累、质量下降等，对渔业资源和渔业生产造成损害的事实[2]。

（二）渔业污染事故损害

我国渔业污染事故长期以来总体呈多发频发态势。2002—2020 年全国渔业污染事故发生频次与直接经济损失统计数据显示（表 1）：①2002—2009 年为我国渔业污染事故高发期，每年发生的渔业污染事故频次均在千起以上。2010 年以后，我国渔业污染事故发生的频次呈明显下降趋势，2010 年发生的频次为 933 起，到 2020 年发生的频次下降至仅有 14 起。特别是海洋渔业污染事故发生的频次下降更为明显，其中 2015 年、2019 年与 2020 年 3 年均未发生海洋渔业污染事故。②我国渔业污染事故发生频次中内陆发生频次占 94.7%，海洋发生频次仅占 5.3%，内陆发生频次占主导地位。

③2002—2013 年我国渔业污染事故经济损失处于相对高的水平，均在 1.6 亿元以上，2004 年超过了 10 多亿元，2011 年达近 20 亿元；2014 年以后我国渔业污染事故经济损失额迅速下降，到 2018 年、2019 年下降至几百万元水平。④2002—2020 年我国渔业污染事故直接经济损失额 68.62 亿元，其中海洋直接经济损失额 46.09 亿元（渤海蓬莱 19-3 油田溢油事故渔业经济损失约 15 亿元），内陆直接经济损失额 22.52 亿元，海洋直接经济损失额占 67.2%，内陆直接经济损失额占 32.8%，海洋直接经济损失额两倍于内陆直接经济损失额。海洋渔业污染事故发生频次少，直接经济损失额大，说明每起海洋渔业污染事故直接经济损失额基本都达到千万元以上特别重大事故等级。

表 1　2002—2020 年我国渔业污染事故发生频次与直接经济损失统计

年份	发生频次（起）			直接经济损失额（亿元）		
	海洋+内陆	海洋	内陆	海洋+内陆	海洋	内陆
2002	1255	63	1192	3.8800	2.3200	1.5600
2003	1274	80	1194	7.1316	5.8003	1.3313
2004	1020	79	941	10.8379	8.9691	1.8688
2005	1028	91	937	6.4000	4.0300	2.3700
2006	1463	87	1376	2.4300	1.2700	1.1600
2007	1442	73	1369	2.9700	1.3000	1.6700
2008	1025	88	937	1.6481	0.3681	1.2800
2009	1049	50	999	1.8757	0.8793	0.9964
2010	933	21	912	4.8197	3.0000	1.8197
2011	680	2	578	3.6786*	0.0974*	3.5812
2012	424	2	422	1.6117	0.8562	0.7555
2013	343	9	334	2.4001	1.7433	0.6568
2014	284	7	277	0.5309	0.3422	0.1887
2015	79	0	79	1.6432	0	1.6432
2016	68	3	65	0.2316	0.1186	0.1130
2017	66	7	59	0.5983	—	0.5983
2018	140	1	139	0.0614	—	0.0614
2019	41	0	41	0.0530	0	0.0530
2020	14	0	14	0.8167	0	0.8167
合计	12 628	663	11 865	53.6185	31.0945	22.5240

"—" 海洋渔业污染事故经济损失额未评估。

"*" 未包括渤海蓬莱 19-3 油田溢油事故渔业经济损失额（约 15 亿元）。

（三）渔业污染事故典型案例[3]

1. 海洋渔业污染事故典型案例

2011 年 6 月发生的渤海蓬莱 19-3 油田溢油事故，造成 6200 km^2海域污染，其中 870 km^2海域水质超过劣 4 类，致使渤海海域生态环境受到严重破坏，天然渔业资源和养殖生物受到严重损害，渔业经济损失达 15 亿元以上；2012 年 1 月，“大庆 75”轮在渤海中部海域发生碰撞，导致溢油污染事故，致使烟台北部沿海 10 个县市区管辖海域发生油污染，污染面积约 1.23 km^2，造成人工养殖、天然渔业资源损失约 5000 万元；2012 年 3 月，新加坡籍“BARELI”集装箱船在福建近海搁浅，造成海洋渔业生态环境污染事故，对福建莆田、平潭等地的龙须菜、海带、鲍鱼、海参等养殖造成严重影响，经济损失约 3562.3 万元；2013 年，在山东日照北部山海天养殖区，因港口施工倾废污染，造成贻贝、扇贝、牡蛎、海参等死亡约 20×10^4 t，经济损失约 1.56 亿元；2013 年 3 月，在东海因“达飞佛罗里达”轮碰撞发生溢油事故，污染面积达 1400 km^2余，致使鱼卵、仔鱼、鱼、虾、头足类等幼体死亡，造成重大经济损失；2014 年 3 月，在福建福州市罗源湾网箱养殖区，因“JASMIN JOY”船油泄漏，造成鲍鱼等养殖生物死亡约 300 t，经济损失达 1300 万元；2016 年 7 月，广西壮族自治区钦州外海浅海养殖区发生渔业污染事故，污染面积达 1333.3 hm^2，造成钝缀锦蛤、缢蛏、象皮螺大量死亡，经济损失达 1000 万元；2018 年 11 月，福建泉州市泉港区东港石化码头发生严重化学品泄漏事件，共泄漏工业用裂解碳九化学品 69.1 t，造成渔业水域污染，渔业经济损失巨大；2021 年 4 月，巴拿马籍杂货船“义海”轮（SEA JUSTICE）与利比里亚籍锚泊油船“交响乐”轮（A SYMPHONY）在距青岛港约 63.28 km的朝连岛东南海域发生碰撞，碰撞导致“交响乐”轮（A SYMPHONY）一货舱受损，发生溢油事故，造成渔业水域污染。虽然目前还未公布此次渔业污染事故经济损失的最终结果，但根据掌握的情况，预计此次渔业污染事故经济损失将是巨大的。

2. 内陆渔业污染事故典型案例

2010 年 7 月 3 日，9100 t 紫金矿业铜矿废水渗漏直接排入金山电站库区，对下游水生生物和生态环境造成污染，致使汀江流域上杭—永定棉花滩库区的养殖鱼类持续发生大量死亡，共计损失人民币 2220.6 万元；2011 年 8 月 27 日至 9 月 3 日，福建省闽江古田段水口库区因水环境突变造成溶解氧含量急剧下降，发生养殖网箱鱼类死亡事件，造成经济损失约 18 600 万元；2015 年 6 月，安徽省五河县天井湖、沱湖发生渔业水域污染事故，污染面积 5334 hm^2，造成鱼、虾、蟹大量死亡，经济损失达 9000 万元；2017 年 8 月，中铁十四局集团有限公司在四川雅安市天全县思经乡承建的雅康高速 C10 标段工程施工过程中造成思经河水污染，思经河渔业污染事故导致天全润兆鲟业有限公司在思经乡团结村天全冷水鱼产业园区的养殖鱼类大量死亡，造成直接经济损失 5651. 11 万元；2018 年 3 月，广西壮族自治区岑溪市南渡镇、马路镇水域，因上游水电站排放大量泥沙发生渔业污染事故，造成草鱼、罗非鱼等大量死亡，直接经济损失达 454. 29 万元；2019 年 6 月，浙江省丽水市遂昌县乌溪江湖山库区水域，因垃圾污染发生渔业污染事故，造成鲢鱼、鳙鱼等大量死亡，直接经济损失达 317 万元；2020 年，广西壮族自治区浔江西江河段发生渔业污染事故，造成黄颡鱼、斑点叉尾鮰、赤眼鳟、青鱼等大量死亡，直接经济损失 8083. 55 万元。

以上列举的渔业污染事故典型案例仅为实际发生的渔业污染事故极少部分，且直接经济损失占全部经济损失的比例很小，间接经济损失远大于直接经济损失。事实表明，渔业污染事故已成为影响我国渔业绿色健康持续发展最重要的因素之一，其风险挑战十分严峻。

四、渔业污染事故调查处理机制

（一）渔业污染事故调查处理法规体系

农业部（现农业农村部，下同）依据《中华人民共和国渔业法》《中华人民共和国环境保护法》《中华人民共和国水污染防治法》《中华人民共和国海洋环境保护法》《中华人民共和国突发事件应对法》，针对渔业污染事故发生的特点及其对渔业的危害，早在 1997 年就制定发布了《渔业水域污染事故调查处理程序规定》（1997 年农业部 13 号令），其中第五条规定了“地（市）、县主管机构依法管辖其监督管理范围内的较大及一般性渔业水域污染事故。省（自治区、直辖市）主管机构依法管辖其监督管理范围内直接经济损失额在五百万元以上的重大渔业水域污染事故。中华人民共和国渔政渔港监督管理局管辖或指定省级主管机构处理直接经济损失额在千万元以上的特大渔业水域污染事故和涉外渔业水域污染事故”。同时《渔业水域污染事故调查处理程序规定》还明确了渔业水域污染事故的水域边界、危害后果边界和处理管辖边界。水域边界为渔业水域，即“鱼虾贝类的产卵场、索饵场、越冬场、洄游通道和鱼虾贝藻类及其他水生动植物的增养殖场”；危害后果边界为“由于单位和个人将某种物质和能量引入渔业水域，损坏渔业水体使用功能，影响渔业水域内的生物繁殖、生长或造成该生物死亡、数量减少，以及造成该生物有毒有害物质积累、质量下降等，对渔业资源和渔业生产造成损害的事实”；处理管辖边界原则性界定为“根据渔业水域污染事故发生区域的管辖归属，由相应区域的渔业行政主管部门调查处理”。2007

年在《渔业水域污染事故调查处理程序规定》发布实施10年之际，农业部制定发布了《渔业水域污染事故信息报告及应急处理工作规范》（农办渔［2007］63号），旨在提高渔业行政主管部门及其渔政渔港监督管理机构处理渔业污染事故的快速反应和应急能力，有效控制污染事故的危害，保护与维护渔民、渔业利益和权益，保障人民群众水产品食用安全。2008年农业部《关于贯彻实施〈中华人民共和国水污染防治法〉全面加强渔业生态环境保护工作的通知》（农渔发［2008］13号），要求“各级渔业行政主管部门要依法加强渔业污染事故的调查处理，……建立完善突发性水域污染事故调查处理快速反应机制，积极应对和妥善处理渔业污染事故”。基于渔业污染事故的等级，将其调查处理组织架构由农业部渔业管理局和省、市、县渔业行政主管部门的执法队伍四个层级构成。应该说上述有关渔业污染事故调查处理规章为渔业污染事故调查处理机制的建立奠定了法规基础。

（二）渔业污染事故调查鉴定评估的标准体系

20世纪80年代末90年代初，随着我国渔业水域生态环境不断恶化，渔业生态环境研究逐渐从以渔业生态环境调查为重点的渔场海洋学研究方向转移到与污染生态学和生态毒理学研究并重的方向上。此时迫切需要一部相应的国家标准来支撑学科研究和渔业发展。1985年国家环境保护局（现国家生态环境保护部，下同），做出了编制《中华人民共和国渔业水质标准》的决定，并委托农业部渔政渔港监督管理局（现农业农村部渔业管理局）组织水产研究所的科研力量实施编制工作。经过3年多试验研究，首先提出了“渔业水质基准”，据此于1989年编制完成了《中华人民共和国渔业水质标准》（GB 11607—89），并由国家环境保护局发布，成为新中国成立后第一部渔业领域国家标准，为防止和控制渔业水域水质污染，保护鱼、虾、贝、藻类正常生长、繁殖和水产品的质量提供了重要支撑。1996年在《渔业水域污染事故调查处理程序规定》发布前，针对淡水渔业污染事故导致鱼类死亡调查，农业部就发布了两个标准，即《污染死鱼调查方法（淡水）》（1996年7月 农业部发布）和《淡水鱼类急性中毒死亡诊断方法》（1996年7月 农业部发布）。这两个方法是我国最早针对渔业污染事故导致的死鱼后果发布的调查与诊断标准，是在淡水渔业水域发生污染死鱼时，为了确定鱼类死亡是由于污染所致及确定污染物和污染源的调查方法标准。2001年和2002年国家质量监督检验检疫总局发布了《海洋生物质量》（GB 18421—2001）和《海洋沉积物质量》（GB 18668—2002）两个标准。2007年针对海洋工程项目与围填海活动对海洋生态的影响及危害，农业部发布了《建设项目对海洋生物资源影响评价技术规程》（SC/T 9110—2007）。2008年针对渔业污染事故经济损失评估，国家又发布了《渔业污染事故经济损失计算方法》（GB/T 21678—2008），成为渔业污染事故经济损失调查评估最专业的国家标准。2014 年国家海洋局组织制定并发布了《海洋生态损害国家损失索赔办法》（国海环字［2014］593 号）。此外，其间一些沿海省还发布了针对海洋生态损害补偿评估的地方标准，如《山东省海洋生态损害赔偿和损失补偿评估方法》（DB37/T 1448—2009）。至此，我国渔业污染事故经济损失调查鉴定评估标准体系亦形成，构成了渔业污染事故调查鉴定评估的标准遵循。

（三）渔业污染事故调查鉴定能力体系

渔业污染事故调查鉴定能力体系包括调查执法队伍、调查鉴定队伍和调查鉴定条件三个方面。20 世纪 80 年代末，针对渔业生态环境监测的需要，农业部根据党中央国务院的决策部署和指示精神，成立了农业部渔业生态环境监测中心，挂靠于中国水产科学研究院；成立了农业部黄渤海区、东海区、南海区等海区渔业生态环境监测中心，分别挂靠于中国水产科学研究院黄海水产研究所、东海水产研究所和南海水产研究所；成立了农业部黑龙江流域、长江中上游、长江中下游、珠江流域等流域渔业生态环境监测中心，分别挂靠于中国水产学研究院黑龙江水产研究所、长江水产研究所、淡水渔业研究所、珠江水产研究所。与此同时，各沿海省市和流域省市也相继成立了各自所属的渔业生态环境监测（中心）站。海区和流域渔业生态环境监测中心与各沿海省市和流域省市所属的渔业生态环境监测站组成了以农业部渔业生态环境监测中心为业务指导的覆盖全国的专业渔业生态环境监测网。其主要职能除了承担科研项目外，分别负责海区、流域和辖区渔业水域生态环境常规监测和应急监测任务，为各级渔业行政主管部门管理决策和渔业产业发展服务。

2000 年农业部发布了《渔业污染事故调查鉴定资格管理办法》（农渔发［2000］7 号），规定“承担渔业污染事故调查鉴定的单位，必须取得《渔业污染事故调查鉴定资格证书》（以下简称《鉴定资格证书》）”。《鉴定资格证书》分为甲级、乙级和丙级三种，实行申请、受理、审查、核发的程序。申请甲级《鉴定资格证书》的单位，需向中华人民共和国渔政渔港监督管理局提出书面申请报告，申请乙、丙级《鉴定资格证书》的单位，需向所在省级渔业行政主管部门提出书面申请报告。中华人民共和国渔政渔港监督管理局在受理《鉴定资格证书》申请后，由全国渔业污染事故技术审定委员会按申请《鉴定资格证书》必须具备条件，对人员组成与专业结构、执业业绩与相关工作基础、仪器设备与试验室条件、认证认可情况、数据分析测试手段与报告编制质量以及法律法规遵守情况等进行全面考核。考核合格的申请单位报中华人民共和国渔政渔港监督管理局核发《鉴定资格证书》，并对持有《鉴定资格证书》的单位进行定期或不定期抽查考核。同时规定承担渔业污染事故调查鉴定评估的技术人员，必须通过每年举办的渔业污染事故调查鉴定培训考试，考试合格取得《渔业污染事故调查鉴定个人合格证书》（以下简称《鉴定个人合格证书》）后方可上岗执业。截至2015年（2013年农业部决定取消“渔业污染事故调查鉴定机构资格认定”行政审批），全国渔业生态环境监测网成员单位持有《鉴定资格证书》共有98个。其中，甲级《鉴定资格证书》9个，乙级《鉴定资格证书》38个，丙级《鉴定资格证书》51个（表2），持有《鉴定个人合格证书》共有2539人。

表2　截至2015年持有《渔业污染事故调查鉴定资格证书》单位统计

资格级别	持证单位	数量
甲级	农业部黄渤海区、东海区、南海区、黑龙江流域、长江中上游、长江下游渔业生态环境监测中心及山东省、广东省渔业生态环境监测中心、福建省渔业环境监测站	9个
乙级	农业部珠江流域渔业生态环境监测中心及北京市、天津市、河北省（海洋）、山西省、内蒙古自治区、辽宁省（海洋）、辽宁省（淡水）、吉林省、黑龙江省、哈尔滨市、上海市、江苏省、浙江省（海洋）、浙江省（淡水）、宁波市、安徽省、福建省（淡水）、厦门市、山东省（淡水）、青岛市、河南省、湖北省、武汉市、湖南省、广州市、深圳市、湛江市、东莞市、广西壮族自治区、海南省、四川省、陕西省、宁夏回族自治区渔业生态环境监测站及江苏省海洋水产研究所、海南省水产研究所、云南省渔业科学研究院、新疆维吾尔自治区水产科学研究所	38个
丙级	天津市塘沽区、天津市汉沽区、天津市西青区、河北省（淡水）、河北省沧州市、辽宁省大连市、吉林省长春市、上海市奉贤区、上海市崇明县、上海市金山区、江苏省扬州市、江苏省江都市、江苏省吴江市、江苏省徐州市、江苏省南通市、浙江省绍兴市、浙江省绍兴县、浙江省金华市、福建省福州市、山东省潍坊市、山东省烟台市、山东省济宁市、山东省滨州市、山东省东营市、山东省威海市、湖南省长沙市、湖南省岳阳市、湖南省常德市、湖南省株洲市、湖南省湘阴县、广东省汕头市、广东省茂名市、广东省阳江市、广东省江门市、广东省深圳市龙岗区、广东省惠州市、广东省汕尾市、广东省潮州市、广西壮族自治区钦州市、甘肃省、青海省渔业生态环境监测中心（站）及辽宁省锦州市海洋与渔业科学研究所、辽宁省盘锦市水产科学研究所、江苏省连云港市水产品质量检测中心、浙江省水产品质量检测中心、福建省海洋环境与渔业资源监测中心、江西省水产研究所、江西省水产品质量安全监测中心、重庆市水产品质量监督检验测试中心、山东省海洋资源与环境研究院、河南省水产科学研究院	51个

综上可见，全国渔业生态环境监测网是我国渔业污染事故调查鉴定队伍的主要力量，从2002—2020年共调查鉴定渔业污染事故12 628起（表1），不仅积累了丰富经验和数据资料资源，同时也显示了这支队伍无可替代的重要作用。

五、渔业污染事故调查处理机制面临的问题与建议

以《渔业水域污染事故调查处理程序规定》发布为标志的渔业污染事故调查处理

机制从建立到2020年，已经运行了20多年，在保护和维护渔业、渔民利益与权益方面做出了重要贡献。然而，在2018年全国机构改革的机构与职能调整与优化、近年水产品价格上涨和渔业生产成本上升、当下产业发展对生态环境现实要求以及2013年农业部为全面贯彻落实《国务院关于取消和下放一批行政审批项目等事项的决定》（国发〔2013〕19号），取消了“渔业污染事故调查鉴定机构资格认定”的行政审批事项的背景下，支撑渔业污染事故调查处理机制的法规体系、标准体系与能力体系不同程度地显现出不能满足现实实际要求，或与现实实际要求不协调的问题，影响着渔业污染事故调查处理机制协调、健康、持续运行。为此，提出如下意见与建议：

（1）针对2018年全国机构改革的机构与职能调整与优化引起的渔业污染事故调查处理主体发生了变更问题，水产品价格上涨和渔业生产成本上升引起的事故分级额度不合理问题，以及取消渔业污染事故调查鉴定机构资格认定与现实实际要求不协调的问题，国家渔业行政主管部门应适时组织力量对相关规章进行梳理，从实际出发，废除无用规章，修改有用规章，补充制定新规章，使渔业污染事故调查处理法规体系得到进一步完善。

（2）针对产业发展对生态环境现实要求引起的相关标准，特别是已发布实施了30多年的《中华人民共和国渔业水质标准》，不能满足实际需要的问题，国家渔业行政主管部门应根据实际要求，谋划修订计划，实施修订。针对《中华人民共和国渔业水质标准》，尽快协调生态环境部，组织渔业科研院所，根据渔业水域功能划分进行分类定标，根据微塑料、持久性有机污染物（多氯联苯PCB_S）以及新兴有机污染物（EOC_S）[3-6]等的出现进行要素增补，使渔业污染事故调查鉴定标准体系更加科学、更加客观、更加实用。

（3）自2013年农业部取消“渔业污染事故调查鉴定机构资格认定”的行政审批事项后，绝大多数渔业生态环境监测网成员单位不具有司法鉴定资质。以农业农村部黄渤海区、东海区、南海区渔业生态环境监测中心为例，目前均不具有司法鉴定资质，使其处于无法就渔业污染事故调查鉴定继续开展工作的局面。针对这一问题，国家渔业行政主管部门应通过组织协调争取国家司法部、生态环境部等有关部委的支持，通过政策引导激发渔业生态环境监测网成员单位的社会责任担当，积极参与司法鉴定资质认证的行动自觉，突破不具有司法鉴定资质“瓶颈”，进一步强化渔业污染事故调查鉴定能力体系。

参考文献

［1］　李俊磊．我国海洋灾害分析与现代化治理对策研究［M］//李乃胜．经略海洋（2020）——

健康海洋专辑．北京：海洋出版社，2020：185-189.

[2] 农业部．渔业水域污染事故调查处理程序规定（第四条）．1997 年 3 月 26 日，农业部第 13 号令发布．

[3] 杜雨珊，赵信国，朱琳，等．微塑料在海洋渔业水域中的污染现状及其生物效应研究进展[J]．渔业科学进展，2019，(3)：178-190.

[4] 徐擎擎，张哿，邹亚丹，等．微塑料与有机污染物的相互作用研究进展[J]．生态毒理学报，2018，(1)：40-49.

[5] 王昊，赵信国，陈碧鹃，等．海洋酸化与重金属、有机污染物和人工纳米颗粒的联合毒性效应研究进展[J]．生态毒理学报，2019，(1)：2-17.

[6] 柳肖竹，盛彦清．我国河口海岸带沉积物污染类型及其治理技术展望[M]//李乃胜．经略海洋(2020)——健康海洋专辑．北京：海洋出版社，2020：169-177.

作者简介：

马绍赛，男，中国水产科学研究院黄海水产研究所研究员（二级），原科研处处长、研究室主任、农业部（现农业农村部）黄渤海区渔业生态环境监测中心主任，中国侨联特聘专家。研究方向：海洋渔业生态环境与生物修复。曾获农业部中青年有突出贡献专家荣誉称号，享受国务院特殊津贴。

山东省科技支撑海洋生态修复对策研究

马健 王先磊 黄博

（山东省海洋科学研究院，山东 青岛 266071）

摘要：《2021 年中国海洋生态环境状况公报》显示，山东省海洋生态环境形势依然严峻，海洋生态环境恶化的趋势还没有得到有效遏制，典型生态系统退化现象仍然存在。本研究通过对比分析国内外海洋生态修复的现状和发展趋势，立足山东海洋生态修复领域基础和科研优势，针对科技支撑海洋生态修复存在的难点和问题，提出切实可行的对策建议，以期助力山东海洋生态文明建设，实现山东海洋生态环境绿色可持续发展。

关键词：生态环境；生态修复；生态文明建设

海洋生态修复是有效解决山东近海生态环境问题的重要途径，海洋科技可为海洋生态修复提供重要支撑。本研究重点关注与山东海洋生态修复相关的科技工作现状，修复手段主要涉及人工鱼礁、大型海藻、海草床、增殖放流、多营养层次综合养殖模式等技术。

一、国内外发展现状

（一）人工鱼礁生态修复

人工鱼礁不仅可以改善渔业生态环境，而且还可修复海洋生态环境，大规模的人工鱼礁建设具有明显的生态、经济和社会效益。人工鱼礁应用和研究最活跃的主要是日本、美国、欧盟和韩国。日本政府非常重视人工鱼礁建设，是世界上投入资金最多和研究最深入的国家，也是世界上人工鱼礁建造规模最大的国家。美国规模化的人工鱼礁建设开始于 20 世纪 30 年代，1985 年出台了《国家人工鱼礁计划》，目前美国几乎所有的州都制定了人工鱼礁建设规划，2000 年，美国人工鱼礁数量达到 2400 处，带动的垂钓人数高达 1 亿人，直接经济效益 300 亿美元，建设人工鱼礁后，海洋渔业资源是投放前的43倍，渔业产量每年增加500万吨。当前，国际上对人工鱼礁的研究逐渐从提高渔获量，逐步向改善海洋生态系统结构方向转变。

我国人工鱼礁建设开始于20世纪80年代，当时农业部组织全国水产专家指导各地人工鱼礁实验，共投放了2.87万件人工鱼礁。21世纪初，广东、浙江、江苏、山东和辽宁等省掀起了新一轮人工鱼礁建设浪潮。经过40多年的发展，我国沿海从北到南已建设了一系列以投放人工鱼礁，移植种植海草和海藻，底播海珍品，增殖放流鱼、虾、蟹和头足类等为主要内容的海洋牧场，目前，我国海洋牧场建设已初具规模，截至2022年初，我国共建设国家级海洋牧场示范区153个，成为沿海地区修复海域生态环境的重要抓手。

（二）大型海藻生态修复

大型海藻是一种简单、经济、环保、安全有效的海洋生态改良和修复手段，在适宜条件下，其净初级生产力可超过红树林、海草床等生态系统。通过在富营养化海区和严重污染的养殖海区栽培大型海藻进行原位修复，可以发挥其优化海洋生态系统结构、延缓海域富营养化、控制赤潮、参与海水养殖清洁生产等多方面功效。大型海藻研究和应用比较多的是日本、美国、韩国和欧盟。日本在1945年开始关注海藻场退化问题，开展海藻场生态学调查与修复的研究工作；20世纪70年代开始探索海藻场修复技术；20世纪80年代探索近海生态系统重建技术，用于修复因人类活动导致退化的天然海藻场；20世纪90年代着重于海岸带项目的开发，并将海藻场修复项目纳入其中。美国在20世纪80年代开始人工巨型海藻场的构建工作，90年代在圣塔莫妮卡海湾开展海藻场修复工作，2001年在马布里海滩布设海藻场修复示范区。20世纪90年代，欧盟启动了EUMAC重大研究计划，研究水域跨越波罗的海至地中海的欧洲沿岸海区，以研究大型海藻在环境和气候变化中之响应及作用。韩国从2002年启动了以大型海藻作为近海水域生物过滤器和生产力系统的计划，以修复韩国近海由于鱼类养殖等人类活动所带来的富营养化问题。

近年来，我国对大型海藻的生态应用主要集中在生态立体混养模式，通过“藻贝参”“藻鱼参”等综合增养殖模式，利用大型海藻对养殖区富营养化进行原位修复，取得了非常好的生态修复效果。进入21世纪以来，海洋牧场作为养护水生生物资源、修护水域生态环境的重要手段开始被开发利用。茂盛的海藻场被视为优质的海洋生态牧场必不可少的组成部分，也是体现海洋牧场生态系统健康水平的重要指标。2016年，农业部渔业局将海藻场列入海洋牧场国家级示范区的主要建设内容，规定下拨的建设经费中的15%用于海藻场建设，和人工鱼礁建设共同作为海洋牧场区的栖息地生态改善手段。2017年，农业部发布的《国家级海洋牧场示范区建设规划（2017—

2025）》对黄渤海区、东海区、南海区的海藻场建设指标提出明确要求。

（三）海草床生态修复

海草床与珊瑚礁、红树林被誉为三大典型海洋生态系统，在近岸生态系统中发挥着极其重要的作用，海草床修复有助于维持和提高海草床分布范围及其生态服务功能。早在1947年，就有学者提出要对海草床进行人工修复，直到20世纪末，世界范围内才逐渐开展海草床生态修复活动，主要的发起者和参与者多为欧美等发达国家。其中，规模最大的是美国国家海洋与大气管理局对切萨皮克湾的海草床修复计划，该计划于2003年开始施行，通过相关修复工作的开展，恢复效果显著，带动了全球范围内海草床人工修复技术的创新和修复设备的开发。

我国最初对海草床的使用是通过将大叶藻移植到养殖池塘来净化水质，从而提高水产品的产量。近几年，对海草床的修复研究逐渐增多，常用的海草修复技术是海草成体移植技术和海草种子播种技术。山东威海于2007年开展了我国第一次海草床修复项目，随后，广东、广西和海南也均进行了海草移植修复活动。唐山海域海草床是目前国内发现面积最大的海草床，中科院海洋所分别于2018年、2019年运用直插法、根茎绑石法等方法在该海域开展了多次茎枝移植修复工作，修复效果显著；2020年在该海域一次性播种海草种子100万粒，是国内目前最大规模海草种子种植工程。

（四）增殖放流生态修复

人工增殖放流是提高渔业资源数量、改善海域生态环境的一项极为有效的措施。日本、美国、苏联、挪威、西班牙、法国、英国、德国等先后开展了增殖放流工作，且都把增殖放流作为今后资源养护和生态修复的发展方向。日本增殖放流活动开始较早，自20世纪60年代开始至今，放流技术已十分成熟，目前日本放流数量最多的是杂色蛤，其次是虾夷扇贝，二者年放流达200亿粒以上。美国增殖放流的种类达20多种，增殖对象多为经济价值较高的鱼类，对修复因工程建设而受到破坏的渔业资源效果明显。

人工增殖放流技术在我国应用较早，我国自20世纪80年代以来，先后在渤海、黄海、东海运用了海洋生物人工放流增殖技术，增殖规模随着增殖技术的不断成熟也在不断扩大。现在，增殖放流工作已在我国各海域广泛开展，由一开始小规模、区域性的增殖放流工作发展到现在的大规模、全国性的资源养护行动。《中国渔业生态环境公报》数据显示，2006—2020年全国共投入放流资金136.72亿元，增殖放流数量4728.0亿尾/只，对近海海洋生物资源恢复发挥了积极作用。《“十四五”全国渔业发展规划》提出年放流苗种300亿单位以上，成为恢复渔业资源、保护珍贵濒危物种、改善生态环境、促进渔民增收的重要举措和关键抓手。

二、山东发展现状和优势

（一）科技水平处于引领地位

山东在我国海洋生态环境研究领域一直处于领先水平，在绿潮、水母、赤潮等海洋生态灾害领域的预报预警、基础研究、灾害处理等方面走在国内前列；海藻场、海草床、牡蛎礁、增殖放流、人工鱼礁、海洋牧场等海洋生态修复技术开发和应用在国内也处于引领地位。

人工鱼礁　山东充分发挥自身优势，组织开展人工鱼礁建设相关技术攻关，陆续开展了一系列课题研究，研究设计人工鱼礁新礁型、新材料、新布局，推出一系列可直接推广应用的新技术，为人工鱼礁建设和资源增殖提供了技术支撑。当前，山东把发展重点转移到大型生态型人工鱼礁建设，将海洋生态环境修复和养护渔业资源放在首位，实现人工鱼礁转型发展。

大型海藻　山东省大型海藻增养殖领域研发基础较好，拥有我国唯一的大型海藻资源库——中国科学院海藻种质库；先后培育了16个海藻新品种，占我国培育海藻新品种的3/4；2017年，农业农村部将国家藻类产业技术体系纳入我国现代农业产业技术体系，首席科学家位于山东；山东国家级海洋牧场达59处，占全国38.6%，海洋牧场建设领域的领军人才也出自山东。藻类增养殖技术得到快速发展，从近海养殖向深海扩张。

海草床　我国海草床修复始于山东威海，近几年，山东分别在威海荣成东楮岛、大天鹅国家级自然保护区、威海市马山海洋牧场、莱州湾等地开展大叶藻移植增殖和底播增殖种子，实施海草床规模化修复。水科院黄海所、中科院海洋所等科研院所在该领域研究实力较强。

增殖放流　山东的增殖放流品种数量、布局范围、总体规模、资金投入、技术管理及经济效益等均排在全国前列。山东现有232处省级海洋增殖站，累计增殖放流鱼虾贝藻各类苗种800多亿单位，主要增殖物种有海蜇、三疣梭子蟹、日本对虾、中国对虾、金乌贼、贝类、褐牙鲆以及其他多种鱼类。滨州无棣正海牧场连续四年共投放200亿粒苗种，修复海洋生态环境，成为全世界为数不多的正在生长的贝壳堤岸。山东拥有一批研发实力较强的海水良种培育机构，截至2021年，山东已培育海水原良种66个，占全国60%，带动全国良种技术不断进步。“十四五”期间，山东计划设置增殖放流点300个，年度放流65.4亿单位。

多营养层次立体综合养殖　该模式已经在荣成的桑沟湾获得成功，并达到了产业化水平，在国际处于遥遥领先位置。2016年，联合国粮农组织（FAO）和亚太水产养殖中心网络（NACA）将这种综合养殖模式作为亚太地区12个可持续集约化水产养殖的典型成功案例之一向全世界进行了推广，目前已吸引了全球30多个国家和地区的专家学者前来学习考察。

（二）科技研发基础实力较强

1. 科研项目

据不完全统计，“十一五”以来，山东海洋科技工作者在海洋生态环境领域共主持或参加国家和省级科技项目400多项，经费总金额超过8.5亿元，几乎包揽了国家在赤潮、水母、绿潮等海洋生物灾害方面的所有重大项目。国家重点研发计划“海洋环境安全保障”领域“十三五”期间共立项67项，经费合计11.71亿元；其中，山东获立项18项，立项经费合计3.43亿元，分别占全国26.9%和29.3%，位列全国第一，体现了山东在该领域的综合研究实力。

2. 科技平台

山东先后在海洋生态修复、滨海湿地生态修复与保育、黄河三角洲生态环境等领域建立了省级重点实验室，同时，自然资源部、中国科学院在山东建有海洋生态环境与防灾减灾、海岸带环境过程与生态修复等部级重点实验室，为技术开发提供理论支撑。山东建有多个技术开发平台，如大型海藻资源保护与应用、海洋牧场、人工鱼礁工程技术研究中心，以及滨海生态环境保护与修复、海洋牧场生态修复与持续利用工程技术2个协同创新中心。山东在渤海海峡、黄河口、胶州湾、青岛、牟平等建有野外观测和研究站7个，其中国家级3个，搭建了覆盖山东重要海域的海洋生态环境观测检测平台。

（三）技术开发成果丰硕

近年来，山东在该领域取得一系列科研成果。2010年，由山东省科技厅牵头联合环渤海三省一市科技厅（委）组织实施了国家科技支撑计划项目“渤海海岸带典型岸段与重要河口生态修复关键技术研究与示范”，通过项目实施，建立重盐渍化区生态修复等15项技术体系，形成渤海受损生境生态修复的科技支撑雏形；“山东半岛典型海湾生境修复和重要生物资源养护技术创新与应用”获2014年度山东省科技进步一等奖；“近海赤潮灾害应急处置关键技术与方法”获2019年度国家技术发明二等奖，相关成果在我国近海大规模应用，产生了显著的社会效益和经济效益，相关技术出口美国、智利等国家。

（四）顶层战略设计导向显著

随着海洋生态文明建设工作的持续推进，从国家到地方，一系列规划文件都将海洋生态修复放在重要位置。2020 年发布的《全国重要生态系统保护和修复重大工程总体规划（2021—2035 年）》将海岸带生态保护和修复作为九大工程之一提出，其中，黄渤海生态保护和修复是重要任务，并将科技支撑能力提升作为支撑生态保护和修复的重要途径。《国家级海洋牧场示范区建设规划（2017—2025 年）》明确提出，到 2025 年，全国累计投放人工鱼礁超过 5000 万空立方米，海藻场、海草床面积达到 330 平方千米。《山东省"十三五"海洋经济发展规划》和《山东海洋强省建设行动方案》对人工鱼礁、海藻林、增殖放流等技术和工程建设进行了比较详尽的规划；《山东省低碳发展工作方案（2017—2020 年）》也要求"加快发展海底森林修复技术，扩大海底森林规模化"；《山东省海洋牧场建设规划（2017—2020 年）》将人工鱼礁作为海洋牧场建设的重要技术生产力建设部分做出优化布局；《山东省海洋生态环境保护规划（2018—2020 年）》提出强化海洋生态修复领域关键技术的研究与推广，不断提高科技含量和水平。以上所涉及的山东海洋生态修复各项任务的顺利实施，需要通过科技创新来保驾护航，发展海洋科技，支撑保障山东海洋生态修复顺利实施具有必然性和必要性。

三、山东发展面临问题

（一）海洋生态修复任务仍然艰巨

近年来，山东海洋生态环境持续向好，但是，《2020 年中国海洋生态环境状况公报》显示 2019—2020 年山东入海河流总氮平均浓度有所下降，但仍高于全国平均水平，直排海污水中六价铬、铅、汞、镉等排放量居全国首位，渤海湾、黄河口、莱州湾、胶州湾生态系统仍呈现亚健康状态，特别是黄河口重度富营养化、无机氮超标、氮磷失衡等问题依然存在。海洋环境污染治理和生态恢复修复仍然是山东海洋生态文明建设的重要任务。

（二）海洋生态修复技术手段有待提升

我国海洋生态修复工作已经取得积极的成效，但由于该项工作起步较晚，生态修复技术和内容多处在理论研究阶段和低层次的人工生态修复层面，相关技术方法体系亟待完善，成果应用和转化力度需要加强。同时，我国海洋生态修复主要集中在对生态修复技术措施的研究，而对于生态修复的其他环节，如退化诊断、生态修复监测、生态修复效果评估及修复管理等方面的研究相对较少。生态修复研究大多停留在小尺度、局部范围内或集中于某一生物群落或物种，缺乏从整体生态系统水平、大尺度的生态修复研究。

（三）沿海兄弟省市科技水平不断提高

山东省虽然布局了一系列的研发平台，但是近几年，沿海兄弟省市也在纷纷加快研发平台建设，2015 年，天津市建立天津市海洋环境保护与修复技术工程中心；2019 年，福建省建立福建省海洋生态保护与修复重点实验室；2020 年，自然资源部在上海建立自然资源部海洋生态监测与修复技术重点实验室，生态环境部在辽宁建立国家环境保护海洋生态环境整治修复重点实验室，这些研发平台的建立，在共同促进我国海洋生态修复科技发展的同时，对山东海洋科技发展也形成较大竞争态势。以国家重点研发计划“海洋环境安全保障”重点专项为例，虽然“十三五”期间山东立项数目和经费数位列全国第一，但与其他省市相比，已没有显著优势。2018 年，重点专项在黄渤海、东海、南海的海洋生物资源与环境效应评价及生态修复方向共立项 3 项，首席科学家和牵头承担单位均花落外省。

（四）海洋生态修复评价体系有待完善

我国对生态修复的评估、后续监测和管理等方面的研究比较缺乏，并且缺少公认的修复效果评价指标。这就导致了部分生态修复工程仅重视建设期投入、项目可行性分析不充分、完成后综合评价缺失等问题的出现。以海洋牧场为例，只有部分海洋牧场建设项目中涉及构建系统的监测评估体系，其他大部分修复项目缺乏后续管理，生态修复的目标和效果可能会偏离既定轨道。

（五）海洋生态修复投入机制有待理顺

当前，我国海洋生态修复仍然以政府投入为主，“十三五”期间，中央财政累计安排生态保护修复相关转移支付资金 8779 亿元。地方财政压力较大，部分过度依赖中央财政资金投入，尚未建立资金筹措长效机制，缺少稳定财政支撑来源；金融政策和投融资公共平台的缺乏，难以提高金融机构的积极性；再加上生态修复项目的内容有时会与区域海洋经济的发展有矛盾，没有建立生态修复利益共享机制，对社会资本参与的吸引力不够。

四、山东发展对策建议

（一）科学统筹规划，打造联动协调机制

立足全国海洋生态保护修复布局，综合考虑山东沿海七市海域、海岸带、海岛和

滨海湿地等生物资源和环境禀赋、生态修复需求，统筹协调科学技术厅、自然资源厅、生态环境厅等相关部门，形成联通协调机制，科学规划、合理布局山东海洋生态环境修复，科学论证、精心设计海洋生态保护修复工程项目。在生态本底调查基础上，规划在先，修复有据，政府谋局，企业填空，形成海洋生态保护修复的常态化机制，确保山东海洋生态修复向积极方向发展。

（二）加强科技创新，突破重点关键技术

以改善生态环境为目标，增强对海洋生态系统的基础研究，包括海洋生态调查、退化诊断分析、修复模式构建、效果评估管理以及修复跟踪监测等过程。加大科技创新力度，瞄准生态修复技术的世界发展前沿，重点支持覆盖面较广、有一定工作基础和具备产业化前景的项目，确定目标，重点突破。加强海洋生态修复关键技术的开发，主要包括生物资源养护与生态修复技术、资源恢复型牧场建设技术、海藻林养护培育技术、海草床养护培育技术、人工鱼礁建设技术、滨海湿地修复技术、海洋生态修复标准及评估技术、海岸带侵蚀整治与修复技术、岸线整治和滩涂生态涵养等相关工程设计和技术研发。

（三）推动成果转化，科技助力产业发展

海洋生态环境保护产业具有广阔的市场前景和经济带动性，可以探索一条海洋生态修复和海洋生态产业发展相结合的发展路径，树立产业生态化、生态产业化的发展思路。立足山东科技创新资源优势和海洋生态环境保护修复实际需求，以山东海洋科技成果转移转化中心建设为契机，加强科技界、应用单位和产业部门的合作，加快成果转化，特别在海洋科技成果中试、产业化上下功夫，通过建立海洋生态修复示范试验区，逐步打造政产学研金服用创新要素有效集聚和优化配置，实现产业集群式发展和行业引领。

（四）健全制度标准，推动标准化体系建设

我国拥有较先进的海洋生态修复技术，2021 年，自然资源部印发《海洋生态修复技术指南（试行）》，山东可以此为依据，加强海洋生态修复的宣传和培训，并且根据山东海洋生态的现状和需求，适时出台适合山东海洋生态修复的地方标准，同时对修复工程实施全过程跟踪管理和效果评价，保证海洋生态保护修复质量和效果，提高山东海洋生态修复的科学化和规范化水平。

（五）立足地方需求，科学开展生态修复

山东省海洋生态修复应立足保护与修复山东海湾、海岛、河口、岸线、滨海湿地

等重要海洋生态系统，从黄河三角洲、莱州湾、庙岛群岛等山东典型综合海洋生态系统修复出发，以生态本底和自然禀赋为基础，因地制宜、科学统筹推进海草床、海藻场、牡蛎礁、增殖放流、人工鱼礁等海洋生态修复。同时，山东海洋生态修复应遵循自然生态系统内在机理和演替规律，从完整性出发开展系统修复，并维护生态系统多样性和连通性，避免修复导致海洋生态系统的割裂和损害。

作者简介：

马健，女，1978 年生，主任科员，现就职于青岛国家海洋科学研究中心，主要从事海洋科技合作管理以及海岸带可持续发展战略研究。

山东深海矿产资源勘探开发产业发展与对策

黄博　马健
（山东省海洋科学研究院，山东 青岛 266071）

摘要：深海矿产资源开发是解决人口、环境、资源问题，推动可持续发展的必然趋势，目前国际竞争加剧，全球均未进入商业开采，加强谋划布局，加快技术储备，对未来商业化中占据主动优势具有重要意义。山东深海矿产资源科技创新实力与国际水平相当并有赶超的趋势，但科研成果应用、商业开采仍处于劣势。本文通过分析山东创新资源、重大装备与关键技术、产业链培育优劣势，提出深海矿产资源开发产业发展的建议，助力山东深海矿产资源开发产业实现创新发展。

关键词：深海矿产资源；科技创新；海洋产业

一、国内外发展现状与趋势

全球深海矿产资源争夺战已箭在弦上，目前全球对深海矿产资源处于勘探开发早中期阶段，潜力巨大，国内外加速布局勘探开发技术创新，抢占技术制高点。

（一）深海矿产资源国际争夺箭在弦上

深海蕴藏着丰富的多金属结核、多金属硫化物、富钴结壳、深海稀土等矿产资源，资源量每年以一定速度增长，开发利用潜力巨大[1]。目前我国在国际海底区域拥有 5 块矿区，仅多金属结核资源就高达 18 亿吨，所含的锰、镍和钴可满足我国当前使用量 44 年、20 年和 58 年的需求，是未来我国战略资源重要来源保障。随着深海资源开发技术可行性逐渐明朗，联合国国际海底管理局于 2017 年公布了《开发规章（草案）》，认为对于“确保承包者有法可依地从勘探转向开采”具有重要意义[2]。诸多发达国家、发展中大国和大型跨国矿业公司在深海矿产资源开发领域的行动明显提速快进，纷纷抢占未来数十年深海产业开发技术制高点[1]。

（二）上升到国家战略高度

世界各国对深海矿产资源的重视与日俱增，很多国家将开发深海技术提升到国家战略高度，美国以联邦政府支持私有企业加大深海资源勘探开发，使其水下探测、资源勘探、开采等技术处于世界领先水平；日本将深海资源调查与开发技术项目作为重要研发内容列入其战略性创新创造项目（SIP），其深海载人深潜器技术处于世界领先水平；欧洲海洋管理局在“蓝色增长发展战略”（Blue Growth Strategy）规划中将深海自然资源联合开发作为其主要研究目标。随着各国对深海的日益重视，深海自然资源开发将呈迅速增长趋势。我国对深海研究起步较晚，目前对深海资源研究参与深度、研究程度不足，使我国的观点和立场难以形成较大影响力，在深海勘探矿区开发规则中面临适应西方要求的挑战，目前我国以实现深海矿产资源未来商业化开采为总体目标制定了深海采矿重大专项规划，力争成为国际上第一批进行深海矿产资源商业化开采的国家。

（三）产业链不断拓宽并加速走向商业化

一是产业链不断加快延长和拓展。深海矿产资源开发正带动深潜器、采矿设备、深水通讯和船舶等高端海洋工程装备产业的发展，辐射带动海洋环保、电子信息、新材料、高端制造等战略性新兴产业的创新发展。二是国际海底矿区申请速度明显加快，发达国家已经具备了对多金属结核等矿产资源商业开采前的技术储备，加速进行深海“蓝色圈地”活动，深海采矿即将逐步转入商业开采阶段。三是环境风险评估与生态环境灾害预测保护前期研究日益受到重视。深海采矿对海洋环境和生态的长期影响在正式开采后很长时间才能显现出来，小规模试开采试验无法准确预测正式采矿的全部影响，因此，深海资源开发环境影响引起国际社会的广泛关注。

二、山东产业基础与发展优势

（一）服务国家核心战略任务的排头兵

山东半岛包含我国重要的边缘海——黄海和渤海，为寒暖流交汇区域，海洋资源富饶。从地理位置上看，山东半岛东临西太平洋，面向环渤海经济圈、黄河三角洲经济区，涵盖“一带一路”倡议中的“21世纪海上丝绸之路”，是关乎国家海洋权益维护、资源开发利用、军事活动安全、应对气候变化和防灾减灾等重大国家需求的核心战略区域。

（二）海洋矿产资源研究的关键和重点区域

山东半岛沿海地区具有区域优势和唯一性，区域内发育的西太平洋深海盆-山系统蕴藏着极其丰富的能源和矿产资源[3]，包括石油、天然气以及天然气水合物、富钴结壳、热液硫化物和海底富稀土沉积[4][5]；同时，该区域也发育着全球最为活跃的大陆边缘，发育有一系列的火山岛弧和弧后盆地，地震、火山和海啸危害严重[6]，是围绕国际科学前沿动态，开展大陆边缘海底地貌、海底构造、洋底动力学、海底成矿-成藏-成灾作用和海底资源环境调查-采样-监测-模拟技术等系列研究的优势和关键区域。

（三）深海矿产资源科技人才集聚地和研发高地

山东在海洋矿产资源研究领域，聚集了多所国内顶尖的国字头科研院所，具有较为完备的学科体系，凝聚了大批高端专业人才，承担了大部分国家级重点项目，据调研，山东具有45%的全国重点研究单位，是上海、广东和浙江2倍、2倍和4倍；顶尖科学家占52%，是上海、广东和浙江的3.25、2.5和4.7倍；研究学科具备60%的研究方向，远超上海、广东和浙江的18%、11%、11%；在海洋领域获取国家重点研发计划项目数最多，经费数额最多，均占全国四分之一，主导研发了海底电视抓斗、海底大型原位物质探测系统、海洋大地电磁勘探技术等填补国内空白的具有国际影响力的成果，整体科研实力与国际水平相当并有赶超的趋势。

三、发展短板与瓶颈

深海矿产资源勘探开发是一个复杂的系统工程，技术密集程度高，涉及领域广，需解决严苛海洋环境下的勘探、开采、智能控制、材料、选冶、环境恢复等关键技术问题[7]，全国乃至全球至今仍难以快速进入商业开发阶段，山东深海地质与矿产资源基础研究在全国处于领先地位，但深海矿产资源勘探开发产业技术创新、产业链条培育等方面总体上仍处于“跟跑”阶段。

（一）技术制高点争夺越演越烈

深海矿产资源开发是解决人口、环境、资源问题，推动可持续发展的必然选择。目前，深海矿物资源开发国际争夺竞争加剧，全国各省纷纷出台超常规、高强度的措施，以科技创新驱动推动深海动力、深海通信等通用技术以及深海矿产采集、输送等专用技术的发展，湖南依托全国唯一国家级平台“深海矿产资源开发国家重点实验室”，在深海探矿、采矿专用技术领域处于全球领先水平；江苏瞄准深海技术科学领域，建设太湖实验室，重点关注深海前沿领域；广东南方海洋科学与工程广州海洋实验室专门支撑天然气水合物产业化发展；深圳将深海矿产列入产业发展规划，每年安排专项支持[8]。山东的三山岛金矿是全球首座安全高效开采海底金属资源的矿山，其开采深度已经超过千米，达到1050米。但随着深度增大，常规勘探技术的应用受到限制，深层资源的勘探技术、灾害监测与防控技术、远程通信控制技术等方面都需要进一步的提升[9]。开展大陆边缘海底地貌、海底构造、洋底动力学、海底成矿-成藏-成灾作用和海底资源环境调查-采样-监测-模拟技术等系列研究，应对深海、深地资源开采时可能面对的挑战工作迫在眉睫。

（二）创新资源优势面临竞争挑战

山东在海洋地质与矿产研究领域拥有全国45%的重点单位、60%学科方向、52%的顶级人才，整体实力居全国首位。但在近年来国家重点研发计划“深海关键技术与装备”立项方面，山东在数量上已被上海超过，居全国第二位。在总经费数量上被江苏、北京、上海等省市超过，跌落至全国第五位。山东对深海及矿产资源产业培育的重视不足，“十二五”以来1.6亿元深海矿产资源国家级项目经费落在山东，但省级配套经费不足千万。此外，山东缺乏原创性的海底科学研究成果，没有形成国家级的大型海底科学研究计划，也没有发起以我国为主的深海领域大型国际计划，未形成具有较大影响力的团队。上海依托同济大学海洋地质国家重点实验室，广泛参与IODP等大型国际研究计划，主导我国海洋调查基础数据资料；广州海洋地质调查局2020年定位由海洋调查更改为科研和调查，和青岛海洋地质研究所形成竞争。

（三）重大装备与关键技术参与度低

深海矿产资源勘探、开发技术与装备、深海潜水器及其配套技术设备是开展深海科学研究、资源开发的重要支撑[10]，我国海洋探测技术国产化起步较晚，研发整体处于集成创新阶段，重大装备核心部件大部分依赖进口，目前美国和日本等国家已具有深水5000米商业开采的技术储备，将在3年到5年内实现商业开采，我国已完成1300米深海采矿实验[11]，与发达国家还有一定差距，迫切需要加强大深度潜水器、深海海底岩芯与沉积物取样钻机等必要装备的研发。山东广泛参与了国内规模化深海国际海底矿产资源调查，但在“蛟龙”号“潜龙一号”“奋斗者”号、深海采矿船等深海设备、海底集矿试验系统研制和海上试验主导得少、关键环节参与度不高，面向下游的勘探、开采技术工艺储备不足。据调研，在潜水器、水下航行器等水下装备参与度方面，山东约占10%，落后于辽宁17%、江苏14%、北京14%、上海14%。水下装备配套材料、设备、海试等领域，山东排名全国第三（14%），落后于上海（20%）、江苏（17%）。深海矿产资源的探测勘探技术与装备，山东占比仅为6%，与广东（37%）、海南（18%）等省份差距较大。

（四）产业链培育不足

海底矿产资源开发覆盖勘探、开采、加工、应用完整产业链，涉及技术密集程度高，进一步延伸，可以拓展至虚拟海底技术产业、海底大数据产业、海底采矿装备产业、海底采矿产业、海底精准勘探产业、海底打捞救援装备产业、海底环保装备产业、海底探险装备与旅游产业等 13 个左右的新兴产业，形成千亿级产业集群，潜力巨大。其他地区如北京、广东、湖南等地不断加速与智能终端、大数据、云计算等新一代业态的融合，率先抢占市场先机，催生出海洋资源开发和利用的商业化，形成了水下机器人、深海爬行机器人等主导产品[12]，广东以深圳金航为龙头，打造了完整深海矿产开发产业链条，计划 2024 年实现深海多金属结核的商业化开采。山东水下机器人领域具备一些优势企业，如未来机器人、青岛赶海水下机器人等，企业数占全国 13%，仅次于北京（16%）、上海（16%）、广东（16%），但围绕矿产资源勘探-装备-开采-冶炼加工-市场产业链，从事相关领域的大型企业不多，深海采矿相关产业链条还未形成。

四、发展对策

（一）以海洋国家实验室建设为重点，加强深海科技创新能力建设

聚焦国家重大科技战略需求，围绕深海资源开发，以海洋国家实验室为重点，集聚深海矿产资源大院大所研究力量，开展海洋科技合作，牵头组织参与国际海洋大科学计划；发挥基础研究及学科优势，加强海洋地质学与环境科学、物理、化学、工程学、信息学的耦合，开展基础研究和前沿技术研发，建立学科与跨学科协同发展机制，实现多学科交叉融合先进技术引领，推动深海领域形成集团军优势促进产业化进程，带动海洋科技与经济发展。

（二）实施海洋矿产资源勘探开发重大科技工程，开展产业关键技术研究

加强顶层设计，瞄准深海矿产资源开发领域关键技术需求，研究深海采矿产业发展路线图，以大项目驱动联合攻关和重大创新，充分利用自然资源部、中科院、教育部等下属研究院所和相关企业在深海矿产资源探测与勘探、深海环境保护和生态修复方面的经验和成果，结合优势资源，聚焦精准勘探领域的技术需求和发展趋势，重点发展更高效、更智能、更精准的探测设备和技术，突破深海矿产勘探开发核心技术与装备，在深海资源白热化竞争中争取技术优势。

（三）加强政策研究，推进平台建设增强发展支撑力

根据深海产业发展需要，在财税、配套建设等方面予以优惠政策，有序引导企业参与，鼓励非国有资金等其他来源资金投入，形成多元化投入格局；完善首台（套）政策体系，培育和发展深海装备产业，引领科研单位与相关企业向深海矿产开发、深

海环境治理领域发展；加快推动海上公共实验场、深海探测技术研发中心、战略性矿产资源能源灾害模拟平台、沉积物岩芯扫描平台等平台建设。创建共享机制，出台基础性、战略性科研平台和大型科研仪器开放共享管理办法并推动落地实施；重点引进海洋资源、能源开发工程、地球系统模拟分析等领域高端人才，不断完善壮大探测、勘探、开采等专业人才队伍。

参考文献

[1] 王淑玲,白凤龙,黄文星,等. 世界大洋金属矿产资源勘查开发现状及问题[J]. 海洋地质与第四纪地质,2020,40(03):160-170.

[2] 王超. 国际海底区域资源开发与海洋环境保护制度的新发展——《"区域"内矿产资源开采规章草案》评析[J]. 外交评论(外交学院学报),2018,35(04):81-105.

[3] 罗文强,张尚坤,杨斌,等. 山东省沿海岸带矿产资源分布特征[J]. 山东国土资源,2014,30(12):32-37.

[4] 王金辉,田京祥. 三山岛断裂在海域北延位置的确定及成矿预测[J]. 地质学报,2017,91(12):2771-2780.

[5] 密蓓蓓,张勇,梅西,等. 中国东部海域表层沉积物稀土元素赋存特征及物源探讨[J]. 中国地质,2020,47(05):1530-1541.

[6] 张剑,李日辉,王中波,等. 渤海东部与黄海北部表层沉积物的粒度特征及其沉积环境[J]. 海洋地质与第四纪地质,2016,36(05):1-12.

[7] 杨建民,刘磊,吕海宁,等. 我国深海矿产资源开发装备研发现状与展望[J]. 中国工程科学,2020,22(06):1-9.

[8] 深圳市人民政府.《深圳市海洋产业发展规划(2013—2020 年)》(深府[2013]112 号)[R]. http://www.sz.gov.cn/zfgb/content/post_6568677.html,2014.

[9] 梁伟章,赵国彦,吴浩,等. 海底深部金矿采矿方法优化(英文)[J]. Transactions of Nonferrous Metals Society of China,2019,29(10):2160-2169.

[10] 刘少军,刘畅,戴瑜. 深海采矿装备研发的现状与进展[J]. 机械工程学报,2014,50(02):8-18.

[11] 央视网. 我国深海采矿车与载人潜水器首次联合作业[EB/OL]. (2020-09-29)[2020-09-29], http://news.cctv.com/2020/09/29/ARTIEZyMXarWA3IgZKDO1GOb 200929.shtml.

[12] 吴杰,王志东,凌宏杰,等. 深海作业型带缆水下机器人关键技术综述[J]. 江苏科技大学学报(自然科学版),2020,34(04):1-12.

作者简介：

黄博（1982—），女，山东青岛人，副研究员，长期从事科技战略研究和科研项目管理工作，参与编制山东省多领域科技规划、科技计划指南和实施方案。主持并参加研究课题12项，完成各类报告60余项；发表论文26篇；参与撰写著作4部。

新旧动能转换，长效巩固山东近岸海域污染综合治理

吕剑
（中国科学院烟台海岸带研究所，山东 烟台 264003）

摘要： 近岸海域是受人类活动剧烈影响、关乎人类社会发展的重要地球关键带，近海环境质量是关乎山东省海洋经济发展的关键问题之一。近年来，山东省近岸海域受到不同程度的污染，将会影响海岸带地区的生态文明建设和社会经济的可持续发展。本文从山东近岸海域污染现状、隐性污染问题、产业结构特点和污染防治措施等方面出发，概要介绍了山东近岸海域不同介质中污染物的分布状况，提出了相应的污染防治措施，为山东近岸海域生态环境保护和管理政策制定提供了有效可行的思路。

山东是海洋大省，是北方最强的沿海省份，海岸线长约 3345 千米，约占全国的 1/6。近海环境质量是关乎山东省海洋经济发展的关键问题之一，保护近岸海域就是在保护我们的蓝色粮仓和经济发展引擎。本文分析了山东近岸海域综合治理长效巩固面临的困难与挑战，并提出了相关对策建议。

一、山东近岸海域综合治理长效巩固面临的挑战

1. 山东近岸海域污染现状仍不容乐观

重金属及持久性有机污染物可对近岸海域环境构成长期潜在威胁。最新的研究证实，山东省近岸海域个别点位仍存在重金属及多环芳烃污染引起的潜在生态健康风险，污染对海产品质量安全的威胁必须持续高度关注[1-3]。近岸海域新污染物主要涉及环境内分泌干扰物[4]、抗生素[5]、抗生素抗性基因[6]及微塑料[7,8]等。我国近岸海域水质评价及管控未涵盖这些新污染物，但其潜在的生态健康风险不可忽视[9]。最新监测数据显示，我国近岸海域存在环境内分泌干扰物污染引起的潜在生态健康风险。与此同时，抗生素中的喹诺酮类抗生素在近岸海域多个监测站点表现出潜在生态风

险。山东近岸海域多种抗生素抗性基因同潜在致病菌弧菌和梭菌有较强的关联性，并且已分离到多株携带相关多重耐药基因的潜在致病菌（如弧菌）。与其他省份类似，山东近岸海域也存在微塑料污染问题。

2. 近岸海域污染防控易忽视隐性污染问题

目前近岸海域污染防控的关注重点是排污口与入海河流整治，而并未注重滨海地下水的影响，此前近海陆源污染防控多忽略海底地下水排泄带来的“隐性”污染问题[10,11]。以莱州湾滨海地下水为例，受污染地下水的海底排泄是引起局部近岸海域污染的超级隐性污染途径。滨海地下含水层存在氮素及新污染问题，可通过海底地下水排泄污染近岸海域。反过来，滨海缺水区地下水过度开采引起海水入侵滨海含水层过程亦可增强重金属的高盐萃取溶出及相关“隐性”次生污染风险。地下水隐形污染问题加大了近岸海域污染防控难度。

3. 滨海区域产业结构仍不够合理，空间竞争问题突出

海岸带区域低端型和资源与能源消耗型产业结构特点尚未彻底改变，海洋开发利用方式仍然粗放，资源开发利用质量、效率、效益较低的局面仍未扭转。山东滨海区域承载了城市化、港口和临海工业区建设、油气开发及养殖等多种功能，导致资源过度开发和不良空间竞争加剧。快速城市化、港口和临海工业园建设导致海岸带资源环境承载压力急剧加大，污染物排放量剧增，监管难度大。

二、相关对策

1. 推动区域经济新旧动能转换，关注新污染防控

做好山东滨海区域经济新旧动能转换工作，能够促进陆–海产业结构和空间布局优化，加快相关产业特别是海洋产业的转型升级和结构调整，带动滨海地区相关产业生产和治污技术共同进步，利于促进区域可持续发展。要从政策上倡导以绿色发展为主的产业布局，积极推广清洁生产工艺，淘汰技术落后、污染严重的企业。近海养护需要规划并实施海洋生态牧场建设，促进近岸海域的生态养护[12]。海岸带陆基养殖则大力推广应用工厂化循环水养殖和生态池塘养殖模式，推进海岸带陆基养殖的节能减排和水资源循环利用，减少养殖尾水排放。要在关注常规污染物的同时关注近岸海域新兴污染问题，鼓励和支持相关新污染物的减量化技术，积极研发廉价且环保的替代品（比如可降解塑料及抗生素替代品）[13]，以减少相关新兴污染物的排放和使用。

2. 陆海统筹，强化污染源控制，注重隐性污染控制

陆海统筹，陆海污染联防联控是近岸海域污染最有效的防治措施。在控制陆源污

染时，需进一步强化对各陆源污染源的有效监管，加强区域污染联防联控，因地制宜地及时制定或更新相关的排放标准，严格控制各类污水（尾水）的达标排放。其次，要注重滨海地下水等隐性污染源的污染防控工作，通过滨海地下水宣泄入海的污染物通量在局部近岸海域（如莱州湾）已经远超入海河流及污水排放的输入。再次，滨海缺水区要注重“以用促治”，通过尾水回用减排，既缓解水资源匮乏的困境，又从源头防控近岸海域污染[14]。控制海源污染应进一步有效监控海上油气平台、船舶及临港产业，严格控制其污染物排放，建立突发性污染（如溢油）事故应急响应机制和处理预案。

3. 积极推动海洋科技创新，持续不断为海洋产业提供新动能

要强化海岸带及近海学科的基础科学和关键技术研究，加强相关的科学研究投入和人才培养储备工作，推进构建山东海岸带监测网点和科研交流机制，促进科研成果的应用与转化，从科学技术方面持续不断为海洋产业发展和提质增效提供新动能。

参考文献

[1] LU JIAN, ZHANG CUI, WU JUN, et al. Pollution, sources, and ecological-health risks of polycyclic aromatic hydrocarbons in coastal waters along coastline of China[J]. Human and Ecological Risk Assessment: An International Journal, 2020, 26(4): 968-985.

[2] LU JIAN, LIN YICHEN, WU JUN, et al. Continental-scale spatial distribution, sources, and health risks of heavy metals in seafood: challenge for the water-food-energy nexus sustainability in coastal regions? [J]. Environmental Science and Pollution Research, 2021, 28: 63815-63828.

[3] WU JUN, LU JIAN, ZHANG CUI, et al. Pollution, sources, and risks of heavy metals in coastal waters of China[J]. Human and Ecological Risk Assessment: An International Journal, 2020, 26(8): 2011-2026.

[4] LU JIAN, ZHANG CUI, WU JUN, et al. Seasonal distribution, risks, and sources of endocrine disrupting chemicals in coastal waters: Will these emerging contaminants pose potential risks in marine environment at continental-scale? [J]. Chemosphere, 2020, 247: 125907.

[5] LU JIAN, WU JUN, ZHANG CUI, et al. Occurrence, distribution, and ecological-health risks of selected antibiotics in coastal waters along the coastline of China[J]. Science of The Total Environment, 2018, 644: 1469-1476.

[6] LU JIAN, ZHANG YUXUAN, WU JUN, et al. Occurrence and spatial distribution of antibiotic resistance genes in the Bohai Sea and Yellow Sea areas, China[J]. Environmental Pollution, 2019, 252: 450-460.

[7] LU JIAN, ZHANG YUXUAN, WU JUN, et al. Effects of microplastics on distribution of antibiotic resistance genes in recirculating aquaculture system[J]. Ecotoxicology and Environmental

Safety, 2019, 184: 109631.

[8] LU JIAN, WU JUN, WANG JIANHUA. Metagenomic analysis on resistance genes in water and microplastics from a mariculture system[J]. Frontiers of Environmental Science & Engineering, 2022, 16(1): 4.

[9] 吕剑，骆永明，章海波．中国海岸带污染问题与防治措施[J]. 中国科学院院刊，2016，31(10)：1175-1181.

[10] LU JIAN, WU JUN, ZHANG CUI, et al. Possible effect of submarine groundwater discharge on the pollution of coastal water: Occurrence, source, and risks of endocrine disrupting chemicals in coastal groundwater and adjacent seawater influenced by reclaimed water irrigation[J]. Chemosphere, 2020, 250: 126323.

[11] WEN XIAOHU, FENG QI, LU JIAN, et al. Risk assessment and source identification of coastal groundwater nitrate in northern China using dual nitrate isotopes combined with Bayesian mixing model[J]. Human and Ecological Risk Assessment: An International Journal, 2017, 24(4): 1043-1057.

[12] ZHANG CUI, LU JIAN, WU JUN. Enhanced removal of phenolic endocrine disrupting chemicals from coastal waters by intertidal macroalgae[J]. Journal of Hazardous Materials, 2021, 411: 125105.

[13] LU JIAN, ZHANG YUXUAN, WU JUN, et al. Intervention of antimicrobial peptide usage on antimicrobial resistance in aquaculture[J]. Journal of Hazardous Materials, 2022, 427: 128154.

[14] LU JIAN, ZHANG YUXUAN, WU JUN, et al. Fate of antibiotic resistance genes in reclaimed water reuse system with integrated membrane process[J]. Journal of Hazardous Materials, 2020, 382: 121025.

作者简介：

吕剑，中国科学院烟台海岸带研究所研究员，入选中科院百人计划及山东省泰山学者。主攻海岸带区域污染控制与清洁生产，系统开展了近海及海岸带水资源保护与可持续利用的研究工作。国家“蓝色粮仓科技创新”重大专项总体专家组专家，迄今已发表学术论文100余篇，其中以第一/通讯作者在环境领域重要期刊上发表SCI论文80余篇（入选ESI高被引论文4篇），以第一发明人获授权海岸带水资源保护及可持续利用方面的核心技术发明专利18项。研究成果获省部级奖2项，市级一等奖1项。主持国家自然科学基金项目、中科院STS区域重点项目等科研项目10余项。

加强塑料污染管控，促进黄河三角洲区域高质量发展

孙承君

（自然资源部第一海洋研究所，山东 青岛 266061）

摘要：本文针对塑料和微塑料污染的重大环境问题，面向重大国家战略，分析了海洋微塑料污染现状和影响，从建立塑料垃圾（微塑料）长期监测与评估体系并构建山东省塑料垃圾污染数据库、完善塑料污染管控工作的支撑保障体系及加强源头控制、强化舆论宣传与科普教育和提高全民环保意识等3个方面，提出山东省强化塑料污染管控与监测的建议，以确保山东省黄河流域、黄河三角洲、滨海河湖生态环境安全，深入推动黄河流域生态保护和高质量发展。

2022年5月24日国务院办公厅印发了《新污染物治理行动方案》（国办发〔2022〕15号）[1]。在开展调查检测，评估新污染物环境风险状况部分，明确要针对列入优先控制化学品名录的化学物质以及抗生素、微塑料等其他重点新污染物制定“一品一策”管控措施，开展管控措施的技术可行性和经济社会影响评估。在加强能力建设，夯实新污染物治理基础部分，提出加大科技支撑力度，在国家科技计划中加强新污染物治理科技攻关，开展有毒有害化学物质环境风险评估与管控关键技术研究；加强抗生素、微塑料等生态环境危害机理研究。微塑料作为一种新型污染物已经得到了国家的高度重视。

迄今为止，全球已经生产了超百亿吨的塑料，由于处理不当，目前在自然环境中已经有约80亿吨的塑料垃圾[2]。而新冠肺炎疫情的持续导致一次性口罩、医用防护品等的使用量剧增，造成了更多的塑料污染[3]。由于环境中的大型塑料会破碎分解，产生尺寸小于5毫米的微塑料，影响生物的摄食、生长和繁殖能力，对生态环境安全和人类健康产生巨大的潜在影响[4-9]。因此，继《联合国环境规划署年鉴》将海洋塑料污染列为全球最值得关注的十大紧迫环境问题之一后，塑料和微塑料污染也是联合国海洋可持续发展十年（2021—2030年）目标中清洁海洋最关注的内容之一。

海洋的塑料污染主要来源于陆地，而陆地塑料最大的污染源于一次性塑料的使用。我国是全球塑料生产第一大国，每年生产塑料原材料一亿多吨，超过全球产量的1/4[10]。山东是人口和农业大省，塑料使用总量位居国内前列，其中农用塑料薄膜使用量居全国第一[11]。除影响动物外，越来越多的研究表明土壤中纳米级的微塑料会进入植物体内，长期积累可能会影响农作物和农产品安全[12-14]，因此塑料垃圾和微塑料的潜在影响不容忽略。

黄河三角洲在1992年晋升为国家级自然保护区，于2013年被国际湿地公约组织列入“国际重要湿地名录”。2019年9月，习近平总书记在黄河流域生态保护和高质量发展座谈会上提出，黄河流域生态保护和高质量发展是重大国家战略，环境污染防控是其中一个关键环节。2021年10月，习近平总书记在深入推动黄河流域生态保护和高质量发展座谈会上发表的重要讲话中强调，要科学分析当前黄河流域生态保护和高质量发展形势，把握好推动黄河流域生态保护和高质量发展的重大问题。塑料污染是全球和我国共同面临的重大环境问题，我们应避免出现污染问题再打攻坚战的情况。

建议山东省进一步强化塑料污染管控与监测，确保山东省黄河流域、黄河三角洲、滨海河湖生态环境安全，通过以下三个方面的工作深入推动黄河流域生态保护和高质量发展。

一、建立科学监测与评估体系，进行长期跟踪监测

目前省内已有多个分散的研究，但缺乏统一标准和体系，成果很难集成。建议采用统一的方法，由专业队伍带头在山东省开展一次大规模的塑料（微塑料）污染状况调查，以沿黄流域和黄河三角洲为主，测量已有污染状况，评估塑料（微塑料）污染对山东省生态环境的影响及生态效应。在此基础上，建立山东省塑料垃圾（微塑料）长期监测与评估体系，坚持陆海统筹发展战略，构建山东省塑料垃圾污染数据库，进行跟踪评估。

二、完善塑料污染管控工作的支撑保障体系，加强源头控制

2021年山东省制定了《山东省塑料污染治理2021年工作要点》，省自然资源厅结合加快推进黄河三角洲生态保护和高质量发展的建议，制定了《山东省国家公园管理办法》，建议将塑料垃圾治理与黄河三角洲高质量发展结合起来，进一步加强对一次性塑料制品的减量管控和分类回收，通过技术创新来加强塑料废弃物分类收集、利用和处置，提高资源化利用水平。在快递、商超、餐饮等领域倡导绿色消费，支持打造塑料回收产业链，发展循环经济。

三、强化舆论宣传与科普教育，提高全民环保意识

（微）塑料污染防治及环境保护是系统工程，需要社会公众广泛参与，建议构建科普教育网站，通过各类媒体和网络宣传增强全民环保意识和自觉减塑；组织开展微塑料污染问题的系列科普教育、宣传及实践活动；针对中小学生开展多种形式的校园科普教育，辅助以图书或宣传册（或影像）等形式提高全民（微）塑料污染防治与环保意识。

参考文献

AVIO C G, GORBI S, MILAN M, et al. ,2015. Pollutants bioavailability and toxicological risk from microplastics to marine mussels[J]. Environmental Pollution, 198: 211-222.

BARBOZA L G A, VIEIRA L R, BRANCO V, et al. ,2018. Microplastics cause neurotoxicity, oxidative damage and energy-related changes and interact with the bioaccumulation of mercury in the European seabass, *Dicentrarchus labrax* (Linnaeus, 1758)[J]. Aquatic Toxicology, 195: 49-57.

GEYER R, JAMBECK J R, LAW K L,2017. Production, use, and fate of all plastics ever made[J]. Science Advances, 3(7), e1700782.

http://www.gov.cn/zhengce/content/2022-05/24/content_5692059.html.

https://market.chinabaogao.com/huagong/04953J322021.html.

JEONG C, KANG H, LEE M, et al. ,2017. Adverse effects of microplastics and oxidative stress-induced MAPK/Nrf2 pathway-mediated defense mechanisms in the marine copepod *Paracyclopina nana* [J]. Scientific Reports, 7: 41323.

KE A Y, CHEN J, ZHU J, et al. ,2019. Impacts of leachates from single-use polyethylene plastic bags on the early development of clam *Meretrix meretrix* (Bivalvia: Veneridae)[J]. Marine Pollution Bulletin, 142: 54-57.

KHALID N, AQEEL M, NOMAN A, et al. ,2020. Linking effects of microplastics to ecological impacts in marine environments[J]. Chemosphere, 264: 128541.

LI L, LUO Y, LI R, et al. ,2020. Effective uptake of submicrometre plastics by crop plants via a crack-entry mode[J]. Nature Sustainability, 3: 929-937.

LUO Y, LI L, FENG Y, et al. ,2022. Quantitative tracing of uptake and transport of submicrometre plastics in crop plants using lanthanide chelates as a dual-functional tracer[J]. Nature Nanotechnology, 17: 424-431.

OceansAsia. https://oceansasia.org/zh/covid-19-facemasks/.

PlasticsEurope,2021. Plastics-the facts 2021[EB/OL]. An analysis of European plastics production, demand and waste data. https://www. plasticseurope. org/download_file/force/4261/750.

SUN X, YUAN X, JIA Y et al. ,2020. Differentially charged nanoplastics demonstrate distinct accumulation in *Arabidopsis thaliana*[J]. Nature Nanotechnology, 15: 755-760.

YIN L, CHEN B, XIA B, et al. ,2018. Polystyrene microplastics alter the behavior, energy reserve and nutritional composition of marine jacopever (*Sebastes schlegelii*) [J]. Journal of Hazardous Materials, 360: 97-105.

作者简介：

孙承君，女，研究员，博士生导师，1972 年 6 月生，自然资源部第一海洋研究所海洋生物资源与环境研究中心主任，国际期刊《Marine Pollution Bulletin》副主编，国际政府间组织北太平洋海洋科学委员会（PICES）微塑料工作组组长。2012 年山东省泰山学者海外创新人才，2013 年青岛市创新领军人才，2021 年自然资源部科技领军人才，山东省第十二届和第十三届政协委员。

发挥海洋科技优势
支撑海洋强省建设

李乃胜　李祖辉　邱占妮
（自然资源部第一海洋研究所，山东 青岛 266061）

摘要： 山东是全国海洋科技力量最集中的省份，凝聚了堪称“国家队”水平的海洋科技队伍，拥有“国家队”水平的海洋科研装备，也取得了“国家队”水平的海洋科技业绩。围绕着如何发挥驻鲁的海洋科技优势，率先建设海洋强省，为建设海洋强国做出山东贡献，本文提出了“一三六七”的海洋战略发展建议。

海洋科技是山东的优势和特色。山东半岛凝聚了堪称“国家队”水平的海洋科技人才队伍，拥有“国家队”水平的海洋科技装备，承担了“国家队”水平的海洋科研任务，做出了“国家队”水平的科研工作业绩。下一步如何瞄准海洋强省建设目标，立足国际海洋科技前沿，体现国家海洋发展意志，突出山东海洋地理资源特色，为率先建设海洋强省提供科技引领支撑，是驻鲁海洋科技工作者的神圣使命。

一、中国海洋科技进入万米时代

全世界公认21世纪是海洋的世纪，在新世纪的前20年，海洋科技突飞猛进，特别是中国海洋科技事业超常规发展，取得了不凡的业绩，呈现了一些新的发展趋势。在不少学科分支领域由多年“跟跑”一跃变成“领跑”者。总体上，中国的海洋科技进入万米时代，海洋经济达到深蓝水平。

经过近20年的努力，中国海洋事业创造了若干个世界第一。简单地说，我国海洋科技工作者总量世界第一；海洋产业就业人数世界第一；海洋科学考察船和深潜器总量世界第一；海洋港口吞吐量世界第一；海洋水产总量世界第一。在此基础上以中国的大洋调查和环球考察为基础，海洋科技出现了新的发展趋势。

（一）新一轮“深海探索”

过去的海洋探索主要是观测海洋自然环境，从气候变化、水动力环境、海洋地质及生物资源等方面采集基础科学数据。进入21世纪之后，海洋探测突出地表现出“立体化”和“深海底”两大特点。所谓“立体化”，就是集成卫星遥感、航空测量、水面调查、水中观测、海底勘探和地下深钻等各种探测技术，获取相互关联、相互补充、相互印证的数据资料。所谓“深海底”，指全世界不约而同地把水深4000米左右的国际公共海底作为探测的焦点，铺设海底观测网络，不断获取来自深海洋底的连续的、实时的、网络化、数字化、多学科的数据信息。通过海底光缆把这些数据资料连续不断地传到陆地基站，然后在一定范围内对相关数据实现共享。这些网络化、大规模深海观测的主要目的还是聚焦未来的深海全人类公共战略资源。

（二）新一轮“资源勘察”

过去的海洋资源调查瞄准的是海洋渔业资源和近海油气资源。现在，新一轮资源勘察改变了原有格局。首先，油气勘探开始从浅近海往深远海发展，不少国家石油钻探已经超过水深3000米。我国的深海石油“981”钻探船能够在水深3000米完成海底石油钻探；深海石油“201”铺管船能够完成水下3000米的石油铺管作业，标志着中国已经进入了深海石油的新时代。美国、日本等国的钻探船，甚至可以在水深4000~6000米的洋底开钻作业。其次，国际公共海底的未来战略性资源的勘探也成为竞争的热点。譬如：大洋多金属结核和洋底富钴结壳，海底热液硫化物贵金属矿床，海底天然气水合物（可燃冰），深海极端环境生物基因资源，都进入了新一轮资源调查的行列。

（三）新一轮“洋底作业”

“蛟龙”号7000米级深海作业，“奋斗者”号超过一万米深渊坐底，标志着中国走向深海，或者说深海作业技术进入世界前列，可以说中国的海洋科技进入“万米时代”，实现了中国人“可上九天揽月，可下五洋捉鳖”的梦想。到目前为止，不管是载人的、不载人的、有缆的、无缆的，各类深潜装备，在数量上我国绝对第一，而且大多是自主研发的。

国家深海基地落户青岛并投入使用，对山东来说意义重大。现在，“三龙一马”聚首青岛，说明我国的深潜装备已进入系列化、集群化发展的新阶段。概括国内外深潜器的发展，主要是瞄准深海洋底，完成海面船舶和人工潜水无法完成的特殊任务。譬如：①海底观察。深潜器几乎可以到达全球任何深度的洋底。目标就是海底观察，包括照相、摄像、传回图像、现场通信。②海底取样。包括生物的、地质的或者是一些特定的样品，甚至是特定的有毒的或者是炽热的液体，都能够保鲜、保活、保真地取回来，这是任何其他设备不可替代的。③海底作业。包括海底测量高温度热泉，布放一些特定的设备，在深海底完成一些类似人工的特定任务。④海底打捞。完成特定意义的海底救捞，如失事飞机的黑匣子，特定的海底沉船，甚至一些重要的海底武器或秘密宝藏。⑤海底抢险。包括工程抢险和人员抢救。用于海底失事潜艇的抢救，海底事故人员的抢险和跨洋通信光缆的修复，重要的海底管线破裂探查。⑥国防安全。用于维护海洋国家权益和国防安全，例如，水下潜器、水下爆炸物的探测，海底通信，海底监听等等，深潜器都是国防实力的重要标志。

二、进一步突出山东海洋科技特色

山东蕴集了海洋科技的“国家队”，青岛是中国的海洋科学城，也是国际上著名的海洋科研基地。海洋科技是山东科技事业的第一品牌，也是建设海洋强省的主要依托。

（一）集成海洋科技队伍

山东省是全国海洋科技队伍的聚集区，拥有海洋科技源头创新的国家级研究机构和团队。直接从事海洋科学研究和技术开发的全职人员约占全国的1/5；其中副高级职称以上的高层次科技人员约占全国的1/3。拥有众多国家级、省部级海洋实验室和海洋科学观测台站。拥有各类海洋科学考察船20多艘，涉海大型科学数据库11个，海洋生物种质资源库5个，海洋样品标本馆6个。近年来，国家级重大海洋创新平台建设步伐加快，青岛海洋科学国家实验室、国家深海基地管理中心、省院共建的中国科学院烟台海岸带研究所和青岛生物能源与过程研究所顺利建成。为了更好地整合海洋科技资源，发挥海洋科技集团军的作用，推动国家海洋科技创新平台建设，省委、省政府把海洋作为高质量发展的战略要地，把海洋科技作为山东发展的最大潜力进行了新一轮系统部署。

（二）提升科技创新水平

近20年来，从海洋领域的国务院重大专项，到国家各个部委的海洋科技计划，落户山东的国家海洋领域科研项目经费总量，基本上占了全国的“半壁江山”。每年到位的海洋领域科研经费达20亿元左右。譬如说，已经完成使命的国家海洋973计划，全国共启动50个左右，其中第一承担单位、首席科学家在山东的近30个；国家海洋863项目，共下达250个左右，山东基本上占了一半，承担了120多个。国家支撑计划、国家重大基金、重点基金等重大科研项目，从数量和经费总额上山东也占了一半以上。能够牵头承担国家海洋领域的重大任务，本身就说明了山东这支海洋科技队伍的创新能力和在国家海洋领域的科技地位。

（三）创造海洋科研业绩

新中国60年来海洋事业完成了三大宏伟目标，即：查清中国海、探索四大洋、考察南北极，甚至包括中国海洋科技发展历史上的若干个“第一次”，山东都是先遣队和生力军，新中国的海洋事业从这里起步，新中国的调查船从这里拔锚起航驶向深海大洋。

山东先后发起了五次海水养殖浪潮，譬如：20世纪60年代以来，以海带养殖为代表的海洋藻类养殖浪潮；80年代以来，以中国对虾养殖为代表的海洋虾类养殖浪潮；90年代以来，以海湾扇贝养殖为代表的海洋贝类养殖浪潮；世纪之交，以鲆鲽类养殖为代表的海洋鱼类养殖浪潮；近年来以海参、鲍鱼养殖为代表的海珍品养殖浪潮。

山东海洋科技工作者还成功引进了三大海水养殖品种，分别是中国科学院海洋研究所张福绥院士从墨西哥湾引进的海湾扇贝、中国科学院海洋研究所张伟权教授从南美引进的白对虾以及农业农村部黄海水产研究所雷霁霖院士引进和驯化的英国大菱鲆。

三、为海洋强省建设提供科技支撑

以率先建设海洋强省为总体目标，以建设半岛区域创新体系为抓手，发挥山东海洋科技优势，突破共性关键技术，发展海洋新兴产业，为山东半岛蓝色经济区提供强有力的引领支撑。概括起来，集中在“一三六七”四个方面。

（一）突出“一个目标”

体现国家意志，立足技术前沿，突出山东特色，率先建设一个现代化的海洋强省，实现海洋领域的高质量发展，为全国11个沿海省区市做出示范。具体表现是国家目标引领的、核心技术支撑的、高端产品为主体的战略性新兴海洋产业密集区。为完成这个宏伟目标，需要进一步整合海洋科技资源，深化海洋科技体制改革，调动发挥海洋科技工作者的潜能，建设以青岛为科技龙头，以莱州湾畔的潍坊、东营、滨州为西北翼，以黄海沿岸的烟台、威海、日照为东南翼的特色化区域创新体系，真正实现由海洋大省到海洋强省的“蓝色跨越”，由传统产业向新兴产业的彻底转型升级。

（二）保证“三大安全”

一是海洋食品安全，充分发挥山东海洋科技优势，突出海洋科技服务人民生命健康，以国家重大科技项目为载体，力争在关系国计民生的海洋食品安全领域取得重要突破，保证为14亿中国人提供安全、优质的高营养蛋白。二是海洋生态安全，面对赤潮暴发、浒苔暴发、水母暴发、海星暴发等海洋生态异常现象，以驻鲁海洋院所为主体，从暴发机理、生态特性、运移规律、应对措施、科学处置、资源利用等方面开展从基础研究到应用开发的科技攻关，加强海洋生态环境保护和资源修复，构建起以生态系统为基础的海洋生态安全格局。三是海洋环境安全，以海洋防灾减灾为主攻方向，对风暴潮、风暴浪等水动力灾害，海水倒灌、泥沙淤积、海底浊流等地质灾害，污染排放、海洋酸化、富营养化、海面溢油等环境灾害进行多学科调查研究，实施立体化监测、实时预警预报和应急处置体系。

（三）创建“六大特色基地”

一是黄河三角洲高效生态技术示范基地，围绕黄河三角洲及其邻近海域，开展河口生态体系、泥沙沉积规律、盐碱地改良、耐盐碱植物种植、滩海油气资源开发、滩涂贝类养殖、盐沼荒滩海参池塘养殖等项目开发，形成黄河三角洲生态系统综合整治技术示范。同时，发展海水农业，实现“白地绿化”，打造渤海粮仓。发展盐碱地种草技术，形成滨海草原牧场和家畜饲料储备库。二是庙岛群岛海洋科技综合开发示范基地，突出海洋生态文明，保护东北候鸟迁徙路线和落脚海岛；保护海洋生物产卵场和索饵场。利用黄、渤海的水动力交换，发展100万亩海上生态养殖基地、100万亩海底森林和海洋牧场。力争建成山东特色的海洋科技发展综合试验区。三是荣成湾海洋水产技术示范基地，以海水健康养殖和海洋牧场为主攻方向，突出生态养殖、食品安全等技术体系，建设以桑沟湾为核心的海洋水产技术密集区。从健康优良苗种选育到水产品精深加工，拓展新型产业链，打造技术创新链，形成价值链。四是莱州湾卤水资源开发技术示范基地，利用莱州湾地下卤水资源优势，发展盐化工、溴系列、苦卤化工系列、精细化工系列产品，强化区域产业链条的延伸和互补，发展综合性、生态型海洋化工开发模式，建立绿色盐业的循环经济示范工程。通过新型盐卤提取高纯金属产业、新型盐卤健康产业，实现海洋盐卤产业的彻底转型升级。五是日照海域生态环保技术示范基地，依托前三岛海洋生物特别保护区，以有效保护和合理开发岛屿周边海区渔业资源、生物资源保护和可持续利用为宗旨，研发典型岛屿生物资源保护和持续利用关键技术，加快无人岛的保护性开发，重点实施海域生境修复工程、海珍品资源修复工程、海产品精深加工工程。六是青岛海洋仪器装备国产化技术示范基地，以青岛为中心，建设面向全国的海洋仪器装备研发和产业化基地，加快国家海洋仪器装备国际合作平台建设。在海洋科研装备、海洋产业装备、海洋工程装备、海洋国防装备等领域突破关键技术瓶颈，构建海洋仪器研发、海洋仪器检测、海洋仪器产业化三个平台，实现我国海洋仪器装备从国产化到商品化。

（四）发展“七大产业”集群

一是生态系统水平的现代海水养殖业。发挥山东省海水养殖技术优势，大力推动集约化、工厂化高效养殖模式，扩大环境友好型养殖、深水抗风浪网箱养殖、水产品质量安全保障等技术的应用规模，加强优良品种培育、病害快速诊断及综合防治等关键技术成果转化，加强生物苗种培育技术应用和养殖良种推广，建立蓝色食品安全保障技术体系和新型产业体系。二是海洋药物和生化制品产业。开展特定药用资源海洋生物制品培育，利用生物功能基因转移、细胞融合和蛋白质修饰等关键技术，逐步实现海洋创新药物与生物制品产业规模化。突破活性物质提取关键技术，提升水产加工装备水平，推动水产加工业向精深层次发展。三是新型海水农业。加快耐盐碱植物和蔬菜品种培育、引进和改良，研究开发蓝色水稻、海水蔬菜和耐盐植物。发展以微咸水、半咸水灌溉为基础的海水农业作物，通过抽取地下卤水资源造成卤水面下降，进而降低土壤盐渍化程度，实现“白地绿化”。发展盐碱地草原化，形成滨海草场和优质牧场。四是海洋精细化工产业。发挥山东省海藻化工、卤水化工和涂料化工的技术优势，重点开发红藻和褐藻纤维在医疗卫生和工业生产中的应用技术；探索卤水资源深层次开发提取技术；开发高性能、环保型新型功能涂料，进一步挖掘海洋精细化工产品的开发潜力。推动以海藻纤维和甲壳质纤维为代表的海洋新材料产业，加快深度开发和规模化应用，加强对人工皮肤、止血海绵、防腐蚀涂料、新型阻燃剂和耐高温高压材料深层次开发研究。五是现代船舶与工程装备产业。发展以船用材料、船舶设计、船舶涂装、船用动力、船舶电子等关键技术为支撑的现代船舶制造业。特别是突破大功率、低转速船舶发动机的研发，加强船舶电子、特色船舶设计和制造技术研究，提高船用配套设备研制和生产能力。六是现代港航物流产业。以智慧港口建设为突破口，以发展大船经济为手段，进一步促进和拓展“海陆空”港口“一体化”。在山东港口集团统筹协调下，山东四大港口优势互补，统筹调配，瞄准整个黄河流域努力拓展港口腹地资源，创建全国最大最强的港口集群。七是海洋信息装备产业。以海洋声学勘探设备和海上作业平台为先导产品，建设海洋仪器装备研发和产业化基地。在海洋科研装备、海洋产业装备、海洋工程装备和海洋国防装备等领域突破技术瓶颈，逐步实现海洋信息装备的国产化、批量化和商品化。

21世纪是人类大踏步走向海洋的世纪，已经展露出海洋“工业文明”的曙光。海洋将成为人类赖以生存和发展的新空间，海洋将成为全世界战略性资源开发的主战场。随着海洋强省的建设步伐，通过以海强省、以海富省，必将为全山东的经济社会发展注入新的活力，也必将带动我国海洋事业迈上一个新台阶。

作者简介：

李乃胜，理学博士，海洋地质学研究员，博士生导师，欧亚科学院（中国）院士。曾任青岛市科技局局长；山东海洋工程院院长；青岛国家海洋科学研究中心主任。现为中国科学院海洋研究所外聘院士。兼任中国侨联特聘专家委员会副主任。1992年获国务院特殊政府津贴；1993年获首届中国青年科学家奖；1995年入选首批“百千万人才”国家级人选；2003年获山东省政府留学回国优秀创业奖。发表海洋科学研究论文100多篇，出版了《西北太平洋边缘海地质》等27部研究专著；发表战略性研究论文120篇。

我国海洋政策回顾与展望

——从“五年规划”看海洋政策发展

王芳

（自然资源部海洋发展战略研究所，北京 100860）

摘要：“中华人民共和国国民经济和社会发展五年规划纲要”（以下简称“五年规划”）是阐明国家战略意图，明确政府工作重点和一定时期内国民经济社会发展宏伟蓝图的行动纲领。海洋是国家建设的重要领域，“五年规划”中的涉海部署，体现了一定时期内国家社会经济发展对于海洋发展的现实需求和战略导向。依据“五年规划”对海洋事业发展的明确部署，各时期的海洋政策不断调整和完善，“十四五”时期及未来一个阶段的海洋政策将呈现出显著的时代特征。

关键词：五年规划；涉海部署；海洋政策

“五年规划”原称“五年计划”，从2006年“十一五”起，“五年计划”改为“五年规划”，全称为“中华人民共和国国民经济和社会发展五年规划纲要”。以规划引领经济社会发展，是党治国理政的重要方式，是中国特色社会主义发展模式的重要体现①。“五年规划”作为国家大政方针引领了一个时期国家经济社会的发展方向。海洋是国土的重要组成，是国家建设的重要领域，从“五年规划”中可以寻觅到海洋事业发展的轨迹及海洋在国家社会经济发展中的重要地位。“五年规划”中的涉海部署，体现了一定时期内国家社会经济发展对于海洋事业的现实需求和战略导向，对海洋事业发展起到政策引领性作用。

一、“五年规划”的涉海部署

为实现国家发展的战略目标，四个“五年规划”对海洋事业发展做出明确部署和

① 中共中央国务院：统一规划体系，更好发挥国家发展规划战略导向作用，http://www.gdupi.com/Common/news_detail/article_id/4335.html

要求，各时期国家的海洋政策不断演变和完善。回顾“五年规划”的历史，不仅能看到这个时期国家社会经济发展的大体脉络，也可以从“五年规划”中探寻到国家社会经济发展中对海洋的重大需求。见表 1。

表 1　“五年规划”中有关海洋的章节内容

五年规划	篇、章、节	要点
“十一五”（2006—2010 年）	第六篇　建设资源节约型、环境友好型社会 第二十六章　合理利用海洋和气候资源 第一节　保护和开发海洋资源	保护海洋生态，开发海洋资源，实施海洋综合管理
“十二五”（2011—2015 年）	第三篇　转型升级提高产业核心竞争力 第十四章　推进海洋经济发展 第一节　优化海洋产业结构 第二节　加强海洋综合管理	坚持陆海统筹，制定和实施海洋发展战略，提高海洋开发、控制、综合管理能力
“十三五”（2016—2020 年）	第九篇　推动区域协调发展 第四十一章　拓展蓝色经济空间 第一节　壮大海洋经济 第二节　加强海洋资源环境保护 第三节　维护海洋权益	坚持陆海统筹，发展海洋经济，科学开发海洋资源，保护海洋生态环境，维护海洋权益，建设海洋强国
“十四五”（2021—2025 年）	第九篇　优化区域经济布局 促进区域协调发展 第三十三章　积极拓展海洋经济发展空间 第一节　建设现代海洋产业体系 第二节　打造可持续海洋生态环境 第三节　深度参与全球海洋治理	坚持陆海统筹、人海和谐、合作共赢，协同推进海洋生态保护、海洋经济发展和海洋权益维护，加快建设海洋强国

（一）“十一五”至“十三五”规划中的涉海内容回顾

《中华人民共和国国民经济和社会发展第十一个五年规划纲要》提出“实施区域发展总体战略”“健全区域协调互动机制，形成合理的区域发展格局”。这里的“区域”是包括陆海在内的全部疆域。“十一五”规划纲要第二十六章第一节“保护和开发海洋资源”指明了今后一个时期海洋领域的基本任务，要求海洋工作重点实现四个转变，即实现海洋产值由数量扩张型向质量效益型转变，海洋开发方式由资源消耗型向可持续发展型转变，海洋环境保护由污染防治向污染防治与生态建设并重型转变，海洋管理机制由行业分散向综合协调转变。对比“十一五”规划纲要与“十五”计划纲要，在海洋领域的发展安排上，既有继承性的持续部署，又有鲜明的开拓创新，对有关海洋的工作部署从深度、广度、力度上都大大前进了一步。

《中华人民共和国国民经济和社会发展第十二个五年规划纲要》涉及海洋的内容部署在“转型升级提高产业核心竞争力”篇章中。第十四章“推进海洋经济发展”，明确提出：坚持陆海统筹，制定和实施海洋发展战略，提高海洋开发、控制、综合管理能力，突出体现了产业发展与环境保护并重，注重陆海统筹的未来海洋发展思路。概括了“十二五”期间中国海洋政策的内涵和方向，一是以发展海洋经济为核心。伴随着中国经济持续高速发展和城镇化水平的不断提高，环境和生态日益问题严峻，海洋经济作为新的增长领域将在国民经济增长方式转变中发挥重要作用。二是坚持陆海统筹。沿海地区已经成为中国经济发展最快、最富有活力的地区，海洋可以为经济和社会发展提供丰富的资源和广阔的空间，缓解陆地区域的环境和生态承载力。从2009年年初起，国务院先后批准《珠江三角洲地区改革发展规划纲要》《关于支持福建省加快建设海峡西岸经济区的若干意见》《江苏沿海地区发展规划》《辽宁沿海经济带发展规划》和《黄河三角洲高效生态经济区发展规划》等，初步构建了陆海统筹发展的战略格局。

《中华人民共和国国民经济和社会发展第十三个五年规划纲要》指向是全面建成小康社会、实现第一个百年目标，“十三五”规划体现了“五位一体”的总体布局、“四个全面”的战略布局和创新、协调、绿色、开放、共享五大发展理念。在第九篇“推动区域协调发展”的“拓展蓝色经济空间”章节里，提出“坚持陆海统筹，发展海洋经济，科学开发海洋资源，保护海洋生态环境，维护海洋权益，建设海洋强国”，并且对海洋经济发展、海洋资源环境保护和维护海洋权益提出了明确要求。在海洋经济发展方面，要求优化海洋产业结构，发展远洋渔业，推动海水淡化规模化应用，扶持海洋生物医药、海洋装备制造等产业发展，加快发展海洋服务业。在海洋资源环境保护方面，要求深入实施以海洋生态系统为基础的综合管理，推进海洋主体功能区建设，优化近岸海域空间布局，科学控制开发强度。严格控制围填海规模，加强海岸带保护与修复，自然岸线保有率不低于35%。在维护海洋权益方面，提出有效维护领土主权和海洋权益。积极参与国际和地区海洋秩序的建立和维护，进一步完善涉海事务协调机制，加强海洋战略顶层设计，制定海洋基本法。

（二）国家“十四五”规划中的涉海部署

《中华人民共和国国民经济和社会发展第十四个五年规划和2035年远景目标纲要》于2021年3月发布。在第九篇“优化区域经济布局 促进区域协调发展”部分，围绕着构建高质量发展的区域经济布局和国土空间支撑体系，做出“积极拓展海洋经济发展空间”的战略部署，明确提出：坚持陆海统筹、人海和谐、合作共赢，协同推进海洋生态保护、海洋经济发展和海洋权益维护，加快建设海洋强国。

首先，建设现代海洋产业体系成为“十四五”期间重点规划内容之一。海洋作为重要的生产要素和空间资源，只有开发利用海洋资源，发展海洋产业，才能为国民经济和社会发展做出重要贡献。因此，该规划提出要突破一批关键核心技术，支撑相关海洋产业的发展，包括海洋工程装备、海洋生物医药产业、海水淡化和海洋能规模化利用等，明确提出优化近海绿色养殖布局，建设海洋牧场，发展可持续远洋渔业。建设一批高质量海洋经济发展示范区和特色化海洋产业集群，以沿海经济带为支撑，深化与周边国家涉海合作。

其次，环境保护是我国的一项基本国策，也是生态文明建设的重要基础，“十四五”规划部署了打造可持续海洋生态环境的具体任务。提出探索建立沿海、流域、海域协同一体的综合治理体系；严格围填海管控，加强海岸带综合管理与滨海湿地保护；拓展入海污染物排放总量控制范围，构建流域-河口-近岸海域污染防治联动机制；提升应对海洋自然灾害和突发环境事件能力。完善海岸线保护、海域和无居民海岛有偿使用制度，探索海岸建筑退缩线制度和海洋生态环境损害赔偿制度，自然岸线保有率不低于35%。

第三，深度参与全球海洋治理是提升国际事务中话语权和体现中国作为负责任大国的重要举措。规划提出要积极发展蓝色伙伴关系，深度参与国际海洋治理机制和相关规则制定与实施，推动构建海洋命运共同体。深化海洋领域务实合作，加强深海战略性资源和生物多样性调查评价。参与北极务实合作，建设“冰上丝绸之路”。提高参与南极保护和利用能力。加强海事司法建设，坚决维护国家海洋权益。同时还提出要有序推进海洋基本法立法，为参与全球海洋治理奠定法律基础。

二、各时期的海洋政策回顾与展望

海洋政策是国家为实现海洋领域的目标和任务而制定的行动准则，是国家总政策在海洋活动中的表达，海洋政策必须服从服务于国家的总政策，必须体现或贯彻国家发展的大政方针。在“五年规划”引领下，各个时期的海洋政策亦随之调整和完善。①

(一)“十一五”时期的海洋政策

“十一五”规划关于海洋领域的内容部署在“建设资源节约型、环境友好型社会”篇中，明确提出“保护和开发海洋资源”。这一时期的海洋政策要点是通过有效保护海洋环境、合理开发利用海洋资源，促进海洋经济向又好又快发展方向转变，推动构建高效、协调、可持续的国土空间开发格局。

---

① 资料信息来源：中国政府网（中华人民共和国自然资源部），http：//f. mnr. gov. cn/。

1. 提出构建“和谐海洋”的国家倡议

构建“和谐海洋”，共同维护海洋持久和平与安全是这一时期的国家倡议，这是继2005年我国在联大提出“和谐世界”理念以来，在海洋领域的具体化，体现了国际社会对海洋问题的新认识和新要求，也标志着我国对海洋法发展的新贡献和新成就，倡导把我们人类社会共同拥有的这个海洋变成一个合作的海洋、和平的海洋、共赢发展的海洋。

2. 发布系列规划类文件

2008年国务院批准印发《国家海洋事业发展规划纲要》，这是“十一五”时期海洋领域发展的政策性文件，提出了海洋发展的量化指标：2010年海洋生产总值占国民生产总值的11%以上，年均新增涉海就业岗位100万个以上，海洋科技对海洋经济的贡献率达到50%，海水利用对沿海缺水地区的贡献率达到16%~24%。

2010年12月国务院印发了《全国主体功能区规划》，这是中国第一个国土空间规划，是战略性、基础性、约束性的规划，提出构建高效、协调、可持续的国土空间开发格局。海洋国土被赋予与陆地国土同等重要的地位。“海洋既是目前我国资源开发、经济发展的重要载体，也是未来我国实现可持续发展的重要战略空间”，但“鉴于海洋国土空间在全国主体功能区中的特殊性，国家有关部门将根据本规划编制全国海洋主体功能区规划，作为本规划的重要组成部分，另行发布实施”。[①]《全国主体功能区规划》的颁布与实施，标志着中国主体功能区战略实现了陆海统筹和国土空间全覆盖。它是制定各类与海洋空间开发有关的法规、政策和规划必须贯彻遵循的基础性、约束性规划，也是实现海洋治理能力和治理体系现代化的重要抓手。

同时，各类沿海区域规划陆续推出。从2009年年初起，国务院先后批准《珠江三角洲地区改革发展规划纲要》《江苏沿海地区发展规划》《辽宁沿海经济带发展规划》和《黄河三角洲高效生态经济区发展规划》等，2010年国家发展和改革委员会正式批复《海南国际旅游岛建设发展规划纲要》，初步构建了陆海统筹发展的战略格局。

这一时期，国家还出台和实施了一系列海洋领域的专项规划，包括《国家“十一五”海洋科技发展规划纲要》《全国海洋环境监测体系“十一五”发展规划（纲要）》《全国海洋观测预报体系2008—2015年发展规划》《海洋观测预报体系建设规划》《国家极地科考能力建设规划》《海监船飞机建造规划》等。

① 国务院关于印发全国主体功能区规划的通知，中华人民共和国中央人民政府网，http：//www.gov.cn/zhengce/content/2011-06/08/content_1441.htm。

3. 出台法律法规与政策文件

2010年《中华人民共和国海岛保护法》出台，提出要保护海岛及其周边海域生态系统，合理开发利用海岛自然资源，维护国家海洋权益，促进经济社会可持续发展。为配合海岛法的实施，先后颁布《海岛名称管理办法》《无居民海岛使用金征收使用管理办法》及《省级海岛保护规划编制管理办法》（现已废止）等重要的配套制度。

为加强海洋管理，促进海洋产业发展，这一时期陆续出台了一系列政策性文件，内容涵盖了海洋渔业、港口运输、海洋能源、海域管理、生态环保、海洋防灾减灾等各个方面。

（二）“十二五”时期的海洋政策

“十二五”规划专章部署了推进海洋经济发展的目标和任务，提出坚持陆海统筹，制定和实施海洋发展战略，提高海洋开发、控制、综合管理能力。围绕着建设海洋强国的战略目标，这一时期的海洋政策主要体现在兼顾海洋环境保护与经济发展，构建海洋生态文明等方面。

1. “海洋强国”上升为国家大战略

随着国际形势的变化和国内社会经济的发展，十八大报告明确提出建设海洋强国的战略目标：“提高海洋资源开发能力，发展海洋经济，保护海洋生态环境，坚决维护国家海洋权益，建设海洋强国”。2013年中央政治局第八次集体学习时，习近平总书记强调，“建设海洋强国是中国特色社会主义事业的重要组成部分……”。建设海洋强国已被提升到国家战略层面。

以习近平同志为核心的党中央积极推进海洋强国建设，为进一步深化中国与东盟的合作，构建更加紧密的命运共同体，2013年10月，习近平访问东盟，提出“21世纪海上丝绸之路”倡议，为我国全面深化改革和海洋强国建设创造和平、合作、和谐的外部环境。2015年3月，国家发展和改革委员会、外交部、商务部联合发布了《推动共建丝绸之路经济带和21世纪海上丝绸之路的愿景与行动》，希望促进海上互联互通和各领域务实合作，推动蓝色经济发展，推动海洋文化交融，共同增进海洋福祉。

2. 制定海洋规划

“十二五”期间制定和出台了一系列海洋规划。《全国海洋功能区划（2011—2020年）》对我国管辖海域未来10年的开发利用和环境保护做出全面部署和具体安排，这是合理开发利用海洋资源、有效保护海洋生态环境的法定依据。编制出台《国家海洋事业发展“十二五”规划》，该规划涵盖海洋资源、环境、生态、经济、权益和安全等方面的综合管理和公共服务活动。与之相呼应的海洋各类专项规划也陆续出台，包括《全国海洋经济发展“十二五”规划》《海洋工程装备产业创新发展战略（2011—2020）》《海洋工程装备制造业中长期发展规划》《全国生态保护与建设规划（2013—2020年）》《国家“十二五”海洋科学和技术发展规划纲要》《全国海洋环境监测与评价业务体系“十二五”发展规划纲要》《全国海岛保护规划》《国际海域资源调查与开发“十二五”规划》《重点流域水污染防治规划（2011—2015年）》《陆海观测卫星业务发展规划（2011—2020年）》《海洋工程装备制造业中长期发展规划》《全国海洋观测网规划（2014—2020年）》《全国海洋人才发展中长期规划纲要（2010—2020年）》等，部署了海洋各领域发展的目标和任务。

为了推进形成海洋主体功能区布局，在《全国主体功能区规划》的原则和框架下，2015年《全国海洋主体功能区规划》出台，这是海洋空间开发的基础性和约束性规划，为科学谋划海洋空间开发，规范开发秩序，提高开发能力和效率，构建陆海协调、人海和谐的海洋空间开发格局，提供了基本依据和重要遵循。

除此之外，国务院先后批复《山东半岛蓝色经济区发展规划》《浙江海洋经济发展示范区规划》《广东海洋经济综合试验区发展规划》《福建省海洋经济发展规划》等，山东、浙江、广东、福建海洋经济区和舟山群岛新区陆续确立，奠定了中国发展海洋经济的空间布局。

3. 发布海洋法律与政策性文件

2013年，第十二届全国人民代表大会常务委员会第六次会议通过了关于修改《中华人民共和国海洋环境保护法》等七部法律的决定。新修订的《中华人民共和国环境保护法》第三十四条明确对海洋环境保护工作提出要求，“国务院和沿海地方各级人民政府应当加强对海洋环境的保护。向海洋排放污染物、倾倒废弃物，进行海岸工程和海洋工程建设，应当符合法律法规规定和有关标准，防止和减少对海洋环境的污染损害”，该法是制定海洋环境保护政策的重要基础和依据。

为加强海洋管理，促进海洋经济发展，这一时期陆续出台了一系列政策性文件，包括海洋渔业、海运业、可再生能源及海水淡化产业发展的实施意见和管理规定，在海域海岛管理、海洋维权管理、生态环保及海洋防灾减灾等方面也出台了诸多管理办法和指导意见。

（三）“十三五”时期的海洋政策

“十三五”是新时代加快建设海洋强国的重要时期，“十三五”规划在“拓展蓝色经济空间”一章中提出“坚持陆海统筹，发展海洋经济，科学开发海洋资源，保护海洋生态环境，维护海洋权益，建设海洋强国”。“十三五”时期的海洋政策突出体现在坚持陆海统筹，加快建设海洋强国，海洋经济高质量发展及维护海洋权益和安全等方面。

1. 国家大政方针中体现出更多的涉海内容

这一时期，海洋在中国社会经济发展中的作用和地位愈加突出，在国家发展大政方针中体现出越来越多的涉海内容。

——“坚持陆海统筹，加快建设海洋强国”。习近平总书记在党的十九大报告中提出“中国特色社会主义进入了新时代，这是我国发展新的历史方位”的重大战略判断，并明确指出要“坚持陆海统筹，加快建设海洋强国”，建设海洋强国是中国特色社会主义事业的重要组成部分，十九大报告阐明了新时代我们党和国家事业发展的大政方针和行动纲领，为建设海洋强国吹响了冲锋号角。2018 年的国务院机构改革方案为海洋事业发展奠定了体制保障，国家从政策法规和战略规划等方面全面施策，海洋强国建设步入加快发展的快车道。

——“海洋命运共同体”重要理念。2019 年习近平主席在中国人民解放军海军成立 70 周年之际首次提出构建海洋命运共同体的理念，为全球海洋治理提供了中国方案。“我们人类居住的这个蓝色星球，不是被海洋分割成了各个孤岛，而是被海洋连结成了命运共同体，各国人民安危与共。海洋的和平安宁关乎世界各国安危和利益，需要共同维护，倍加珍惜。”通过海洋纽带构建“人类命运共同体”，建立新时代海洋合作框架下的世界和平新格局。

——“海洋是高质量发展战略要地”。2018 年习近平总书记在参加十三届全国人大一次会议山东代表团审议时指出“海洋是高质量发展战略要地”，在致中国海洋经济博览会的贺信中又强调这一观点“海洋是高质量发展战略要地。要加快海洋科技创新步伐，提高海洋资源开发能力，培育壮大海洋战略性新兴产业”。

——明确海上安全政策。2019 年 7 月发布的《新时代的中国国防》白皮书，明确了中国坚定奉行防御性国防政策，倡导树立共同、综合、合作、可持续的新安全观。白皮书指出“维护领土主权、海洋权益和国家统一的任务艰巨繁重”。提出要“妥善处理领土问题和海洋划界争端”“加强海上安全务实合作，推进地区安全机制建设，努力将南海打造成为和平之海、友谊之海、合作之海。”

2. 出台海洋法律与政策

——修订《中华人民共和国海洋环境保护法》。为把党中央、国务院对推进生态文明建设和生态文明体制改革的新部署固化到法律中，2016 年修订《中华人民共和国海洋环境保护法》，修订后的法律规定更加严厉，对于超标、超总量向海洋非法排污的，违法向海洋倾废以及发生污染事故不立即采取措施等情形，如果在有关部门做出处罚决定后拒不改正，将按照原罚款数额按日连续处罚。

——出台《中华人民共和国深海海底区域资源勘探开发法》。为了规范深海海底区域资源勘探、开发活动，促进深海海底区域资源可持续利用，维护人类共同利益，2016 年《中华人民共和国深海海底区域资源勘探开发法》出台，在严格按照《联合国海洋法公约》和国际海底管理局的规定和要求开展国际海底资源调查的同时，积极开展环境调查和评价，努力发展环境友好型深海作业工具，积极开展深海地球科学、生命科学研究，并积极履行为发展中国家培训人才的义务，积极开展双边、多边的合作。

——《中国的北极政策》。2018 年 1 月，国务院新闻办公室发表《中国的北极政策》白皮书，阐明中国在北极问题上的基本立场，阐释中国参与北极事务的政策目标、基本原则和主要政策主张。白皮书指出，中国愿本着“尊重、合作、共赢、可持续”的基本原则，与有关各方一道，积极应对北极变化带来的挑战，共同认识北极、保护北极、利用北极和参与治理北极。

——将海洋纳入国土空间规划体系。2019 年 5 月，《中共中央 国务院关于建立国土空间规划体系并监督实施的若干意见》，将“海域”“海岛”“海岸带”等统一纳入国土空间规划体系。自然资源部在《关于全面开展国土空间规划工作的通知》中强调“今后工作中，主体功能区规划、土地利用总体规划、城乡规划、海洋功能区划等统称为‘国土空间规划’”。

3. 编制出台海洋管理类政策性文件

“十三五”时期海洋事业快速发展，编制出台了一系列涉海专项规划及诸多海洋政策性文件，包括海洋产业与经济促进政策、海洋维权、海域海岛管理政策、海洋生态建设与科技创新提升政策等。

（四）“十四五”时期海洋政策探讨与展望

“十四五”时期是我国向基本实现社会主义现代化迈进的关键时期，也是加快推进生态文明建设和经济高质量发展的攻坚期。相比于“十三五”规划，“十四五”规划突显出我国从关注国内海洋管理转向构建海洋命运共同体的全球使命和大国担当精神。“十四五”时期及未来一个阶段的海洋政策将体现出显著的时代特征。

1. 确立新时代多元化的海洋政策目标

在社会主义现代化建设和实现民族复兴征途中，海洋的地位与作用愈加突显。新时代的海洋政策必须服从和服务于国家发展的大战略，服从服务于党和国家工作大局。本着促进国家经济发展和服务国防安全的目的，确立多元化的政策目标，推动海洋强国建设，助力中华民族伟大复兴。

要树立海洋国土与公土思想，开发利用和保护好中国管辖海域，积极关注、合理开发利用公海和国际海底区域。实行蓝色开发的海洋政策，树立全球海洋观念，提升科技创新能力，推动海洋开发从近海走向深海大洋，合理分享人类共同财富；实行绿色保护的海洋政策，加大生态系统保护力度，实施流域环境和近岸海域综合治理，遏制沿海区域海洋生态环境恶化势头，保证海洋的可持续开发利用；实行统筹协调的海洋政策，坚持陆海统筹规划，部署海洋经济、海洋科技与教育、海洋生态环境、海洋公益服务和海防建设，实现陆地与海洋统筹协调发展；实行合作共赢的海洋政策，积极参与全球海洋治理，加强国际海洋事务合作，与国际社会共同分担保护海洋资源和环境的责任和义务，促进海洋的和平利用和世界和谐发展。

2. 明确海洋事业发展的基本原则和主要任务

新时期海洋政策必将围绕着国家的大政方针来调整和制定。结合中国国情及发展的时代背景，确立中国发展海洋事业应坚持的四项基本原则，即陆海统筹原则、可持续发展原则、科技创新引领原则、和平利用与合作共赢原则。围绕十八大和十九大的总部署，结合国家“十四五”规划对海洋领域的战略部署，从发展海洋经济、保护海洋生态环境、加快海洋科技创新、维护国家海洋权益、参与全球海洋治理等方面部署任务。

一要提高海洋资源开发能力，奠定海洋经济发展的物质基础。以海洋为高质量发展的战略要地，着力推动海洋经济向质量效益型转变，努力推动海洋经济为国家能源安全、食物安全、水资源安全做出更大贡献。

二要保护海洋生态环境，建设人海和谐的美丽家园。把海洋生态文明建设纳入海洋国土开发总布局之中，着力推动海洋开发方式向循环利用型转变，构建绿色可持续的海洋生态环境，以最严格的制度、最严密的法治为生态文明建设提供可靠保障。

三要以创新为动力加速海洋科技进步，为海洋高质量发展提供支撑。国际海权竞争实质是以科技为支撑、创新为动力的硬实力之争。要依靠科技进步和创新，提升我国海洋开发能力，努力突破制约海洋经济发展和海洋生态保护的科技瓶颈，推进海洋高质量发展。

四要提升海洋综合实力，维护海洋权益和保障海上安全。坚持把国家主权和安全放在第一位，坚持维护国家主权、安全、发展利益相统一，维护海洋权益和提升综合国力相匹配。提高海洋综合实力，做好应对各种复杂局面的准备。

五要深刻认识全球海洋治理的发展态势，积极参与国际海洋事务，倡导尊重彼此海洋权益，协商解决全球性海洋问题，享有和履行国际海洋法赋予的权利和义务。深度参与全球海洋治理体系建设，打造“利益共同体、责任共同体、命运共同体”，体现中国作为负责任大国在全球海洋事务中的担当精神。

三、“五年规划”涉海部署的特点与海洋政策的发展

“五年规划”对于国家发展具有战略导向作用，是国家发展的政策指引。海洋是国土的重要组成，海洋政策的制定和海洋事业的发展必然离不开国家“五年规划”的引领和指导。多年来，海洋政策不断适应时代要求调整和完善，海洋事业取得举世瞩目的巨大成就。

（一）“五年规划”对于海洋事业发展具有战略指导性和政策引领性作用

规划是一定时期内国家经济社会发展的行动纲领，用“五年规划”（计划）引领经济社会发展，是中国共产党治国理政的重要经验，这一方式落实了建设社会主义现代化国家的战略部署，有效发挥了社会主义集中力量办大事的制度优势①。“五年规划”引领国家经济社会发展，其涉海部署和海洋领域的规划与政策引导和支撑了海洋事业大发展。从“五年规划”涉海内容来看，虽字数不一，但均在海洋经济发展、海洋生态环境保护及海洋权益维护等方面提出明确要求。

海洋政策是以国家的立法、政府的法规和行政指令、事业规划等方式具体化、条理化、法律化，借以发挥其对海洋事业发展的指导作用。依据“五年规划”的涉海部署研究制定一系列海洋政策，指引了各时期海洋事业发展的大方向。“十一五”时期国家实施区域发展总体战略，这个时期海洋政策侧重点是开拓创新，构建和谐海洋，重点部署实现四个转变，推动海洋经济又好又快发展；“十二五”时期围绕着提高产业核心竞争力、产业发展与环境保护并重的核心任务，这一时期的海洋政策主要体现在兼顾海洋环境保护与经济发展，构建海洋生态文明等方面。“海洋强国”战略上升为国家大战略，陆海统筹成为沿海地区可持续发展的重要手段。“十三五”时期，在“五位一体”“四个全面”战略部署和顶层设计以及创新、协调、绿色、开放、共享五大发展理念指引下，围绕拓展蓝色经济空间和海洋强国建设，提出科学开发海洋资源、保护海洋生态环境、推动海洋高质量发展、维护海洋权益和安全、构建海洋命运共同体等一系列政策。“十四五”时期国家构建高质量发展的区域经济布局和国土空间支撑体系，海洋领域将继续坚持陆海统筹，加快建设海洋强国，协同推进海洋经济发展

---

① 从五年规划（计划）看新中国巨变，中国改革报社，2019 年 10 月 3 日 https：//www.thepaper.cn/newsDetail_forward_4566382，2019 年 10 月 28 日登录。

与海洋生态保护，深度参与全球海洋治理，突显建设海洋命运共同体的全球使命。

（二）“十四五”规划体现出显著的海洋时代特征

“十四五”时期是我国经济高质量发展的攻坚期和加快海洋强国建设的关键时期，从“十四五”规划对海洋领域的部署和要求来看，体现出显著的时代特征。一是突出海洋经济高质量发展。“十三五”规划提出“壮大海洋经济”，“十四五”规划进一步强调海洋科技的支撑，通过海洋经济发展方式和任务的调整，建设现代化海洋产业体系，推进海洋经济高质量发展，实现海洋经济区域均衡发展。二是增加了海洋生态环境的底线思维，由“加强海洋资源环境保护”转变为“打造可持续海洋生态环境”。“十三五”规划主要阐述了海洋生态环境污染防治和修复问题应对，“十四五”规划强调了巩固和提升海洋生态环境的保护举措，特别是陆域入海污染物控制更严更广，显示了改善海洋生态环境的决心。三是突显了构建海洋命运共同体的新时代大格局。从“十三五”规划表述的“维护海洋权益”，到“十四五”规划的“深度参与全球海洋治理”，从维护我国海洋权益，到推动国际海洋秩序建设和治理机制制定与实施，体现出中国积极推动构建海洋命运共同体的担当精神和大国风范。

（三）“五年规划”框架下的海洋规划体系逐步完善和不断发展

海洋规划是指在一定时期内对海洋开发、利用、治理及保护活动进行统筹安排的战略方案和指导性计划，是对海洋资源开发利用和海洋经济协调发展的总体部署。国家层面的海洋规划属于海洋领域宏观指导性规划，对海洋事业发展起到了政策引导性作用。海洋专项规划是对海洋某个领域发展的谋划和部署，围绕着国家总体规划的涉海部署，从“十一五”到“十三五”，海洋领域出台了海洋资源、海洋经济、海洋科技、海洋生态环境保护及海洋防灾减灾等一系列专项规划，规划区域涵盖中国管辖海域及可享有相应权利的公海和国际海底区域，这些涉海专项规划明确了本领域一个时期发展的思路和目标，落实了海洋领域发展的任务和措施。

海洋规划是实施海洋综合管理和参与全球海洋治理的重要手段，是推动海洋事业发展的重要抓手，从海洋规划发展历程来看，每个阶段都与当时的时代背景密切相关从而具有不同的特点。经过多年的发展，国家海洋规划体系逐步成熟并在不断完善之中，空间规划正在逐渐成为海洋规划体系的核心，尤其突出以海洋生态系统为基础的海洋空间规划的核心地位。中国以往的海洋规划也体现出了这一特点，海洋功能区划和海洋主体功能区规划均体现了空间规划的理念，海洋功能区划体现的是对建设项目用海的约束和管理，而海洋主体功能区规划更体现区域政策和绩效评价。海洋规划对海洋经济发展和海洋强国建设起到了重要的促进作用。

（四）研究探索将海洋融合在国土空间规划大框架下的空间规划模式

《中共中央 国务院关于统一规划体系更好发挥国家发展规划战略导向作用的意见》（中发〔2018〕44号），提出要加快统一规划体系建设，更好发挥国家发展规划的战略导向作用。“十四五”规划第六十四章要求，加快建立健全以国家发展规划为统领，以空间规划为基础，以专项规划、区域规划为支撑，由国家、省、市县级规划共同组成，定位准确、边界清晰、功能互补、统一衔接的国家规划体系。从规划的形式和要求来看，为了海域与陆域规划的更好衔接，厘清规划层级之间、规划主体之间、海洋规划与其他涉海规划之间的关系，正在持续推进“多规合一”，以主体功能区规划为基础统筹各类空间性规划，以形成国家空间规划体系。

国土空间规划体系强调陆海统筹，将陆地和海洋当作一个有机整体来谋划布局。根据新时代国家发展面临的新形势新任务，以国土空间规划为基础，以法律为依据，以用途管制为手段，以海岸带专项规划作为陆海统筹的切入点，按照全国国土空间规划及“十四五”规划的总要求和自然资源管理的新职责、新目标和新需求，探索将海洋国土融入自然资源大框架下的空间规划模式，全面谋划支撑自然资源战略的海洋领域发展目标和任务，实现陆海国土空间统筹管理的全域覆盖，为自然资源中长期规划的编制奠定基础和提供参考。

作者简介：

王芳，自然资源部海洋发展战略研究所政策与管理研究室研究员，长期从事有关海洋战略与政策方面的研究工作，研究内容涉及海洋发展战略、海洋管理政策及海洋生态文明建设等多个领域。

第二编　突出生态文明
修复海洋环境

海洋大气沉降及其生态环境效应的研究展望①

宋金明[1,2,3,4]戴佳佳[1,4]邢建伟[1,2,3,4]袁华茂[1,2,3,4]温丽联[1,4]
(1. 中国科学院海洋生态与环境科学重点实验室，中国科学院海洋研究所，山东 青岛 266071；2. 青岛海洋科学与技术国家实验室海洋生态与环境科学功能实验室，山东 青岛 266237；3. 中国科学院大学，北京 100049；4. 中国科学院海洋大科学研究中心，山东 青岛 266071)

摘要：海洋生态环境变化攸关地球生命系统，对人类生存发展至关重要，有关大气沉降对海洋的影响研究近几十年来获得了重要进展，直接层面带来海洋生态系统的变化，间接对人类依存的蛋白等资源和人类生存环境带来影响，综合几年来的研究和社会发展需求，本文从大气气溶胶来源与长距离传输变化对海洋沉降的影响、大气干湿沉降新型污染物与病毒的传输与沉降、大气干湿沉降的生物可利用性及对海洋生态环境的影响、自然与人为影响大气干湿沉降的甄别与效应、大气干湿沉降的短期与长期生态环境效应等五个方面进行了展望和分析，以期对进一步开展相关研究提供基础。

关键词：海洋大气沉降；生态环境效应；展望

本文观点：海洋大气沉降生态环境效应的研究近年来尽管很受重视，但研究的深度依然很浅，大气沉降研究依然停留在“结果多结论少”的阶段，需从海洋大气沉降的表观现象和直接效应入手，深层次地揭示大气沉降对海洋生态环境影响的机制和次级效应，在探明海洋生态环境演变机制上寻觅大气沉降的影响过程至关重要。

经过一百多年的大气沉降及其环境影响研究，特别是近40年来对全球变化过程的深入认识，在全球不同区域不同地点几乎都有观测结果的报道，随着观测技术的发展和新技术新方法的应用，有许多还不明确的复杂过程的揭示将会得到重视，大气沉降

① 中国科学院战略性先导科技专项（XDA23050501）与烟台双百人才项目资助。

及其对生态环境的影响研究也会在科学和社会经济领域发挥更重要的作用，因此，前瞻分析大气沉降及其生态环境效应对我国的可持续发展战略的制定有重要的科学意义。未来，如下的几个海洋大气干湿沉降研究领域将是人们重要的关注点。

一、大气气溶胶来源与长距离传输变化对海洋沉降的影响

在海洋领域，尽管大气气溶胶来源与长距离传输变化对海洋沉降的影响有些研究报道，但研究的广度与深度与陆地相比，差距不小。在陆地这方面研究中，获得了许多有共性的认识。比如在我国，东亚季风气溶胶的输送和空间分布特征有重要影响，其中东亚夏季风活动的年际变化对中国区域的气溶胶浓度和空间分布有明显影响。在季风区，气溶胶类型以硫酸盐为主，占比为71%；在过渡区，气溶胶类型以硫酸盐和沙尘为主，占比分别为57%和27%；在非季风区，气溶胶类型以沙尘为主，占比为83%；在季风区，硫酸盐气溶胶在季风发展的三个阶段对气溶胶总光学厚度的贡献率最大，其在季风爆发前、季风盛行期和季风撤退后的贡献率依次为45%、43%和52%；在过渡区，季风爆发前，沙尘对气溶胶总光学厚度的贡献率为16%，硫酸盐贡献率为18%，季风爆发后，沙尘的贡献率降低一半，为8%，而硫酸盐的贡献率略有升高，为20%；在非季风区，沙尘的贡献率始终占据主导地位。有研究显示，东海受到大陆气溶胶传输影响较大，特别是沙尘天气条件下更甚，人为源气溶胶的占比达86.9%，其中富硫颗粒和富硫-黑碳颗粒是两种主导颗粒物。西北太平洋深海区域气溶胶以自然排放的海盐气溶胶为主，占比为89.8%。传输过程中，气溶胶颗粒中的富硫颗粒和包裹层有机物颗粒均是由人为气态污染物在大气中氧化形成的二次颗粒，它们在气溶胶中的含量可以用来反映气团的传输和老化特性。东海气溶胶中富硫颗粒都是气溶胶的主导组分，其所占比例在32%~71%之间，包裹层有机物颗粒占比在2%~20%之间，西北太平洋深海区域气溶胶中未观测到包裹层有机物颗粒，富硫颗粒占比大都在5%以下，说明东海气溶胶不仅受大陆气溶胶传输影响强烈，而且老化程度较高。

组成气溶胶的生命和无生命部分相互作用，特别是有生命的组成部分，长途气流输送也会影响大气气溶胶中的生物组成。大气中的生物和非生物粒子随气流输运，通过重力沉降以及在空气中的水滴和冰晶内部垂直向下运输，通过沉降并沉积到地面和植物或其他表面上，或通过沉淀冲洗将颗粒从空气中清除。根据它们的大小和空气动力学特性，生物颗粒在大气中的平均停留时间范围可以从不到一天到几周，气雾化后的直径约1 μm的微生物细胞和其他生物气溶胶可以在大气中平均停留3~4天，但也被观测到可长时间传播，由于生物颗粒通常具有复杂的结构（粗糙的表面、内部的孔和不对称的形状），因此它们的物理和空气动力学尺寸可能会显著不同。某些真菌孢

子、花粉和种子适于在空气中上浮，以促进远距离空中传播。研究发现蓝细菌（包括聚球藻属）可以消除光合作用中的过氧化物以抵抗 UV 辐射和氧胁迫，芽孢杆菌属的成员会形成抗性内生孢子，以支持其在大气中的生存，因此，芽孢杆菌的主要成员具有潜在的长距离运输能力，并能在顺风环境中扩展其居住区。有时微生物可能以团块形式存在或附着在其他颗粒上。因此，气流传输对大气中的细菌和真菌的群落结构也有一定的影响。

大气气溶胶高灵敏回溯示踪、气溶胶长距离过程组分变异特征、大气气溶胶传输过程对海洋的影响等应是近期聚焦的重要研究领域。

二、大气干湿沉降新型污染物与病毒的传输与沉降

一些新型的污染物随着自然和人为活动进入大气中，或直接形成气溶胶颗粒或与气溶胶粒子进行相互作用，经干湿沉降进入地面和海洋，由此对生态环境带来不容忽略的影响可能是长期的，大气沉降中新型污染物检测、效应特别是对生态系统影响机理应是将来重点关注的。

生物气溶胶是具有生命的气溶胶粒子（包括细菌、真菌、病毒等微生物粒子）和活性粒子（花粉、孢子等）以及由有生命活性的机体所释放到空气中的各种质粒的统称。由于空气微生物是大气生物气溶胶的主要组成部分，所以生物气溶胶有时又被称为微生物气溶胶，依其种类可划分为细菌气溶胶、真菌气溶胶、病毒气溶胶等。由于空气中缺少微生物直接可利用的养料，不能繁殖生长，空气中无固有的微生物群系，其均由暂时悬浮于空气中的尘埃携带着的微生物所构成，所以大气生物气溶胶主要来源于土壤、灰尘、江河湖海、动物、植物及人类本身，同时它也借助大气的各种运动进行输送，有些花粉、孢子、真菌、细菌芽孢和某些立克支氏体、病毒都可由大气输送很远的距离（图 1）。

生物气溶胶广泛存在于大气环境中，占大气气溶胶颗粒数总量的 25%，种类繁多，并具有多种不同的形貌，如球形、柱状、丝状等。由于其粒径小、重量轻、可以产生休眠体等特质，生物气溶胶不但可以在大气中停留数日，并且很容易通过风力作用进行远距离传输。许多动植物和人类病原体散布于空气中。据赵炜等（2019）的研究报道，医院内气溶胶中检测出 55 种细菌、45 种真菌和 10 种病毒，通过黏膜、皮肤创面、消化道及呼吸道等途径造成感染，吸入病毒、空气可传播的真菌或细菌会导致传染病，如口蹄疫、结核病、军团病、流感和麻疹。人坐着的情况下，每小时向周围空气中排放约 10^6 个颗粒，咳嗽或者打喷嚏时可排放 $10^4 \sim 10^6$ 个带菌颗粒，粒子直径不同，进入呼吸道的深度不同，直径大于 30 μm 的沉积在咽、喉、鼻孔及气管，直径 6～

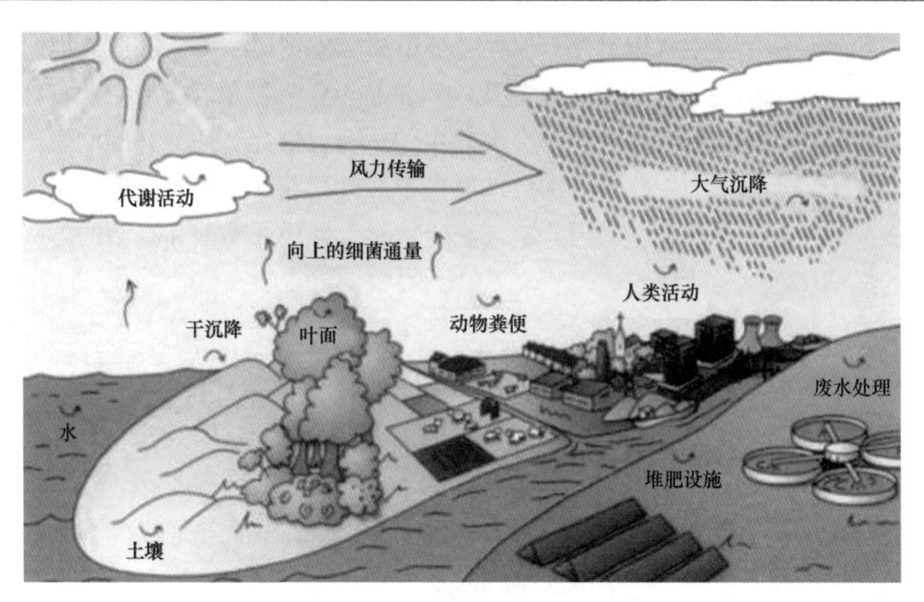

图 1　细菌气溶胶的传播与扩散

30 μm 的沉积在支气管、小支气管，直径小于 5 μm 的可到达肺泡。局部空间内气溶胶中病原微生物含量越大，致病风险越高。生物气溶胶与心血管疾病恶化、肺功能下降及过早死亡有关。

全球生物气溶胶（主要为植物碎片与真菌孢子）的总排放量在小于 10~1000 Tg/a 的范围内，其中细菌的年排放量为 0.4~28 Tg，真菌孢子为 8~190 Tg，花粉为 47~84 Tg。从颗粒物个数与质量浓度来看，粒径大于 1 μm 的生物气溶胶通常占城市和农村空气中总悬浮颗粒物（TSP）的 30%，占原始森林空气中 TSP 的 80%。

大气颗粒物与人类健康密切相关，据世界卫生组织初步统计，由于空气污染每年导致全球约 670 万人死亡，2020 年，全球人类早逝约 1000 万人与大气细颗粒物的吸入有关，至 2023 年 3 月，全球新冠感染病人 6.81 亿，死亡 681 万例。决定颗粒物对人体影响的关键因素是其粒径及所携带的有毒组分，粒径越小的颗粒越能深入人体造成危害，颗粒物经由呼吸道进入肺部，刺激肺部引起发炎，影响呼吸，导致多种慢性肺部疾病，其中的有害物质（比如重金属、持久性有机污染物等）作用于肺细胞，会导致 DNA 损伤甚至癌症，细颗粒物的吸入还可以引起心脑血管疾病，细颗粒物穿透肺泡进入血管后会引起血管发炎和收缩，导致血压升高或形成血栓，进而影响心脑血液供应，最终会导致中风或心脏病（图 2）。PM2.5 浓度每增加 10 $\mu g/m^3$，人群总体死亡率、心血管疾病导致的死亡率及肺癌造成的死亡率分别增加 4%、6% 和 8%，吸入 PM2.5 会增加自身的心血管疾病风险，甚至还会影响子代身体健康，对子代心脏功能造成损害。

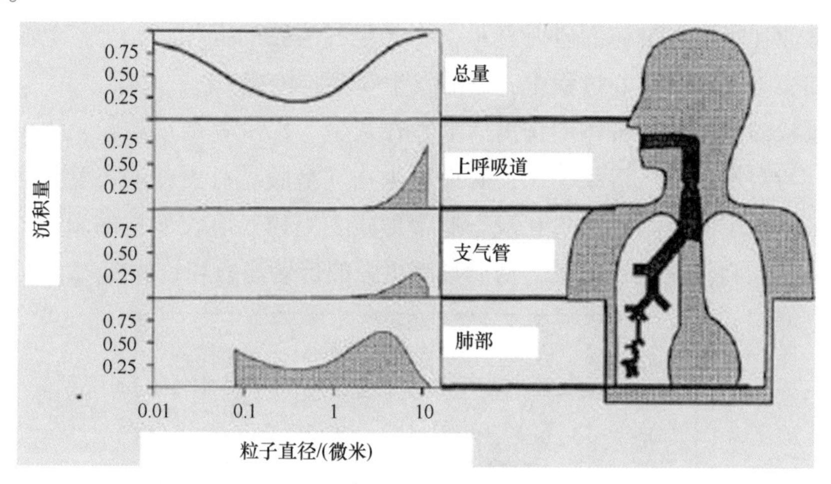

图 2 不同粒径气溶胶颗粒在人体呼吸系统的不同部位的沉积

空气中不存在病毒生存所需的养分和宿主细胞，空气中的温湿度和病毒所依附物是病毒生存时间长短的基础和载体。2020 年初至今暴发流行的全球性新冠病毒 SARS-CoV-2 有包膜，颗粒呈圆形或椭圆形，常为多形性，直径 60~140 nm，血管紧张素酶 2（angiotensin converting enzyme 2，ACE2）是 SARS-CoV-2 和 SARS-CoV 的宿主细胞受体，广泛分布于肺部毛细血管，可介导上述两种冠状病毒侵犯人类肺泡细胞，该病毒通过接触传播、飞沫传播，人在相对封闭的环境中长期暴露于高浓度气溶胶情况下，亦可经气溶胶传播，在粪便及尿液中可分离得到 SARS-CoV-2。有研究表明，SARS-CoV 在干燥塑料表面至少存活 48 h，在人体粪便、尿液中至少可存活 2 d，在 0℃时可无限期存活。对 SARS-CoV 和 MERS-CoV 的研究数据显示，它们的生存时间长短取决于相对温湿度和物体表面类型等若干因素。对于 SARS-CoV-2 的生存时间长短，有人从流行病学、扩散蔓延速度方面研究发现比前两者有着更广范围，推测 SARS-CoV-2 生存耐受性更高，可以在低温环境中存活更长时间。SARS-CoV-2 的气溶胶传播距离、传播力度及感染强度受气溶胶大小、空气温湿度、风速等因素影响，病房中空气气溶胶粒径分布与季节相关性研究表明，冬季气溶胶粒径比夏季更大，但均小于 4.7 μm；武汉 2020 年 SARS-CoV-2 暴发初期，平均气温大于 6.16℃时 COVID-19 患者较多，说明病毒对温湿度较为敏感。气溶胶在室内受不同因素影响，存在不同的沉降系数，气溶胶依附于不同的粒子悬浮在不同的高度，以致不同身高的人通过呼吸道感染（图 3）。人类在生产活动、人际交往中，携带病毒的患者或无症状感染者通过打喷嚏等方式，将携带病毒的飞沫从口、鼻中形成飞沫核（液滴）释放出来。人正常呼吸时产生的空气流动速度大约在 0.2~0.3 m/s 之间，而打喷嚏力度较大，传播距离更远。对其他病毒性呼吸道传染病的研究显示，在产生气溶胶的操作时，如气管插管、支气管镜检查和实验室标本离心过程中，可能发生气溶胶传播。

新型冠状病毒经感染者体内排出后附着在灰尘、水汽等微小颗粒上形成病毒型生物气溶胶。与常规生物气溶胶相比，病毒型生物气溶胶具有更强的不稳定性、传播性和致病性，相比于固态附着形式和液态携带形式，生物气溶胶形式的新型冠状病毒更容易随着自然风和气流进行扩散，从而具有更强的传播能力和致病能力。

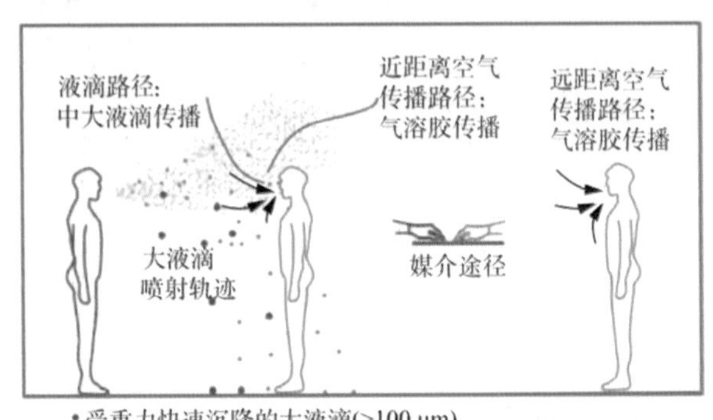

图 3　携带病毒微生物气溶胶的人人传染示意图

有关海洋作为生物气溶胶源汇贡献的研究很少。一方面，海洋上的生物气溶胶受到陆地来源和微生物（例如植物和人类病原体）长距离运输的影响；另一方面，海洋本身就是生物气溶胶的来源之一。另外，微生物的海气交换是一个高度动态的过程。研究表明大气微生物的周转速度很快，并且散布能力很强，海洋向海气边界层释放的原核生物，有 10%可以在空气中停留至少 4 天的时间，而且这些微生物可以在空气中传输11 000 km。生物来源的颗粒物可以通过波浪破碎和飞沫从海洋中排放出来进入海洋大气，再由冲向内岸的海风带到沿海大气中。

对大气中生物气溶胶特别是病毒气溶胶的研究需要多学科的综合研究，应着重探讨生物气溶胶对于大气无机/有机污染物转化以及空气质量的影响、生物气溶胶的化学异质性对于其形成云凝结核（CNN）或冰核（IN）的能力及气候的影响、生物气溶胶微生物的稳定性与环境影响、空气-雪-雨水的相互作用对微生物的影响以及病毒气溶胶的传播和预防等。

三、大气干湿沉降的生物可利用性及对海洋生态环境的影响

大气沉降物对生态环境的影响首先表现为其生物的可利用性。大气沉降的生物利用研究在陆地生态系统中开展较早，如大气氮沉降是增加还是减少植物的初级生产力，是促进还是抑制植物生长，主要取决于植物所在的森林生态系统的氮饱和度。当植物生长受氮限制时，一定程度上氮沉降会增加土壤有效氮水平，因而氮沉降率的增加在短期和长期都会促进植物生产力，如近年欧洲和北美森林的生长速度比 20 世纪早期要快，尽管可能的原因是多方面的，但大气氮沉降的施肥作用应该是其中的一个原因。10 年左右周期的模拟实验显示，经过施氮处理，美国哈佛森林阔叶林高氮处理的样方林木生物量比对照增长了近 50%，低氮处理的样方林木生物量也比对照有所增长。但过量氮的施入会对植物产生危害，如美国东北部的一片高海拔云杉森林经过 6 年的施氮处理，针叶树种和阔叶树种的生产力下降了，但在前 3 年林木生产是显著增加的，过量氮沉降是引起森林衰退的重要原因。

机理研究发现，大部分外源氮输入后被固定在土壤中，植物只吸收利用少部分外源氮，因而从植物的氮利用角度来说，对植物产生的影响应不大，而且植物叶片的氮会促进植物进行光合作用，增强叶片的光合作用，进而可增加单位面积叶子中的碳含量，但在长期施氮条件下，树木叶片的光合能力在树木的氮缺乏状态时可能增加，而随氮浓度持续增加，树木氮不再缺乏，致使树木叶片光合能力没有显著变化，长期氮的积累对土壤、植物根系等产生危害，所以，生物利用大气沉降中的组分既有量上的短期与长期的差异，更有不同生物类群和环境的不同，大气沉降的生物利用研究复杂而多变。

大气沉降物的生物可利用性对海洋生态环境的影响实际研究不多，大多集中于室内的模拟研究，获得了一些结果，但差异很大。干沉降对海洋生态环境影响研究其结果变化巨大，湿沉降影响研究水平仍处在营养盐或微痕量元素添加的模拟实验阶段，新技术和新方法的引入将是大气干湿沉降的生物可利用性及对海洋生态环境影响研究的关键。

四、自然与人为影响大气干湿沉降的甄别与效应

自然的大气沉降及过程本就十分复杂，再叠加人为影响，这些复杂过程的破解就变得更加困难，但甄别自然与人为影响大气干湿沉降对探明大气沉降的生态环境效应非常关键。

近年来，日益增加的人为污染物排放明显改变了大气化学组成，以灰霾颗粒、船

舶排放、生物质燃烧为主要成分的人为源气溶胶与主要来自自然源的沙尘气溶胶的化学组成存在较大差异。人为源气溶胶一方面含有较高浓度的 N、P、Fe 等营养物质，对浮游植物生长起促进作用，另一方面又含有较高浓度的 Cu、Zn、Cd 等重金属，可能对海洋浮游植物生长产生毒性作用。相比于对生物生长促进作用，人们关于颗粒物沉降对浮游植物毒性作用的认识非常有限。据估计，每年在大风等气候条件的作用下，平均有 1.82 亿吨的沙尘被从撒哈拉沙漠吹起，其中约 2700 万吨沙尘被吹入了亚马孙盆地，这是地球上最大规模的沙尘输送。撒哈拉的沙尘中富含磷，每年约有 2.2 万吨磷从地球上最为贫瘠的沙漠，输送到了最富饶的雨林，而恰在热带地区，磷比较缺乏，所以沙尘的输入对亚马孙雨林的繁茂很重要。

在我国一般的沙尘天气爆发阶段，也就是发展最强烈时期，沙尘粒子的垂直分布高度均在 3 km 以上；在沙尘天气减弱时期，地面一般为扬沙、浮尘天气，沙尘粒子分布高度在 0~3 km。对中国沙尘的来源、移动路径及对渤黄东海影响的分析，发现中国的沙尘天气有 70%起源于蒙古国，在经过境内沙漠地区时得以加强，沙尘粒子的移动和入海途径主要有西北路、西路和北路三条，其中西北路的沙尘暴天气最多，占总发生次数的 76.9%。沙尘运移过程中的路径明显受西风引导气流、沙尘粒子自然沉降以及局部地形的影响。

我国西北地区的沙尘被抬升到一定高度的同时向我国东部输送，在传输的过程中与污染物气溶胶混合，经过污染严重的区域，沙尘粒子会与污染物粒子相互作用，如沙尘粒子表面与酸性气体成分的非均相反应、与硫酸盐和硝酸盐间的混合作用以及有机成分在沙尘粒子表面的吸附等过程，这些作用都会使沙尘粒子对大气中水汽的吸附能力发生改变，进一步改变其转化为云滴的效率。

对大气沉降自然部分和人为部分进行甄别，构建甄别的定量体系和指标尤为重要，在此基础上，探明人为活动对大气沉降的影响特别是对敏感生物群落和社会经济发展影响是全球生态环境工作者面临的重要科学命题。

五、大气干湿沉降的短期与长期生态环境效应

大气沉降对生态系统的影响可分为短期和长期，二者相互影响和叠加，如短时间内的高强度沉降在陆地可直接导致生物的衰退和死亡，带来明显的长期影响，相反低强度的长期沉降就会“温水煮青蛙”式地产生影响，所以，对大气干湿沉降的短期与长期生态环境效应进行研究十分重要。

在陆地生态系统，大气氮沉降影响凋落物的分解，分解受凋落物本身性质差异、分解阶段及外部环境的影响，导致促进作用、无影响或抑制作用等结果均可能出现。

较长时期的过量氮沉降会抑制土壤的生物活性，改变微生物的群落结构和功能，真菌/细菌的比率减少，土壤呼吸率及土壤酶活性降低。适量的大气氮沉降有利于植物进行光合作用，增加植物生产力，但当氮过量后，则会导致植物光合速率和植物生产力下降，引起植物体内营养元素比例失衡，进而改变植物的形态结构，降低植物抗旱抗寒抗虫害等抗逆性，最终导致植物的多样性降低。森林生态系统的研究显示，氮沉降的增加可改变森林生态系统中的碳循环过程，从而引起森林碳储量的变化，大多的研究集中于氮沉降对调落物分解的影响、对细根周转的影响（碳输入）和对土壤呼吸的影响、对土壤可溶性有机碳淋失的影响等。

华北落叶松天然林与人工林短期氮沉降模拟研究结果表明，短期氮沉降有利于天然林的林下土壤有机碳和全氮含量的积累，低水平氮沉降显著增加了该林土壤的有机碳和全氮含量，改善了林下土壤的养分条件，提高土壤的养分供应能力；而短期氮沉降显著降低了人工林林下土壤的全氮含量，增加了该林地土壤的有机碳含量，不利于土壤氮素的积累，降低土壤供氮能力。短期氮沉降提高了不同起源林下土壤 0~10 cm 土壤的有机碳含量和土壤的碳氮比，增强了土壤的碳吸存能力。在整个生长季期间，不同起源华北落叶松林下土壤的全氮含量变化不明显，而有机碳和土壤的碳氮比随生长季逐渐增加。氮沉降促进了不同起源华北落叶松细根的生长发育，土壤表层的总根长、根表面积、根碳含量、根氮含量及根长比均有所增加，特别是在低水平氮沉降下，0~10 cm 层细跟的总根长、根表面积、根氮含量和根碳氮比均显著增加，有利于细根对土壤养分的吸收。短期氮沉降促进了华北落叶松天然林当年生叶片的叶氮含量、叶碳含量、叶面积、叶长和叶宽的增加，有利于该林木的生长；而在低氮沉降水平下，降低了华北落叶松幼林人工林当年生叶片的叶氮含量、叶碳含量、叶面积、叶长和叶宽，不利于林木生长。

海洋大气沉降短期效应表现为大气沉降提供的营养盐促进了浮游植物的瞬时生长，进而引起生物量、群落结构等的改变。长期效应体现为大气沉降提供的营养盐可以通过河流过程入海，进而影响海洋生态系统，也可通过影响海洋的生物地球化学循环，进而影响初级生产过程和海洋的储碳能力。相比于短期效应的可证实性，长期效应具有相当的不确定性。大气沉降对海洋影响的长期效应还表现在大气沉降向海洋的物质输入具有长期、持续、覆盖面广的特点。这些物质在海水中累积到一定程度将会影响海洋生物的生存环境。其中，表现最显著的是引起海水水质的改变。大气沉降作为开阔大洋上层海水 N、Fe 的主要外部来源，对海洋的影响具有长期效应，通过一系列的自然物质（沙尘、黏土等）和人为物质（Fe）添加的科学实验，阐明大气沉降对海洋初级生产力、海洋储碳能力影响的同时，量化其中潜在的气候和生态影响负效应，是海洋大气沉降研究需要解答的重要命题。

参考文献

宋金明,1997. 中国近海沉积物-海水界面化学[M]. 北京:海洋出版社:1-222.

宋金明,2004. 中国近海生物地球化学[M]. 济南:山东科技出版社:1-591.

宋金明,段丽琴,2017. 渤黄东海微/痕量元素的环境生物地球化学[M]. 北京:科学出版社:1-463.

宋金明,段丽琴,袁华茂,2016. 胶州湾的化学环境演变[M]. 北京:科学出版社:1-400.

宋金明,李鹏程,1997. 热带西太平洋定点海域降水的化学特征研究[J]. 气象学报,55(5):634-640.

宋金明,李鹏程,詹滨秋,1994. 大气污染物 SO_2 对雾水酸度的控制作用[J]. 海洋科学,(5):50-58.

宋金明,李鹏程,詹滨秋,1997. 热带西太平洋定点海域(4°S,156°E)营养盐变化规律及降水对海水营养物质的影响研究[J]. 海洋科学集刊,(38):133-141.

宋金明,李学刚,袁华茂,等, 2019. 渤黄东海生源要素的生物地球化学[M]. 北京:科学出版社:1-870.

宋金明,李学刚,袁华茂,等, 2020. 海洋生物地球化学[M]. 北京:科学出版社:1-690.

宋金明,邢建伟,2021. 大气干湿沉降及其对海洋生态环境的影响[M]//李乃胜,宋金明. 经略海洋(2021)——洁净海洋专辑. 北京:海洋出版社:189-205.

宋金明,徐永福,胡维平,等, 2008. 中国近海与湖泊碳的生物地球化学[M]. 北京:科学出版社:1-533.

宋金明,袁华茂,吴云超,等,2019. 营养物质输入通量及海湾环境演变过程[M]//黄小平,黄良民,宋金明, 等. 人类活动引起的营养物质输入对海湾生态环境影响机理与调控原理. 北京:科学出版社: 1-159.

宋金明,詹滨秋,李鹏程,1992. 中国酸性沉降物致酸机理的研究[C]//中国科协首届青年学术年会论文集(理科分册). 北京:中国科技出版社:600-610.

宋金明,詹滨秋,李鹏程,1994. 青岛雾水中 SO_2 的研究[J]. 海洋科学,(2):66-69.

詹永有,林养,杨康土,等,2020. 冠状病毒气溶胶感染研究进展及实验室生物安全[J]. 中国国境卫生检疫杂志,43(6):450-453.

赵炜,孙强,李赤,等,2019. 医院环境微生物气溶胶分布特性与健康风险评价[J]. 兰州交通大学学报,38(4):83-90.

SONG JINMING, 2010. Biogeochemical Processes of Biogenic Elements in China Marginal Seas[M]. Berlin Heidelberg and Hangzhou: Springer-Verlag GmbH & Zhejiang University Press: 1-662.

作者简介：

宋金明，中国科学院海洋研究所研究员、博士生导师，兼任中国科学院大学海洋学院副院长。国家杰出青年科学基金、中国科学院“百人计划”、“中国青年科技奖”、国家百千万人才工程国家级人选与国务院政府特殊津贴的获得者。长期从事海洋环境生物地球化学研究，任《中国科学：地球科学》（中英文版）、《海洋学报》（副主编）、《海洋与湖沼》（副主编）、《热带海洋学报》（副主编）、《生态学报》（执行副主编）、《地质学报》（英文版）等10余种学术刊物编委。发表论文500余篇，其中SCI论文180篇，独立或第一作者出版专著9部（包括国外出版英文专著1部），科普著作3部。

了解海洋微生物，营造和谐海洋

马庆军，刘长水
（中国科学院海洋研究所，山东 青岛 266071）

摘要：海洋中生活着各种个体微小、形态简单的微生物，它们是地球上种类与数量最多的生命体。尽管海洋微生物多样性造就了巨大的生物资源，然而我国当前对海洋微生物的研究尚处于初级阶段，这导致该领域的科技成果远远落后于世界发达国家水平，极大地限制了我们对这类生物的了解与应用。本文将从海洋微生物与资源开发利用、病原防控以及环境保护三个方面，概述海洋微生物与人类生产、生活的重要关系，为人们了解海洋微生物的价值，进一步发展海洋蓝色经济，最终实现人与海洋和谐共存提供科学依据。

海洋是巨大的资源储库。21 世纪，全球开始大规模开发海洋资源，扩大海洋产业，发展海洋经济。党的十八大做出加快建设海洋强国的重大部署，要求大力发展海洋经济。合理开发和利用海洋资源已成为我国振兴“蓝色经济”的主要战略手段。海洋资源主要包含五大部分：海洋生物资源、海洋矿产资源、海洋化学资源、海水资源与海洋能源。

传统意义上，海洋生物资源包含动物资源和植物资源，是人类食物的重要组成部分。改革开放以来，我国全面发展海洋渔业和水产养殖业，在海洋动植物研究与应用领域卓有建树，已成为全世界增长最快的生产领域之一。然而，海洋微生物领域仍处于起步阶段，对海洋微生物认识的不足及投入资源的匮乏，导致我国在该领域的科技成果远远落后于发达国家水平。认识到海洋微生物是未来中国海洋经济发展的重要战略领域和可持续开发的海洋生物资源，对我国全面实施海洋强国战略及加强海洋资源利用，都具有十分重要而紧迫的现实意义。

海洋微生物在地球上已进化了数十亿年，几乎占据地球全部的微生物门类[1]。据保守估计，海洋中蕴含着上亿种微生物，约占海洋生物量的 2/3，主要包括原核微生物、真核微生物和病毒，然而目前人类已知可培养的不足 1%[2,3]。从海洋表层至海洋最深处的马里亚纳海沟，都有海洋微生物的分布。海洋环境的复杂与多变，造就了海洋微生物不同于陆地微生物的多样性和特殊性。为适应海洋环境，海洋微生物进化出多种多样的基因，表达形形色色的性状，产生结构与功能新颖的生物活性大分子与次级代谢物，已成为全球生物化学与制药领域的研究焦点；与此同时，人们对海洋微生物的开发与利用，必然要面临海洋微生物对人类健康和社会经济等方面的负面影响；海洋微生物作为海洋生态的重要一员，当海洋环境被人们过度干预时，它们还会以不同的方式对人类敲响警钟。因而，合理开发利用海洋微生物资源，重视海洋病原微生物的有效防控，并加强海洋环境的保护，是实现与海洋微生物和谐共存的前提，这已成为世界多数海洋国家的共识。

一、海洋微生物与资源开发利用

（一）海洋微生物基因与酶资源利用

一切生命宝藏的密码都记录在基因中。现代宏基因组学研究，包括海洋微生物遗传物质的大规模调查与测序、生物信息学、功能基因组学、转录组学和代谢组学等，发现了海洋微生物不同于陆地微生物的数十亿个基因，这些基因能够表达难以想象的活性蛋白质，它们可用于发现全新或改良的酶制剂、药物和新型生物材料，已成为日化和食品、药品与医疗诊断、装备制造等产业的新资源。

酶是一种生物催化剂，在高温、低温、强酸或强碱条件下均会失去催化活性，因而限制了其应用范围。极端海洋微生物的发现弥补了这一不足。这些海洋微生物主要发现于海底火山口、冷泉或极地等极端恶劣的环境中。为适应特殊的生存条件，它们能表达多种具有耐高温性、低温适应性、嗜酸碱性等特性的酶类。一个成功的商业化应用案例是 Pfu DNA 聚合酶和 vent DNA 聚合酶，它们最初分别从海洋嗜热古菌和嗜热细菌中分离出来，活性比普通酶要长得多，还能抵抗化学品产生的不稳定性的影响，因而现已广泛使用于聚合酶链式反应，实现基因克隆与医疗检测[4]。另外，从深海热液喷口发现的一种对热和酸稳定的淀粉酶，已被开发用于促进玉米加工成乙醇[5]。而发现于海洋的嗜冷酶，在低温或常温条件下具有较高的催化效率，且耐受表面活性剂，被认为可用于商业洗衣液，不仅提高洗涤效果，而且降低能耗[6]。此外，在海底沉积物中发现的海洋微生物能够利用自身的酶类对污染区域的有机物进行生物降解和净化，它们表达的碳水化合物酶、脂酶和蛋白酶等也表现出潜在的生物应用价值，已在石油分解、塑料降解以及食品加工等领域崭露头角[7]。

（二）海洋微生物活性物质与药物开发

基因多样性同样使海洋微生物成为生命活性代谢物的巨大储库。为了在弱肉强食的海洋中生存下去，海洋微生物产生出许多具有抗真菌、抗细菌、抗病毒和细胞毒性的次级代谢小分子，为人类开发抗微生物制剂和抗肿瘤药物提供了宝贵的资源。

自20世纪40年代末生产抗生素的真菌首次从海水中分离以来，全世界为应对耐药菌引起的各种感染，开展了广泛的药物筛选工作，致力于从海洋微生物中寻找新的抗菌剂[8]。例如，从真菌枝孢菌中已分离出 methanephrine、cladospolide E 等大量具有抗生素活性的物质，可用于多种革兰氏阴性和阳性细菌的感染[9,10]。而基于海洋微生物与大型生物的共生特性，也成功发掘了一些抗真核微生物的化合物。从与海绵共生的海洋真菌蒙大拿青霉菌中分离出的化合物 xestolactone B 具有显著的抗真菌作用[11]。海洋真菌在抵抗病毒侵染的过程中还产生出抗病毒物质。在异孢镰刀菌和茎点霉属菌中分别产生的 equisetin 和 phomasetin，均表现出显著的 HIV-1 整合酶抑制活性[12]。

海洋微生物活性物质研究的热门领域之一是开发新的抗癌分子。在这类研究中，海洋真菌提供了许多潜在的药理化合物，从而为新的抗癌药物提供了宝贵的资源。然而在从海洋真菌中分离出的所有次级代谢产物中，已知仅有 plinabulin 是可商业利用的，该物质是在海洋焦曲霉菌产生的 phenylahistin 的结构基础上合成的，正在进行非小细胞肺癌治疗的临床试验[13,14]。另外，随着生物信息学工具的不断发展，通过揭示海洋微生物的生物合成基因簇，也为药物发现提供了有用的途径。例如，一些海洋微生物中发现了合成膜海鞘素、海兔毒素等多种抗肿瘤类物质的基因簇，证实了海洋微生物在肿瘤学中具有更多潜在的应用价值[15]。

（三）海洋微生物合成生物学与细胞工厂

从大自然直接获取生命活性物质显然无法满足日益增长的物质与经济发展需要。从传统的石油基时代向可持续的生物基时代转型，就需要有能力生产低价值、高产量的产品，这仍然是一个技术经济挑战。合成生物学为解决这一挑战带来了曙光。越来越多的人将目光投向建立微生物细胞工厂，通过人工改造与优化生物工艺和代谢路线，实现高价值产品的规模化生产。大肠杆菌和酿酒酵母一直是微生物细胞工厂常用的模式宿主，然而这些模式宿主对部分化合物的合成能力、生产效率和应用范围已显示出工业应用的局限性。考虑到经济性产品的多样性、代谢通路的特殊性以及原料成本，人们渴望具有不同功能的替代平台。在这里，海洋微生物为人们提供了广阔的选择空间和多样的解决方案。

已成功应用的海洋微生物细胞工厂涉及微藻和异养细菌。海洋微藻，是一种光合自养微生物，有能力利用二氧化碳作为原料，实现绿色可持续生产。与植物细胞以月为单位的生长速率相比，微藻的生物量在短短几天内即可达到满足生产力需要的水平，并能提供更高的加工周转率和产生更低的经济成本。传统上用于商业规模化生产的海水微藻仅有生产 ß-胡萝卜素的杜氏盐藻，生产虾青素的雨生红球藻，以及作为保健食品的小球藻和螺旋藻[16]。不过这种情况正在改变，几十种微藻物种的基因组现已可以公开获取，更多的适用于生产的微藻物种正通过代谢工程改造成微生物细胞工厂。除了利用微藻的天然产物谱之外，开发工程微藻用于生产治疗性蛋白质、脂肪酸、生物塑料前体和植物萜类化合物也成为当前研究的热门领域[17,18]。

另外，对于合成生物基产品的细胞工厂，人们更期望构建理想的底盘细胞，以期消耗最少的生物基原料实现更快的增长。海洋异养细菌需钠弧菌，具有迄今已知最短的细胞倍增时间，是相同培养条件下大肠杆菌增殖速率的 2 倍[19]。需钠弧菌还具有与大肠杆菌相似的中心碳代谢通路，同样适合在生物反应器中使用不同碳源进行发酵培养，因此需钠弧菌被认为是工程大肠杆菌的热门替代菌株[20]。目前需钠弧菌正被改造为功能性底盘细胞，并已成功应用于聚羟基脂肪酸酯和 L-丙氨酸等工业相关化合物的生产，预示着在不久的将来具有巨大的生物技术应用潜力。另一类可以作为底盘的海洋微生物是盐单胞菌，它能够在高盐、非无菌条件下实现培养，显著降低了灭菌成本，已应用于聚羟基脂肪酸酯共聚物等化合物的生物合成[21,22]。

二、海洋微生物与病原防控

（一）海洋微生物与人类健康

海洋微生物在给人类创造高价值产品的同时，也为人类健康埋下隐患。海洋是世界许多沿海地区的重要食物来源与贸易港湾，如今更多的地方还利用海洋发展休闲、运动和娱乐产业，人类与海洋的关系日益紧密，不可避免地与海洋病原微生物产生联系。一方面，一些病原体在部分人群中循环后通过污水被排入海洋，随后人们通过意外接触或食用受污染的海产品获得感染。另一方面，海水中的许多微生物是人类的条件致病菌，它们携带多种毒力基因，也会通过接触伤口或污染海产品而侵染人类，从而引发疾病。由于人类本身并非海洋微生物的天然宿主，而且这些微生物又是海洋生态的重要组成部分，因此解决海洋微生物与人类健康的关系，首先要了解这些微生物对人体产生毒力的原因以及它们与自然生态的互作关系，进而更加合理有效地加以防控，实现人与自然的和谐共存。

对海洋病原微生物实施防控的前提是全面认识这些微生物的种类和致病机理，并在暴发前加以预判。目前最广为人知的海洋病原微生物是致病性弧菌，其中最具代表性的是霍乱弧菌，这是我国两种甲类传染病之一霍乱的重要病原体，曾在过去两个世纪引发了全球七次霍乱大流行。感染霍乱弧菌后可引发腹泻和呕吐，严重时导致脱水、休克和死亡。至今在霍乱流行地区，每年感染霍乱的病例约 290 万例，死亡人数约 10 万例[23]。霍乱流行很大程度上受到当地环境温度、湿度和医疗卫生状况的影响，海水是霍乱弧菌传播的重要媒介。WHO 组织在“结束霍乱：2030 年全球路线图”计划中已提出，力争在 2030 年将霍乱感染死亡病例减少 90%[24]。除霍乱弧菌外，人们也将逐年增加感染病例的其他海洋微生物物种视为健康的威胁，例如在沿海地区发生的由创伤弧菌、副溶血弧菌、海洋分枝杆菌等引发的感染案例，每年可危及数千人的生命[25]。除细菌外，一些海洋微藻也会产生极度危险的毒素。人们食用被微藻毒素污染的海鲜，可引起各种临床综合征，包括腹泻、健忘症、神经麻痹等，而这些有害藻类的传播可能是人类活动和气候变化影响海洋浮游生物系统的结果，而解决这些问题仍需要全球开展合作[26]。

（二）海洋微生物与水产养殖经济

海洋病原微生物不仅是人类健康的隐患，同样也严重威胁水产养殖经济。人类大约在公元前 3000 年就有水产养殖的历史了，如今已发展成全球农业的重要组成部分。2019 年，全球水产养殖市场估计为 2853.6 亿美元，预计到 2027 年将达到 3780.1 亿美元，到 2050 年商业水产养殖预计将满足 100 亿人的需求。我国当前的水产养殖占据世界水产养殖产量的近 60%，其中海水养殖产量约占我国水产养殖总产量的 40%，已成为农业经济活动最具生产力的产业之一[27,28]。然而，随着养殖规模的不断扩大，水产疾病问题日益突显，成为海水养殖产业发展的主要制约因素。

据初步统计，我国已发现 200 多种海水养殖动物病害，常年发病率达 50%，这些疾病大部分很难控制，并导致长期传播和高死亡率，更糟的是，近年来水产养殖的疾病种类和新病原体激增，但养殖生物的抗病性却下降[29]。由白斑综合征病毒 WSSV 引起的虾病，在 1993 年造成了我国数亿美元的损失，至今仍是海虾养殖的首要病因[30, 31]。2009 年，由副溶血弧菌引发的对虾急性肝胰腺坏死病首次在我国发现，并随后向全球蔓延，造成全球每年直接经济损失超 10 亿美元[32]。另外，我国鱼类疾病主要由细菌性病原体引起，包括鳗弧菌、哈维氏弧菌、迟缓爱德华氏菌、发光杆菌等，据估计，这些疾病直接导致年产量损失 15%~20%，经济损失达 50 亿元至 70 亿元[31]。

为应对水产养殖的病害，人们尝试了各种抗生素等化学品。然而由于抗生素滥用等问题，很多病原已发展出耐药性；同时抗生素会杀死有益微生物，进一步导致养殖生态失衡；而残留在生物体内的抗生素经食物摄入后，还会破坏人们胃肠道的正常菌群。2020 年起，我国在养殖业中开始实行最严格的“禁抗、限抗、无抗”政策，寻求抗生素替代策略已成为水产养殖产业的急迫切需求。化学防控方面，靶向不同病原体特有的毒力因子开发的抑制剂，具有不易产生耐药性和种属特异性强等优点，已成为该领域研究的前沿方向[33, 34]。由于抗毒力抑制剂当前正处于研究阶段，短时期内还无法实现商业化应用。生物防控，已成为当下商业化推广的主要策略。例如，以细菌为食的噬菌体，可杀灭某一细菌物种而对其他细菌种类不产生伤害，是实现特定病原菌防控的有效方式[35]；海洋益生菌，具有改善海水环境，阻断病原体群体感应，提高宿主免疫力等优点，被认为具有广泛的应用价值和前景[36]。未来水产病害防控的关键是协调水产养殖与生态系统的平衡，只有在环境友好的前提下才能实现产业的健康发展。

三、海洋微生物与环境保护

（一）海洋微生物与赤潮灾害

人类对海洋环境的过度干预，不可避免地破坏了海洋生态平衡。有害藻华常年发生在世界各地的海洋生态系统中。当海水条件适宜时，藻华迅速增加，导致表层水体变成红色或绿色。由于这种现象的首次出现是由红色浮游藻类引起的，故称为赤潮。海洋浮游微藻是引发赤潮的主要生物因素，全球约 300 种浮游微藻可引起赤潮，包括鞭毛藻、硅藻、定鞭藻等。这些微藻暴发后，通常会减弱海水光线、释放藻类毒素，死亡分解时还会耗尽海水氧气。赤潮不仅改变了海洋生态系统的结构和功能，破坏渔业资源和海洋环境，还会污染海产品，对人类健康造成威胁。自 21 世纪初以来，我国赤潮暴发达 1100 余次，涉及海域面积超 16 万平方千米，目前已造成数十亿元的经济损失[37]。

影响赤潮的两个主要因素是温度和营养物质，尤其是氮和磷。当海水变暖且水溶性氮磷升高时，微藻会迅速分裂增多，导致一毫升海水中可容纳数万至数十万个藻类细胞，而海水富营养化的主要原因是人类活动[38, 39]。工业、城市、农业和密集的畜牧业污水流入大海后，导致沿海海域的营养盐含量超过正常时的数十倍；水产养殖饲喂残渣排放、船舶压舱水和污水的排放等，也都不同程度地增加水体的营养盐含量[40]。因而解决赤潮问题，最根本的是要控制富含营养盐的污水排放。目前，我国正在不同地区有针对性地推广污水排放前处理，做到合理排污和达标排放，逐步降低了赤潮在近海暴发的频率。

（二）海洋微生物与生物污损

海洋微生物对人类活动的反噬还体现在生物污损上。暴露在海水中的人工基质会很快被细菌、真菌和微藻等海洋微生物污染，这些微生物利用群体感应介导群体的黏附和生物膜的形成。在这一过程中，群体感应系统释放的信号小分子还会进一步诱导大型生物的幼体或孢子沉降、黏附与生长，加剧人工基质的污损。因此给世界各地的工业设施带来逐年严重的影响，包括阻力及能耗增加、金属腐蚀，以及传热效率降低等。控制生物污损的经济成本十分巨大，保守估计是生产成本的5%~10%之间，相当于每年15亿至30亿美元[41]。如何消除海洋微生物的生物膜并抑制其增长一直是工业上面临的严峻问题。

自2008年起多国禁止使用剧毒的重金属作为防污涂料以来，开发环境友好、无毒或低毒的绿色抗污损化合物和技术已成为世界各国的迫切需求。许多抗污损物质从海藻和固着的海洋无脊椎动物中提取出来并用作涂料开发，这些代谢物对一系列生物膜形成菌均表现出良好的抑制活性，主要包括抗菌活性、抗黏附性，及影响生物膜形成所必需的胞外聚合物的产生等，然而这些代谢物多数难以量产[42, 43]。为了克服供应问题，海洋大型生物的共生微生物被认为是优质的替代来源。共生微生物产生的化合物对生物沉降与黏附表现出与大型生物相同的抗性机制，但相比大型生物，共生微生物可以在模拟自然环境物理化学特性的实验室中进行单独培养，经发酵就可获取大量的代谢物，因而具有广阔的发展前景[44]。当前海洋微生物代谢物的抗污损研究正处于实验室研究阶段，未来需要更多的实地检验来评估其防污应用的潜力。

四、总结

2015年一份海洋生物技术市场报告分析表明，海洋生物技术的全球市场潜力巨大，到2025年预计可达到64亿美元，然而这一数额被认为远远低估了海洋微生物技术将在未来发挥的作用[45, 46]。我国仍处于海洋微生物研究的初级阶段。随着近年来海洋微生物在生物催化、药物开发和合成生物学等多领域的兴起与发展，海洋微生物资源将必然成为我国海洋经济发展的重要力量。然而，人们在利用海洋微生物时，也不要忘记它们不乏人类疾病的重要病原体，与海洋互动的同时，需要对这些病原微生物加以实时监测与防控。我们还要意识到，海洋微生物是海洋生态系统的重要组成部分，当人们过度干预海洋环境之后，它们必然会发起反扑。这一切警示我们，要全面充分了解海洋微生物才能与之和谐相处，让它们为人类社会发展做出贡献。

参考文献

[1] 张晓华，等．海洋微生物（第二版）[M]．北京：科学出版社，2016.

[2] Y M BAR-ON, R MILO. The biomass composition of the oceans: A blueprint of our blue planet [J]. Cell, 2019, 179: 1451-1454.

[3] R I AMANN, W LUDWIG, K H SCHLEIFER. Phylogenetic identification and in situ detection of individual microbial cells without cultivation[J]. Microbiol Rev, 1995, 59(1): 143-169.

[4] A R PAVLOV, N V PAVLOVA, S A KOZYAVKIN, et al. Recent developments in the optimiza-

tion of thermostable DNA polymerases for efficient applications[J]. Trends Biotechnol, 2004,22: 253-260.

[5] C SHERIDAN. It came from beneath the sea[J]. Nat Biotechnol, 2005,23:1199-1201.

[6] G DEBASHISH, S MALAY, S BARINDRA, et al. Marine enzymes[J]. Adv Biochem Eng Biotechnol, 2005,96:189-218.

[7] C ZHANG, S K KIM. Research and application of marine microbial enzymes: status and prospects [J]. Mar drugs, 2010,8:1920-1934.

[8] E ABRAHAM, G NEWTON, B OLSON, et al. Identity of cephalosporin N and synnematin B [J]. Nature, 1955,176:551.

[9] H XIONG, S QI, Y XU, et al. Antibiotic and antifouling compound production by the marine-derived fungus Cladosporium sp. F14[J]. J Hydro-environ Res, 2009,2:264-270.

[10] C H GAO, X H NONG, S H QI, et al. A new nine-membdered lactone from a marine fungus Cladosporium sp. F14[J]. Chinese Chem Lett, 2010,21:1355-1357.

[11] R A EDRADA, M HEUBES, G BRAUERS, et al. Online Analysis of xestodecalactones A-C, novel bioactive metabolites from the fungus Penicillium cf. montanense and their subsequent isolation from the sponge Xestospongia exigua[J]. J Nat Prod, 2002,65:1598-1604.

[12] S B SINGH, D L ZINK, M A GOETZ, et al. Equisetin and a novel opposite stereochemical homolog phomasetin, two fungal metabolites as inhibitors of HIV-1 integrase[J]. Tetrahedron Lett, 1998,39:2243-2246.

[13] Y YAMAZAKI, M SUMIKURA, K HIDAKA, et al. Anti-microtubule plinabulin chemical probe KPU-244-B3 labeled both α-and β-tubulin [J]. Bioorg Med Chem, 2010, 18: 3169-3174.

[14] J F IMHOFF. Natural products from marine fungi-Still an underrepresented resource[J]. Mar Drugs, 2016,14:19.

[15] F DE LA CALLE. Marine microbiome as source of natural products[J]. Microbial Biotechnol, 2017,10:1293-1296.

[16] M A BOROWITZKA. Commercial production of microalgae: ponds, tanks, tubes and fermenters [J]. J Biotechnol, 1999,70:313-321.

[17] R LEÓN-BAÑARES, D GONZÁLEZ-BALLESTER, A GALVÁN, et al. Transgenic microalgae as green cell-factories[J]. Trends Biotechnol, 2004,22:45-52.

[18] T BUTLER, R V KAPOORE, S VAIDYANATHAN. Phaeodactylum tricornutum: a diatom cell factory[J]. Trends Biotechnol, 2020,38:606-622.

[19] M T WEINSTOCK, E D HESEK, C M WILSON, et al. Vibrio natriegens as a fast-growing host for molecular biology[J]. Nat Methods, 2016,13:849-851.

[20] J XU, S YANG, L YANG. Vibrio natriegens as a host for rapid biotechnology[J]. Trends Biotechnol, 2022,40:381-384.

[21] D TAN, Y S XUE, G AIBAIDULA, et al. Unsterile and continuous production of polyhydroxybutyrate by Halomonas TD01[J]. Bioresour Technol, 2011,102:8130-8136.

[22] X Z FU, D TAN, G AIBAIDULA, et al. Development of Halomonas TD01 as a host for open production of chemicals[J]. Metab Eng, 2014,23:78-91.

[23] M ALI, A R NELSON, A L LOPEZ, et al. Updated global burden of cholera in endemic countries[J]. PLoS Negl Trop Dis, 2015,9:e0003832.

[24] D LEGROS. Global cholera epidemiology: opportunities to reduce the burden of cholera by 2030 [J]. J Infect Dis, 2018,218:S137-S140.

[25] J OLIVER. Wound infections caused by Vibrio vulnificus and other marine bacteria[J]. Epidemiol Infect, 2005,133:383-391.

[26] F M VAN DOLAH. Marine algal toxins: origins, health effects, and their increased occurrence [J]. Environ Health Perspect, 2000,108:133-141.

[27] R L NAYLOR, R W HARDY, A H BUSCHMANN, et al. A 20-year retrospective review of global aquaculture[J]. Nature, 2021,591:551-563.

[28] 农业农村部渔业渔政管理局,等. 2022 中国渔业统计年鉴[M]. 北京:中国农业出版社, 2022.

[29] 董波. 我国海水养殖动物病害发生现状及其基础研究进展[J]. 生物技术世界,2005, 04M:29-30.

[30] J HUANG, X L SONG, J YU, et al. Baculoviral hypodermal and hematopoietic necrosis-study on the pathogen and pathology of the explosive epidemic disease of shrimp[J]. Mar Fish Res, 1995,16:1-10.

[31] W QI. Social and economic impacts of aquatic animal health problems in aquaculture in China [J]. FAO Fish Tech Paper, 2002:55-61.

[32] T W FLEGEL. Historic emergence, impact and current status of shrimp pathogens in Asia[J]. J Invertebr Pathol, 2012,110:166-173.

[33] D A RASKO, V SPERANDIO. Anti-virulence strategies to combat bacteria-mediated disease [J]. Nat Rev Drug Discov, 2010,9:117-128.

[34] H OGAWARA. Possible drugs for the treatment of bacterial infections in the future: anti-virulence drugs[J]. J Antibiot (Tokyo), 2021,74:24-41.

[35] T NAKAI, S C PARK. Bacteriophage therapy of infectious diseases in aquaculture[J]. Res Microbiol, 2002,153:13-18.

[36] I MUJEEB, S H ALI, M QAMBARANI, et al. Marine bacteria as potential probiotics in aqua-

culture[J]. J Microbiol, Biotechnol Food Sci, 2022:e5631.

[37] 张善发,王茜,关淳雅,等. 2001—2017 年中国近海水域赤潮发生规律及其影响因素[J]. 北京大学学报(自然科学版), 2020,56:1129-1140.

[38] Z MINGJIANG, Z MINGYUAN, Z JING. Status of harmful algal blooms and related research activities in China[J]. Chin Bull Life Sci, 2001,13:54-59, 53.

[39] L M HUANG, X P HUANG, X Y SONG, et al. Frequent occurrence areas of red tide and its ecological characteristics in Chinese coastal waters[J]. Ecol Sci, 2003,22:252-256.

[40] E ZOHDI, M ABBASPOUR. Harmful algal blooms (red tide): a review of causes, impacts and approaches to monitoring and prediction[J]. Int J Environ Sci Technol, 2019,16:1789-1806.

[41] I FITRIDGE, T DEMPSTER, J GUENTHER, et al. The impact and control of biofouling in marine aquaculture: a review[J]. Biofouling, 2012,28:649-669.

[42] P Y QIAN, S C K LAU, H U DAHMS, et al. Marine biofilms as mediators of colonization by marine macroorganisms: implications for antifouling and aquaculture [J]. Mar Biotechnol (NY), 2007,9:399-410.

[43] P Y QIAN, Y XU, N FUSETANI. Natural products as antifouling compounds: recent progress and future perspectives[J]. Biofouling, 2010,26:223-234.

[44] S DOBRETSOV, H U DAHMS, P Y QIAN. Inhibition of biofouling by marine microorganisms and their metabolites[J]. Biofouling, 2006,22:43-54.

[45] G R GRECO, M CINQUEGRANI. The global market for marine biotechnology: The underwater world of marine biotech firms[M]//P H RAMPELOTTO, A TRINCONE. Gd Chall Mar Biotechnol, Springer, 2018:261-316.

[46] F DE LA CALLE. Marine microbiome as source of natural products[J]. Microb Biotechnol, 2017,10:1293-1296.

作者简介：

马庆军，中国科学院海洋研究所实验海洋生物学重点实验室，研究员，博士生导师。主要从事海洋生物蛋白质科学与技术研究，聚焦于海洋病原微生物致病相关蛋白的结构与功能，以期了解海洋微生物病害发生的分子机制，并在结构和机制的基础上尝试药物与疫苗设计对病害进行防治。近年来，主要在发现对虾白斑综合征病毒中新的 dUTPase 结构类型、解析创伤弧菌的磷脂酶 A2（VvPlpA）的晶体结构、报道创伤弧菌低分子量酪氨酸磷酸酶 Wzb 独特的蛋白结构和功能特点等方面取得显著成绩。先后承担国家自然科学基金等多项国家及省部级研究项目，在 PNAS、Acta Crystallogr D、

J Virol 和 J Biol Chem 等国际权威期刊上发表论文 40 余篇。

刘长水，中国科学院海洋研究所实验海洋生物学重点实验室，助理研究员。主要研究海洋微生物蛋白质的结构与功能，探索海洋病原体产生毒力的分子基础。目前已主持国家自然科学基金青年基金项目，发表 SCI 论文 10 余篇。

海洋文化旅游业概念探析与发展对策研究[①]

孙吉亭[②]
（山东省海洋经济文化研究院，山东 青岛 266071）

摘要：本文梳理了海洋文化旅游业的概念与内涵，论述了海洋文化旅游业发展现状，找出了存在问题：一是旅游业受到新冠肺炎疫情影响较大，二是海洋传统特色文化资源需要保护，三是发展海洋文化旅游业缺乏高端人才。最后提出海洋文化旅游业的发展对策：①注意培育不同消费市场；②广为传播海洋文化旅游要素；③保护海洋文化旅游资源和海洋生态环境；④大力培育海洋文化旅游业的专业人才。

关键词：海洋文化；神话传说；海洋旅游；特色美食；精神文化

海洋是生命的摇篮，资源的宝库。由于其表面积占地球的71%，可以为人类提供充足的食品和辽阔的空间，是人类赖以生存的第二疆土和蓝色粮仓。海洋又以其灿烂的历史文明，神秘的神话传说，优美的民间故事，带给我们精神的愉悦和享受。这些丰富的海洋文化资源，伴随着海洋旅游的自然资源，构成了海洋文化旅游业发展的基础，形成了海洋旅游产业的新业态，成为海洋经济发展中的重要产业。在发达国家，海洋文化旅游业产值一般都占到整个旅游业产值的2/3左右。[③]

深入梳理海洋文化旅游产业的概念、发展思路，对于我们促进海洋旅游业高质量发展是非常有利的。

① 本文是2020年度国家社会科学基金重大项目“全面开放格局下区域海洋经济高质量发展路径研究”（项目号：20&DZ100）、山东省海洋经济文化研究院项目“海洋经济与文化高质量发展研究”阶段性成果。

② 孙吉亭，男，山东省海洋经济文化研究院研究员，主要研究领域为海洋经济、海洋文化。

③ 本刊评论员：《创新驱动海洋文化产业大发展》，《发展改革理论与实践》2017年9期。

一、关于海洋文化旅游业的概念与内涵

（一）文化

文化的概念宏观博大，内涵丰富。在《辞源》中，对于文化是这样定义的："文治与教化。今指人类社会历史发展过程中所创造的全部物质财富和精神财富，也特指社会意识形态。"①

（二）海洋文化

对海洋文化来说，并没有统一的定义，许多学者从不同角度表达了自己的观点。曲金良认为海洋文化是在开发利用海洋的社会实践过程中形成的精神成果和物质成果的总和，表现形式是多样的。② 其表现形式如图 1、图 2 所示。

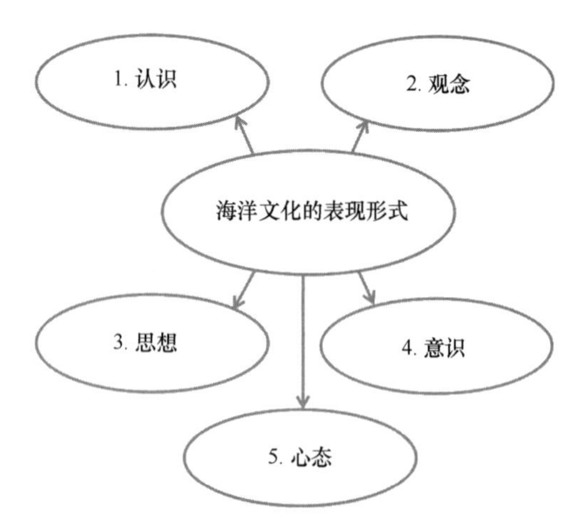

图 1　海洋文化的表现形式③

① 《辞源 1-4（修订本）》第二册，商务印书馆，1984 年，第 1357 页。

② 曲金良：《发展海洋事业与加强海洋文化研究》，《青岛海洋大学学报（社会科学版）》1997 年第 2 期。

③ 图 1 内容根据下文设计：曲金良：《发展海洋事业与加强海洋文化研究》，《青岛海洋大学学报（社会科学版）》1997 年第 2 期。

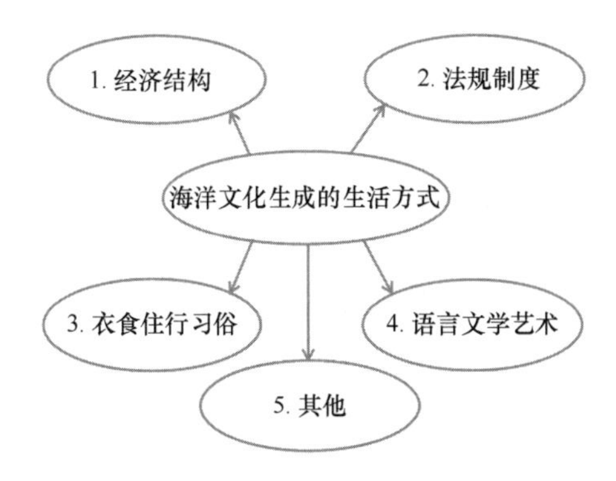

图 2　海洋文化生成的生活方式①

董玉明认为与海洋有关的文化就是海洋文化。②徐畅、周冬珍认为海洋文化所包含内容丰富多彩，包括海洋民俗文化等多种文化，博大精深，见图 3。③

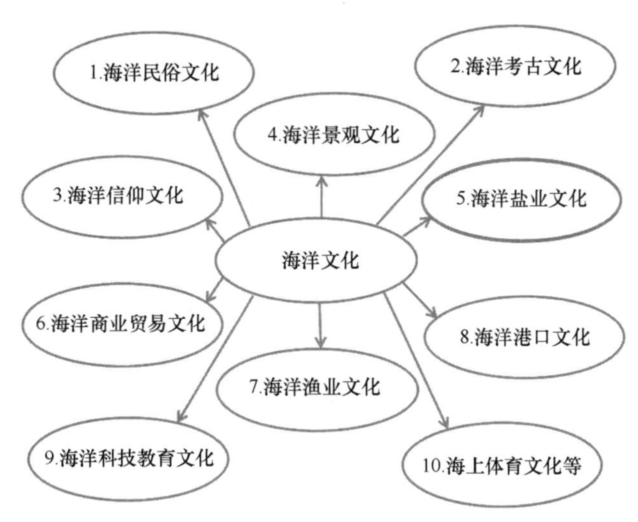

图 3　海洋文化包含的内容④

陈艳红认为海洋文化是与大陆文化并行的，都是人类文化的重要组成部分。⑤

① 图 2 内容根据下文设计：曲金良：《发展海洋事业与加强海洋文化研究》，《青岛海洋大学学报（社会科学版）》1997 年第 2 期。

② 董玉明：《海洋文化与青岛旅游开发》，《海岸工程》2002 年第 1 期。

③ 徐畅、周冬珍：《关于海洋文化推动三亚海洋旅游开发的研究》，《中国市场》2020 年第 11 期。

④ 图 3 根据该文内容制作：徐畅、周冬珍：《关于海洋文化推动三亚海洋旅游开发的研究》，《中国市场》2020 年第 11 期。

⑤ 陈艳红：《发展海洋文化的关键在于海洋意识教育》，《航海教育研究》2010 年第 4 期。

丁希凌认为海洋文化学是交叉学科，是学科群（图4），涉及社会科学、自然科学、技术科学。①

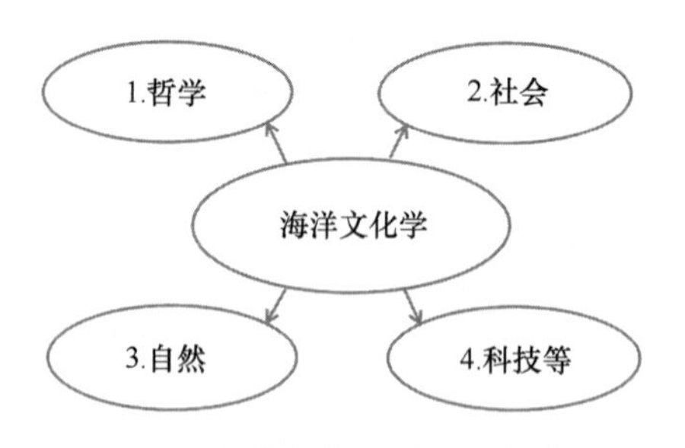

图4　海洋文化学科群示例②

任琪琪、王亮亮、何文慧认为海洋文化是源于海洋而生成的文化，即人类对海洋本身的认识、利用和因有海洋而创造出来的文明，并且包罗万象，见图5。③

图5　海洋文化所包含内容④

张开城认为“海洋文化是人海互动及其产物和结果，是人类文化中具有涉海性的部分。”⑤

王苗、王诺斯认为海洋文化是海洋成为人类活动舞台、海洋自然力转化为人类生

① 丁希凌：《海洋文化学刍议》，《广西民族学院学报（哲学社会科学版）》1998年第3期。

② 图4根据该文内容制作：丁希凌：《海洋文化学刍议》，《广西民族学院学报（哲学社会科学版）》1998年第3期。

③ 任琪琪、王亮亮、何文慧：《国际旅游岛背景下海洋文化体验馆的探索与设计》，《品位·经典》2021年第6期。

④ 图5根据该文内容制作：任琪琪、王亮亮、何文慧：《国际旅游岛背景下海洋文化体验馆的探索与设计》，《品位·经典》2021年第6期。

⑤ 张开城：《海洋文化和海洋文化产业研究述论》，《全国商情（理论研究）》2010年第16期。

产力因素以后形成和发展的文化，它包括了海洋意识等多种类别。① 见图6。

图6　海洋文化包含的类别②

贾苗苗认为海洋文化开发实质上是一个比较广泛的概念,③ 如图7所示。

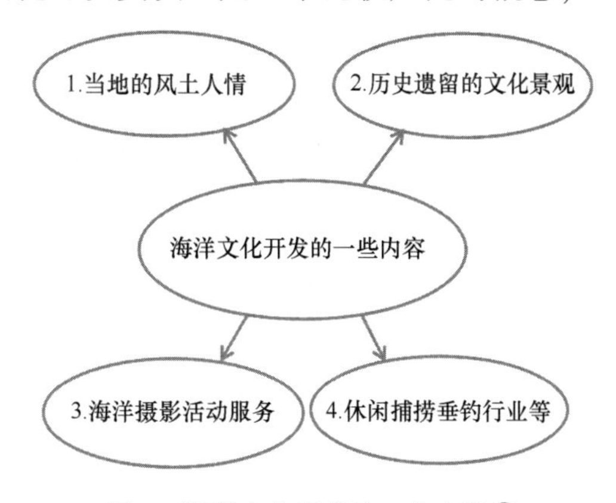

图7　海洋文化开发的一些内容④

① 王苗、王诺斯：《国内外海洋文化与旅游经济融合发展研究综述》，《大连海事大学学报（社会科学版）》2016年第3期。

② 图6根据该文内容制作：王苗、王诺斯：《国内外海洋文化与旅游经济融合发展研究综述》，《大连海事大学学报（社会科学版）》2016年第3期。

③ 贾苗苗：《国内外海洋文化与旅游经济融合发展策略分析》，《国际公关》2019年第9期。

④ 图7根据该文内容制作：贾苗苗：《国内外海洋文化与旅游经济融合发展策略分析》，《国际公关》2019年第9期。

尽管表述各有不同，将其概括起来，海洋文化就是指人类在开发利用海洋的历史长河与社会实践过程中所创造的各种物质财富和精神财富的总和，表现形式为与人类一系列思想意识活动有关的并由此而固化下来的各种形式，例如海上作业的规范制度、日常交往的行为方式、探索海洋的科学技术以及凝聚智慧的海洋产品等。

（三）海洋文化产业

梁永贤认为海洋文化产业是在沙滩海岸、海底世界、海上平面等生存空间里对海洋文化进行开发、利用、改造、升级。① 王苧萱认为海洋文化产业主要分成5大类别，但是无论是哪个类别的海洋文化产业内的活动，都至少要具备以下5个要素之一，详见图8。②

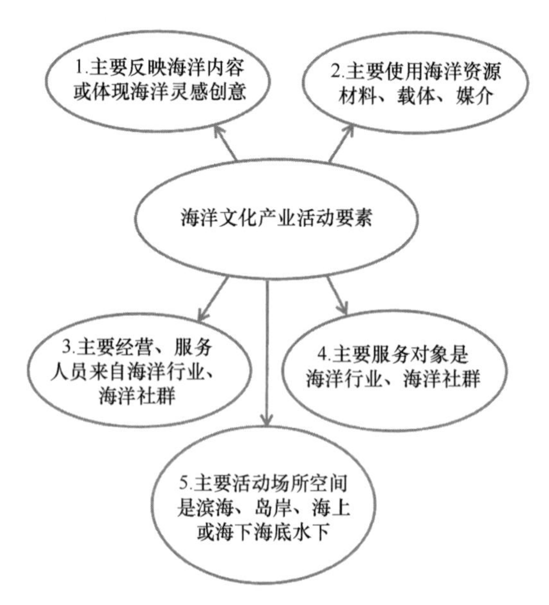

图8　海洋文化产业活动要素③

刘璐璐认为海洋文化产业内含多种文化，④ 见图9。

① 梁永贤：《浅析海洋文化创意产业的概念与发展思路》，《中国海洋经济》2017年第2期。

② 王苧萱：《中国海洋文化产业统计体系的设计与应用》，《中国海洋经济》2017年第1期，转引自郭少菁：《海洋文化旅游业高质量发展研究》，《中国海洋经济》第11辑。

③ 王苧萱：《中国海洋文化产业统计体系的设计与应用》，《中国海洋经济》2017年第1期，转引自郭少菁：《海洋文化旅游业高质量发展研究》，《中国海洋经济》第11辑。

④ 刘璐璐：《国内外海洋文化与旅游经济融合发展研究综述》，《度假旅游》2018年第9期。

图 9　海洋文化产业内含的文化种类①

（四）文化旅游与海洋旅游

尽管不同学者对文化旅游表述不一致，但是都反映出文化旅游是一种“以文化为主要吸引物的旅游形式”②。闻瑞东认为“文化旅游泛指以鉴赏异国异地传统文化、追寻文化名人遗踪或参加当地举办的各种文化活动为目的的旅游”。③ 沙蕾认为文化旅游是一种高品位旅游产品，着眼点则是令人向往的异地（异质）文化，通过观光、参与、学习等方式而获得体验和感悟。通过文化旅游的活动，推动了游客的出发地和旅游目的地之间文化的相互沟通、传播、碰撞和交融，从而使文化层次得到更好的提升。④

文化旅游资源是文化旅游的重要基础之一。文化旅游资源是指“客观地存在于一定地域空间并因其所具有的文化价值而对旅游者产生吸引力的自然存在、历史文化遗产或社会现象”⑤。其中文化旅游景观是其重要的资源。文化旅游人文景观的类型见表 1。

① 图 9 根据该文内容制作：刘璐璐：《国内外海洋文化与旅游经济融合发展研究综述》，《度假旅游》2018 年第 9 期。

② 王苗、王诸斯：《国内外海洋文化与旅游经济融合发展研究综述》，《大连海事大学学报（社会科学版）》2016 年第 3 期。

③ 闻瑞东：《广州发展文化旅游业的对策》，《改革与开放》2017 年第 10 期。

④ 沙蕾：《南京文化旅游资源分析及产品开发研究》，硕士学位论文，南京师范大学，2004，第 11 页。

⑤ 孙淑荣、梅青、金岩：《济南市文化旅游资源整合开发策略》，《全国商情（经济理论研究）》2007 年第 11 期，转引自郭少菁：《海洋文化旅游业高质量发展研究》，《中国海洋经济》第 11 辑。

表 1　人文景观类型①

人文景观					
文物古迹	园林建筑	宗教设施	民俗礼仪	文化艺术	风土人情

海洋旅游没有统一的概念，与海岛旅游、滨海旅游等被很多学者视为相同的概念。② Mark Crams 认为，海洋旅游不仅包括发生在海岸带区域内的旅游活动，还包括深海垂钓、邮轮旅游、潜艇旅游等旅游活动。③ 丁六申、马丽卿认为海洋旅游业是指在海滨地区、近海、深海、大洋等进行的各种旅游休闲活动，是海洋经济发展的支柱产业。海洋旅游业在海洋产业中具有先导地位，是“朝阳产业”中的朝阳。④高乐华、段棒棒认为滨海旅游开发中应使用海洋文化资源，把滨海旅游景点按照文化的要求进行改造升级，海洋文化与旅游业是能够融合的。⑤

巩慧琴、鲍富元认为海洋旅游包括滨海旅游、近海海上旅游、海底旅游和海岛旅游等。⑥

徐畅、周冬珍认为海洋旅游包含各种与海洋有关的并且有利于人们身心健康的活动。⑦ 具体内容见图 10。

① 表 1 内容来源于孙淑荣、梅青、金岩：《济南市文化旅游资源整合开发策略》，《全国商情（经济理论研究）》2007 年第 11 期。

② 蔡礼彬、罗依雯：《基于 Q 方法的海洋旅游认知意象研究》，《海南热带海洋学院学报》2019 年第 3 期。

③ Mark Crams：《海洋观光影响、发展与管理》第 1 版，桂鲁出版社，2001，转引自万学新《文旅融合背景下用户对大连海洋旅游产业的认知度研究》，《经济研究导刊》2022 年第 22 期。

④ 丁六申、马丽卿：《新常态下舟山海洋旅游业发展策略探索》，《江苏商论》2019 年第 1 期。

⑤ 高乐华、段棒棒：《山东半岛海洋文化与旅游产业的融合》，《东方论坛—青岛大学学报（社会科学版）》2020 年第 1 期。

⑥ 巩慧琴、鲍富元：《海洋文化与海洋旅游融合发展途径研究——以海南为例》，《现代商贸工业》2014 年第 1 期。

⑦ 徐畅、周冬珍：《关于海洋文化推动三亚海洋旅游开发的研究》，《中国市场》2020 年第 11 期。

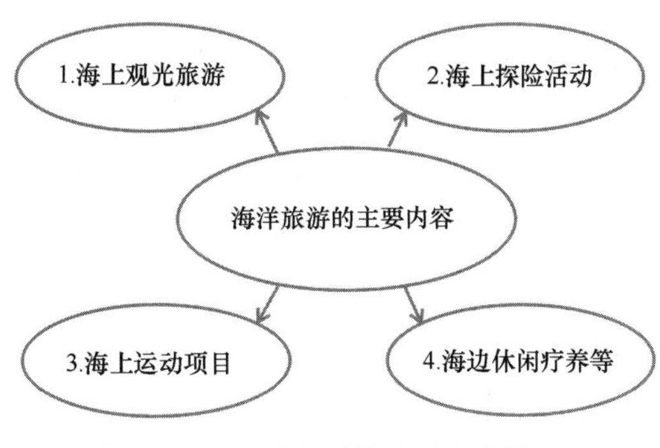

图 10　海洋旅游的主要内容①

（五）海洋文化旅游与海洋文化旅游业

海洋文化旅游业的本质是产业融合。郭旭、Jaepil Park 认为产业融合主要是指在不相同的产业之间发生。② 张龄钰认为海洋文化旅游是人们利用舟船等方式，对海洋风光、文化、生命、海上运动甚至海上贸易等一系列活动的过程。③ 详见表 2。

表 2　海洋文化旅游的内容④

向往	目的	方式	活动
海洋的自然风光、历史文化、海洋探索	休闲、娱乐、体验有别于常住地的生活方式	到异地停留、不计报酬、利用舟船等	海上运动、海上贸易等

郭少菁认为海洋文化旅游是指充分利用旅游目的地的海洋人文景观和海洋空间，结合海洋自然资源，使旅游者通过亲身体验、亲身观光、亲身学习等方式，领略到新颖的海洋文化魅力，获得精神层次的愉悦的旅游活动。⑤

综合借鉴以上学者的观点，海洋文化旅游业就是通过海洋文化旅游活动而获得经济效益的产业。

① 图 10 根据该文内容制作：徐畅、周冬珍：《关于海洋文化推动三亚海洋旅游开发的研究》，《中国市场》2020 年第 11 期。

② 郭旭、Jaepil Park：《海洋文化与海洋旅游产业融合发展研究——以舟山为例》，《第九届海洋强国战略论坛论文集》，海洋出版社 2018 年版。

③ 张龄钰：《海南环岛海洋文化旅游发展研究》，《城市旅游规划》2020 年 1 月下半月刊。

④ 表 2 根据该文内容制作：张龄钰：《海南环岛海洋文化旅游发展研究》，《城市旅游规划》2020 年 1 月下半月刊。

⑤ 郭少菁：《海洋文化旅游业高质量发展研究》，《中国海洋经济》第 11 辑。

二、海洋文化旅游业发展现状

改革开放 40 年以来，中国一跃成为世界最大的国内旅游市场①、世界第一大国际旅游消费国②，旅游业成为国民经济战略性支柱产业。

就中国海洋经济中的滨海旅游业来看，近年以来一直发展迅猛（图 11），并出现了很多旅游新业态，例如海洋牧场、休闲渔业等，它们都是多个产业的复合体。

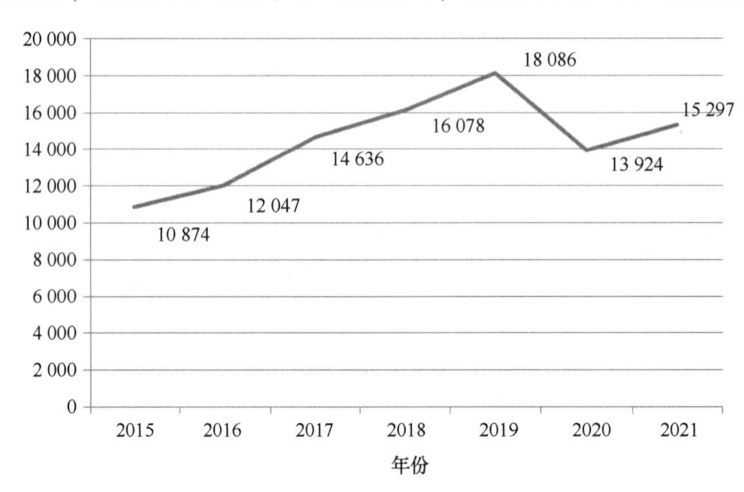

图 11　2015—2021 年中国滨海旅游业增加值（单位：亿元）③

沿海各地的海洋文化旅游业也蓬勃发展，涌现出一批海洋文化旅游项目。

例如，2019 年在山东省日照市文化与旅游局主持和指导下，由日照顺风阳光海洋牧场开办了公益鱼拓课程班，教授广大少年儿童和居民群众制作鱼拓，将鱼拓这门集新、奇、雅、乐、艺为一体的高雅艺术纳入海洋文化旅游之中。④ 截至 2020 年 4 月，山东省 A 级旅游景区共计 1227 处，⑤ 其内部构成见图 12、图 13。

---

① 《国家旅游局局长：中国已成世界最大的国内旅游市场》，http：//www. ce. cn/macro/gnbd/cy/hyfx/200603/01/t20060301_6237585. shtml，最后访问日期：2022 年 1 月 22 日。

② 李洋：《中国超美国等国成世界第一大国际旅游消费国》，http：//www. mzyfz. com/cms/benzhousheping/shepingzhuanqu/caijing/html/1241/2013-04-07/content-712541. html，最后访问日期：2022 年 1 月 12 日。

③ 数据来源：2015—2021 年中国海洋经济统计公报，http：//gi. mnr. gov. cn/202204/P020220406315859098460. pdf，最后访问日期：2022 年 5 月 2 日。

④ 《市文旅局与顺风阳光海洋牧场携手打造公益鱼拓，火热报名中!》，https：//www. sohu. com/a/318845564_100088635，最后访问日期：2022 年 1 月 3 日。

⑤ 樊丽丽：《山东文化旅游产业融资模式研究》，《现代商贸工业》2020 年第 30 期。

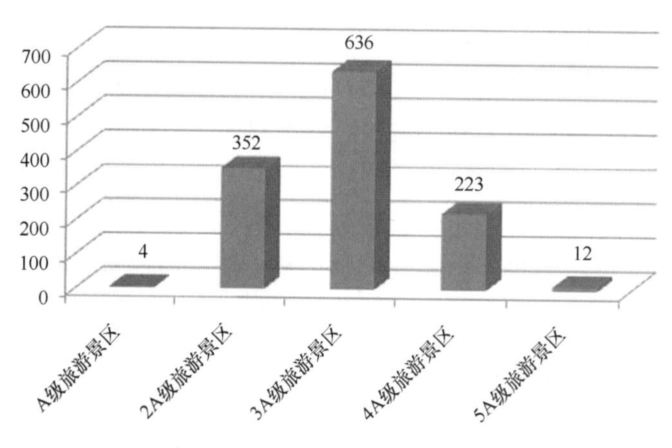

图 12　山东省 A 级旅游景区内部数量图（单位：处）①

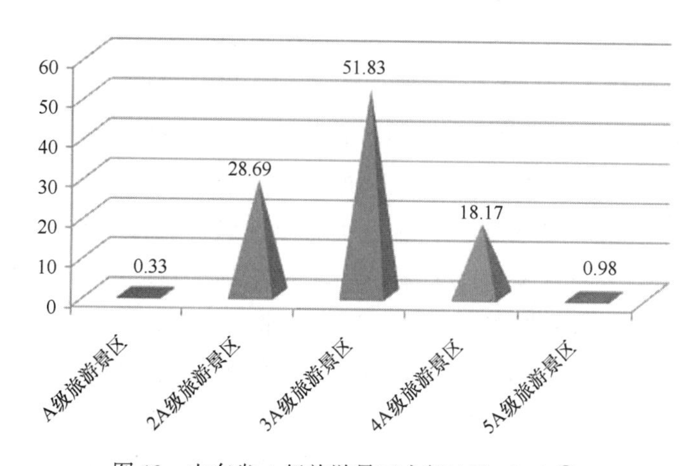

图 13　山东省 A 级旅游景区内部比重（%）②

广州市文化旅游以每年一届的“广州国际旅游文化节”为契机，以突出“岭南文化”为特色，着力开发饮食文化旅游、商贸文化旅游、温泉文化旅游、海洋文化旅游以及多元的宗教文化。③ 浙江舟山定海的新建村突出打造徽派建筑、火车广场、渔民壁画、文艺书屋等文化特色，弘扬海洋文化，点上精致、线上出彩、面上美丽的乡村风貌逐渐成形。2019 年，全村接待游客超 45 万人次，浙江省中小学研学实践团队 50

① 数据来源：樊丽丽：《山东文化旅游产业融资模式研究》，《现代商贸工业》2020 年第 30 期。

② 图 13 数据根据下文测算：樊丽丽：《山东文化旅游产业融资模式研究》，《现代商贸工业》2020 年第 30 期。

③ 闻瑞东：《广州发展文化旅游业的对策》，《改革与开放》2017 年第 10 期。

余批次，全市各级党组织参观学习团队 130 余批次，村里人均年收入达到 3.9 万元。① 2022 年 9 月 27 日晚，由江苏省文化和旅游厅、南通市人民政府主办的 2022 中国南通江海国际文化旅游节在南通市大剧院歌剧厅盛大启幕。开幕式上发布了文旅节重点活动、“好通游”精品旅游线路和年度南通重点文化旅游项目。8 条突出深度游角度的“好通游”精品旅游线路正式发布，通城最具特色的历史人文与自然风物囊括其中，完美覆盖周末度假、亲子研学、康养观光等各类人群。南通与盐城、连云港沿海三地现场签订战略合作协议，合力打造世界级滨海生态旅游廊道；与上海、苏州签署战略协议，加强沪苏通三地文旅康养研学客源互送。长三角多座沿江、沿海城市将携手展开更高层次、更为密切的文旅交流合作，共创联动发展新格局。② 厦门越夜越 YOUNG 旅游节，以潮流消费、音乐艺术、休闲亲子、夜间美食等为主题，策划了多场夜游打卡活动。③ 2022 年上海旅游节的年度主题是“最上海，苏州河”，聚焦苏州河水上航线开通试航，通过全媒体 12 小时大直播，向市民游客全面系统地介绍苏州河贯通以后的新面貌、新场景，为广大市民游客提供更多小而演艺新空间、人文新景观、休闲好去处。主要安排包括“最上海，苏州河”12 小时全媒体大直播、“乐游云购 917”旅游消费季、“十大惠民游”主题系列、“最上海”指数发布等四个方面。④ 2022 年 6 月 5 日，青岛市启动了 2022 年世界海洋日暨全国海洋宣传日“万人航海”计划。据了解，万人航海计划拟常年组织青少年、大学生、社会各界及老年群体参加帆船体验活动，同时还将打造汇聚游艇帆船销售、钓鱼、潜水等业态的航海网络平台。2022 年 6 月 8 日“世界海洋日”当天，有 100 个家庭 468 名市民游客参与体验帆船的魅力。据悉，活动旨在进一步激发公众关心海洋、认识海洋、经略海洋的意识和航海运动的兴趣，促进游艇帆船租赁销售、水上运动普及、航海培训（青少年帆船夏令营）等海洋旅游业态高质量发展。⑤ 2021 年 12 月 29 日，青岛成功入选首批国家文化和旅游消费示范

① 《从“创意”走向“创益”——浙江舟山一个海岛乡村的文化复兴路》，https：//www.erhainews.com/n11922920.html，最后访问日期：2022 年 1 月 12 日。

② 《2022 南通国际文旅节正式开幕！30 多场文旅活动丰富市民选择》，https：//new.qq.com/rain/a/20220928A07HPT00，最后访问日期：2022 年 9 月 28 日。

③ 《厦门越夜越 YOUNG 旅游节启动：挖掘夜间新玩法 促进夜间文旅消费》，https：//baijiahao.baidu.com/s？id=1732783491640754910&wfr=spider&for=pc，最后访问日期：2022 年 9 月 28 日。

④ 《乐游 2022 年上海旅游节今日开幕，有这些亮点和安排》，https：//finance.sina.cn/2022-09-17/detail-imqmmtha7720392.d.html，最后访问日期：2022 年 9 月 28 日。

⑤ 肖相波：《青岛海洋经济正发力 游艇大众化消费可期》，https：//baijiahao.baidu.com/s？id=1747558747467968696&wfr=spider&for=pc，最后访问日期：2022 年 10 月 26 日。

城市。①

三、存在的问题

（一）旅游业受到新冠肺炎疫情影响较大

中国由于受到新冠肺炎疫情冲击和复杂国际环境的影响，旅游业遭受较大的打击，滨海旅游人数锐减。有统计数据显示，自新冠疫情暴发以来全国旅游出行下降了50%。② 2022年上半年，国内旅游总人次14.55亿，比上年下降22.2%；国内旅游收入（旅游总消费）1.17万亿元，比上年下降28.2%。③ 在这种大环境下，海洋文化旅游活动也不可避免地受到影响。这就要求我们必须要有更精彩的创意，注入更多的海洋特色文化元素，方使海洋文化旅游业具有较强的吸引力。

（二）海洋传统特色文化资源需要保护

人们对传统特色文化资源具有极高文化价值的认知比较欠缺，并没有感到它巨大的文化价值和潜在的经济价值与市场价值。因此盲目追求“新”和“洋”的东西，以人造景观代替原生态的文化资源，在这种思想指导下，往往毁旧建新，给文化资源造成不可弥补的损失。

（三）发展海洋文化旅游业缺乏高端人才

由于海洋文化旅游业是海洋文化和海洋旅游两种产业形态融合而来，因此现有很多人才或者往往是具有很深的海洋文化造诣，但对海洋旅游的特点把握不清，对旅游产品的设计、包装、定位、市场开拓并不在行；或者往往是精通海洋旅游的专业运营，但海洋文化底蕴的支撑不够。因此缺乏设计开发海洋文化旅游产品的高端人才。

四、文化旅游业发展对策

（一）注意培育不同消费市场

针对不同消费群体培育高端文化旅游市场和普通大众市场。在市中心等人员较为

---

① 李媛：《青岛入选国家文化和旅游消费示范城市》，https：//baijiahao.baidu.com/s？id=1695828666826520842&wfr=spider&for=pc，最后访问日期：2022年4月26日。

② 《疫情的反复，给旅游业带来了哪些影响？一篇文章为您解答》，https：//baijiahao.baidu.com/s？id=1743821924243963774&wfr=spider&for=pc，最后访问日期：2022年10月9日。

③ 《2022年国内旅游行业现状，旅游市场正在缓慢恢复》，http：//www.chinabgao.com/freereport/86081.html，最后访问日期：2022年9月24日。

密集的地区，可以大众文化、娱乐项目、购物体验和特色美食为引导，发展以文化旅游观光型为主体的文化旅游业。对于远离市中心的滨海地区，则以发展高端休闲度假为主体的文化旅游产业。

（二）广为传播海洋文化旅游要素

利用现代传播方式，比如直播、博客等方式，打造“海洋文化旅游+互联网”的网络平台，充分宣传当地的海洋文化旅游资源，包括名人轶事、风土人情、民俗典故、神话传说，以及文化旅游赛事等。力争让游客对海洋文化旅游资源了然于心，从而避免了信息不对称的情况出现。

（三）保护海洋文化旅游资源和海洋生态环境

如果没有海洋文化旅游资源，那发展海洋文化旅游产业就成为无源之水、无本之木，因此积极开展保护海洋文化和海洋生态环境的宣传教育，培养广大市民关注海洋、热爱海洋的海洋文化意识和素养。要发掘整理海洋文化资源，特别是对一些将要失传的传统文化资源进行抢救。而海洋又是海洋文化旅游产业发展的基础，要注重生态文明建设，加强海洋生态环境保护的管理力度，保护海洋生态环境。

（四）大力培育海洋文化旅游业的专业人才

一个地区要想大力发展海洋文化旅游业，如果没有人才，那么发展海洋文化旅游业就是一句空话。一是引进著名的文化领域人才，例如闻名全国全世界的文学家和艺术家等，成为文化人物荟萃之地，烘托当地文化氛围。二是注重引进知名高校，带动当地文化素质的提升。三是注重培养文化旅游人才。可采取送到高校和培训班学习培训以及到其他先进城市同行交流的方式，通过系统地学习理论知识和剖析各种经营案例，使之理论水平和实际操作经验快速提升；也可采取在岗培训的方式，通过入门较早、经验较丰富的人员传帮带，达到边工作边学习边提高的效果。

关于开展水产育种关键共性技术研发助力山东省海洋农业发展的建议

张琳琳[1,2,3]，许悦[1,2,3]

（1. 中国科学院海洋研究所实验海洋生物学重点实验室，山东 青岛 266071；2. 中国科学院海洋大科学研究中心，山东 青岛 266071；3. 青岛海洋科学与技术试点国家实验室海洋生物学与生物技术功能实验室，山东 青岛 266071）

摘要：21 世纪是海洋的世纪。党的十八大以来，我国的现代海洋产业体系取得了长足进步和系统发展，同时，现代海洋产业体系在山东省经济发展中也占据重要作用。水产种业作为保障国家食物安全、生态安全及渔业安全的根基，在山东省海洋农业发展中具有举足轻重的重要地位。本文简要评述了水产种业在山东省海洋农业发展中的重要性，分析了我国水产种业和水产育种技术的发展现状与不足，阐述了基因编辑育种等水产育种关键共性技术的发展现状。针对亟须解决的关键问题和产业需求，提出了开展水产育种关键共性技术研发助力山东省海洋农业发展的建议和保障措施，为切实提高山东省水产种业和海洋农业科技自主创新能力与竞争力提供参考。

关键词：水产；种业；关键共性技术；建议

21 世纪是海洋的世纪。海洋经济已经成为沿海国家经济的重要组成部分，成为拓展经济和社会发展空间的重要载体，人类已进入海洋经济时代。作为全球海洋大国，中国对海洋经济的依赖程度则更甚，以海洋产业为代表的蓝色经济正在成为拉动中国增长的新引擎。

党的十八大以来，以习近平同志为核心的党中央高度重视海洋事业发展，作出了建设海洋强国的重大战略部署，提出了完善现代海洋产业体系的重要指示。我国十四五规划纲要指出，积极建设现代海洋产业体系，培育海洋生物医药产业，深化农业农村改革，加强农业良种技术攻关，有序推进生物育种产业化应用。2022 年 2 月发布的中央一号文件提出全面推进乡村振兴重点工作，大力推进种源等农业关键核心技术攻关和全面实施种业振兴行动方案作为其中的重要组成部分，已连续多年在该文件中被提及。由此可见，海洋农业已经被列入我国当前经济发展的重要组成部分，这也为海洋农业和海洋种业的发展提出了新的要求。

山东省作为东部经济大省，地处中国南北方临界线，在全国经济发展大格局中具有非常重要的位置，改革开放以来山东人民谱写了包括海洋经济发展在内的许多辉煌篇章，有着“南看广东，北看山东”的美誉。党中央和习近平总书记一直非常关心山东海洋发展。习近平总书记希望山东充分发挥自身优势，努力在发展海洋经济上走在前列，加快建设世界一流的海洋港口、完善的现代海洋产业体系、绿色可持续的海洋生态环境，为海洋强国建设作出山东贡献。

为了深入贯彻落实习近平总书记关于山东海洋工作重要指示精神，根据山东省十四五规划纲要制定了《山东省“十四五”海洋经济发展规划》，该文件重点强调了“着力提升海洋科技自主创新能力，加快建设完善的现代海洋产业体系，努力打造具有世界先进水平的海洋科技创新高地，推动新时代现代化强省建设，为海洋强国建设作出更大贡献”。同时，山东省委省政府印发了《山东海洋强省建设行动方案》，以“十大行动”作指南，推进港口重组整合，发展现代海洋产业体系，加强海洋生态环境保护，在加快海洋强省建设上实现新突破。《山东新旧动能转换综合试验区建设总体方案》等纲领性文件也将现代海洋产业作为十大产业之一，可见海洋产业在山东省经济发展中的重要地位。

一、水产种业在山东省海洋农业发展中的重要性

种业是农业的“芯片”，是国家战略性、基础性核心产业，是保障国家粮食安全和重要农产品有效供给，推动生态文明建设，维护生物多样性的重要基础。习近平总书记指出，“农业现代化，种子是基础，必须把民族种业搞上去，把种源安全提升到关系国家安全的战略高度，集中力量破难题、补短板、强优势、控风险，实现种业科技自立自强、种源自主可控”。

根据党中央对于现代化种业发展的重要指示，海南自贸港设立了崖洲湾国家实验室，该实验室以培育国家实验室为使命，聚焦国家战略和科技前沿，以打造国产“种子芯片”全链条为目标，以核心种源创制应用、生物育种技术创新、种子精准分子设计为重点，加强育种基础性研究，加快种源“卡脖子”技术攻关。崖州湾国家实验室的建立加快了种业科技创新发展，有利于打好国家种业“翻身仗”的战略决策和重大部署。这对于水产种业的发展起到了重要的指导作用，要打好水产种业“翻身仗”，科技创新必要先行。

水产种业是整个渔业产业链的源头，是建设现代渔业的标志性、先导性工程，是

国家的战略性、基础性核心产业[1-6]。同时，水产种业的高质量发展不仅是保证优质蛋白质供给的重要来源，也是促进水产养殖业绿色高质量发展的核心竞争力[7]。《山东省“十四五”海洋经济发展规划》中重点强调：打好水产种业翻身仗。因此，在山东省海洋经济发展过程中，必须将水产种业的发展作为重中之重。

二、水产种业的发展现状与不足

2020年，我国水产品养殖产量为5224.20万吨，其中海水养殖产量为2135.3万吨，淡水养殖产量为3088.9万吨。山东省海水养殖产量为514.1万吨，淡水养殖产量为100.9万吨。2020年，我国海水养殖总产值为3836.2亿元，淡水养殖总产值为6387.2亿元，水产苗种总产值为692.7亿元，山东省海水养殖总产值为931.8亿元，淡水养殖总产值为182.9亿元，水产苗种总产值为78.3亿元[8]。

水产种业是指水产种苗产业，它将水产经济生物的苗种通过科技创新和资源的有效配置实现资源保护、品种创新、繁殖培育、应用推广、销售管理等环节有机结合，最终形成规模化的产业体系[2,3]。

中国水产养殖历史悠久，至今已有两三千年的历史，但水产养殖苗种产业起步较晚。从有水产养殖活动开始到1957年，我国水产养殖苗种主要来源于野生苗种捕捞，可以说长期处于有种无业的状态[1]。自20世纪50年代淡水“四大家鱼”实现人工繁殖技术突破以来，我国水产种业从无到有，从小到大，形成了由保、育、测、繁、推构成的种业体系，促进了我国水产养殖业的成长壮大和多样化发展[1]。但是，水产种业成长历史较短，当前良种覆盖率仅为52.8%，良种对水产增产的贡献率仅为25%~30%[9]，低于农业农村部公布的农作物96%以上的良种覆盖率和45%的良种粮食增产贡献率。水产种业的发展还存在很多薄弱环节，不足以支撑水产养殖业绿色发展多种模式的需求[5,6]。要做到由大到强还需要体制机制创新。充分研究现代水产种业发展的问题，探讨现代水产种业创新发展路径，对水产种业现代化建设有着十分重要的意义。

与农作物种业和种植业发展几乎同步不同，中国水产种业的起步远滞后于水产养殖业，但是发展较快，这得益于技术进步和制度改进。水产育种技术的每一次突破及新品种运用都极大地推动了水产种业，进而推进水产养殖业的快速发展，因此技术研究是水产种业研究的重点[3]。我国水产育种研究起步于20世纪50年代的青、草、鲢、鳙“四大家鱼”人工繁殖技术，但大规模开展遗传育种研究与人工苗种繁育始于20世纪70—80年代，传统产业逐渐与现代生命科学（如细胞工程和基因工程等高新生物技术）结合，促进了以遗传育种和病害控制为主的渔业生物技术研究的发展[4,6]。由于人工选育新品种少、水产养殖病害频发以及不规范的鱼病用药等问题，影响了水产品的质量安全，国家从1999年起启动了基础研究发展计划（973计划），“十三五”期间起启动了“蓝色粮仓科技创新”重点专项，2022年启动了“十四五”期间的“海洋农业与淡水渔业科技创新”重点专项，对水产生物种质创制、健康养殖、资源养护、友好捕捞、绿色加工等产业面临的重大科学问题和重大技术瓶颈进行资助，推动了水产养殖动物重要经济性状的分子生物学基础研究的进展。当前，水产养殖绿色发展模式正在向健康、集约化和多样化方向发展，有学者认为，由于我国水产新品种大多数改良的是生长性状，且培育的是通用品种，未必能满足不同养殖模式的特殊要求，提出现代水产种业新品种培育的目标应该是适应高密度集约化养殖或生态化养殖模式需求，兼顾高产、稳产、高效和优质等多个性状的突破性品种。

三、水产育种技术的发展现状和不足

目前，杂交育种和选择育种等传统育种技术在水产动物培育中仍占主导地位，随着现代遗传育种理论和生物技术的不断发展和创新，分子标记辅助育种、细胞工程育种、全基因组选择育种、分子设计育种、性别控制、基因转移以及基因编辑等现代分子辅助育种技术也有尝试和应用，在今后一段时间内，水产育种将在传统育种技术的基础上，以现代育种技术为补充，逐步提高育种效率，实现精准育种[10]。

杂种优势是普遍存在的一种重要生物学现象，对改良生物的生产性能有重要作用。杂交育种依然是水产动物的主要育种技术，所涉及的物种以鱼类为主，据不完全统计，迄今为止尝试过120个杂交组合，共40多种鱼类，其中，大多数是鲤科不同亚科之间以及同一种亚科不同属之间的杂交[10]。

选择是育种的基础。选择育种是我国研究最早和使用最广泛的育种技术，自20世纪70—80年代起，群体选育和家系选育已广泛应用于水产生物的遗传育种。随着遗传分子标记的辅助使用和多性状复合评价（BLUP）方法的引入，选择育种技术日趋完善，已在鱼虾贝类中培育出多个养殖新品种。1996—2020年农业农村部审定的243个水产新品种中，有67个选育品种是通过群体或家系选育培育而成的[10]。

在分子育种上，主要对分子辅助育种技术、分子模块设计育种、全基因组选择育种技术等进行探究和运用。分子标记辅助育种技术体系建成，研发了分子水平的种质鉴定技术、选育技术和保种技术，尤其是基于亲本遗传距离的选种技术将传统选育与分子选育有机结合，解决了标记基因应用于育种的技术难题[11]。

细胞工程育种相对较新。细胞工程是在细胞和染色体水平上进行遗传操作与加工，定向改变或创造新的物种，或创造具有新遗传特征细胞的技术。细胞工程育种技术是在细胞和染色体水平上开展品种遗传改良的技术，目前主要有多倍体育种、雌（雄）核生殖（发育）、核质杂交（核移植）和生殖细胞移植技术等，其中雌核发育技术已经在我国多种淡水鱼类如银鲫、鲤的新品种培育中获得成功，在海水鱼类如鲆鲽鱼类、大黄鱼、黄姑鱼、石斑鱼等品种上成功获得雌核发育子代。目前，多倍体水产动物育种工作（即细胞工程育种）仍是水产经济动物种质改良的重要途径和研究热点[12]。

基因组选择（genomic selection，GS）方法自2001年提出以来发展迅速，已成为动植物育种领域的研究和应用热点，给动植物育种带来了革命性的变化。基因组选择弥补了传统育种方法的不足，理论和育种实践表明，基因组选择的准确性高于传统育种，可加快育种进程，提高育种效率。当前，水产动物已开展了大量基因组选择研究，但相比于畜禽动物，水产动物基因组选择尚处于起步阶段[13]。

我国水产育种理论和育种技术体系大多借鉴国外，虽然部分育种技术处于国际先进水平，如倍性育种、单性化育种等，但真正由我国研发的原创性技术仍然很少。分子设计、全基因组选择等育种技术体系依然不够完善；大规模、商业化全基因组水平的分子标记开发和可实用化分子育种技术应用较少，育种大数据分析、信息化以及相关系统开发与应用不够；缺乏规模化高通量水产生物性状表型自动检测设备、育种芯片设计与制备等，品种网络化测试与国际水平还存在较大差距。我国水产养殖种类繁多，养殖环境多样，育种对象存在差异性，水产育种尚未形成一套共性强、完善而成熟的理论与技术体系，制约了育种的效率和进步，阻碍了种业的商业化进程。

四、基因编辑育种等水产育种关键共性技术的发展现状

20世纪70年代，随着基因工程技术发展，出现将基因导入宿主基因组的方法，但插入基因整合到基因组上具有随机性，有可能损伤或改变基因组上其他基因。20世纪80年代，科研人员依据同源重组原理，建立了基因打靶（gene targeting）技术，即将外源DNA导入目标细胞后，利用基因重组使外源DNA与细胞内目标染色体上同源DNA间进行重组，从而将外源DNA定点整合到目标基因组的特定位点上（Capecchi，1989）。对于高等真核生物而言，由于基因组较大且复杂，同源重组的概率极低，因此打靶成功率较低。20世纪90年代，基于核酸内切酶的基因编辑技术问世。

基因编辑技术是指在基因组水平上对特定位点进行有目的的改变。基因编辑依赖于经过基因工程改造的核酸酶，包括ZFN、TALEN、CRISPR三个技术阶段，三者都是通过核酸酶对基因组中特定位置产生断裂缺口，诱导生物体进行修复，从而产生突变。基因编辑技术相较于以往的转基因技术，周期更短，效率更高，应用更广，目前

在靶向基因突变、基因治疗、制备转基因动植物模型等方面应用广泛[14-16]。

近年来，以 CRISPR/Cas9 为代表的基因编辑技术连续取得突破，已经发展成为一种强大的基因编辑工具，能够在精确的位置进行各种基因编辑实验，包括产生靶向基因的功能突变和丢失等。已被广泛应用于农作物（包括水稻[17]、小麦[18]等），农业动物（猪[19]、牛[20]、羊[21]等），水产动物（以鱼类[22]为主）中，为实现精准、高效、省时、省力和安全的渔业育种科技革命提供了新契机，已被应用于包括鱼类、甲壳纲[23-26]动物的水产动物中。

然而在水产贝类中，目前在基因编辑技术研发阶段，距离其在贝类育种中的应用还有一定距离。在贝类中，大西洋舟螺[27]、静水椎实螺[28]、笠贝[29]、光滑双脐螺[30]、乌贼[31]、牡蛎[32]等少数贝类成功地检测到基因编辑之后的基因型或者表型，但这些结果均处于初期，仅能证明该基因在贝类中具有可行性，基因编辑在贝类分子育种中的应用在技术上仍面临巨大挑战。未来应采取有力措施，着重优化基因编辑方法，提高编辑的效率和子代的成活率，创制优良的养殖新品种。

五、未来发展建议和保障措施

1. 针对青年科研工作者设立专项水产育种技术研发课题

当前，面向世界科技前沿、面向经济主战场、面向国家重大需求、面向人民生命健康，加强对青年科技人才培养将成为我国实现高水平自立自强的重大引擎，在科技强国建设中发挥不可替代的推动作用。

建议加大对青年科技工作者的科研项目支持力度，针对青年海洋科技工作者设立专项课题，提高开发水产育种关键共性技术科研项目的资助力度和数量，实现对青年科技人员群体的扶持，增加海洋科技应用类研究项目财政经费支持。在科研管理体系上，精简科研项目申报、评审、结项全流程，采用一次报送制，让青年科技人才将有限的时间投入真正的研究过程中。

2. 设立工作站，重点攻关

建议设立水产育种关键共性技术工作站，重点攻关相关技术的研发。开展主要水产物种育种联合攻关，加快培育高产高效、绿色优质、节水节粮、宜机宜饲、专用特用新品种，满足多元化需求。开展育种遗传基础、分子育种技术等前沿性公益性研究，在坚持尊重科学、严格监管、防范风险的基础上，有序推进生物育种产业化应用。

3. 主动建立科研院所和企业的桥梁，聚焦产学研，打通创新链和产业链

建设高质量的产学研科技创新平台是产业创新和推动产业高质量稳健发展的重要

途径。充分利用高校及科研院所各类创新资源，强化科技平台建设，打造具有区域特色的技术创新中心，构建以企业为主体的科技创新体系，能够促进水产育种产业的发展。建议健全商业化育种体系，推进科研单位和企业合作，促进产学研深度融合，做强做优做大水产育种产业。

参考文献

[1] 中国水产种业发展报告(1949—2019年)[J]. 中国水产, 2020,(9):11.

[2] 刘永新, 李梦龙, 方辉,等. 我国水产种业的发展现状与展望[J]. 水产学杂志, 2018, 31(2):7.

[3] 操建华, 孙东升. 中国现代水产种业创新发展的路径思考[J]. 农业现代化研究, 2021, 42(3):13.

[4] 邓伟, 李巍, 张振东,等. 中国现代水产种业建设的思考[J]. 中国渔业经济, 2013, 31(2):8.

[5] 张安琪. “十四五”时期水产种业发展的现状与对策思考[J]. 北方经济, 2021,(12):4.

[6] 刘永新,邵长伟,王书,等. 简述我国水产种业发展现状、问题与展望[J]. 中国农村科技, 2021,(06):62-65.

[7] 王建波. 现代水产种业引领水产养殖绿色发展[J]. 中国水产, 2018,(12):4.

[8] 农业农村部渔业渔政管理局. 2021年中国渔业统计年鉴[R].北京：中国农业出版社,2021.

[9] 张天时, 王清印, 朱泽闻,等. 水产养殖品种和育种技术评价方法的研究[J]. 农业科技管理, 2019, 38(6):5.

[10] 张晓娟, 周莉, 桂建芳. 遗传育种生物技术创新与水产养殖绿色发展[J]. 中国科学:生命科学, 2019, 49(11):21.

[11] 丁君, 韩泠姝, 常亚青. 水产动物种质创制新技术及在海参,海胆遗传育种中的应用[J]. 渔业科学进展, 2021, 42(3):16.

[12] 闫雪, 程锦祥, 欧阳海鹰,等. 中国水产遗传育种基础研究国际竞争力分析[J]. 农业图书情报学刊, 2018, 30(6):6.

[13] 宋海亮, 胡红霞. 基因组选择及其在水产动物育种中的研究进展[J]. 农业生物技术学报, 2022, 30(2):14.

[14] EID A, MAHFOUZ M M. Genome editing: the road of CRISPR/Cas9 from bench to clinic[J]. Experimental & Molecular Medicine, 2016, 48(10): 1-11.

[15] MOMOSE T, CONCORDET J P. Diving into marine genomics with CRISPR/Cas9 systems[J]. Marine Genomics, 2016, 30: 55-65.

[16] CHEN Y, WANG Z, NI H, et al. CRISPR/Cas9-mediated base-editing system efficiently generates gain-of-function mutations in Arabidopsis[J]. Sci China Life Sci, 2017, 60(5): 520-523.

[17] JUN R E N, XIXUN H U, KEJIAN W, et al. Development and application of CRISPR/Cas system in rice[J]. Rice Science, 2019, 26(2): 69-76.

[18] KUMAR R, KAUR A, PANDEY A, et al. CRISPR-based genome editing in wheat: a comprehensive review and future prospects[J]. Molecular biology reports, 2019, 46(3): 3557-3569.

[19] TANIHARA F, HIRATA M, OTOI T. Current status of the application of gene editing in pigs [J]. Journal of Reproduction and Development, 2021.

[20] TANG B, SUN Z. Research Progress of Gene Editing Technology on Cattle[J]. Biotechnology Bulletin, 2018, 34(5): 41.

[21] SONG S, LU R, ZHANG T, et al. Research Progress of CRISPR/Cas9 Gene Editing Technology in Goat and Sheep[J]. Biotechnology Bulletin, 2020, 36(3): 62.

[22] OKOLI A S, BLIX T, MYHR A I, et al. Sustainable use of CRISPR/Cas in fish aquaculture: the biosafety perspective[J]. Transgenic Research, 2022,31(1): 1-21.

[23] GAO Y, ZHANG X, ZHANG X, et al. CRISPR/Cas9-mediated mutation reveals Pax6 is essential for development of the compound eye in Decapoda *Exopalaemon carinicauda*[J]. Developmental biology, 2020, 465(2): 157-167.

[24] SUN Y, ZHANG J, XIANG J. A CRISPR/Cas9-mediated mutation in chitinase changes immune response to bacteria in *Exopalaemon carinicauda*[J]. Fish & Shellfish Immunology, 2017, 71: 43-49.

[25] GUI T, ZHANG J, SONG F, et al. CRISPR/Cas9-mediated genome editing and mutagenesis of EcChi4 in *Exopalaemon carinicauda*[J]. G3: Genes, Genomes, Genetics, 2016, 6(11): 3757-3764.

[26] KUMAGAI H, NAKANISHI T, MATSUURA T, et al. CRISPR/Cas-mediated knock-in via non-homologous end-joining in the crustacean Daphnia magna [J]. PloS one, 2017, 12 (10): e0186112.

[27] PERRY K J, HENRY J Q. CRISPR/Cas9-mediated genome modification in the mollusc, *Crepidula fornicata*[J]. genesis, 2015, 53(2): 237-244.

[28] ABE M, KURODA R. The development of CRISPR for a mollusc establishes the formin *Lsdia*1 as the long-sought gene for snail dextral/sinistral coiling [J]. Development, 2019, 146 (9): dev175976.

[29] HUAN P, CUI M, WANG Q, et al. CRISPR/Cas9-mediated mutagenesis reveals the roles of calaxin in gastropod larval cilia[J]. Gene, 2021, 787: 145640.

[30] COELHO F S, RODPAI R, MILLER A, et al. Diminished adherence of Biomphalaria glabrata embryonic cell line to sporocysts of *Schistosoma mansoni* following programmed knockout of the allograft inflammatory factor[J]. Parasites & Vectors, 2020, 13(1): 1-12.

[31] CRAWFORD K, QUIROZ J F D, KOENIG K M, et al. Highly efficient knockout of a squid pigmentation gene[J]. Current Biology, 2020, 30(17): 3484-3490.

[32] CHAN J, ZHANG W, XU Y, et al. Electroporation-based CRISPR/Cas9 Mosaic Mutagenesis of *β-tubulin* in the Cultured Oyster[J]. Frontiers in Marine Science, 806.

作者简介：

张琳琳，女，博士，责任研究员，博士生导师。2019年至今于中国科学院海洋研究所任课题组长，主要从事海洋无脊椎动物演化与环境适应研究，有丰富的海洋生物基因资源挖掘利用研究经验。发表科研论文40余篇，其中第一作者或通讯作者22篇，含Nature、Nature Communications，PNAS等。

渤海的大气干湿沉降与溯源①

邢建伟[1,2,3,4]，宋金明[1,2,3,4]，周林滨[5]

（1. 中国科学院海洋生态与环境科学重点实验室，中国科学院海洋研究所，山东 青岛 266071；2. 青岛海洋科学与技术国家实验室海洋生态与环境科学功能实验室，山东 青岛 266237；3. 中国科学院大学，北京 100049；4. 中国科学院海洋大科学研究中心，山东 青岛 266071；5. 中国科学院热带海洋生物资源与生态重点实验室，中国科学院南海海洋研究所，广东 广州 510301）

摘要： 伴随环渤海地区经济社会的高速发展，同时受限于三面环陆近乎封闭的独特地理方位，渤海的生态环境状况正面临前所未有的压力。大气沉降作为大气清除自身污染物质的一种方式，也日益成为陆源物质输送入海的一种重要途径；加之陆源营养物质沉降入海后会在一定程度上刺激海洋初级生产力的增长，因此，海洋大气沉降近几十年来得到了科学界的极大关注。渤海海域尽管已建立起大气沉降观测网络体系，但目前已报道的研究成果还很不系统、深入。由于受到高强度人类活动以及沙尘传输的影响，渤海大气气溶胶不同粒径颗粒物的浓度显著高于国内其他海域。渤海气溶胶和降水中各形态氮（N）、重金属元素和多环芳烃（PAHs）的浓度和干湿沉降通量均较高，其中N、磷（P）营养物质均以溶解无机态为主。环渤海地区大气降水酸性较强，不同区域酸雨程度有所差异，二次离子（非海盐硫酸盐 nss-SO_4^{2-}、铵根离子 NH_4^+、硝酸根离子 NO_3^-）构成了气溶胶和降水中水溶性无机离子的主体，各类大气汞成分中尤以气态元素汞的浓度较高且季节变化显著。渤海地区大气PAHs的浓度和沉降通量均显著偏高，渤海海洋气溶胶中有机磷酸酯（OPEs）的浓度和干沉降通量也处于较高水平，大气微塑料的丰度随粒径的增大快速递减，辽东湾地区放射性核素^{137}Cs的大气总沉降通量与背景值较为接近。排放源强度、气象因素（降水量）、气团源区和传输路径等是控制大

① 基金项目：国家自然科学基金（41906035）、山东省自然科学基金（ZR2019BD068）、中国科学院热带海洋生物资源与生态重点实验室开放基金（LMB20201004）、中国科学院战略性先导科技专项（XDA23050501）。

气成分浓度和干湿沉降通量的主要因素。生态效应方面，大气沉降是渤海 N、P 营养盐、重金属元素及多环芳烃的主要外源输入途径，对渤海海水营养盐和重金属浓度的空间分布、浮游植物生物量和初级生产力均有较大影响，局部海域甚至起决定性作用。源解析结果表明，陆源人为活动污染物排放和传输是渤海大气各类污染物的主导性来源，航运对个别重金属元素如锑（Sb）、镉（Cd）和钼（Mo）也有较大贡献。由于大气沉降的影响因素众多及输入强度和生物可利用性的高度不确定性，目前对海洋大气沉降的研究缺乏较为明确的结论性认识，此外对浮游生物对大气沉降物质输入的响应机制尚不明确，对主要大气污染物的源解析难以实现较为准确的量化。未来，渤海的大气沉降研究应重点关注各类有机态成分的沉降及其生态效应机制，在系统深入研究的基础上，充分利用大气沉降这一途径，在促进海洋初级生产的同时，深挖“蓝色碳汇”潜力，助力国家“碳达峰、碳中和”战略目标的实现。

关键词：大气沉降通量；气溶胶；降水；生态效应；源解析；海洋生态系统

本文观点：海洋大气沉降相较于陆地，影响因素和生态效应均更为复杂。渤海的独特地理位置决定了其外源输入受大气沉降影响很大及大气物质沉降以陆源排放占绝对主导地位的特征。未来应充分利用环渤海区域已建立的大气沉降观测网，开展系统、深入的海洋大气沉降生态效应机制研究，全面剖析大气沉降对渤海生态系统的影响程度，树立我国近海大气沉降研究范例，并充分利用大气沉降促进海洋初级生产的有利条件，深入挖掘“蓝碳”潜力，助力国家“双碳”战略目标的实现。

渤海（37°07′—41°00′N，117°35′—121°10′E）是位于中国北方的一个北、西、南三面被三省一市（辽宁省、河北省、天津市、山东省）环绕的半封闭浅海，仅在东部通过狭窄的渤海海峡与黄海相通。渤海面积约 7.7 万平方千米，分为辽东湾、渤海湾、莱州湾、中央浅海盆地和渤海海峡 5 部分，平均深度 18 m，最大深度 70 m，20 m 以下的海域面积占一半以上，海底平坦，多为泥沙和软泥质。渤海地处暖温带，冬无严寒，夏无酷暑，多年平均气温 10.7℃，多年平均降水量 500～600 mm，年蒸发量 1700～2800 mm，海水盐度在 30 左右，年蒸发量远高于年降水量。渤海水质肥沃，营养物质含量高，饵料资源丰富，成为多种鱼、虾、蟹和贝类繁殖、栖息、生长的理想海域。渤海作为我国的一个半封闭浅海，受限于其特殊的地理位置和自然条件，成为我国四大海区中受人类活动影响最为显著、生态环境最脆弱、环境污染和生态破坏最突出的海区，其中辽东湾、渤海湾和莱州湾的水域污染最为严重，这三个海湾的污染量可占整个渤海污染总量的92%。近几十年来，由于以京津冀为中心的环渤海区域经济社会的高速发展，陆源排放的持续增强使得渤海海域的生态环境正遭受前所未有的压力，由此导致生态环境破坏严重，滨海湿地面积蚀退，局部海域生物资源衰退、生物多样性降低、海洋功能退化等，以致生态系统服务功能弱化。大气沉降作为大气清除自身污染物质的主要方式，同时也是陆源物质输入近海生态系统的主要途径之一。近几十年来，大气沉降及其向海洋的输送通量和生态效应研究得到了越来越多的重视。中国东部陆架边缘海处于亚洲沙尘和人为污染物向西太平洋传输的重要通道之上，来自亚洲大陆的自然和人为污染物的远距离传输和沉降过程对渤海的物质输入重要性几何？其主要源自哪些区域和行业？对渤海生态系统的影响如何？以上都成为亟待解决的科学问题。

近年来对渤海地区气溶胶和降水成分及其干湿沉降通量开展了一些研究。综合来看，渤海近岸地区大气总悬浮颗粒物（TSP）的质量浓度均值为259 $\mu g/m^3$，呈现较为明显的季节变化特征，冬季 TSP 浓度最高，可占全年浓度均值的40.3%，而夏季浓度最低，仅占全年的6.4%。由卫星遥感获得的渤海大气可吸入颗粒物（PM10）年均浓度为109.05 $\mu g/m^3$，呈冬季最高、春季次之、夏秋季最低的变化特征。渤海大气细颗粒物（PM2.5）质量浓度均值为53.5 $\mu g/m^3$，范围在7.8~144.2 $\mu g/m^3$之间，冬-春季之间和春-夏季之间 PM2.5 的浓度具有显著性差异和突变特征。走航调查获得的2016年夏季渤海海洋大气 TSP 的浓度均值为（47.16±16.35）$\mu g/m^3$，显著低于环渤海区域的水平。此外，春季受西北内陆沙尘天气影响，大气 TSP 浓度会出现短时高值，表明来自大陆的西北季风会对渤海大气气溶胶产生重要影响。环渤海地区大气降水深受温带季风气候影响，年降水量季节分配严重不均，绝大多数降水出现在夏秋季（湿季）。大气沉降是海洋生物地球化学循环的重要途径之一，每年通过大气沉降向渤海的物质净输入高达11.3×10^9kg，尤其是冬季，大气沉降是渤海不可忽视的物质来源之一。尽管作为我国第二长河的中华民族“母亲河”——黄河注入渤海，但由于其流域内降水偏少，蒸发强烈，导致黄河的天然径流量较小，仅占全国河川径流总量的2.1%。由于黄河、海河和辽河等环渤海河流相对较小的陆源物质输入，加之环渤海区域巨大的人为大气物质排放量，统计分析显示2004年渤海大气氨氮沉降量可占总外源输入量（大气沉降+陆源输入）的近40%。如此巨量的营养物质的输入势必会对渤海海域的水质环境和生态系统产生巨大影响。

受限于近乎封闭的浅海条件和环渤海区域经济社会的高速发展，渤海区域大气和海洋环境不可避免地会受到人为排放物质的影响。“八五”期间，我国已初步建立由北向南的全国近岸海域大气污染监测网，设立若干个海洋大气观测站，通过定时采样分析，从而了解近岸海域主要大气污染物的含量及变化趋势，分析区域大气质量状况、污染物的海气交换及入海通量。2007 年国家海洋环境监测中心在渤海东岸的旅顺董砣建立了第一个系统性的干湿沉降渤海试点业务化监测站，并实现了干湿沉降高频采样（干沉降每周采样，湿沉降逢雨必采），开始了海洋大气沉降业务化监测工作。此后，根据国家海洋环境监测中心《关于建立渤海大气沉降监测网，开展渤海大气沉降通量监测》的建议，国家海洋局在北隍城、龙口、东营、塘沽、京唐港、秦皇岛、葫芦岛、鲅鱼圈、旅顺建立渤海大气干湿沉降监测站网。2014 年，中国科学院烟台海岸带研究所进一步完善了环渤海-北黄海大气沉降观测网。该观测网北起鸭绿江口的东港，南至山东半岛东端的成山头，包括东港、庄河、大连、营口、兴城、乐亭、大港、东营、龙口、烟台和荣成共 11 个大气沉降观测站（图 1）。该观测网络的构建和长期数据积累，对科学认识渤海-北黄海陆源物质的大气沉降输入通量及其时空演变规律，进一步明晰海岸带元素的生物地球化学循环过程具有积极意义。

图 1　环渤海-北黄海大气沉降观测网站位分布图
（引自中国科学院烟台海岸带研究所网站）

一、生源要素干湿沉降及其通量

碳是地球上一切生命有机体的基本组成成分，大气和海洋之间的碳交换对全球气候变化具有重要调节作用。碳质气溶胶作为大气气溶胶的重要组成成分，主要包括有机碳（OC）和元素碳（EC），其中水溶性有机碳（WSOC，在降水中称为 DOC）是 OC 的重要组成部分，占比可达 10%～70%。据估计，全球气溶胶 OC 的干沉降量为 11 Tg/a，而颗粒态 OC 和气态 OC 的湿沉降通量分别为 47 Tg/a 和 187 Tg/a，湿沉降量远高于干沉降，表明湿沉降是大气 OC 的主要去除方式。气溶胶和降水中的 WSOC 或 DOC 具有高度的生物活性，并且通过大气沉降进入海洋后仍能保持较高的生物活性，这是由于大气 WSOC 相对于陆地和水体腐殖质组分具有更小的分子量、相对低的芳香度、弱的酸性以及更高的脂肪化组分。DOC 和颗粒有机碳（POC）作为海洋浮游微生物可以利用的营养物质，通过沙尘暴（干沉降）和强降雨（湿沉降）的脉冲式输送，可能会在短时间内增加表层水体的 OC 浓度，引起近海微生物的大量繁殖，在一定程度上影响微生物的群落结构，进而对海洋生态系统产生重要影响。同时，鉴于气溶胶和降水中 WSOC 的高生物可利用性，大气干湿沉降对海洋初级/次级生产力的作用不容忽视。此外，大气中还存在一类由含碳物质（生物质、化石燃料等）不完全燃烧产生的具有较高热稳定性的黑碳（BC），其在全球尺度上经由大气干、湿沉降向海洋的输送量分别高达 2 Tg/a 和 10 Tg/a，其中北半球的沉降量远高于南半球。大气中惰性 WSOC 如溶解态黑碳（DBC）的沉降亦可增强海洋的碳汇功能。目前已有研究表明大气沉降是 BC 进入海洋的重要途径之一。尽管如此，在目前的全球碳生物地球化学循环模式研究中，通过大气干湿沉降输入的碳经常被忽略，这势必会影响这一模式的可靠性，从而为全球气候变化和碳的生物地球化学循环研究带来不确定性。

目前对渤海大气碳质气溶胶的研究还极为少见。渤海中部砣矶岛 PM2.5 中 OC 浓度范围在 0.2～14.7 μg/m^{3}之间，均值为 4.1 μg/m^3；EC 浓度范围为 0.02～13.6 μg/m^3，均值 2.0 μg/m^3。OC 和 EC 分别占 PM2.5 浓度的 8.4%和 4.0%。季节变化分析显示，OC 的浓度高值主要分布在春季和冬季，而 EC 的浓度高值则主要在秋季。渤海大气 PM2.5 中 OC 的浓度在冬-春季之间和春-夏季之间具有突变特征和显著性差异，而 EC 浓度只在 2012 年春、夏季之间呈现出突变特征和显著性差异。环渤海黄河三角洲区域大气 TSP 和 PM2.5 浓度分别为 125.4 μg/m^{3}和 92.3 μg/m^3，均超过了国家一级标准并显著高于国内其他海岸带区域，细颗粒物在大气颗粒物中占主导地位。TSP 中 OC 和 EC 的浓度分别为 7.3 μg/m^{3}和 2.5 μg/m^3，对 TSP 质量浓度的贡献分别为 5.8%和 2.0%，而 PM2.5 中 OC 和 EC 的浓度分别为 5.2 μg/m^{3}和 2.0 μg/m^3，相应地，对 PM2.5 的贡献则分别为 5.6%和 2.2%，这与环渤海其他背景区域的水平相当。由于受人类活动引起的排放控制，黄河三角洲区域大气颗粒物和碳类物质的浓度白天高于夜间。2016 年 6—7 月通过对渤海碳质气溶胶的走航采样，得到渤海海洋气溶胶 OC 的浓度范围为2.24～2.99 μg/m^3，整体变化幅度较低，均值为 2.50±0.43 μg/m^3，显著低于黄河三角洲地区的水平，OC 占 TSP 的百分比平均为 5.77%±2.02%。渤海大气 TSP 中 WSOC 的浓度均值为 1.82±0.54 μg/m^3，WSOC 占 OC 的比例（WSOC/OC%）平均为 71.24%±12.55%。渤海气溶胶 OC/EC 的比值（5.63±1.99）大于 2，且高于黄海（4.34±3.05），表明渤海相比黄海更易于受到人为排放形成的二次有机气溶胶（SOA）的影响。由于缺乏碳质气溶胶的干沉降速率等相关数据，目前有限的研究只针对渤海碳质气溶胶中 OC 和 EC 的浓度进行了分析，而对上述成分的干湿沉降通量则没有涉及。此外，鉴于气溶胶和降水中的 WSOC 或 DOC 具有较高的生物可利用性，因此，大气水溶性有机碳的沉降可能会对海洋的次级生产力产生重要影响。渤海海域大气有机碳的干湿沉降研究亟待开展，以便为科学认识渤海碳质气溶胶的沉降通量及准确评估大气物质沉降对渤海生态系统的影响奠定基础，并进一步完善渤海碳循环和生态系统模型。

以氮（N）、磷（P）、硅（Si）为典型代表的海洋生源要素是海洋浮游植物生长所必需的营养元素，也是海洋初级生产过程和食物链的基础，影响海洋生物泵的固碳效率，对维持海洋初级生产力以及海洋生态系统的平衡具有重要意义。在渤海区域的大气营养物质沉降方面，由于冬季燃煤取暖的缘故，向大气中排放的氮氧化物（NO_x）的量非常大，使得环渤海地区大气 N_2O 的浓度明显高于我国其他海域和全球其他主要近岸海域；相应地，多年的大气干湿沉降观测也发现环渤海地区大气 N 干、湿沉降通量分别为 1.44~6.72 g N/（m^2·a）和 1.58~5.09 g N/（m^2·a），明显高于我国和世界其他近岸海域。渤海地区的大气 N 沉降在全球大气沉降通量估算中最为显著，是全球大气 N 沉降的一个“热区”。国家海洋局在环渤海地区建立了 9 个海洋大气监测站点，监测结果显示近年来通过大气湿沉降进入渤海水体的 N 通量为 3.14~7.48 g N/（m^2·a），平均湿沉降通量达到 5.13 g N/（m^2·a）；大气 N 干沉降通量也高达 3.00~11.20 g N/（m^2·a）。在渤海东部的旅顺董砣的大气干湿沉降监测研究显示，旅顺监测站大气 NH_4-N、NO_3-N 和 NO_2-N 的干沉降通量分别为 0.793 6 t/（km^2·a）、0.069 3 t/（km^2·a）、0.000 7 t/（km^2·a），湿沉降通量分别为 0.658 5 t/（km^2·a）、0.027 5 t/（km^2·a）、0.004 2 t/（km^2·a），其中 NH_4-N 的沉降占比最大。本区域大气无机氮干湿沉降通量差异不大，干沉降略高于湿沉降。溶解态 N 是渤海气溶胶总氮的主体，溶解态 N 中，无机 N 又是主要贡献者；同时，大气溶解态 P 与颗粒态 P 的比例相近，且气溶胶溶解态总 P 中，无机 P 的贡献略高于有机 P。渤海大气中的 N 主要来自于化石燃料燃烧、化肥和有机肥的大量使用以及畜牧业排放。在上述沉降通量的基础上计算出整个渤海大气 DIN（NH_4-N+NO_3-N+NO_2-N）沉降入海总量达128 506.6 t/a，这表明大气沉降是渤海海水无机氮的重要来源之一，可能对渤海水体富营养化有较大贡献。基于大面走航观测数据，在弱天气形势下，渤海大气 CO 和 NO_x的浓度分别在 2.5~3.5 mg/m^{3}和 0.1 mg/m^{3}左右，大风天气尤其是台风过程会使大气中 CO 和 NO_x 的浓度大幅升高。这种短时间高浓度痕量气体的产生主要是与台风过程伴随的闪电合成造成的，同时不稳定大风天气也有利于平流层和对流层间的气体交换。天津近海 N_2O 的浓度范围为 319.33~347.67 nL/L，已超出 2005 年全球平均本底浓度值；季节分布呈冬季>秋季>夏季>春季的趋势，这与秋冬季节大量燃烧化石燃料取暖以及夏季高温使城市污水处理、垃圾填埋等过程中反硝化速率的加快有关，同时也受到海洋自身的影响。含氮气体在海盐表面的非均相反应过程对含氮物质浓度、相态分配和干沉降通量具有一定贡献。利用改进中尺度天气预报模式 WRF-CMAQ 大气化学传输模型的非均相反应模块对渤海春季大气含氮物质浓度和干沉降通量的模拟研究表明，海盐表面含氮气体的非均相反应促进了渤海大气中 NO_2、N_2O_5、HNO_3气体向粗颗粒 NO_3^-（$NO^-_{3\,coarse}$）的转化。受其影响，渤海大气中总无机氮日均干沉降通量增加，且污染天气下总无机氮干沉降受非均相反应的影响较干洁天气更为显著。此外，从多年的变化来看，渤海大气 N 沉降呈现一定的增长趋势。因此，大气营养盐沉降对渤海地区的水质环境恶化和生态环境演变具有不可忽视的影响。

干沉降速率（V_d）常用来衡量干沉降作用的强弱，是准确计算干沉降通量的重要参数，其定义为单位时间内在单位面积上沉积的气溶胶粒子总数与大气中气溶胶粒子数浓度之比，是具有速度的量纲。V_d大小一般与气溶胶粒子的粒径谱分布、化学成分以及大气状态（湿度、风速、空气黏度、湍流强度和海面粗糙度等）有关。对于不受重力影响的极小微粒的沉降，有两种模式可进行预测。首先应用 Slinn 模式，假设相对湿度为 98%（除了非平衡条件外，这是与海水表面接触的空气中相对湿度的最大值），模型预测 V_d值为 0.01~0.1 cm/s 时，依赖于微粒的大小。第二个模式应用 Hicks 和 Williams 模式，模拟的 V_d值范围在 0.01~0.3 cm/s 之间，与风速密切相关。对于受重力沉降控制的粒径较大的微粒，上述两种模式的计算结果一致。Duce 等（1991）的推荐值如下：对次微米气溶胶微粒，其干沉降速率的平均值一般为 0.1 cm/s；对未结合海盐颗粒的超微米地壳微粒，其干沉降速率平均取值为 1.0 cm/s；而对于粒径较大的海盐颗粒及其携带的成分，平均干沉降速率取值为 3.0 cm/s。由于直接测定较为困难，且模型模拟的误差也较大，因此在早期的研究中，为方便起见，V_d值一般取固定的常数。如大气颗粒物 NH_4-N 和 NO_3-N 的干沉降速率推荐值分别为 0.1 cm/s 和1.2 cm/s。海洋环境保护科学专家组也提出一个较为合理的推荐值，即小于 1 μm 的大气颗粒的 V_d值为 0.1 cm/s，大于 1 μm 的大气颗粒的 V_d则为若干 cm/s。如此，通过评估大气气溶胶颗粒物的粒径分布情况，即可粗略地估算出相应粒径颗粒物成分的干沉降速率。

渤海大气 NO_2 的干沉降速率受大气稳定度和太阳辐射强度的影响。环渤海地区大气 NO_2 的干沉降速率为 0.061～0.073 cm/s，其在水域下垫面类型下的干沉降速率为 0.01 cm/s。大气 NO_2 的干沉降速率在春、夏、早秋、晚秋大致相同，但冬季最小。由于不同敏感因素的共同作用，环渤海地区大气 NO_2 干沉降通量密度均为 0.05～0.30 g/（m^2·s）。受干沉降、源排放、输送等作用的共同影响，环渤海地区 NO_2 平均浓度大致为（20～60）$\times 10^{-6}$。空间分布上看，渤海大气 N 沉降通量存在显著的地域差异，其中渤海西南部的渤海湾是大气 N 沉降最严重的地区。从多年变化来看，大气 N 沉降呈现一定的增加趋势。

关于渤海海域气溶胶中的有机氮化合物的研究还极其少见。有机胺是 NH_3 的一类衍生物，尽管大气中有机胺的浓度比 NH_3 低 2～3 个数量级，但其和 NH_3 一样，也是大气中一类重要的碱性气体。由于有机胺化合物的碱性较强，其很容易和大气中的酸性气体如 SO_2、NO_x 和 HNO_3 反应，生成有机胺盐，从而对气溶胶中新粒子的生成具有重要作用。有机胺的来源和 NH_3 极为相似，同时海洋（海洋飞沫、生物活动）也是有机胺的重要来源之一，每年可向大气中输入 0.8 Tg 的有机胺。黄渤海 PM11（空气动力学粒径<11 μm）中二甲胺（DMA^+）和三甲胺（TMA^+）的浓度分别为（4.4±3.7）nmol/m^3 和（7.2±7.1）nmol/m^3，高出其他海域海洋气溶胶中有机胺浓度 1～3 个数量级。DMA^+ 在不同粒径颗粒物上的浓度分布不具明显规律性，而 TMA^+ 的极大值均分布在粒径小于 1.1 μm 的细颗粒物（PM1.1）中。两种离子间的良好的相关性表明其可能存在共同的来源。通过对海洋及沿岸大气 DMA^+ 和 TMA^+ 的粒径分布进行分析可知，云雾过程、生物气溶胶以及海盐飞沫对海洋气溶胶 DMA^+ 和 TMA^+ 有机胺离子的形成具有重要影响。

尽管对渤海海域及海岸带区域气溶胶生源要素开展了一定的研究，但目前对渤海大气颗粒物 N 的干沉降速率、气溶胶和降水中 Si 沉降的研究尚未见报道，对有机 N、P 化合物的研究也还十分鲜见。已有研究证实，大气沉降中的溶解有机态氮（DON）、溶解有机磷（DOP）具有潜在较高的生物可利用性（45%～75%），且 DON、DOP 成分在大气颗粒物、雨水以及凝聚相中普遍存在，尤其是开阔大洋，大气 DON 沉降可占湿沉降总 N 的 62%，构成了大洋湿沉降 N 成分的主体。DON 在中国近海典型海湾——胶州湾大气颗粒物和降水中分别占比 20.6%和 24.3%，而 DOP 则在胶州湾大气 P 干湿沉降中则占主导地位。全球尺度上气溶胶中和降水中 DON 的浓度分别为（47.0±47.8）nmol/m^3，其在总氮中的比例分别为 39.6%±14.7%和 35.0%±19.8%。全球尺度上，DIN 和 DON 的大气湿沉降通量相当。综上可知，气溶胶中有机态 N、P 的含量及其干湿沉降也是一类非常重要的海洋营养物质来源。因此，目前仅包含无机态 N、P

的营养物质干湿沉降可能严重低估了真实的渤海区域大气营养盐沉降通量。

硫（S）也是一种重要的海洋生源要素。SO_2是影响大气质量的重要气体之一。环渤海地区的经济社会发展不可避免地向大气中排放大量 SO_2，势必会对海洋大气和水域环境产生影响。研究显示，2000 年夏季渤海 SO_2浓度比较稳定。基于 Aura 卫星臭氧检测仪 OMI 传感器遥感观测资料反演的大气边界层 SO_2垂直柱密度数据分析表明，渤海大气 SO_2浓度随季节变化特征明显：秋冬季浓度较高，春夏季浓度较低。此外，不同季节 SO_2浓度空间分布极不平衡：1 月渤海中东部海域大气 SO_2浓度最高，4 月渤海中部及莱州湾海域相对高于其他海域，7 月南部海域明显偏高，并向北逐渐降低，10 月莱州湾及其附近海域 SO_2浓度较高。借助气团后向轨迹分析发现，渤海大气 SO_2浓度主要受环渤海陆上区域影响，其中冬季影响最为显著，以西北方向传输路径为主，而夏季相对较弱，主要受西南方向的传输路径影响。利用耦合了 Wesely 大叶阻力干沉降模型的嵌套网格空气质量预报系统 NAQPMS，模拟结果显示环渤海地区 SO_2早秋 V_d 值最小，而冬季 V_d 值最大，大气 SO_2在不同大气稳定度级别下的干沉降速率值在0.176~0.365 cm/s 之间，在水域下垫面条件下的干沉降速率值为 5.88 cm/s。受多种敏感因子的影响，环渤海大部分地区 SO_2干沉降通量密度为 0.05~0.25 g/（m^2·s），而该区域 SO_2平均浓度为 5~20 ppm，主要受到干沉降、源排放以及输送等因素的制约。

二、大气金属元素含量及干湿沉降

日益增强的人类活动将大量金属元素排放到大气环境中（表 1），吸附在大气颗粒物（TSP）上的金属尤其是重金属元素会通过大气环流在全球范围内传输并最终通过大气沉降的方式持续地输入到地表和水域环境中，对生态系统中相应元素的生物地球化学循环过程造成持久性的负面影响。同时，由于可作为辅助因子参与生物体内的生物生化反应，一些微量营养元素如 Fe、Mn、Zn 等，其大气沉降则会增强海域的初级生产过程。对于重金属元素，其在海水中的浓度极低，总量仅占海水总含盐量的 0.1%左右。由于浓度很低，海水中重金属浓度的变化极易受到陆源排放和人为活动的影响。需要指出的是，即使是海洋浮游植物生长必需的金属元素，如果大气沉降量显著偏高，如 Cu 元素浓度较高时亦会抑制某些浮游植物如聚球藻（*Synechococcus*）的生长繁殖。此外，还有一些重金属元素如 Ni、Pb 等会对浮游植物生长产生毒害作用。因此，大气金属元素沉降及其通量大小可能会对海洋生态系统产生双重效应。早在 1984 年，研究人员即对渤海近岸区域开展了气溶胶金属元素含量研究，发现渤海近岸大气中 Al（1.08 μg/m^3）、Ca（0.818 μg/m^3）、Fe（0.723 μg/m^3）等地壳源元素和 Na（1.12 μg/m^3）等海洋源元素的含量较高。因此，Na 元素可以作为海洋飞沫源气溶胶的特征元素。2000 年 8—9 月走航观测结果发现，渤海大气气溶胶金属元素平均浓度由大到小分别为 K>Ca>Fe>Al>Zn>Mg>Pb>Ti>Mn>Cu>Ni>V，浓度范围在 2～669 ng/m^3 之间，其中辽东湾海区的气溶胶浓度最高。2007—2008 年，渤海近海大气金属元素的浓度大小为 Fe（2. 073 mg/m^3）>Pb（0. 334 mg/m^3）>Zn（0. 303 mg/m^3）>V（0. 289 mg/m^3）>Mn（0. 104 mg/m^3）>Cd（0. 011 mg/m^3）>Cu（0. 003 mg/m^3），相比 2000 年已有显著升高，其中尤以 Fe 和 V 的含量最高，约为该区域其他元素浓度平均值的10～100 000 倍。2017—2018 年，通过走航观测得到渤海春、夏、冬季气溶胶中重金属元素 As 的浓度分别为6. 0 ng/m^3、4. 4 ng/m^3、8. 8 ng/m^3。渤海气溶胶金属元素浓度均呈现一定的季节差异性：Fe、V、As、Cd 和 Pb 元素冬季含量均大于其他季节，与 TSP 质量浓度的季节变化趋势相近，表明其主要受到陆源排放的影响。TSP 来源应与津唐地区钢铁与港口工业活动密切相关。Zn、Cu、Mn 元素含量表现为秋季略高，除 Fe 春季含量最低外，其他元素均为夏季最低，与 TSP 浓度水平变化趋势一致。总体来看，渤海近海大气颗粒物组成受冬季风搬运与陆源城市及工业排放影响极为突出。渤海近海 TSP 中金属元素的干沉降通量年均值分别为：Pb 34. 344 μg/（m^2·d），Zn 89. 273 μg/（m^2·d），Cu 0. 821 μg/（m^2·d），Cd 1. 577 μg/（m^2·d），Fe 3 784. 536 μg/(m^2·d)，Mn 135. 000 μg/（m^2·d），V 729. 432 mg/（m^2·d）；湿沉降通量年均值分别为：Pb 0. 380 ng/（m^2·d），Zn 0. 854 ng/（m^2·d），Cu 0. 008 ng/(m^2·d)，Cd 0. 018 ng/（m^2·d），Fe 1. 757 ng/（m^2·d），Mn 0. 070 ng/（m^2·d），V 0. 243 μg/（m^2·d），金属元素的干沉降通量远远高于湿沉降通量，干沉降主导着渤海近海大气金属元素的输入过程。以干沉降速率平均值 0. 2 cm/s 计算，2017—2018 年渤海大气 As 的干沉降通量在春、夏、冬三个季节分别为 1. 03 μg/(m^2·d)、0. 76 μg/(m^2·d)、1. 52 μg/（m^2·d）。季节变化分析显示，各元素的干湿沉降通量呈现明显的季节性变化，Pb、Cd、Fe、V、As 的沉降通量冬季最大，其中 Cd、Fe 沉降通量在夏季有所增加；Zn、Cu、Mn 沉降通量则以秋季最大。很显然，这种季节-元素组合特征对渤海环境质量变化和生态演替过程会产生一定的影响。

表 1　微量金属元素的全球大气排放量　（单位：10^9 g/a）

来源类型	Pb	Cd	Cu	Ni	Zn	As
人为源排放	289～376	3. 1～12	20～51	24～87	70～194	12～26
自然源排放	1～23	0. 15～2. 6	2. 3～54	3～57	4～86	0. 9～23

数据来源：Duce et al. , 1991。

沉降至海洋中的大气金属元素并非可以完全被海洋浮游生物利用，这取决于其生物有效性的大小，而水溶性部分（即溶解度）对大气金属元素的生物有效性起决定性作用。以 Fe 为例，渤海海洋气溶胶中 Fe 的溶解度变化范围为 4.1%~15.1%，均值为 7.4%，与黄海相比较低。究其原因，一方面可能是渤海大气矿物颗粒的传输距离较短，在传输过程中与人为污染成分的反应不够彻底，导致其溶解度较低；另一方面可能是两个海域气溶胶的来源不同，使得其粒径大小或化学成分存在差异，从而影响了大气金属元素的溶解度。由于影响气溶胶金属元素溶解度的因素较为复杂，具体的机制和过程还需要进一步深入研究揭示。

金属元素的湿沉降方面，根据 2016—2017 年渤海湾最新的大气沉降监测资料，渤海湾大气降水中 Be、Na、Mg、Al、K、Ca、V、Cr、Mn、Fe、Co、Ni、Cu、Zn、As、Se、Mo、Cd、Sb、Ba、Tl、Pb、Th、U、Ag 等 25 种金属元素的雨量加权平均（VWM）浓度范围在 2 458.8 μg/L（Ca）~9.9 ng/L（Th）之间，年沉降通量在 5.0 μg/（m^2·a）（Th）~1 229.9 mg/（m^2·a）（Ca）之间变动。不同降水事件中同种元素的浓度变化范围均超过 1 个数量级；季节变化特征显示多数金属元素的湿沉降通量在夏季最高，而春秋季较低，这主要受控于降水量的季节性分配和元素来源的差异。与国内外其他海湾区域相比，渤海湾降水人为源金属元素浓度较高，可能是由于污染源的排放强度和降水量的不同所致。同时，渤海湾大多数金属元素湿沉降通量与其他海湾地区相当，但可能受到航运业的影响，Sb 元素沉降量明显高于其他海湾站点。

汞（Hg）作为唯一一种在常温常压下以液态形式存在的稀有金属，加之易于在环境中迁移转化（常温下即可蒸发，并可在全球尺度传输）以及剧毒性，使得其成为一种备受关注的重金属元素。大气中的 Hg 按操作定义可分为气态元素汞（Hg^0 或 GEM）、活性气态汞（Hg^{2+}或 RGM）和颗粒态汞（HgP 或 TPM）三种形态，其中气态元素汞 Hg^0和活性气态汞 Hg^{2+}之和称为气态总汞（TGM），气态总汞（TGM）和颗粒态汞（TPM）之和称为总大气汞（TAM）。GEM 是大气 Hg 最主要的组成部分。大气 Hg 可通过光致氧化还原等方式在不同形态之间转化。由于 GEM 具有较高的挥发性和较低的水溶性等化学特性，其可在大气中长时间（0.3~1 a）存留，并可在全球范围内传输。RGM 由于其特殊的物理化学性质，其在大气中的存留时间较短，因此不参与汞的远距离输送，却极易通过干湿沉降的方式从大气中移除。TPM 是指与大气颗粒物相结合或吸附在其上的 Hg 及其化合物，其在大气中的存留时间也较短，主要与大气颗粒物粒径、气象条件以及地表的覆盖情况等因素有关。大气中不同形态 Hg 的理化性质存在差异，导致其存在不同的迁移转化过程（图 2），且不同形态的 Hg 可以在大气的三相间转化。大气 Hg 的主要物理化学转化过程总结为以下 5 点：① 气相汞 Hg^0 氧化成 Hg^{2+}；② HgP 随降水过程湿清除并部分溶解于降水；③ 液相形态中 Hg^0 氧化成 Hg^{2+}；④ 液相形态中 Hg^{2+} 还原成 Hg^0；⑤ 大气颗粒物对 Hg^{2+} 的吸附或解吸。海洋边界层对大气 Hg 的化学反应和物理过程具有明显影响，如海洋边界层环境条件可大大缩短 Hg^0 在大气中的停留时间，且使得大气中 Hg^0 的浓度低于内陆，有的甚至低于全球陆地背景浓度。所有形态的 Hg 都经历着进入大气、形态转化并最终沉降进入水体或陆地生态系统而结束大气循环的过程。大气 Hg 沉降与水域生态系统中鱼类体内的甲基汞含量有直接的联系。尽管 RGM 和 HgP 占 TAM 的比例不到 5%，但它们却是大气 Hg 沉降的主要成分，在大气 Hg 干湿沉降方面扮演重要角色。东亚是全球人为汞排放量最大的地区，我国又是世界上人为汞排放量最大的国家，并且随着我国经济水平的持续快速发展，大气 Hg 的排放量还在逐年增加，势必会增加大气 Hg 向海洋的传输通量，从而对海洋生态系统和人体健康产生极大危害。如 Hg 对于植物的生长发育具有一定的影响；高浓度的 Hg（5 μg/mL 及以上）会影响光合作用中的电子传递，从而抑制植物的光合作用，对海洋初级生产力产生抑制效应。尽管大气 Hg 及其沉降的危害性早已为人们所熟知，但关于其大气干湿沉降的研究却与目前的经济发展状况极不相适应。

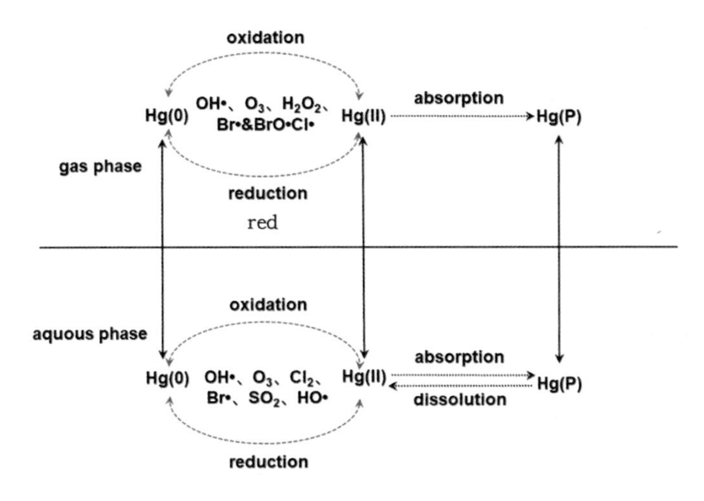

图 2　大气汞的物理化学转化示意图（改自冯新斌等，2009）

在渤海的定点及走航观测发现，渤海 2012 年春、秋季大气 GEM 的浓度分别为（2.71±0.49）ng/m^3 和（1.98±0.91）ng/m^3；2014 年春、秋季大气 GEM 的浓度分别为（2.51±0.77）ng/m^3 和（3.64±2.54）ng/m^3（表 2），明显高于北半球的背景水平和全球开放海域，同时也高于地中海、白令海以及我国黄海、东海和南海，这与渤海三面环陆的地理位置密切相关，气团后向轨迹分析证实高 GEM 含量气团主要来自中国北方，表明渤海在一定程度上受到了人为 Hg 排放的影响。渤海大气 GEM 浓度的日变幅不明显，但季节和年际间存在一定差异。处于渤海、黄海分界线上的长岛地区 GEM 的浓度呈现出明显的季节变化特征，即冬季（3.11 ± 1.89 ng/m^3）>春季（2.40 ± 1.33 ng/m^3）>夏季（2.31±1.01 ng/m^3）>秋季（1.96±1.02 ng/m^3）。总体而言，长岛由于位于黄渤海分界线处，所以 GEM 的浓度水平与渤海相当，但高于黄海、东海和南海。大气 GEM 的浓度与风速、风向以及气温等密切相关，可能的原因为高风速会加快人为污染物向目标海域的输送，同时较高的气温/海表温度有利于 Hg^0 从海水中的逃逸，从而提高海域大气 GEM 的浓度水平。由于渤海海水中 Hg^0 的相对饱和状态，一般情况下渤海为大气 Hg 的排放源（表 2）。表 2 展示了不同年份和季节渤海海-气 Hg^0 的交换通量，可以看出渤海 Hg^0 的海-气交换通量存在明显的季节变化和年际变化，可能与风速的影响有关。渤海 Hg 排放通量与全球海洋 Hg 排放通量的比值远高于渤海面积与全球海洋面积的比值，我国近海四大海域均与之相似，再次表明我国近海尤其是渤海海域是全球 Hg 的重要再排放源，在全球/区域 Hg 循环中扮演重要角色。

表 2　渤海大气 GEM 和 Hg^0 的排放通量

时间	GEM 浓度（ng/m^3）	海水饱和度（%）	Hg^0 排放通量［$ng/(m^2 \cdot h)$］
2012 春季	2.71±0.49	304.8±63.5	1.23±0.75
2012 秋季	1.98±0.91	342.5±133.1	1.32±1.81
2013 秋季*	2.10±1.10	—	16.1
2014 春季	2.51±0.77	491.4±212.6	5.68±3.01
2014 秋季	3.64±2.54	194.3±102.8	0.59±1.13

* 此处为渤海和北黄海的数据。

“—” 表示无数据。

数据来源：Wang et al.，2016，2017，2020。

渤海大气 RGM 和 HgP_{10} 的浓度分别为 4.08 pg/m^3 和 22.23 pg/m^3，细颗粒态汞 $HgP_{2.5}$ 的浓度（16.06±7.70 pg/m^3）明显高于其他海域，约为东海和南海浓度的 5 倍。有研究借助箱模式对汞的干沉降过程进行敏感性分析，并利用区域大气环境模式系统 RegAEMS 计算中国地区大气 Hg 的干沉降速率的时空分布特征，得出森林下垫面下三类 Hg（GEM、RGM 和 HgP）的干沉降速率较大（0.13 cm/s、4.5 cm/s、0.45 cm/s），而水体表面上的干沉降速率相对较小，分别为 0.0012 cm/s、0.5 cm/s、0.11 cm/s。三类 Hg 的干沉降速率随着近地层风速增加而增大；降水或地表相对湿度降低也会导致 GEM 和 RGM 干沉降速率的增加；雪盖厚度会降低 GEM 的干沉降速率但却会提高 RGM 的干沉降速率。三类 Hg 的干沉降速率在季节变化上，GEM、RGM 的干沉降速率在多数下垫面都表现为夏季最大，冬季最小，而 HgP 干沉降速率的季节变化不明显。渤海大气 RGM 和 HgP_{10}的干沉降通量分别为 0.396 t/a 和 0.059 t/a，而降水总 Hg 的湿沉降通量为 0.73 t/a。长岛附近海区 HgP_{10}和 RGM 的干沉降通量均高于我国近海海域，且 HgP_{10}的干沉降通量表现出明显的季节变化特征：冬季>春季>夏季>秋季，而 RGM 的干沉降通量则表现为夏季>秋季>春季>冬季。长岛大气 RGM 和 HgP_{10}的干沉降通量分别为 11.0 μg/（m^2·a）和 1.74 μg/（m^2·a），大气 Hg 的年湿沉降通量为 1.80 μg/（m^2·a），即长岛大气 Hg 湿沉降通量的月均值为 0.15 μg/（m^2·月），稍高于大气 RGM 和 HgP_{10}的干沉降通量。尽管在长岛附近海域（黄渤海分界线处）开展了大气 Hg 的干湿沉降研究，然而目前关于渤海中心海域大气湿沉降 Hg 的研究还未见报道。鉴于 Hg 对水域生态系统的毒性效应及其在食物链中的传递和富集性，很有必要加强我国近海尤其是渤海海域的大气 Hg 沉降研究，以科学认识并在此基础上采取有力举措降低 Hg 沉降对渤海生态系统的危害。

三、酸沉降及主要水溶性离子

大气湿沉降的研究最早是从酸雨开始的。酸雨是一种复杂的大气化学和物理现象，主要受控于人类活动释放的大量气体前体物 SO_2和 NO_x 的氧化和溶解，是当今全球面临的主要环境问题之一，会给地球生态环境和人类经济社会发展造成严重危害。我国是世界三大酸雨区之一，环渤海地区酸雨也较为严重。以天津和大连为例，天津市 1992—2012 年降水的酸性较为明显，其中 1992—2002 年降水 pH 值在 3.30~8.80 之间变化，酸雨频率达 21.2%，2003—2012 年降水 pH 值有所上升，酸雨状况整体趋于改善；然而大连市 2010—2014 年降水 pH 均值变化范围为 4.86~5.24，总体呈下降趋势，同时酸雨频率范围为 7.3%~36.9%，总体呈上升趋势，表明大连市降水酸性呈增强趋势。由此可见，环渤海地区大气降水酸性变化较为复杂，不同地区差异较大。然而目前关于渤海降水酸性的研究还极为缺乏，亟待加强重视并开展持续常态化研究。

一般而言，大气中致酸成分的前体物 SO_2和 NO_2的浓度与降水酸度呈显著正相关，SO_4^{2-} 和 NO_3^- 以及 NH_4^+ 和 Ca^{2+}分别是我国降水中主要的阴阳离子，降水酸度主要取决于上述离子间的中和作用。因此，水溶性离子及其沉降是酸雨大气化学研究的主要内容。大气气溶胶及降水中的水溶性离子主要包括 Na^+、K^+、Ca^{2+}、Mg^{2+}、NH_4^+、SO_4^{2-}、NO_3^-、Cl^-、F^-等无机阴阳离子以及甲酸、乙酸、草酸、丙二酸和丁二酸等有机酸根离子，其中非海盐源硫酸根离子（nss-SO_4^{2-}）、NH_4^+ 和 NO_3^- 主要由人类活动排放的 SO_2、NH_3和 NO_x 等气态前体物在大气中经过复杂的气粒转化和光化学反应生成，称为二次离子，它们在雾霾的形成过程中扮演重要角色。一般认为，海洋大气中硫酸盐的来源主要有以下几种：① 海洋浪花溅射的海盐源；② 人为源；③ 地壳风化源；④ 火山喷发源；⑤ 平流层输送；⑥ 海洋生源排放。通常说的非海盐源即指后面 5 种来源。此外，有机酸根离子对于降水的酸性也有较大的贡献。因此，研究大气颗粒物及降水中的水溶性离子对深入理解雾霾的形成机制和控制大气灰霾污染具有极其重要的意义。渤海海域目前已有相关研究开展。走航观测分析显示，2010 年春、秋季渤海气溶胶TSP 中主要水溶性离子的总浓度分别为 43. 3～73. 3 μg/m³ 和 30. 9～58. 8 μg/m³，均值分别为（59. 9±14. 4）μg/m³ 和（40. 3±10. 1）μg/m³。二次离子（nss-SO_4^{2-}、NO_3^-、NH_4^+）对测定离子总浓度的贡献分别为 80. 5%和 87. 5%。渤海海域气溶胶中甲基磺酸盐（MSA）的浓度变化范围为 0. 034～0. 147 μg/m³和 0. 013～0. 091 μg/m³，平均值分别为（0. 077±0. 026）μg/m³和（0. 049±0. 021）μg/m³。主要水溶性离子的浓度均呈现春季高于秋季的趋势。大气气溶胶中的 nss-SO_4^{2-} 分为生物来源硫酸盐（$SO_{4\ bio}^{2-}$）和人为来源，MSA 作为 DMS 进入大气的稳定氧化产物之一，常被用来作为估算 $SO_{4\ bio}^{2-}$对 nss-SO_4^{2-} 贡献率的指标。基于公式计算得到渤海春、秋季生源硫化物释放对 nss-SO_4^{2-} 的贡献分别为 7. 4%和 5. 0%。春季由于浮游植物生长旺盛，使得生源硫化物对 nss-SO_4^{2-} 的贡献略高于秋季。此外，近年来我国近海气溶胶和降水中 nss-SO_4^{2-}/NO_3^- 的比值呈逐渐下降的趋势。该指标反映了大气中致酸成分前体物 SO_2和 NO_x 释放源的相对强度大小。2010 年春、秋季气溶胶中 nss-SO_4^{2-}/NO_3^- 比值分别为 1. 52 和 2. 30，表明目前的固定源污染对大气气溶胶的影响仍大于移动污染源，即燃煤排放强度依然大于燃油。

对渤海大气 PM2. 5 中主要水溶性离子的特征也进行了相关研究。2011—2013 年渤海大气 PM2. 5 中的水溶性离子以 SO_4^{2-}、NO_3^- 和 NH_4^+ 等二次离子为主，三者之和占所测总离子浓度的 90%以上，约为 PM2. 5 浓度的 30%。季节变化上呈现春季高、夏季低的趋势。阴阳离子当量浓度分析结果表明，渤海中部砣矶岛 PM2. 5 的酸性强度弱于北京，但强于泰山顶大气气溶胶的酸性，表明渤海近岸区域大气环境受人为活动影响较强。目前对渤海大气水溶性有机酸根离子的研究尚未见报道。由于历史研究资料的欠缺，今后对渤海海域气溶胶和降水中的主要水溶性离子成分仍需持续开展研究。

四、新型/持久性有机污染物（多环芳烃、有机磷酸酯、微塑料）的大气沉降

新型环境有机污染物是指由人类活动造成的、目前确已存在但尚无法律法规予以

明确规定或规定不完善的、危害生活和生态环境的、所有在生产建设或其他活动中产生的污染物。通常可分为内分泌干扰物（EDCs）、药品与个人护理用品（PPCPs）、全氟化合物（PFCs）、溴代阻燃剂（BRPs）、饮用水消毒副产物（DBPs）等。持久性有机污染物（Persistent Organic Pollutants，POPs）是指人类合成的能持久地存在于环境中、通过食物链累积，并对人类健康和环境造成有害影响的化学物质。这些物质可造成人体内分泌系统紊乱，生殖和免疫系统破坏，并诱发癌症和神经性疾病。POPs 主要包括杀虫剂、工业化学品（多氯联苯 PCBs、六氯苯）以及生产中的副产品（二恶英、呋喃）。2004 年，《关于持久性有机污染物的斯德哥尔摩公约》新增开蓬、六溴联苯、六六六（HCH，包括林丹）、多环芳烃、六氯丁二烯、八溴联苯醚、十溴联苯醚、五氯苯、多氯化萘（PCN）和短链氯化石蜡 9 种新型 POPs。目前 POPs 的生产和使用已经受到《斯德哥尔摩公约》的严格限制，在可预见的未来，所有被列入《斯德哥尔摩公约》的 POPs 均会退出化学品市场。但随着 POPs 的退出，其他新型有机污染物的研究逐渐成为目前环境化学领域的研究热点。这些新型有机污染物常常以人工合成添加剂的形式出现，如紫外线吸收剂、抗氧化剂、阻燃剂、塑化剂、光引发剂等。

因具有持久性、半挥发性、生物蓄积性以及高毒性的特点，POPs 常温下就可以挥发进入大气，并可吸附在大气颗粒物中进行远距离传输，同时在传输过程中亦可随大气沉降至地表或水体，可能会对水域生态系统产生影响。大气干湿沉降已被证实为全球海洋水体 POPs 的绝对主导性来源，在总陆源输入（河流输入+大气沉降）中占比均在 80%以上，有的如 ΣHCH 占比甚至达到 99%。POPs 的大气沉降可能会抑制海洋浮游植物的生长繁殖、改变浮游植物的群落结构，甚至引起叶绿素 a 的降解和光合速率的下降，从而对海洋初级生产和海洋生态系统产生严重危害。

（一）多环芳烃（PAHs）

多环芳烃（PAHs）是由两个或两个以上苯环按线形、角状或簇状等稠环方式相连组成的一类有机化合物，其在土壤、大气、水体、植被等环境介质中广泛存在，主要来源于有机物的不完全燃烧。目前已经确定的 16 种常见的 PAHs 同类物质主要包括萘（Naphthalene，Nap）、苊烯（Acenaphthylene，Any）、苊（Acenaphthene，Ana）、芴（Fluorene，Flu）、菲（Phenanthrene，Phe）、蒽（Anthracene，Ant）、荧蒽（Fluoranthene，Flt）、芘（Pyrene，Pyr）、苯并（a）蒽（Benzo（a）anthracene，BaA）、（Chrysene，Chr）、苯并（b）荧蒽（Benzo（b）fluoranthene，BbF）、苯并（k）荧蒽（Benzo（k）fluoranthene，BkF）、苯并（a）芘（Benzo（a）pyrene，Bap）、茚苯（1，2，3－cd）芘（Indeno（1，2，3－cd）pyrene，IPY）、二苯并（a，n）蒽（Dibenzo（a，h）anthracene，Dba）、苯并（ghi）北（二萘嵌苯）（Benzo（g，hi） perylene，BghiP）。由于 PAHs 具备长距离迁移能力，且具有广泛性、持久性和对人体健康的危害性，因而受到国际上的广泛关注。进入大气中的 PAHs 可通过氧化、光解反应以及干湿沉降的方式从大气中清除。大气沉降是土壤、水体以及植被介质中 PAHs 的主要来源。目前对渤海海域开展大气 PAHs 等持久性有机污染物沉降的研究还十分鲜见。在环渤海西部地区的研究发现大气中 PAHs 的浓度在 54~1 000 ng/m^{3}之间，均值（298±425）ng/m^3，高出欧美发达国家城市数倍乃至一个数量级以上，是近年来全球大气 PAHs 浓度水平最高的区域之一。与其他研究结果不同，环渤海西部地区大气 PAHs 浓度的城乡差别并不显著，城乡样点的 PAHs 水平均高于背景点 3~6 倍。环渤海西部地区大气 PAHs 沉降通量为（8.5±6.2）μg/（m^2·d），城市与农村站点的大气 PAHs 沉降通量无显著差别（比值为 1.29），但高出背景点 6 倍左右，与大气 PAHs 浓度的城乡差别类似。中高分子量与低分子量 PAHs 沉降通量的空间分布模式不同，前者与大气 PAHs 浓度的空间分布类似，而后者在河北西北部山区沉降通量较高。

对渤海大气细颗粒物 PM2.5 中的 PAHs 也有研究。在渤海中部砣矶岛的研究发现，渤海大气 PM2.5 中 Σ16PAHs 的浓度范围在 4.72~41.01 ng/m^{3}之间，均值为（16.90±9.38）ng/m^3，以高环（5 和 6 环）占比最大，为 52.8%；其次为低环（2 和 3 环），比例为 27.1%；比例最低的是中环（4 环），为 20.1%。由公式估算得出渤海大气 PAHs 年沉降量为（82.06±45.26）t，范围在 22.94~199.18 t 之间。对环渤海大气沉降样品分析得出 Σ16PAHs 日均沉降通量为（3.60±2.94）μg/（m^2·d），范围为 1.12~21.45 μg/（m^2·d），Nap 的贡献最大。沉降样品中 Σ16PAHs 的毒性当量浓度均值为 189 ng/（m^2·d），范围为 117~364 ng/（m^2·d），毒性当量浓度最大的是 BaP。渤海 Σ16PAHs 年沉降量为（100.05±61.84）t，范围在 49.46~285.56 t 之间，NaP 的贡献最大。去除 NaP 之后，计算的 15 种 PAHs 年沉降量为（56.45±23.20）t。渤海大气 PAHs 沉降年输入量是河流输入量的 28.4%~34.6%，处同一数量级，表明以 PAHs 为典型代表的持久性有机污染物大气沉降在渤海的外源输入中占据重要地位。因此，未来应持续加强对持久性有机污染物大气沉降入渤海通量的研究，以进一步科学认识高强度人类活动对近海生态系统的影响机制。

（二）有机磷酸酯（OPEs）

有机磷酸酯（OPEs）作为一类重要的有机阻燃剂，随着溴系阻燃剂在世界范围内被禁用，其作为溴系阻燃剂的主要替代物广泛应用于建材、纺织、化工以及电子等行业。近年来，世界范围内的 OPEs 生产和使用量不断增长，且其在环境中检测到的浓度比溴系阻燃剂高 1~2 个数量级。OPEs 作为一种新型有机污染物和潜在的持久性有机污染物，在全球各类环境介质中已普遍存在。目前，OPEs 已在全球包括两极在内的空气、水体、土壤和生物体中广泛检出，并表现出环境持久性、长距离迁移性和生物可利用性，成为新型有机污染物研究的又一个热点。随着环境化学研究热点逐渐从传统污染物转向新兴污染物，其污染也逐渐受到科学界和社会的广泛关注。

在渤海海峡的北隍城岛研究发现（表3），大气中总OPEs的浓度为36~1 600 pg/m^3，中位数为210 pg/m^3，与走航观测到的渤海海洋气溶胶总OPEs浓度相当。检测到的主要OPEs的浓度依次为（以中位数浓度计）：三（2-氯乙基）磷酸酯TCEP（77 pg/m^3）>磷酸三（氯丙基）酯TCPP（29 pg/m^3）≈磷酸三异丁酯TiBP（28 pg/m^3）>磷酸三苯酯TPhP（18 pg/m^3）>磷酸三（正）丁酯TnBP（12 pg/m^3）（表3）。含氯OPEs单体的浓度占比55%±16%，是最主要的污染物。气相总OPEs的浓度介于1.2~360 pg/m^{3}之间，中位数31 pg/m^3，与颗粒相中的浓度（5.0~1 500 pg/m^3）相比较低。无论在气相还是颗粒相中，TCEP都是占比最高的OPEs种类，分别占比31%和38%。与东海（1 100 pg/m^3）相比，渤海海域气溶胶中OPEs的浓度显著偏低。东海较高的大气OPEs浓度可能与长江三角洲地区OPEs较高的产量密切相关。而与南海（91 pg/m^3）相比，渤海海域的气溶胶OPEs处于较高水平。此外，与北大西洋和北极地区（48 pg/m^3）相比，渤海的气溶胶OPEs水平（均值150 pg/m^3）高出其2倍。气团后向轨迹分析显示，经过沿海区域的空气中OPEs的水平更高；气相中OPEs的季节性变化比颗粒相中的更为显著。夏季，气相中OPEs的浓度水平显著高于冬季，且与空气中的温度和湿度水平成正相关。计算得出，渤海大气OPEs的干沉降通量为79 ng/（m^2·d），其中TCEP、TCPP、TiBP以及TnBP的干沉降通量分别为30 ng/（m^2·d）、13 ng/（m^2·d）、12 ng/（m^2·d）和4.0 ng/（m^2·d）。以渤海面积7.8×10^4 km^{2}计算，得到每年通过干沉降进入渤海的OPEs量达2.2 t，高于德国北海的（0.71±0.58）t/a，全年尺度上，大气沉降输入渤海的OPEs量为河流输入量（16±3.2 t/a）的14%，表明河流输入依然是渤海OPEs的主要输入源。

表3 渤海北隍城岛气溶胶各类OPEs的浓度

OPEs类型	气相浓度（n=18，pg/m^3）			颗粒相浓度（n=18，pg/m^3）		
	范围	均值	中位数	范围	均值	中位数
TCPP	0.2~26	5.6±5.6	3.2	n.d.~160	34±33	26
TCEP	0.69~120	14±17	10	0.40~1 000	100±170	63
TDCP	n.d.~2.6	0.35±0.61	n.d.	n.d.~80	7.1±11	3.8
TiBP	n.d.~82	8.1±12	4.8	1.0~164	33±29	24
TnBP	n.d.~190	11±28	2.7	n.d.~1 100	61±180	8.2

续表

OPEs 类型	气相浓度（n=18，pg/m^3）			颗粒相浓度（n=18，pg/m^3）		
	范围	均值	中位数	范围	均值	中位数
TPeP	n. d. ~0. 41	0. 05±0. 07	0. 03	0. 01~2. 4	0. 24±0. 31	0. 16
TPhP	0. 17~22	4. 4±4. 3	2. 7	n. d. ~110	22±25	11
TEHP	n. d. ~30	2. 3±4. 4	1. 1	n. d. ~180	10±30	1. 5
TCP	n. d. ~7. 1	0. 60±1. 4	n. d.	n. d. ~18	1. 7±3. 1	0. 35
ΣOPEs	1. 2~360	47±54	31	5. 0~1 500	270±300	170

注：n. d. 表示未检出。

数据来源：Li et al. , 2018。

（三）微塑料

微塑料一般是指直径小于 5 mm 的微小塑料颗粒或碎片。自 2004 年海洋“微塑料”一词正式引入科学界之后，其作为一种新型有机污染物逐渐受到国际社会的广泛关注。由于在海洋环境中广泛存在且对海洋环境及其生物体具有多重危害和风险，海洋微塑料被称为“海洋中的 PM2. 5”，对“健康海洋”构成巨大威胁。微塑料污染已成为世界各国普遍关注的全球性环境污染问题。目前，针对海洋、潮滩、沉积物、土壤、河流和生物体中微塑料污染的研究和报道日益增多，而有关大气环境中微塑料污染的研究尚在起步阶段，而在中国基本还是一片空白。开展海岸带大气微塑料形态特征和沉降通量研究，有助于揭示海岸带大气环境微塑料污染特征，通过分区域科学认知海岸带城市系统和自然环境中大气微塑料时空分布特征和沉降通量，为评估大气环境微塑料的生态和健康风险以及制定大气微塑料污染管控和治理措施提供基础数据和科学依据。

微塑料由于其密度和体积均较小，易于被风或气流等裹挟进入大气，进而通过远距离传输输送至偏远地区，并在传输过程中不断沉降至陆地和水体，具有全球传输性。大气环境中的微塑料通过沉降方式输送入海已成为海洋环境中微塑料的一个重要来源，最近几年来，在我国海岸带地区陆续零星开展了一些初步的大气微塑料形态和沉降特征研究。在环渤海海域微塑料大气沉降调查中发现，天津海岸带区域大气沉降样品中存在纤维、薄膜、碎片和颗粒 4 种类型的微塑料，大气沉降微塑料以透明色为主，占总量的 70%以上；大部分微塑料粒径小于 1 mm，微塑料丰度随着微塑料粒径的增大快速递减，超过半数的微塑料样品为赛璐玢，其次为聚对苯二甲酸乙二醇酯（PET）。

渤海海岸带大气环境微塑料丰度的沉降通量具有空间特异性和季节性差异。如天津海岸带大气微塑料沉降通量为 119.0～327.1 个/（m^2·d），平均值为 244.9 个/（m^2·d），四个季度微塑料沉降通量表现为夏季>冬季>秋季>春季。天津海岸带单位面积微塑料年沉降数量为 8.9×10^4 个/m^2。通过计算单个微塑料质量，估算出每年通过大气传输沉降至渤海区域的微塑料数量为（1.42～7.51）$\times10^{15}$ 个，平均质量达 427 t。如此高的沉降量证实大气沉降是渤海海岸带陆海环境微塑料的重要来源。大气微塑料沉降入海后可能会对海洋生物产生多重复杂影响，并可通过食物链传递对人体健康产生不利影响。

五、放射性核素的大气沉降

环境中存在的放射性核素是研究现代地球化学过程的理想示踪元素。各类放射性核素不同的来源和半衰期，使得其在种类赋存和分布上具有特征差异，构成了示踪环境物质的累积、交换、迁移和沉积等过程的前提。^{137}Cs 作为一种半衰期较长（30.2 a），且北半球具有较为完全的沉积记录的核素，可作为一种理想的示踪元素用于区域环境演变研究。了解环境中 ^{137}Cs 的大气沉降历史，准确计算区域环境中 ^{137}Cs 的背景值，是利用 ^{137}Cs 示踪技术研究区域侵蚀和沉积问题需要解决的首要问题。

目前在渤海海域，仅在辽东湾地区开展了 ^{137}Cs 的大气沉降研究。辽东湾地区 ^{137}Cs 的大气湿沉降主要集中在 20 世纪 60 年代，随后呈现整体降低趋势，并在 1990 年后达到最低，累积湿沉降通量在 1966 年达到最高。尽管大气 ^{137}Cs 的湿沉降通量很小，但变幅依然很明显。辽东湾大气 ^{137}Cs 湿沉降通量在 1963 年和 1986 年出现两个峰值，分别占总沉降量的 33%和 5.4%，与北半球基本一致。这主要归因于 20 世纪 50—60 年代大规模的大气核试验和 1986 年的切尔诺贝利核事故。1990 年以后，^{137}Cs 的大气湿沉降通量的量级变化明显，可能是受到风力侵蚀作用影响，地表的 ^{137}Cs 产生再悬浮，使得大气中 ^{137}Cs 的沉降有所变化。对于干沉降，1963—2008 年期间年大气干沉降通量总体呈下降趋势，在 20 世纪 60 年代中后期尤为明显。辽东湾地区 ^{137}Cs 累计干沉降通量为 170 Bq/m^2。干、湿沉降通量相比，累计干沉降通量相对较低，约为累计湿沉降通量的 12.4%。1957—2008 年辽东湾地区 ^{137}Cs 的大气总沉降通量为 1 536 Bq/m^2（衰变校正至 2009 年），与研究区 ^{137}Cs 的背景值较为接近。研究还指出，在定量研究辽东湾地区 ^{137}Cs 大气沉降的基础上，根据 ^{137}Cs 的示踪原理，可以进一步定量分析研究区的侵蚀与沉积状况，从而为定量研究该区域物质输移以及分析辽东湾内沉积物来源提供科学依据。

六、生物气溶胶

生物气溶胶也是大气气溶胶的重要组成部分之一，主要由细菌、真菌、病毒、花粉和孢子等含有微生物或生物大分子等具有生命活性物质的生物微粒组成。生物气溶胶不仅可以通过改变大气中冰核和云凝结核的数量和特性来影响气候变化，还可以对人体健康以及生态系统产生重要影响。由于空气微生物构成了生物气溶胶的主体，因而生物气溶胶亦可称为微生物气溶胶。生物气溶胶作为一门新兴的交叉学科，其气候环境效应已成为当前国际上气溶胶科学研究的前沿科学问题之一。尽管如此，就全球范围而言，生物气溶胶的研究相对其他类型的气溶胶仍极为薄弱。

海洋空气中细菌的浓度比陆地空气低 100~1 000 倍，沙尘传输是海洋空气细菌的一个重要来源。近海面 10 m 左右的大气边界层内的大气微生物主要有海源和陆源两类来源。海源即来源于海水中的微生物，陆源包括工农业污染及人类活动带来的含微生物的气溶胶以及海洋作业产生的悬浮于空气中的污染物所挟持的微生物。渤海生物气溶胶的研究极为稀少，目前在渤海湾仅开展了大气微生物粒子沉降量的研究。渤海湾大气微生物粒子大致可分为海源和陆源两类，其中海源细菌、真菌、总菌粒子沉降量分别为 1 774. 5 CFU/m^3、389. 1 CFU/m^3和 2 163. 6 CFU/m^3，而陆源性细菌、真菌、总菌粒子沉降量分别为 1 377. 9 CFU/m^3、440. 6 CFU/m^3和 1 818. 5 CFU/m^3；真菌与总菌含量的百分比分别为 18. 0 和 24. 2。相比之下，渤海湾海面上海源微生物占比略高，而陆上大气中海源微生物则变少，反映了近岸及陆地受海洋大气的稀释和净化作用，同时陆源污染和人为活动的影响亦不容忽视，这与渤海湾所处的地理位置有很大关系。沉降量的周日变化显示，海源和陆源性大气微生物粒子沉降量昼夜变化趋势基本相似且昼夜变幅不大，均在中午出现低值，但峰值的出现时间有所差异。与其他海区相比，渤海湾大气微生物粒子沉降量各指标显示的昼夜变化状态大多不同于南海，这可能受制于测定时的环境生态条件。渤海湾的大气微生物含量受海洋气候因素影响，其中受风力的正面影响较大，而气温的负面影响则较小。观测时的相对湿度较小可能是引起真菌粒子沉降量及其在总菌中的百分比较小的一个原因。整体来看，渤海湾大气中陆源微生物颗粒的沉降量处于较高水平。对于像渤海湾这样的受人为活动影响极为显著的半封闭海湾，其大气微生物气溶胶受人为影响更为显著，这主要与近几十年来日益频繁的渤海湾海洋经济开发活动密切相关。目前对渤海生物气溶胶的研究才刚起步，未来还需要对此加强观测和研究。

七、大气成分沉降入海的潜在生态效应

大气沉降，尤其是强降水和沙尘暴带来的大量人为源和地壳源成分的输入已被学术界公认为上层海水营养物质，尤其是人为源微/痕量元素的重要来源。一方面，大气沉降带来的大量N、P、Si、Fe等营养盐能够引发海洋水体的富营养化，刺激浮游植物的生长繁殖，促进生物量的增加，并通过增强生物泵效率增加海洋对大气CO_2的吸收和埋藏，提高海洋蓝碳的“碳汇”功能，对元素的海洋生物地球化学循环过程及加快实现“碳中和”战略目标并减缓全球气候变化具有重要意义。另一方面，人为污染物如重金属元素和持久性有机污染物的大气沉降则会对海洋生态系统产生一定的毒害效应。具体的效应机制极为复杂，主要取决于污染物的来源和沉降量、水体的初始营养状况以及海洋生态系统初始浮游植物生物量和群落结构等。

研究表明，在大气N沉降作用下，渤海水体DIN的增量分布与环渤海地区NO_x的排放和大气中NO_2的含量分布具有较好的对应关系，表明大气沉降对渤海海水DIN的时空分布具有明显影响。在莱州湾、辽东湾和中央海盆，大气N沉降对各自海域海水DIN的相对贡献分别为49%、37%和44%，而在径流输入较少的渤海湾，这一比例甚至高达85%。大气沉降对渤海海域整体DIN、DIP的总外源输入（大气+河流输入）的多年平均贡献值分别约为54%和76%，与黄海相当，但明显高于东海，表明大气沉降是渤海海水溶解态无机N、P的主导性输入源。因此，大气沉降对渤海营养盐浓度的空间分布起到了不可忽视的作用，尤其在径流输入相对较少的渤海湾，大气N沉降对该海域DIN的空间分布甚至起到了决定性作用。

大气沉降对渤海初级生产过程的影响显著，且各海域对大气沉降的响应存在明显差异。受大气沉降带来的营养物质输入影响，渤海中部叶绿素a（Chl a）的浓度增加0. 5~2. 5 mg/m^3，渤海湾增加0. 1~2. 0 mg/m^3，莱州湾增加0. 1~1. 5 mg/m^3，而辽东湾Chl a的变化不明显，增加量小于0. 5 mg/m^3。整体而言，大气N沉降对渤海水体中Chl a的平均贡献率达到了56%。因此，渤海海域的大气沉降对水体无机营养盐和浮游植物生物量以及初级生产力均有较大影响，在局部海域甚至起到决定性的作用。同时，研究发现大气沉降导致了渤海湾中部的海水Pb污染；在2001年环渤海河流的径流量下降之后，海水的Pb污染水平却并没有相应地降低，表明汽车使用含铅汽油导致的大气Pb沉降的增加在很大程度上弥补了河流输入的不足。因此，以重金属Cu、Pb和多环芳烃等为代表的有毒有害物质的大气沉降可能会对渤海水域生态环境和浮游植物生长繁殖产生严重不利影响，具体机制还需要进一步的研究揭示。与全球其他主要近岸海域相比，渤海地区的大气沉降对海洋生态环境的影响可能更为显著，尤其是渤海

作为亚洲沙尘和人为污染物向西北太平洋传输重要通道上的第一站，其接受的矿物沙尘和人为污染物成分可能会更复杂、沉降量更高。因此，渤海生源物质大气沉降的生态效应研究尚需持续深入开展。

八、大气颗粒物源解析

大气气溶胶是一个极为复杂的多相体系，对地球生态系统和人类健康具有极大影响。由于气溶胶粒子的大小、化学组成和在大气化学中的各种效应均与其来源密切相关，追溯并量化解析大气气溶胶中各类化学成分的来源及传输机制对有效控制大气污染和评价其沉降效应意义重大。因此，气溶胶成分源解析研究得到了科学家、政府和社会公众的极大关注。

目前关于渤海海域气溶胶成分源解析的研究还不多见。在黄渤海，利用相关性分析发现冬季 As/TSP 与 K^+/TSP 存在显著的相关性。由于 K^+通常被用作生物质燃烧的示踪剂，因此，二者之间的强相关性表明生物质燃烧是黄渤海大气 As 元素的重要来源；在夏季，生物质燃烧排放较小，相应的气溶胶中 As/TSP 与 K^+/TSP 的相关性也较差。运用化学元素平衡法（CMB）解析出渤海的大气气溶胶来自大陆和海洋源的比例近乎 2：1，首次证实陆源排放对渤海大气颗粒物的贡献显著高于海洋。在天津近海，通过富集因子法（EF）解析出渤海近海海域大气颗粒物来源主要有人为源、地壳源和海盐源三类，并进一步利用 CMB 法解析出燃煤飞灰对气溶胶颗粒物的贡献最大，达 36.14%，其次是地壳源类（33.26%）以及海盐粒子（1.58%），而其他未识别的源贡献率为 30.58%，由此推断陆地污染源对渤海近海海域大气颗粒物的贡献远远高于海盐粒子。渤海大气中的 N 主要来源于畜牧业、氮肥的生产和使用，以及化石燃料的燃烧等。通过与在沿岸收集的 PM_{10}气溶胶中 DMA^+和 TMA^+浓度的比较，发现海域上空收集的大气颗粒物中 DMA^+和 TMA^+浓度显著偏高，甚至高出沿岸大气颗粒物 2 个数量级，表明陆源输入对黄渤海大气 DMA^+和 TMA^+的贡献可以忽略，本海域的海洋生物活动可能是其主要来源。同时，大气 DMA^+和 TMA^+呈良好的正相关性，指示其可能具有共同的来源。

综合运用相关性分析和富集因子法，解析出渤海气溶胶中 Na^+、Mg^{2+}、Cl^-的来源相似，即均主要为海盐源；K^+主要为生物质燃烧源，但同时受矿物尘土再悬浮影响较大，而 Ca^{2+}主要为地壳源，同时受风尘和岩石风化影响较大；二次离子（nss-SO_4^{2-}、NH_4^+、NO_3^-）之间相关性很强，表明其主要为人为源或具有相似的形成和传输过程。利用指示因子法，得出海盐飞沫对 SO_4^{2-} 的贡献为 1.2%，生源硫酸盐对 nss-SO_4^{2-} 的贡献平均为 5.0%，表明人为活动依然是渤海气溶胶 SO_4^{2-} 的主导性来源。利用富集因子法对渤海海域大气气溶胶金属元素的源解析结果表明，渤海海区 Cu、Ni、K 富集因子平均在 11 以上，在不同海区表现出不同程度的富集，但没有表现出倾向性。辽东湾气溶胶中 Pb 和 Zn 的富集程度最高，Pb 的富集因子平均为 2 133，最高达 4 000 以上；Zn 的富集因子平均在 570；Cu 的富集因子也相对较高，表明环渤海地区高强度的人类活动释放的各类大气污染物对这三种元素的影响较大，其主要为人为源，如汽车尾气、工业燃烧排放物、冶炼等。除个别样品外，V 的富集因子普遍不高，暗示观测期间其主要为自然源。通过与环渤海周边城市的监测和分析结果相比较，进一步说明人为污染物质排放对渤海夏季气溶胶元素成分的影响很大。在渤海西岸的研究发现，除 Be、Fe、Ni、Cr、Al、Th 和 U 等元素外，其余 18 种金属元素都有不同程度的富集，特别是 Cd、Ag、Se 和 Sb 等元素已高度富集，富集因子在 1 000 以上，表明其主要源自人类活动释放。进一步运用正交矩阵因子模型（PMF）量化解析了气溶胶金属元素的来源，结果表明工业生产（33.1%）、航运（28.2%）、扬尘（25.9%）和煤燃烧（12.8%）是渤海湾大气颗粒物沉降样品中金属元素的主要来源，其中工业生产的贡献最大；而对于大气 Sb、Cd 和 Mo 而言，航运排放对其有显著贡献。

气团后向轨迹（HYSPLIT）广泛用来分析采样期间的气团来源方向及传输途经区域，对识别气溶胶成分的来源区域和传输过程具有重要价值。气团后向轨迹模型分析发现，在黄渤海区域，南方源气溶胶中溶解无机氮（DIN）、总氮（TN）、溶解无机磷（DIP）、溶解有机磷（DOP）、总磷（TP）的浓度均高于北方及海源气溶胶。其中，南方、北方和海源气溶胶中 DIN/DTN 比值的平均值分别为 86%、87% 和 66%，而 DTN/TN 比值的均值分别为 74%、77% 和 69%，可见南方和北方源气溶胶中 DTN 和 DIN 在 TN 中的贡献没有明显差别，均明显高于海源气溶胶，可能与陆源人为活动（工业生产、化肥使用、化石燃料燃烧等）以及自然源（土壤扬尘以及生物活动等）的影响有关。同时，南方源和海源两类气团来源气溶胶中不同形态 P 的浓度没有明显差别；北方源气溶胶中 DIP/DTP 的比值（67%）略高于南方源气溶胶（61%），但显著高于海源气溶胶（41%），而对于 DTP/TP 比值而言，北方源气溶胶（54%）中是最低的，说明北方陆源气溶胶中总溶解态磷（TDP）浓度较低，且主要以磷酸盐（PO_4^{3-}）的形式存在，可能与磷的来源（土壤扬尘、化石燃料燃烧以及生物质燃烧等）有关。来自西北方向气团影响下的样品中大多数元素浓度普遍高于西南气团和东南气团。尽管西南气团影响下的降水量与东南气团相当，但 Na、Mg、K、Zn、Sb、Cd、Ni 和 Mo 等元素在东南气团影响下的湿沉降样品中的浓度仍高于西南气团，这在一定程度上反映了源区污染物排放量的差异。因此，源自不同地区的气团及其传输途径会对大气成分浓度和沉降通量产生重要影响。利用气团后向轨迹模型对黄渤海大气颗粒物重金属的分析发现，黄渤海冬季以西北气团为主，受京津冀、山东半岛和辽东半岛高强度人类活动产生的大气污染物输送的影响明显，而夏季以东海沿岸气团为主，受中国东部和东南沿海城市排放的影响较为明显，且来自日本和朝鲜半岛的气团中具有最高浓度的As；春季，影响黄渤海的气团主要来自西伯利亚、我国西北内陆和东南远海，大气As的浓度偏低。

潜在源贡献因子分析法（PSCF）是判断大气污染物潜在源区的一种统计方法。为进一步明确大气沉降样品中金属元素的潜在源区分布，分别选择燃煤、扬尘、工业和航运源的指示元素Se、Fe、V和Sb进行PSCF分析。结果显示，Se元素（指示煤燃烧源）的潜在源区主要分布在天津西南部、北京南部以及河北中部地区等以燃煤排放为主要特征的典型工业区。Fe元素（指示扬尘/矿物气溶胶源）的PSCF高值主要分布在距离观测点较近的区域和西北地区，综合反映了局地扬尘和西北地区矿物气溶胶传输的贡献。V作为工业源指示元素，其潜在源区广泛分布在包括环渤海湾区域、河北中东部和山东西北部在内的华北传统工业区。此外，Sb元素（指示航运源）的PSCF高值集中分布在渤海海域及海岸沿线，从而印证了海洋航运对海岸带区域大气重金属污染的强烈影响。

对于碳质气溶胶，运用滑动相关分析表明，PM2.5、OC和EC存在3个时段的污染来源明显差异，究其原因，主要受渤海区域风场和污染来源时空变化的影响。集成运用气团后向轨迹和卫星火点分析结果发现，夏季特别是6月份山东半岛秸秆露天焚烧是渤海区域大气碳质气溶胶成分的主要贡献源。进一步利用放射性^{14}C同位素源解析结果表明，生物质燃烧和非燃烧排放对渤海大气OC年均浓度的贡献为60.6%，而生物质燃烧排放对渤海大气年均EC浓度的贡献为44.3%。相比之下，由PMF法解析出的生物质燃烧排放对气溶胶OC和EC的贡献比放射性^{14}C的解析结果分别低估了8.3%和9.6%。

对于持久性有机污染物PAHs，选用特征比值FLA/（FLA+PYR）和IcdP/（IcdP+BghiP）进行判断，发现煤和生物质燃烧是环渤海西部地区大气PAHs的主要来源，燃油源在非采暖期有一定贡献。采用PMF模型分析结果，结合季节变化规律，将环渤海西部地区大气PAHs来源归为工业煤/交通、秸秆、生活煤和薪柴/炼焦，相应的贡献率分别为16.7%、18.1%、24.0%、41.2%，这一结果与特征比值和排放估算的结果较为一致。同时，研究指出，生活煤、秸秆等在冬季的大量燃用导致了工业煤/交通源的贡献率在冬季最低。由于夏季农作物秸秆的大量焚烧，秸秆的贡献率在夏季最高。秸秆源贡献率的季节变化一定程度上受秸秆焚烧的影响。采用特征比值法和PCA-MLA方法的分析结果均表明生物质和煤燃烧排放是渤海中部砣矶岛PAHs的主要贡献源，与上述研究结果一致。

九、结语

近几十年来，中国以N为典型代表的大气营养物质沉降迅猛增长。统计显示，自20世纪90年代至21世纪初，中国的大气N湿沉降水平由11.11 kg/（ha·a）迅速增长到13.87 kg/（ha·a），增长率接近25%，主要受人类活动的推动。降水和干湿沉降通量具有鲜明的季节和年际变化特征，受控因素众多，机制复杂，这决定了大气干湿沉降研究是一个长期的监测分析过程，需要在定点观测的同时开展长周期持续性常态化的观测和研究，方能认清其规律性特征。尽管环渤海区域已建立起大气沉降观测网络体系，但从目前的研究成果来看还极为有限且不深入、不成系统。受制于三面环陆的独特地理位置和海岸带以京津冀和辽中南城市群为代表的高强度人类活动的影响，渤海不同粒径大气颗粒物的浓度显著高于国内其他海域，并超出国家一级标准，碳质气溶胶OC和EC的浓度存在较为明显的季节变化；渤海大气各形态无机N含量和干湿沉降通量均明显高于我国近海其他海域，气溶胶总N中以溶解态为主，溶解态N中又以无机态为主；而气溶胶总P中溶解态与颗粒态含量相当，溶解态P中也以无机态为主。海域大气SO_2浓度空间分布极不均衡，受到干沉降、源排放、输送等一系列因素制约；加之河流等径流输入较少，大气沉降在渤海陆源物质输入中占据极其重要的地位，但具体的贡献大小及其年际变化还需进一步明确。

渤海大气金属元素沉降以干沉降为主，湿沉降通量主要受控于降水量的季节性变化和排放源强的差异；气态元素汞GEM的浓度较高且季节变化显著，降水总汞的湿沉降通量明显高于大气活性气态汞RGM和HgP_{10}的干沉降。渤海不同粒径大气颗粒物中的水溶性离子以二次离子占绝对主导地位，生源硫化物对nss-SO_4^{2-}的贡献较低，暗示人为排放是该海区气溶胶水溶性离子的主要来源。对渤海海域大气新型/持久性有机污染物、放射性核素以及生物气溶胶的研究极为鲜见，但已有的研究表明，与国内外相关海域相比，渤海海岸带区域大气PAHs的浓度和沉降通量均显著偏高，渤海海洋气溶胶中OPEs的浓度和干沉降通量也处于较高水平；渤海海岸带区域大气微塑料颗粒大部分粒径小于1 mm，丰度随粒径的增大快速递减，并呈现一定的时空分布差异，计算得到通过大气传输进入渤海陆海区域的微塑料达427 t，证明大气沉降是渤海微塑料的重要输入源；辽东湾地区^{137}Cs的大气总沉降通量与研究区^{137}Cs的背景值较为接近；渤海湾的大气微生物含量受海洋气候因素影响，其中受风力的正面影响较大，而气温的负面影响则较小。

大气沉降对渤海营养盐浓度的空间分布起到了不可忽视的作用，尤其在径流输入相对较少的渤海湾，大气 N 沉降对海水 DIN 的空间分布甚至起到了决定性作用。大气 N 沉降对渤海水体中 Chl a 的平均贡献率达到了 56%。因此，渤海海域的大气沉降对水体无机营养盐和浮游植物生物量和初级生产力均有较大影响，甚至在局部海域起到决定性的作用。与全球其他主要近岸海域相比，渤海地区的大气沉降对海洋生态环境的影响可能更为显著。在人为输入不断增强以及全球气候变化和深入实施“碳达峰，碳中和”战略的大背景下，未来应持续加强浮游生物对大气沉降输入的多种复杂成分的响应机制研究。

尽管渤海海域和环渤海海岸带地区大气颗粒物成分源解析研究开展较早，但迄今关于各类成分溯源和源解析研究的报道依然较少，尤其是定量源解析更为鲜见，这极大地制约了对渤海海域开展精准大气环境污染防控政策的制定。陆源排放对渤海大气颗粒物的贡献显著高于海洋源排放，二者贡献大致呈 2∶1 的结构，而海洋生物活动则是渤海大气有机胺的主要来源。海盐飞沫和生源硫酸盐对渤海大气 nss-SO_4^{2-} 的贡献较低，人类生产生活导致的污染物排放是渤海大气碳质气溶胶、二次离子、重金属元素和持久性有机污染物的主导性来源，对于大气 Sb、Cd 和 Mo 而言，航运船舶排放对其则有显著贡献。气团源区和传输途径对渤海大气颗粒物各成分的浓度和沉降通量均有重要影响。

整体来看，渤海海域及环渤海区域开展了一些大气成分的浓度及沉降观测研究，但极为零散不成体系，研究成果不具连续性亦不深入。同时，对于气溶胶中浮游植物硅藻必需的另一重要生源要素 Si 以及气态 N 组分（NO_x、NH_3和 HNO_3）的研究还极为鲜见，而已有的研究表明，气态 N 的沉降可占中国北方 N 总沉降通量的 28%~66%。有机态 N、P 在渤海大气气溶胶中占据重要地位，加之有机态 N、P 较高的生物可利用性，其中的游离态氨基酸和尿素氮是可以被浮游植物直接利用的 N 源，其他有机 N 化合物如尿囊素、尿酸（酰脲化合物）也可以被海洋浮游植物利用；此外，DOP 通过酶介反应也可以转化为生物可利用的 P。因此，未来在渤海的营养物质大气沉降中应尤为重视各类有机态 N、P 成分的研究，以更深入地理解渤海生源物质的生物地球化学循环过程。同时，在此基础上完善渤海的生源物质生物地球化学循环模型和渤海生态系统模型。为加快解决渤海存在的突出生态环境问题，生态环境部、国家发展和改革委员会、自然资源部三部委于 2018 年 11 月联合印发《渤海综合治理攻坚战行动计划》，提出坚持陆海统筹、以海定陆的总方针，要求通过三年综合治理，大幅度降低陆源污染物入海量，确保渤海生态环境不再恶化、三年综合治理见到实效，但具体措施中并没有明确如何削减“大气沉降”负荷，因此海洋综合治理的效果可能会有较大的不确定性，这从一个侧面也表明对渤海大气沉降还没有引起足够的重视。下一步，渤海海域大气物质沉降研究须尤为注重陆海统筹、海气交换，将陆地、海洋和大气作为一个整体系统地开展输入链研究。海洋大气微塑料的沉降研究也才刚刚起步，尚需开展持续深入的研究。可以预见，渤海大气成分干湿沉降与溯源研究依然任重而道远。

参考文献

曹立国,潘少明,何坚,等, 2015. 辽东湾地区^{137}Cs 大气沉降研究[J]. 环境科学学报,35(1): 80-86.

陈皓文, 1998. 渤海湾大气微生物粒子沉降量的研究[J]. 海洋环境科学,17(4): 27-31.

陈立奇,杨绪林,黄江淮, 1988. 太平洋上空硫酸盐的分布和来源[J]. 环境科学学报,8(1): 27-31.

戴树桂,朱坦,曾幼生,等, 1987. 从元素组成看渤海、黄海海域大气气溶胶的特征与来源[J]. 海洋环境科学,6(3): 9-13.

邓银银, 2014. 基于卫星数据的中国近海氮沉降通量估算研究[D]. 青岛:中国海洋大学: 1-65.

冯新斌,陈玖斌,付学吾,等, 2013. 汞的环境地球化学研究进展[J]. 矿物岩石地球化学通报,32(5): 503-530.

韩斌,白志鹏,解以扬,等, 2010. 天津近海夏季大气颗粒物元素特征及来源解析[J]. 海洋环境科学,29(6): 829-833.

胡清静, 2015. 大气中氨气、铵盐和有机胺盐的研究[D]. 青岛:中国海洋大学: 1-111.

姜杰,查勇,陈骁强,等, 2011. 渤海大气二氧化硫浓度分布及陆源输送研究[J]. 海洋学报,33(6): 73-78.

李悦, 1997. 渤海现代物质通量研究[J]. 青岛大学学报(自然科学版),10(3): 46-49.

刘书臻, 2008. 环渤海西部地区大气中的 PAHs 污染[D]. 北京:北京大学: 1-124.

仇帅, 2015. 我国近海大气气溶胶中 Fe 的溶解度及其影响因素[D]. 青岛:中国海洋大学: 1-50.

盛立芳,高会旺,张英娟,等, 2002. 夏季渤海 NO_x、O_3、SO_2和 CO 浓度观测特征[J]. 环境科学,23(6): 31-35.

盛立芳,郭志刚,高会旺,等, 2005. 渤海大气气溶胶元素组成及物源分析[J]. 中国环境监测,21(1): 16-21.

石金辉,高会旺,张经, 2006. 大气有机氮沉降及其对海洋生态系统的影响[J]. 地球科学进展,21(7): 721-729.

寿玮玮,2018. 大气沉降对渤海营养盐的贡献及生态效应[D]. 上海:华东师范大学: 1-162.

宋金明,李学刚,袁华茂,等, 2019. 渤黄东海生源要素的生物地球化学[M]. 北京:科学出版社: 1-870.

宋金明,李学刚,袁华茂,等, 2020. 海洋生物地球化学[M]. 北京:科学出版社: 1-690.

宋金明,李鹏程,詹斌秋, 1994. 大气污染物质 SO_2 对雾水酸度的控制作用[J]. 海洋科学,18(5): 44-49.

宋金明,邢建伟, 2020. 直面健康海洋之问题五——海洋微塑料及其对生物的影响[M]//李乃胜. 经略海洋(2020)——健康海洋专辑. 北京:海洋出版社: 87-101.

宋金明,邢建伟, 2022. 大气干湿沉降及其对海洋生态环境的影响[M]//李乃胜,宋金明等. 经略海洋(2021)——洁净海洋专辑. 北京:海洋出版社: 189-205.

宋金明,邢建伟, 2022. 沙尘气溶胶及在海洋中的沉降与影响[M]//李乃胜,宋金明等. 经略海洋(2021)——洁净海洋专辑. 北京:海洋出版社: 206-217.

宋金明,詹斌秋,李鹏程, 1992. 中国酸性沉降物致酸机理的研究[C]//中国科协首届青年学术年会论文集(理科分册). 北京: 中国科技出版社: 600-610.

苏航,银燕,朱彬,等, 2012. 中国环渤海地区 SO_2 和 NO_2 干沉降数值模拟及影响因子分析[J]. 中国环境科学,32(11): 1921-1934.

田媛, 2020. 渤海及北黄海海岸带大气环境微塑料时空分布特征及沉降通量研究[D]. 北京:中国科学院大学.

王纯杰, 2016. 我国近海大气汞的时空分布及海-气交换研究[D]. 北京:中国科学院大学.

王晓平, 2015. 渤海区域 PM2.5 来源及多环芳烃沉降通量[D]. 北京:中国科学院大学.

王赞红,王保民,崔鹏飞,等, 2011. 渤海近海大气颗粒物金属元素的入海通量[J]. 海洋环境科学,30(1): 86-89.

邢建伟, 2017. 人类活动影响下胶州湾的大气干湿沉降与营养物质收支[D]. 青岛:中国科学院大学(海洋研究所): 1-149.

邢建伟,宋金明,袁华茂,等, 2017. 胶州湾生源要素的大气沉降及其生态效应研究进展[J]. 应用生态学报,28(1): 353-366.

徐梅,祝青林,朱玉强,等, 2016. 近 20 年天津市酸雨变化特征及趋势分析[J]. 气象,42(4): 436-442.

薛迪,陈春强,黄蕾,等, 2020. 含氮气体在海盐表面的非均相反应对中国近海大气氮干沉降的影响[J]. 中国海洋大学学报(自然科学版),50(5): 19-30.

薛磊,张洪海,杨桂朋,等,2011. 春季黄渤海大气气溶胶的离子特征与来源分析[J]. 环境科学学报,31(11): 2329-2335.

杨正先,于丽敏,张志锋,等, 2012. 渤海大气氮沉降通量初步研究[C]//2012 年环境污染与大众健康学术会议论文集. 上海:武汉大学/美国科研出版社: 72-75.

袁帅,王艳,刘汝海,等, 2021. 黄渤海气溶胶中砷的分布特征和季节变化[J]. 环境科学,42(9): 4151-4157.

张国忠,崔阳,潘月鹏,等, 2019. 渤海湾大气金属元素沉降和来源解析研究[J]. 环境科学学报,39(8): 2708-2716.

张靖茜, 2016. 大连市酸雨化学特征及来源研究[J]. 阜新:辽宁工程技术大学: 1-81.

张瑞峰,祁建华,丁雪,等, 2018. 青岛近海及黄渤海大气气溶胶中不同形态氮磷质量浓度及组成特征[J]. 环境科学,39(1): 38-48.

张岩,张洪海,杨桂朋, 2013. 秋季渤海、北黄海大气气溶胶中水溶性离子组成特性与来源分析[J]. 环境科学,34(11): 4146-4151.

周佳佳, 2015. 中国近海大气气溶胶中有机胺的浓度分布及来源[D]. 青岛:中国海洋大学: 1-64.

朱佳雷,王体健,王婷婷,等, 2014. 中国地区大气汞沉降速度研究[J]. 生态毒理学报,9(5): 862-873.

ANTIA N J, BERLAND B R, BONIN D J, et al. , 1980. Allantoin as nitrogen source for growth of marine benthic microalgae[J]. Phycologia, 19(2): 103-109.

AVERY G B, KIEBER R J, WILLEY J D, et al. , 2004. Impact of hurricanes on the flux of rainwater and Cape Fear River water dissolved organic carbon to Long Bay, southeastern United States[J]. Global Biogeochemical Cycles, 18, GB3015, doi:10. 1029/2004GB002229.

CORNELL S E, JICKELLS T D, CAPE J N, et al. , 2003. Organic nitrogen deposition on land and coastal environments: a review of methods and data[J]. Atmospheric Environment, 37(16): 2173-2191.

CORNELL S E, MACE K, COEPPICUS S, et al. , 2001. Organic nitrogen in Hawaiian rain and aerosol[J]. Journal of Geophysical Research: Atmospheres, 106(D8): 7973-7983.

CORNELL S E, RENDELL A, JICKELLS T, 1995. Atmospheric inputs of dissolved organic nitrogen to the oceans[J]. Nature, 376: 243-246.

DING X, QI J, MENG X, 2019. Characteristics and sources of organic carbon in coastal and marine atmospheric particulates over East China[J]. Atmospheric Research, 228: 281-291.

DUCE R A, LISS P S, MERRILL J T, et al. , 1991. The atmospheric input of trace species to the world ocean[J]. Global Biogeochemical Cycles, 5(3): 193-259.

EANET, 2015. Review on the State of Air Pollution in East Asia. 2015.

GALLOWAY J N, SCHLESINGER W H, LEVY H, et al. , 1995. Nitrogen fixation: Anthropogenic enhancement-environmental response[J]. Global Biogeochemical Cycles, 9: 235-252.

JURADO E, DACHS J, DUARTE C M, et al. , 2008. Atmospheric deposition of organic and black carbon to the global oceans[J]. Atmospheric Environment, 42(34): 7931-7939.

KONG S, LU B, HAN B, et al. , 2010. Seasonal variation analysis of atmospheric CH_4, N_2O and CO_2 in Tianjin offshore area. Science China Earth Science, 53: 1205-1215.

LI J, TANG J, MI W, et al. , 2018. Spatial Distribution and Seasonal Variation of Organophosphate Esters in Air above the Bohai and Yellow Seas, China[J]. Environmental Science & Technology, 52

(1): 89-97.

LIU K, WANG X H, FANG T, et al., 2019. Source and potential risk assessment of suspended atmospheric microplastics in Shanghai[J]. Science of the Total Environment, 675: 462-471.

MACKEY K R M, MIONI C E, RYAN J P, et al., 2012. Phosphorus cycling in the red tide incubator region of Monterey Bay in response to upwelling[J]. Frontiers in Microbiology, 3. https://doi.org/10.3389/fmicb.2012.00033.

MENG W, QIN Y, ZHENG B, et al., 2008. Heavy metal pollution in Tianjin Bohai Bay, China[J]. Journal of Environmental Sciences, 20(7): 814-819.

MONTEITH D T, STODDARD J L, EVANS C D, et al. 2007. Dissolved organic carbon trends resulting from changes in atmospheric deposition chemistry[J]. Nature, 450: 537-541.

PAN Y P, WANG Y S, TANG G Q, et al., 2012. Wet and dry deposition of atmospheric nitrogen at ten sites in Northern China[J]. Atmospheric Chemistry and Physics, 12(14): 6515-6535.

PEIERLS B L, PAERL H W, 1997. Bioavailability of atmospheric organic nitrogen deposition to coastal phytoplankton[J]. Limnology and Oceanography, 42(8): 1819-1823.

SEITZINGER S P, SANDERS R W, 1999. Atmospheric inputs of dissolved organic nitrogen stimulate estuarine bacteria and phytoplankton[J]. Limnology and Oceanography, 44(3): 721-730.

SONG J M, 2009. Biogeochemical processes of biogenic elements in China Marginal Sea[M]. Zhejiang University Press & Springer. 1-662.

SONG J M, DUAN L Q, 2019. The Bohai Sea[A]//World Seas: An Environmental Evaluation Volume Ⅱ: The Indian Ocean to the Pacific[M], Chapter 17. Beijing: Academic Press: 377-394.

WANG C, WANG Z, CI Z, et al., 2016. Spatial-temporal distributions of gaseous element mercury and particulate mercury in the Asian marine boundary layer[J]. Atmospheric Environment, 126: 107-116.

WANG C, WANG Z, ZHANG X, 2020. Characteristics of mercury speciation in seawater and emission flux of gaseous mercury in the Bohai Sea and Yellow Sea[J]. Environmental Research, 182, 109092.

WANG Y, LIU R, LI Y, et al., 2017. GEM in the marine atmosphere and air-sea exchange of Hg during late autumn and winter cruise campaigns over the marginal seas of China[J]. Atmospheric Research, 191: 84-93.

XIE L, GAO X, LIU Y, et al., 2022. Atmospheric dry deposition of water-soluble organic matter: An underestimated carbon source to the coastal waters in North China[J]. Science of the Total Environment, 818: 151772.

XING J, SONG J, YUAN H, et al., 2017. Fluxes, seasonal patterns and sources of various nutrient species (nitrogen, phosphorus and silicon) in atmospheric wet deposition and their ecological effects on Jiaozhou Bay, North China[J]. Science of the Total Environment, 576: 617-627.

XING J, SONG J, YUAN H, et al., 2018. Water-soluble nitrogen and phosphorus in aerosols and dry deposition in Jiaozhou Bay, North China: Deposition velocities, origins and biogeochemical implications[J]. Atmospheric Research, 207: 90-99.

XING J, SONG J, YUAN H, et al., 2019. Atmospheric wet deposition of dissolved organic carbon to a typical anthropogenic-influenced semi-enclosed bay in the western Yellow Sea, China: Flux, sources and potential ecological environmental effects[J]. Ecotoxicology and Environmental Safety, 182, 109371.

ZONG Z, CHEN Y, TIAN C, et al., 2015. Radiocarbon-based impact assessment of open biomass burning on regional carbonaceous aerosols in North China[J]. Science of the Total Environment, 518: 1-7.

作者简介：

邢建伟，1988年生，中国科学院海洋研究所副研究员，所青年创新促进会会员。主要从事海洋大气环境化学与海洋生物地球化学关键过程研究，对中国近海生源要素（碳、氮、磷、硅、硫）和微痕量元素的大气干、湿沉降特征以及长江口有机碳输运特征进行了系统研究。近年来主持国家自然科学基金、中国博士后科学基金特别资助和面上一等资助、山东省自然科学基金、青岛海洋科学与技术国家实验室海洋生态与环境科学功能实验室青年人才培育项目等项目9项。已发表论文27篇，其中SCI/EI收录11篇，分别发表于Science of the Total Environment、Chemosphere、Ecotoxicology and Environmental Safety、Atmospheric Research、Marine Pollution Bulletin、海洋学报、生态学报、中国环境科学、环境科学等本领域国内外知名学术期刊；参与编撰专著2部。担任国际知名地学期刊JGR-Atmospheres、Environmental Pollution、Science of the Total Environment、Journal of Environmental Management审稿人，受邀担任国家自然科学基金委和山东省自然科学基金项目函评专家。

亚洲沙尘/灰霾事件影响下的海洋大气沉降①

邢建伟[1,2,3,4]，宋金明[1,2,3,4]，周林滨[5]

（1. 中国科学院海洋生态与环境科学重点实验室，中国科学院海洋研究所，山东 青岛 266071；2. 青岛海洋科学与技术国家实验室海洋生态与环境科学功能实验室，山东 青岛 266237；3. 中国科学院大学，北京 100049；4. 中国科学院海洋大科学研究中心，山东 青岛 266071；5. 中国科学院热带海洋生物资源与生态重点实验室 中国科学院南海海洋研究所，广东 广州 510301）

摘要：亚洲沙尘和灰霾气溶胶传输和沉降及其对海洋生态系统的影响作为大气科学与海洋科学交叉研究的热点，近几十年来取得了丰硕的成果。我国东部海域作为亚洲沙尘向西北太平洋远距离传输的必经之路，不可避免地会受到亚洲沙尘沉降的影响。亚洲沙尘天气的爆发和传输会显著增加各类大气成分的浓度和沉降通量，在短时间内为中国近海和西北太平洋表层海水带来丰富的氮（N）、磷（P）、铁（Fe）、硅（Si）等海洋浮游植物生长必需的营养盐，对表层海水的营养物质产生加富效应并改变表层海水的营养盐结构；同时，也会将源区和我国东部发达地区的人为污染物质大量裹挟入海，在促进海洋初级生产的同时，亦会对不同种类和粒级的浮游植物生长产生选择性促进/抑制作用，从而改变海洋浮游植物优势种组成和群落/粒级结构，甚至诱发赤潮和藻华，导致生态系统的失衡。此外，沙尘气溶胶的传输也会对海洋异养细菌以及生物气溶胶的组成和微生物群落结构产生较大影响，但不同海域的响应过程有所差异。我国中东部地区的严重灰霾天气近年来频繁出现，对大气环境和人民生命健康构成巨大威胁。严重灰霾天气过程可大大增加气溶胶中各类成分的浓度和沉降入海通量，且灰霾颗粒添加后会对浮游植物生长产生不同程度的刺激作用，并可通过促进/抑制某些种类浮游植物的生长

---

① 基金项目：国家自然科学基金（41906035）、山东省自然科学基金（ZR2019BD068）、中国科学院热带海洋生物资源与生态重点实验室开放基金（LMB20201004）、中国科学院战略性先导科技专项（XDA23050501）。

从而对海区的浮游植物群落结构和粒级结构产生影响。我国大气灰霾颗粒具有成分复杂且人为源成分含量远高于沙尘气溶胶的典型特征，因此，其沉降入海可能会带来比沙尘更为严重复杂的生态效应，然而不同研究人员在不同海区得到的结论存在较大差异。整体来看，灰霾颗粒中高含量和复杂的化学成分组成决定了其对浮游植物生物量和粒级结构的影响具有不同于沙尘的独特特征。同时，由于海区水文和初始营养状况的差异，导致不同海区不同类型浮游植物对灰霾颗粒沉降的响应不同。总之，沙尘和灰霾气溶胶作为自然和人为源大气成分的载体，其引发的大气沉降对海洋生态系统的影响是一把“双刃剑”，既可以促进海洋初级生产力的提高，实现大气沉降对海洋生态系统的施肥效应和固碳效应，又对海洋生态系统具有一定的毒性效应，大气沉降的污染物和重金属元素也会抑制海洋生物的生长和繁衍，而且不同元素之间可能存在复杂的协同/拮抗作用，从而影响海洋生态系统的生命活动与元素的海洋生物地球化学循环过程。然而，沙尘/灰霾-海洋生态系统-气候变化之间的影响与反馈机制是异常复杂的，目前对沙尘/灰霾沉降、营养物质循环、海洋初级生产之间的定性、定量关系还存在诸多的不确定性，沙尘和灰霾气溶胶沉降影响海洋生态系统的机制还不甚明晰，尤其是灰霾气溶胶的研究开始较晚。随着自然变化和人类活动的进一步增强，这一影响势必更趋复杂和深远，迫切需要提高重视并从多学科交叉角度开展深入系统的研究。

关键词：亚洲沙尘；灰霾气溶胶；通量；营养盐；重金属；生态效应；影响机制

本文观点：沙尘和灰霾气溶胶引发的大气沉降对海洋生态系统具有“双刃剑”效应。气溶胶中各类成分的生物可利用性部分是评估其对海洋生态系统影响的基础，各成分沉降入海后的生物有效性影响因素众多，难以准确判定且具有明显的海区差异。由于沙尘和灰霾气溶胶成分的复杂性，其在远距离传输和沉降入海后可能会发生一系列的反应和转化，不同成分之间可能存在协同或拮抗作用。此外，不同海区的初始营养状况、浮游植物类型、浮游植物结构等具有多样性。鉴于此，目前对沙尘和灰霾颗粒沉降入海生态效应的定性与定量研究具有高度的不确定性，其影响机制以及不同类型浮游植物对沙尘/灰霾颗粒沉降的响应过程有待突破瓶颈，开展多学科交叉的持续深入研究。

沙尘天气是一种自古就有的天气现象，早在距今7000万年前的白垩纪末期就有沙尘暴的发生，我国很早就有关于沙尘天气的记载。亚洲沙尘是指源于中亚和东亚地区的沙尘，是仅次于撒哈拉沙尘的全球第二大沙尘源。由于冬春季节中亚和我国西北地区干旱、半干旱地区降水稀少，地表异常干燥松散，使得其抗风蚀的能力减弱。当遇到强风天气时，地表土壤和沙尘就会被大风裹挟进入高空，在高空强西风急流作用下进行远距离传输，到达我国华北广大地区和东部海域，甚至可以漂洋过海在 13 d 内绕地球一周，影响韩国、日本、东太平洋、北太平洋、北美大陆、欧洲、北极和赤道地区。目前有报道已经在格陵兰岛和法国阿尔卑斯山的冰芯中发现了亚洲沙尘的痕迹。沙尘暴除了会对大气环境、气候和人体健康带来一系列直接效应外，还会产生间接效应。如沙尘气溶胶携带的丰富的矿物成分可以通过沉降入海为海洋补充铁（Fe）、磷（P）、硅（Si）等营养物质，影响下风向海域的生物地球化学循环。同时，在矿物气溶胶传输过程中与人为大气污染物发生混合和转化反应，会导致其理化特性发生某种程度的改变。如可能会提高沙尘气溶胶中某些矿物元素在水体中的溶解度等，从而增强其生物可利用性，促进海洋浮游植物生长、增强海洋初级生产力，进而改变海洋生态系统的结构和功能，并进一步改变海气交换能力，降低大气 CO_2浓度，从而间接影响全球气候变化。沙尘暴既是干冷气候条件的产物，也与人类活动对自然界的破坏有关。由于实施大规模植树造林绿化，近 70 年来我国沙尘暴发生频数整体呈波动下降的趋势。据中国气象局发布的历年《大气环境气象公报》统计，2000—2020 年，我国沙尘暴天气过程次数整体呈现显著减少的趋势。其中，2000—2010 年平均每年出现沙尘暴天气过程 6.5 次，2011—2020 年平均每年仅 1.9 次。但是，2021 年又出现 13 次沙尘天气过程，其中沙尘暴天气过程 3 次，强沙尘暴天气过程 2 次，扬沙天气过程 8 次。整体而言，2021 年沙尘暴级别的天气过程较近 10 年平均值明显偏多，沙尘天气过程较近 5 年平均次数（12.2 次）也偏多 0.8 次。因此，以沙尘天气过程（浮尘/扬沙、沙尘暴和强沙尘暴）发生总次数统计，2021 年强度明显增强（图 1）。其中，发生于 2021 年 3 月 13 日至 18 日的强沙尘暴天气过程，使得北京等地 PM10 浓度出现 2013 年有观测记录以来的最高值，影响面积达到 380×10^4 km^2，甚至导致极少出现沙尘天气的华东、中南和华南地区如上海、湖北、湖南和广西等地的 PM10 浓度显著升高。从影响范围和强度上来看，这次强沙尘暴天气过程均为近十年来之最。如此高强度的矿物气溶胶向海洋的输送势必会对海洋生态系统产生深远的影响。20 世纪 80 年代开始，相关学者已对亚洲沙尘输入中国近海和西北太平洋的气溶胶成分、分布以及元素入海通量等进行了研究，并初步探讨了沙尘天气过程和大气沉降与海洋赤潮和藻华暴发事件之间在相关关系和内在联系，并取得了较大的进展。如今，沙尘气溶胶已成为海-陆-气耦合过程为核心的全球气候变化研究的一个重要环节。因此，沙尘气溶胶沉降及其入海生态效应的研究有助于深入理解沙尘气溶胶在海洋生态系统及全球碳循环中的作用。

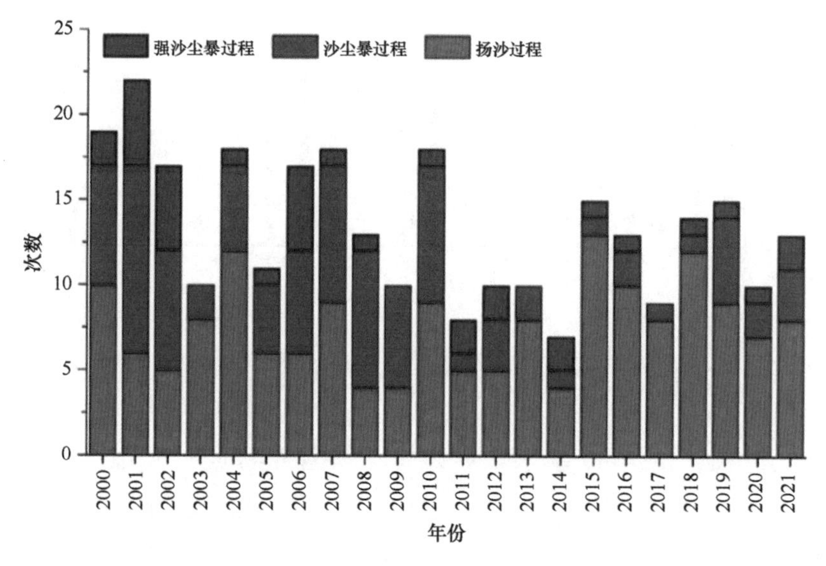

图 1　2000—2021 年我国沙尘天气发生次数统计图（据《大气环境气象公报（2021 年）》）

工业革命以来，人类大规模改造自然界的行为对地球大气层产生了严重的干扰。近几十年来，随着工业化和城市化进程的加快，源自人类活动的大气污染物及其在大气中的二次反应形成的灰霾天气成为困扰东亚大陆的典型大气污染现象。据《大气环境气象公报（2021 年）》统计，2000 年以来，全国霾天气过程次数呈现先上升再下降后趋于平稳的变化趋势。其中，2000—2013 年呈上升趋势，2013 年达到峰值（15 次），此后至 2017 年全国灰霾天气过程次数呈下降趋势，2017—2021 年霾天气过程基本稳定在 5~7 次（图 2），受气象条件变化影响略有波动。其中，发生于 2021 年 1 月 21 日至 27 日的霾天气过程为 2021 年最重霾天气过程。主要表现为：持续时间最长（7 天）；强度最强，山东中西部、河南大部、河北南部、辽宁南部等地均出现大范围的重度霾天气，其中 1 月 24 日开封市 PM2.5 日均浓度达 311 $\mu g/m^3$，能见度低于 3 km；影响范围最广，对我国中东部大部地区产生影响，影响面积达 110×10^4 km^2。持续不利的气象条件是导致本次最强霾天气过程发生的主要外因。此外，云南西南部城市也出现了持续性的霾天气过程，主要受东南亚国家大面积生物质燃烧产生的大气污染物跨境传输所致。

借助于亚洲冬春季盛行的西北季风，来自亚洲大陆日益增长的人为大气污染物的大量无序排放导致沉降到西北太平洋的灰霾气溶胶颗粒物迅速增长。这类灰霾气溶胶

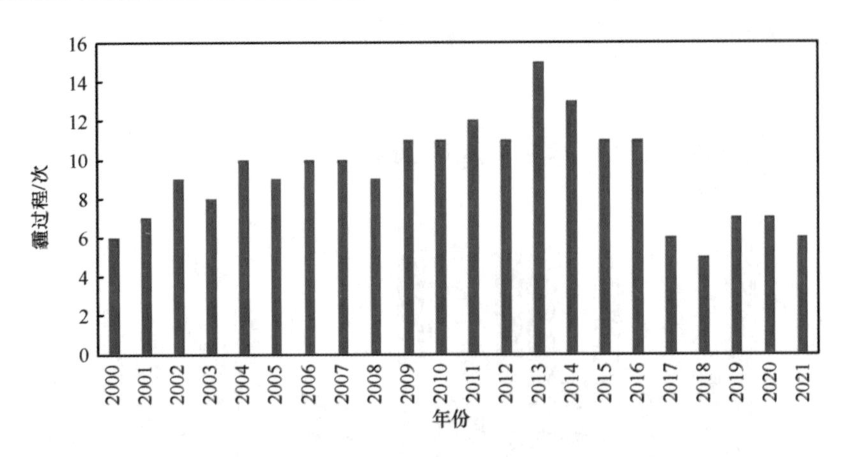

图2　2000—2021年全国平均灰霾天气过程次数统计图（据《大气环境气象公报（2021年）》）

中除包含有海洋浮游植物生长必需的N、P、Fe等营养物质之外，还含有大量有毒有害成分如重金属铜（Cu）、铅（Pb）、镉（Cd）以及有机污染物等，这势必会对海洋生态系统的生物生产活动产生复杂的效应。然而，灰霾气溶胶沉降颗粒究竟如何影响浮游植物的生长以及对海洋生态系统有何深层次影响目前还不甚清楚。尽管如此，已有学者尝试在航次中进行灰霾颗粒添加现场培养实验，研究浮游植物对其响应过程，相关研究对深入解析灰霾颗粒沉降对近海生态系统的影响及调控机制具有重要意义。

一、亚洲沙尘影响下的大气成分传输与沉降过程及其入海的生态效应

（一）亚洲沙尘向中国近海及西北太平洋传输的路径与过程

亚洲沙尘可以通过远距离传输沉降至广阔的北太平洋，是北太平洋最大的沙尘源，其传输的路径和影响范围取决于沙尘颗粒的来源、粒子谱分布与大气环流等因素。亚洲沙尘存在3个主要源区：蒙古源区、以塔克拉玛干沙漠为中心的中国西部沙漠源区和以巴丹吉林沙漠为中心的中国北部沙尘源区，三者贡献了亚洲沙尘释放总量的约70%。有研究估计全球每年有高达1 000~2 000 Tg的沙尘颗粒从地面释放至大气中，其中亚洲沙尘和戈壁的贡献在25%左右，即250~500 Tg。然而，也有研究者给出了不同的估算值，且差别较大。如研究人员通过对5个亚太区域粉尘沉降量的模式估算，得出亚洲粉尘每年释放量达800 Tg，约相当于全球沙漠年释放总量的一半；然而，也有研究估算出中国北方每年输入至大气中的沙尘总量为43 Tg，其中春季最高（25 Tg），夏季最低（2.5 Tg），春季值约为夏季的10倍；还有研究的估计值则为214 Tg/a，约占全球沙尘年排放量的11%。整体来看，亚洲沙尘占全球沙尘排放量的

10%~25%。由于研究的年份和研究方法不同，导致不同研究人员获得的结果存在较大差异，因此，关于亚洲沙尘释放量的精确估计还有待于进一步研究。据2000—2002年的统计资料，影响中国的亚洲沙尘约70%来自蒙古国，发生于我国西北的沙尘暴有一半以上会影响到我国近海，其中沙尘粒子沉降进入渤海和黄海的概率较大，东海次之，南海最小。亚洲沙尘气溶胶主要通过3种不同传输路径影响中国近海：① 蒙古沙尘由二连浩特入侵我国，经浑善达克沙地和科尔沁沙地到达渤海或黄海；② 起源于新疆东部和内蒙古西部的沙尘颗粒向东经黄土高原得到加强后进入渤海、黄海或东海；③ 爆发于内蒙古沙漠地区及其周边区域的沙尘暴在高空西北气流的推动下向东传输沉降至黄海、东海或西太平洋。这些沙尘气溶胶颗粒大部分进入我国东部的渤海、黄海和东海海域，还有一部分会传输至日本海和西太平洋。其中，影响渤海的概率为27.4%，影响黄海、东海、朝鲜海峡和日本海的概率分别为30.9%、12.3%、20.2%、9.2%。

我国的沙尘暴多为春季高发，春季亚洲沙尘向西北太平洋传输的通道位于38°—47°N之间，在传输路径上有较大的沉降。模拟研究发现，干沉降是沙尘源区附近区域主要的除尘过程，而降水带来的湿沉降则为亚洲沙尘跨太平洋传输路径上的主要除尘过程，且在该路径上，湿沉降的除尘效率超过干沉降10倍。黄土高原直至北太平洋沿线区域均为亚洲沙尘的沉降区域（汇区），而尤以黄土高原为主要汇区。在我国台湾北部的观测发现，向东南方向传输影响台湾北部海域的亚洲沙尘大部来自蒙古国和中国内蒙古地区，绝大多数途经中国华北、东南到达台湾北部，少数途经中国东北，甚至韩国和日本。发生于2001年4月的中亚特大沙尘暴起源于中亚内陆，横扫蒙古中西部和我国北方大部地区，并跨越朝鲜半岛、日本、北太平洋，到达北美大部。在传输的过程中，沙尘浓度由源区随传输距离的增加呈指数衰减。具体而言，在沙尘源区周边，沙尘的沉降速率下降迅速，而在北太平洋海区沙尘的浓度降低则变得极为缓慢，这主要是由于靠近沙尘源区的矿物气溶胶颗粒物粒径较大，在远距离传输过程中粒径大的颗粒物优先沉降的缘故。

在亚洲沙尘源区，由于人为污染源较少，气溶胶中矿物组分与污染组分的相互混合不是很明显。已有研究证实，气溶胶（SO_4^{2-}）/S比值（可溶性硫占总硫的比值）示踪法和阳离子与阴离子总当量浓度比Σ+/Σ−可较好地用于阐释远距离传输过程中沙尘气溶胶与途经区域大气污染物的混合作用。随着亚洲沙尘气溶胶向中国东部沿海地区的传输，颗粒物化学特征比值（SO_4^{2-}/3）/S由0.65增大到1.0，Σ+/Σ−也由3.21降至0.47（表1），间接表明沿途人为源污染气溶胶含量逐渐增加，同时沙尘颗粒上非均相反应的作用逐渐增强，气溶胶中的矿物组分与人为源污染性组分的混合和相互作用趋于强化，使得沙尘颗粒中的硫（S）逐渐倾向于以可溶性硫酸盐的形式存在。此外，沙尘源区的颗粒物主要表现为一次源碱性特征，而在下游地区站点则较多地表现为二次源酸性特征（表 1），这表明 SO_2及氮氧化物（NO_x）等酸性前体物与碱性沙尘颗粒的混合反应在沙尘的长途传输中有所增强，沙尘气溶胶颗粒也向酸化的趋势发展，表明亚洲沙尘在由西向东的远距离传输过程中与沿途人为源污染物不断混合并发生非均相反应，在接纳污染物的同时，也会增强沿途区域的大气环境污染。

表 1　沙尘/非沙尘期间 TSP 和 PM2.5 的化学特征比值

站位	大气颗粒物	非沙尘期		沙尘期	
		(SO_4^{2-}/3) /S	Σ+/Σ−	(SO_4^{2-}/3) /S	Σ+/Σ−
多伦	TSP	0.79	2.31	0.65	2.27
	PM2.5	0.86	2.70	0.68	3.21
北京	TSP	0.75	1.77	0.67	1.69
	PM2.5	0.76	1.39	0.72	1.41
泰山顶	TSP	0.88	1.35	0.99	1.09
	PM2.5	0.91	0.95	0.96	0.58
上海	TSP	0.98	0.91	1.00	0.70
	PM2.5	1.00	0.85	1.00	0.47

数据来源：崔文岭等，2009.

（二）亚洲沙尘过程对大气成分浓度及沉降入海通量的影响

沙尘天气过程影响下的大气物质沉降具有很强的时空差异以及事件性特征，这是由沙尘事件的突发性和短时性决定的。据粗略计算，亚洲沙尘向北太平洋的沉降量在 32~91 Tg/a 之间。每年来自西伯利亚、蒙古和中国西北的风尘进入中国边缘海的通量达 53.7 g/（m^2·a），高出北太平洋中部一个数量级。尽管已有众多研究开展了沙尘气溶胶沉降入海通量的研究，然而受到当前观测手段等的制约，很难准确获得沙尘气溶胶在海洋尤其是大洋区域的沉降通量。我国科学家依据 1982 年的资料估算出，中国沙漠输入太平洋的矿物尘土为 6.0~12.0 Tg/a，而 1997 年由中外科学家联合研究得出，亚洲矿物尘土气溶胶向中国海的总沉降量为 67 Tg/a，占整个北太平洋尘土沉降总量的 14%。研究发现，由青岛进入黄海的气溶胶干沉降量约为 5.1 g/（m^2·a），而发生于 2010 年 3 月 9—22 日的一次沙尘暴短时间内引起的南黄海总沉降量即达 1.5 g/m^2，占全年气溶胶沉降总量的近 30%。此外，2002 年 3 月 16 日的一次强沙尘暴过程使得青岛大气总悬浮颗粒物（TSP）浓度增加至沙尘暴发生前青岛大气 TSP 浓度的 5.7 倍，而发生于 2016 年春季的两次沙尘天气过程也使得青岛近岸海域大气 TSP 浓度增长 247%。在黄海，春季非沙尘期的大气 TSP 多年平均浓度为 40 μg/m³，而当沙尘暴天气发生时大气 TSP 浓度会在极短时间内迅速上升至 100～200 μg/m³，增长幅度达 4～5 倍，表明沙尘暴天气带来的高强度沙尘气溶胶短时输入在黄海气溶胶年度沉降中占据极其重要的地位。在冬季风期间，亚洲沙尘为我国台湾北部贡献了约 15 mg/m³的气溶胶粒子，占台湾北部 PM10 浓度的 24%～30%。在重大沙尘事件中，亚洲沙尘的贡献显著增加到 60%～70%。每年 12 月，亚洲沙尘对台湾空气质量的影响最大。虽然亚洲沙尘的影响在其他月份有所减少，但在冬末至初春对台湾大气的影响仍保持在 30% 左右。

沙尘天气对黄海海域 TSP 浓度和干沉降通量的贡献表现为从西到东递减，但是贡献率却由西到东逐渐增加，对气溶胶沉降通量的影响主要集中在较大粒径段的颗粒，而对气溶胶粒径分布的影响，从西到东由对较小粒径颗粒物的贡献率较高转变为对较大粒径颗粒物的贡献率较高。较强沙尘天气时期粗颗粒部分的浓度峰值粒径从沙尘源地附近到黄海西岸、东岸呈降低趋势，表明较大粒径的颗粒物优先在近海沉降，但在一般沙尘天气时期这一现象并不明显。在东海之滨的上海，沙尘和非沙尘期间的大气总悬浮颗粒物（TSP）以及 PM2.5 的浓度范围和均值见表 2。相比之下，沙尘期间上述成分的浓度分别较之非沙尘期间增加了 7 倍和 4 倍，其中粗颗粒的浓度增长最为明显，使得气溶胶中 $\rho_{PM2.5}/\rho_{TSP}$ 的值由非沙尘期的 0.53 降低至沙尘期的 0.25，降低了 1 倍之多，表明沙尘天气过程对粗颗粒的贡献显著高于细颗粒。沙尘时期和非沙尘时期，北京、青岛和日本福冈地区粗颗粒的干沉降通量均随粒径增加而增大，细颗粒的干沉降通量随粒径的变化不明显。虽然沙尘时期粗颗粒沉降通量较非沙尘时期有明显增加，但粗颗粒对 PM11 干沉降通量的贡献与非沙尘时期相比并没有明显的变化。较强沙尘天气时期，上述 3 个地区粗颗粒的干沉降通量明显高于一般沙尘天气时期，而细颗粒的干沉降通量较一般沙尘天气时期略有增加。如春季沙尘期 PM11 的干沉降通量为 31.70～58.59 mg/（m²·d），非沙尘时期为 8.33～15.94 mg/（m²·d），沙尘时期显著高于非沙尘期。粗颗粒是黄海海域春季 PM11 干沉降通量的主要贡献者，约占 PM11 干沉降通量的 94.2%以上。因此，沙尘天气显著影响黄海海域大气气溶胶质量浓度谱的分布，导致 2 μm 以上粗粒子态的峰值明显增大。亚洲沙尘对气溶胶中金属元素的粒径分布影响亦较为显著。受沙尘影响，青岛近岸和海洋气溶胶中钾（K）由双模态变为粗模态，Pb、Cd 由细模态变为双模态，Cu 虽然仍呈双模态分布，但更多转移到粗颗粒上，铝（Al）、Fe、镁（Mg）、钠（Na）则维持粗模态分布。此外，沙尘事件对近岸与海洋大气样品中元素粒径的影响不同：青岛近岸沙尘气溶胶中 Al、Fe、Mg、Na、K 的峰值粒径位于 2.1~3.3 μm，而海洋气溶胶样品中上述元素的峰值向粗粒径移动至 3.3~4.7 μm。沙尘影响下近岸气溶胶中 Al、Fe、Mg、Na、K、Pb、Cd 在粗颗粒上的占比降低了 1%~35%，而东海气溶胶样品中这些金属的粗粒子占比升高了4%~33%，可能与吸湿增长以及沙尘的传输路径和高度有关。在由陆向海甚至偏远的北太平洋传输过程中，亚洲沙尘促进了来自人为源的气溶胶成分在细模态颗粒上的积累，同时也增强了地壳源成分在粗模态颗粒物上的富集。

表 2　上海非沙尘/沙尘期间气溶胶质量浓度的变化

观测点	参数	$\rho_{PM2.5}$（μg/m³）		ρ_{TSP}（μg/m³）		$\rho_{PM2.5}/\rho_{TSP}$	
		非沙尘期	沙尘期	非沙尘期	沙尘期	非沙尘期	沙尘期
上海	范围	13.1~95.9	35.4~383.3	36.2~183.6	106.2~1340	0.08~0.92	0.11~0.33
	中位数	48.0	151.8	102.1	799.2	0.53	0.25

数据来源：崔文岭等，2009。

众多研究已发现，沙尘天气条件下，气溶胶各类组分（包括沙尘源元素和人为源元素）的浓度和沉降通量均会出现不同程度的增长（表 3 和表 4），表明沙尘气溶胶的传输过程中往往伴随着陆源大气污染物的吸附。在黄东海济州岛和远在东海开阔海域的彭佳屿，大气颗粒物依然受沙尘影响显著，沙尘天气下济州岛和彭佳屿大气中的 Al、锰（Mn）、钛（Ti）、钴（Co）等元素的浓度可达非沙尘期的 10~20 倍。在青岛近海，通过分析不同天气条件下大气气溶胶中的水溶性有机氮（WSON）和尿素浓度，发现浮尘天气下气溶胶中的 WSON 比非沙尘天气时的浓度有所增加，尿素浓度（增加约 1.3 倍）则较晴天显著升高。在青岛近岸海域，尽管 2016 年春季的沙尘天气过程使大气 OC 的浓度增长了 88.5%，但 OC/TSP 的比值却下降了 45%，这主要是亚洲沙尘颗粒携带的有机碳含量相对较低的缘故。在西太平洋的开阔海域，沙尘期间气溶胶水溶性有机碳（WSOC）和水溶性黑碳（WSBC）的浓度均高出非沙尘期的 5 倍，反映了沙尘气溶胶在向海洋输送水溶性有机碳和黑碳的重要作用。在黄东海，春季沙尘期大气颗粒物水溶性无机 N（NH_4-N、NO_3-N、NO_2-N）、P（PO_4-P）、Si（SiO_3-Si）成分浓度都会出现较高的增长，且黄海站点（千里岩岛）大气中上述营养盐成分的平均浓度均高于东海站点（嵊泗列岛）；沙尘天气对青岛和日本福冈两地氮沉降通量的贡献分别为 19.1 mg N/（m^2·月）和 13.0 mg N/（m^2·月），表明沙尘颗粒长途传输会短期内对我国近海大气环境造成极大影响。受 2002 年 3—4 月沙尘事件影响，青岛近岸大气样品中 Al、Fe、Mn、Ti、钒（V）、镍（Ni）、Cu 浓度增长显著，其中地壳元素 Al、Fe、Mn 的浓度分别为沙尘暴发生前的 17.5 倍、9.2 倍和 9.1 倍。2008—2011 年的研究结果与之类似，沙尘天气影响下青岛沿岸气溶胶中主要地壳源元素浓度均较非沙尘期高出一个数量级，而人为源元素也呈现一定程度的增长，最大增幅达 722%（铬 Cr）。同样，2016 年 3—4 月份沙尘事件期间，青岛近岸大气气溶胶样品中 Al、Fe、K、Na、Cu、Pb 等金属元素的浓度增加了 1~14 倍，而 Cd 浓度降低 8%；海洋大气样品中 Al、Fe、K、Cu、Pb、Cd 浓度增加了 1~45 倍，而 Na 浓度降低 62%。大气颗粒态汞（Hg）的浓度和干沉降通量也受到沙尘天气的强烈影响。研究显示，沙尘天气影响下青岛近岸区域大气颗粒态 Hg 的浓度高出非沙尘期近 1 倍，且 1 个沙尘日的颗粒态 Hg 干沉降量即可达到年干沉降量的 1%。2007 年 3 月 31 日至 4 月 1 日发生的两次沙尘事件（伴随降水）使得黄海海域大气溶解态 Fe、P 以及 DIN 的沉降通量分别达到 $42.5\pm10.9\ mg/m^2$、$10.3\pm2.6\ mg/m^2$ 和 $772.0\pm198.0\ mg/m^2$，与非沙尘期相比分别增加了 15 倍、13 倍和 5 倍，而颗粒态 Fe 和 P 的沉降通量约为非沙尘期间日平均沉降通量的 500~1 000 倍。在黄海沿岸的青岛，沙尘事件的发生使得气溶胶中 NH_4-N 和 NO_3-N 的浓度和干沉降通量较之平常增加数倍。利用空气质量模型 WRF-CMAQ 对发生于 2011 年 4 月 26 日至 5 月 3 日的沙尘事件进行模拟研究发现，典型沙尘事件影响下，中国近海大气总无机氮（TIN）干沉降较之晴天增加 5 倍以上，可为中国近海提供高达 38.5 mg C/（m^2·d）的新生产力。此次典型沙尘事件下的 TIN 干沉降以还原态 N（NH_3 和 NH_4-N，占 TIN 的 60%以上）为主，对我国黄海的影响最大，主要与沙尘传输路径密切相关。对东海花鸟岛为期一年共 13 次亚洲沙尘事件的研究发现，大部分金属元素的浓度在沙尘期要明显高于非沙尘期，其中矿物元素 Al、Ti、钪（Sc）的浓度增加 4 倍以上，营养元素 Fe 和 P 的浓度分别增加 3 倍和 2 倍，而海盐源元素和人为源重金属元素浓度的变化不大，从而证实了亚洲沙尘的远距离传输对东海气溶胶中部分元素的巨大贡献，这一影响主要受到元素来源的控制。进一步运用主成分分析，解析出亚洲沙尘和区域性沙尘源和人为源贡献相当，均是东海花鸟岛气溶胶成分的重要来源。2005 年 4 月 20 日至 23 日的亚洲沙尘天气影响下，台湾北部近海的气溶胶 DIN 和 DIP 的浓度分别高达 $465\pm144\ nmol/m^3$ 和 $1.21\pm0.27\ nmol/m^3$，较全年平均浓度值分别高出 2 倍和 3 倍，而当浓度归一化为 TSP 的质量浓度时增长效应尤为明显。进一步研究发现，TSP 浓度与气溶胶 DIN 和 DIP 浓度之间存在极显著正相关关系，类似的结果也出现在 TSP 与 NH_4^+、Ca^{2+}、SO_4^{2-} 成分之间，表明沙尘传输过程中裹挟混合了大量的人为源污染物质。由此可以推测，其他人为源大气成分如 NH_4^+、Ca^{2+} 和 SO_4^{2-} 等均会受到亚洲沙尘爆发的影响而导致浓度在沙尘天气下迅速升高。以 2010 年 3 月 19

日至23日的亚洲特大沙尘暴为例，此次强沙尘暴过程导致气溶胶颗粒物中锌（Zn）、硫（S）、Cu、Pb、Cd、钼（Mo）、硒（Se）等污染元素和二次离子 NH_4^+、SO_4^{2-} 等污染组分的含量显著升高。且沙尘天气过程期间，大气氮氧化率（NOR）和硫氧化率（SOR）的值高于非沙尘时期，说明沙尘颗粒可促进 NO_3^- 和 SO_4^{2-} 的生成。在我国台湾周边澎湖列岛附近海域也得到了类似的结果。因此，亚洲沙尘尤其是重大沙尘暴天气亦会对台湾北部海域气溶胶产生重大影响，且沙尘气溶胶在远距离传输过程中与大气污染物相互混合、相互作用，将导致气溶胶颗粒物中二次离子 NO_3^- 和 SO_4^{2-} 含量的增长，从而会对区域乃至全球大气环境产生严重影响。

表3　黄海济州岛和东海彭佳屿沙尘/非沙尘期间大气TSP中各微痕量元素的浓度变化

区域	参数	大气TSP各微痕量元素的浓度（ng/m³）											
		Al	Ti	Mn	Ba	Sr	Co	Cr	V	Ni	Zn	Pb	Cd
济州岛*	沙尘期间	4852	126	101	37.2	23.8	2.97	9.04	32.7	14.0	92.5	56.5	1.98
	非沙尘期间	556	29.5	19.8	6.87	4.88	0.99	3.01	6.46	5.98	52.5	35.6	0.94
彭佳屿**	沙尘期间	9738	534	136	89.2	52.5	2.69	13.6	25.1	13.0	100	37.7	0.98
	非沙尘期间	421	21.9	9.03	5.62	6.00	0.21	2.21	6.68	3.75	55.7	10.8	0.33

数据来源：* Kang et al., 2009；** 罗笠等，2018。

尽管如此，沙尘天气过程并非总是增加气溶胶中营养元素的浓度。在青岛海岸带区域的观测结果发现，不同沙尘天气条件下，TSP中 NH_4^+ 和 NO_3^- 的质量浓度变化较大。受亚洲沙尘天气影响，NH_4^+ 和 NO_3^- 的质量浓度有时高于标准样品，有时又低于标准品。据此将气溶胶样品归为三类：第一类为TSP中 NH_4^+ 和 NO_3^- 的质量浓度和沉降通量在沙尘日高于标准样品，升高幅度为9%~285%；第二类是 NH_4^+ 和 NO_3^- 的质量浓度在沙尘日低于标准样品，降低幅度达46%~73%；第三类是 NO_3^- 的质量浓度在沙尘日低于标准样品，降低幅度为46%，而 NH_4^+ 浓度接近标准样品，并最终导致DIN沉降减少11%~48%。沙尘天气下TSP中的 NH_4^+ 不是以铵盐单独存在就是以铵盐和碳酸盐之间不完全反应的残余物存在于气溶胶中。沙尘日TSP中的 NO_3^- 在由源区向沉降区域传输过程中以人为大气污染物与沙尘颗粒物反应物或混合形式抑或二者相结合的形式存在，受远距离传输过程中多种复杂因素的影响和制约，导致第二类和第三类TSP样品中 NO_3^- 浓度的显著降低。因此，简单地根据以往文献中沙尘负荷增加与无机氮沉降增加的线性关系设想，可能导致对营养物质沉降入海通量以及随之而来的与沙尘输入有关的初级生产量的过高估计，这是一个值得重新审视并高度重视的科学问题，并有可能推翻现有的一般性认识和结论。

表 4　黄海沙尘/非沙尘期间大气营养盐和 Fe 干沉降通量的变化

参数		干沉降通量［mg/（m^2·d）］							
		NH_4-N	NO_3-N	NO_2-N	TIN	P	DP	Fe	DFe
沙尘期间	平均值	1.99	1.40	0.087	3.48	0.47	0.12	37.96	0.48
	最大值	3.08	1.90	0.153	5.09	0.62	0.15	71.54	0.92
	最小值	0.26	1.05	0.000	1.52	0.28	0.07	5.64	0.15
非沙尘期间	平均值	0.09	0.55	0.000	0.64	0.02	0.010	0.44	0.03
	最大值	0.17	1.50	0.002	1.65	0.11	0.043	0.71	0.08
	最小值	0.01	0.07	0.000	0.11	0.00	0.001	0.24	0.01

注：DP：溶解态磷；DFe：溶解态铁。

数据来源：Shi et al.，2013。

2011 年春季在黄东海走航观测研究发现，亚洲沙尘对我国近海的影响具有鲜明的区域性特征，沙尘气溶胶颗粒物浓度平面分布呈现向东和向南逐渐下降的趋势，这主要受与沙尘源区距离的制约。同时，气溶胶人为源金属元素浓度的高值主要分布在黄海，而地壳源元素的浓度高值则集中在东海，表明采样期间东海更多受到亚洲沙尘的影响，而黄海则主要受到人为活动排放的制约。粒度分析表明，由于远离陆地，地壳和人为源元素多存在于细颗粒物中，东海 PM2.5 中人为源金属元素的浓度略高于黄海，这也表明亚洲沙尘对中国东部海域的影响总体上呈现由西向东、由北向南逐渐降低的趋势。利用 2001—2007 年黄海东西两岸不同地区大气 PM10 浓度以及分级气溶胶浓度数据，分析了沙尘天气影响下黄海大气 PM10 及不同粒径气溶胶颗粒物沉降通量的分布特征。研究表明，沙尘期间青岛和济州岛大气 PM10 浓度具有较好的相关性，证明两地常常会受到同一天气过程的影响。沙尘期间黄海海域大气 PM10 干沉降速率约为3.38 cm/s，变化范围为 0.19～8.17 cm/s，PM10 干沉降通量约为 545.4 mg/（m^2·d），变化范围为 68.5～2 647.1 mg/（m^2·d），较大的变化范围与沙尘传输路径、传输距离及沙尘强度有关。沙尘频发年份，沙尘天气时期气溶胶干沉降量对全年沉降总量有很大的贡献。此外，不同粒径气溶胶的干沉降通量分布表明，非沙尘时期，北京、青岛和日本福冈三地区气溶胶浓度呈双峰分布，两个峰值分别出现在细颗粒（<2.1 μm）部分和粗颗粒（2.1～11 μm）部分；沙尘时期，三个地区气溶胶浓度均趋

于单峰分布，峰值位于粗颗粒部分，并且越靠近沙尘源地这种趋势越明显。较强沙尘天气时期，粗颗粒部分的峰值浓度粒径从沙尘源地附近到黄海西岸、东岸呈逐渐变小趋势，但在一般沙尘天气时期这种现象并不明显。沙尘时期和非沙尘时期三个地区粗颗粒的干沉降通量均随粒径增加而增大，而细颗粒的干沉降通量随粒径的变化不明显。尽管如此，由于气溶胶微量元素的相对含量在细粒子中更高，而越细的气溶胶颗粒物随高空气流传输的距离越远。因此，有理由相信大气沉降带来的微量元素输入对偏远的开阔大洋的重要性更大。

大气沉降输送至海洋中的微/痕量金属元素的生物有效性主要取决于其溶解态含量。虽然亚洲沙尘的爆发可以在短时间内增加气溶胶元素总量的干沉降通量，但在沙尘期间，大部分元素的浓度显著升高，同时伴随溶解度的显著降低，这使得判定沙尘对可溶性元素沉降通量的影响变得较为困难，这是由于在不同粒径下气溶胶中元素的溶解度会发生一定变化。人为源和海洋源气溶胶中的痕量元素溶解度往往高于沙尘气溶胶，且绝大部分元素的溶解度在沙尘期间显著降低，大部分降幅可达30%以上。同时，气溶胶颗粒物中金属元素在不同粒径下的溶解度差异也会对溶解态金属元素的干沉降通量的计算产生极大的影响。亚洲沙尘影响下，东海气溶胶Al和Fe的溶解度显著下降至约1%，绝大多数元素如钡（Ba）、Cd、K、Mn、Ni、Pb、V等溶解度也降低了约1/3，表明上述地壳源元素和混合源元素的溶解度受沙尘天气影响显著。而对于人为污染源元素如砷（As）和Zn，其在沙尘期间和非沙尘期间溶解度基本保持稳定，表明人为源元素的溶解度受亚洲沙尘的影响较弱，其浓度受沙尘天气的影响也较小。沙尘天气会降低大气金属元素的溶解度，并降低可溶性元素Cu和Zn的干沉降通量。影响气溶胶元素溶解度的因素有很多，归纳起来其影响大小依次为：酸过程（pH）>化学形态>气溶胶来源>粉尘负荷。虽然沙尘天气会使矿物气溶胶中金属元素溶解度显著降低，但Fe的生物有效性则可能在传输过程中有所增强，这是由于Fe-S耦合反馈机制的影响。在我国近海，亚洲沙尘在由源区向海远距离传输过程中与人为源大气污染物SO_2结合，将沙尘气溶胶中的Fe^{3+}还原成可被浮游植物直接利用的Fe^{2+}，促进浮游植物的生长和生源硫化物——二甲基硫（DMS）的释放，进入大气后又可以转化为SO_2，重新参与到沙尘气溶胶中Fe^{3+}的还原。如此周而复始，会对海洋生态系统生产力产生重要影响。因此，亚洲沙尘对金属元素总量的干沉降通量和可溶性部分的干沉降通量的影响机制不同。

尽管已有的研究已对亚洲沙尘沉降对我国近海物质沉降通量的影响有了充分的认识，但由于海上实地观测较为困难，有限的直接观测获得的数据资料缺乏系统性和时空连续性，加之研究方法各有不同，导致了对亚洲沙尘气溶胶及其成分沉降通量估算的不确定性较高。如不同研究者获得的每年到达北太平洋的沙尘气溶胶通量相差可达7倍之多。通过使用大气化学模式MECCA，对沙尘暴过程影响下的大气污染物和气溶胶进行模拟研究，并与正常天气状况对比，得出当单位体积空气的气溶胶表面凝结水量随着环境湿度及颗粒物浓度明显增加时，通过影响气-液扩散量以及化学反应速率，使得大气中一些重要微量污染气体如SO_2、NO_x、NH_3的浓度降低，而气溶胶中硫酸盐、硝酸盐以及铵盐等的浓度则有显著的升高。与实际观测结果对比也得到了较好的验证效果，进一步证实沙尘气溶胶颗粒表面含水层发生的非均相化学反应过程对于大气污染物及气溶胶成分有重要影响，并会进一步增大沿海城市以及近海大气含氮营养盐的干沉降通量。因此，在提高海上观测技术和能力的基础上，今后的研究应更注重多学科交叉模型的开发和高精度卫星遥感数据的利用，尽可能采用较为科学可靠的统一方法对沙尘气溶胶远距离传输和沉降入海通量开展系统化、长期化监测，以获得更为可靠的结果。

（三）亚洲沙尘沉降对我国近海及西北太平洋生态系统的影响

据估计，矿物沙尘源Fe贡献了全球大气Fe循环量的95%，因此，亚洲沙尘是我国近海和西北太平洋上层海水中Fe的重要输入源，如在贫营养的中国南海，大气粉尘的沉降对南海溶解态Fe输入的贡献已超过珠江河口。自1990年John Martin提出“铁假说”之后，沙尘对海洋初级生产过程的影响机制和浮游植物对沙尘气溶胶沉降的响应机制研究得到了全球海洋学者的广泛关注，开始逐渐形成以“铁假说”为核心机制的粉尘-CO_2-气候的反馈机制，粉尘成为与CO_2增温相对应的地球制冷剂，并成为全球物质循环及气候变化中的关键环节。近年来研究发现，沙尘输入海洋的Al也会影响浮游植物生长固碳，降低生物源碳的分解速率，提高生源碳向深海的输出、封存，进一步支持沙尘沉降与气候变化的关联。亚洲沙尘的长途传输和沉降对海洋生态系统的影响机制较为复杂。沙尘气溶胶沉降作为海水营养物质的重要来源之一，其每年提供的N约占表层海洋N需求量的1/3，带来的Fe元素亦会对海洋表层的Fe含量有巨大的贡献。加之，沙尘带来的其他微痕量元素如P、Si等也会刺激缺乏这些元素的海区浮游植物生物量的迅速增加，诱发赤潮和藻华；除此之外，与撒哈拉沙尘相比，东亚大陆工业污染源对亚洲沙尘气溶胶具有显著的影响和改造作用，因此，亚洲沙尘气溶胶经由途经区域吸附的Cd、Ni、Pb等重金属及一些有毒有害有机化合物可能产生毒性作用，从而抑制海洋浮游藻类的生长，并对群落结构产生一定影响。沙尘气溶胶沉降对海洋生态系统的影响一直是大气科学和海洋科学交叉研究的热点和难点之一。受制于观测的技术手段，系统性地开展不同源区沙尘气溶胶对不同海域叶绿素浓度影响的研究还不多见。

渤黄海海域赤潮/藻华的发生与我国北方地区的沙尘暴活动存在一定的相关性。在黄海的走航调查发现，一场伴随降水的沙尘暴过后 3~4 d，黄海海域发生了一次明显的水华。观察到沙尘期间黄海上层混合区（30 m）溶解态 Al 的平均深度加权浓度达（112±12）nmol/L，显著高于沙尘事件发生前该区域溶解态 Al 的浓度值（34±16 nmol/L），这主要归因于沙尘暴的输入作用。通过进一步深入研究证实，这次水华事件与 3~4 d 前的沙尘暴夹杂降水的混合沉降带来的大量“新”N 和“新”Fe 等营养物质的大量输入密切相关，且沙尘源的 N 和 Fe 供给能满足浮游植物在水华暴发初期的营养需求，而沙尘源输入的 P 与再悬浮等引发的 PO_4-P 的上升通量相当，并也可在一定程度上补偿浮游植物水华暴发初期的营养需求，这在很大程度上建立了亚洲沙尘活动与黄海藻华暴发之间的统计相关性。此外，由于这次沙尘暴事件伴随降水的发生，带来的颗粒态 Fe 和 P 通量在短时间内猛增，可能会对黄海产生长期的生态效应。也有研究发现，与无沙尘的 2005 年相比，2007 年的藻华叶绿素 a（Chl a）浓度峰值比 2005 年高 45%。上述研究获得了降水伴随沙尘事件导致黄海水华的直接证据。通过对 2018 年 3 月 20 日至 4 月 13 日期间发生在中国东部地区的 4 次沙尘事件的个例分析，发现亚洲沙尘气溶胶主要从蒙古戈壁经不同传输路径到达南黄海中心海区。在沙尘颗粒沉降事件发生后的 2~8 d，南黄海中心海区的 Chl a 浓度出现不同程度的增长，且其峰值均超过了藻华发生的阈值（2.15 mg/m^3），有的甚至高达 11.6 mg/m^3。Chl a 浓度的变化主要受到沙尘沉降量的控制，与低层沙尘暴的传输路径关系不大。一次沙尘沉降事件中，南黄海中心海区的沙尘沉降量越多则 Chl a 浓度的增长幅度也越大；同时，单日的沙尘沉降量越大，Chl a 浓度变化对沙尘事件的响应时间也越短；相应地，浮游植物生物量（以 Chl a 浓度指示）对 4 次沙尘事件的响应事件分别为 5 d、8 d、2 d、7 d。与黄东海相比，南海属于典型的贫营养海区，浮游植物生长主要受到生物可利用性 N 和 Fe 的制约。尽管南海北部海域受强沙尘暴影响的次数及其带来矿物气溶胶沉降通量［约 0.28 g/（m^2·a）］均较低，但由此带来的营养物质沉降仍然促进了浮游植物的暴发性增殖。在沙尘事件爆发之后，该区域 Chl a 浓度增加到原来 4 倍，约为春季背景值（0.15 mg/m^3）的 2 倍。这是由于沙尘在到达南海北部之前，经过人口稠密、经济发达的地区，与人为排放的气溶胶成分在传输过程中发生相互作用，提高了沙尘颗粒中生物可利用性 Fe 的比例。通过对 2 个北太平洋站点的初级生产力与中国大陆沙尘进行分析，研究证实滞后 1 个月的海洋初级生产力与中国大陆沙尘有很高的相关性，且其高相关区域主要出现在中国北方的沙尘暴高发中心。初级生产力的峰值亦与亚洲沙尘发生次数呈现非常高的相关性，表明沙尘事件促进了北太平洋初级生产力的大幅增加，进一步证明了在更长的时间尺度内，大气粉尘-风成铁-海洋初级生产力的变化是一个环环相扣的完整链条。此外，也有学者通过卫星遥感数据获得了亚洲沙尘远距离传输和沉降可导致我国黄海 Chl a 浓度急剧升高的证据。

现场培养实验是当前验证近海和大洋浮游植物生物量即初级生产力对亚洲沙尘输送强度响应的主要研究手段。近十几年来，我国学者的一系列研究发现，亚洲沙尘不仅与中国近海（包括黄海和东海）的远海海区（>50 m 以深海区）的 Chl a 浓度和初级生产力呈显著正相关关系，而且与开阔大洋的近岸（< 50 m 以浅海区）和远海海区的 Chl a 浓度亦显著相关。除长期统计分析外，典型沙尘事件个例研究也发现，黄海的浮游植物生长的确与沙尘事件有关，且沙尘年的 Chl a 浓度比非沙尘年高 45%，单个强沙尘事件甚至可使南黄海的 Chl a 迅速增长 4 倍，从而证实了亚洲沙尘沉降对海洋生物生产力的“施肥”作用。在南黄海 N 限制海区的船基现场培养实验证实，少量添加沙尘对浮游植物生长的贡献不大，而大量添加沙尘后，浮游植物生物量的增加与沙尘添加量呈正相关关系。添加沙尘后 Chl a 的最大值与对照组相比可增加约 40%，同时 N 转化为 Chl a 的效率指数也提高了约 30%，表明亚洲沙尘的添加的确促进了海洋浮游植物的生长。这一增长效应与沙尘输入的 N 有关，也与 N 转化效率系数（CEI）的增长有一定关联。CEI 的增长可能与沙尘带来的溶解态 Fe 有关，也可能受沙尘颗粒中溶出的营养盐和微量金属元素影响。CEI 在不同培养组中有一定差异，而添加降水时虽然 Chl a 的最大值增加了约 40%，但 CEI 值却降低了约 40%，可能与降水中存在的某种具有抑制作用的成分有关，使得其在促进某些类群浮游植物生长的同时，对另一些类群的浮游植物生长产生抑制作用。在西北太平洋不同海区（东海富营养化海区、副热带环流区（低营养盐低叶绿素海区，LNLC）以及黑潮-亲潮过渡区（高营养盐低叶绿素海区，HNLC））进行的船基围隔培养实验发现，尽管最初的营养状态存在较大差异，亚洲沙尘的添加通过提供 N：P 比极高的营养盐，依然使得各个海区表层海水 Chl a 浓度随沙尘添加量的增加而升高。海洋初级生产过程对大气沉降过程的响应大小要取决于大气沉降带来的营养物质能否缓解海水中的营养盐限制状况。在黑潮-亲潮过渡区研究发现，尽管沙尘添加明显促进了海水的初级生产过程，但小型和超微型浮游植物生物量与沙尘添加量之间并没有明显的相关性，可能的原因为不同添加量的沙尘尤其是较低添加量的沙尘已为浮游植物的生长提供了充足的 Fe，从而缓解了该区域首要的营养盐 Fe 限制的缘故。

在南海海盆、陆架和陆坡 3 个不同特征水域的船基围隔培养实验显示，与对照组相比海水中 Chl a 的累积浓度随亚洲沙尘添加量的增加而增大（图 3），表明亚洲沙尘的添加促进了浮游植物生物量的增长。这是由于富含营养盐的亚洲沙尘的添加缓解了该海区的 N 和微量元素限制，很大程度上改善了海水的初始营养状态（表 5），因而促进了浮游植物的生长和生物量的提高。而2009年冬季在南海北部的培养实验发现，高浓度的沙尘添加可促进浮游植物的光合作用和生长，而低浓度条件下浮游植物组成变化和生物量积累都不明显。在南海的贫营养海区，超微型浮游植物相对于硅藻等小型浮游植物能更好地适应低营养环境，因而在浮游植物群落中占据明显优势地位。亚洲沙尘的添加会通过影响不同粒级浮游植物的生长优势来改变浮游植物的群落结构。培养开始时各站位的超微型浮游植物占比具有明显的优势（84%~86%），添加沙尘后小型和微型浮游植物的比率显著提高，与此同时超微型浮游植物比率明显降低（图4），表明沙尘添加主要支持了小型和微型浮游植物的生长，且沙尘对超微型浮游藻类生长的影响与沙尘的添加量之间没有明显的正相关关系，即沙尘添加对超微型浮游藻类生长的促进作用不明显。上述因素叠加促使浮游植物优势种由超微型向微型和小型浮游植物转变。此外，沙尘的添加还能够促进超微型浮游植物总碳生物量的增加。2014年春季在南黄海的2次船基围隔培养实验也证实，尽管南黄海北部和中部海域浮游植物生长的营养盐限制因素不同，沙尘添加后均可显著促进两海区小型和微型浮游植物的生长，而对微微型浮游植物生长的促进作用不明显。此外，两个海区促生长作用产生的原因不同：南黄海北部海域的促进作用是由沙尘溶出的N、P协同作用的结果，而南海中部则主要受沙尘溶出的N作用所致，这从侧面印证了两海区的营养盐限制因子存在差异。同时，持续增加的沙尘颗粒也刺激了各个海区浮游植物粒级结构由微微型向微型和小型结构转变。不同的是，在LNLC和HNLC海区，作为对沙尘添加的响应，浮游植物粒级结构主要向小型浮游植物（micro-sized phytoplankton，主要为硅藻）转变；而在富营养化的东海区域，则主要向微型浮游植物（nano-sized phytoplankton，主要为甲藻）方向转变，并且进一步证实高N低P的亚洲沙尘添加后较短时间内会促进西北太平洋浮游植物优势种在硅藻和甲藻等较大粒级的浮游植物种类之间的演替。

表5 亚洲沙尘和灰霾颗粒物中营养盐和可溶性痕量元素的含量

类别	营养盐（μg/g）				可溶性痕量元素（μg/g）							
	NO_3-N+NO_2-N	NH_4-N	SiO_3-Si	PO_4-P	Mn	Fe	Cr	As	Co	Ni	Cu	Pb
亚洲沙尘	879.4	2.66	1.55	0.85	173.4	69.2	2.04	1.92	2.10	4.73	1.72	0.36
灰霾	2408.9	6173.1	6.62	4.86	137.2	98.3	5.74	22.2	0.96	4.00	52.2	37.8

数据来源：贺敬怡等，2019。

利用卫星遥感资料和数学模型相结合是评价沙尘沉降对海洋生态系统影响的一类新方法，近年来得到了广泛的应用。由于卫星遥感的气溶胶柱特征（包括吸收性气溶胶指数和气溶胶光学厚度）能够显示一些较强沙尘事件从源区向海洋的输送，而卫星遥感的沙尘气溶胶垂直分布特征则能够显示更多的沙尘事件从源区向海洋输送的时空分布，包括一些弱的沙尘事件。因此，将卫星观测的柱气溶胶特征和垂直特征结合，可减小识别沙尘从源区向海洋输送的不确定性。利用区域空气质量模式系统（RAQMS）的数值模式结合 CALIPSO 卫星观测资料估算的沙尘气溶胶沉降通量来估算沙尘沉降对东海和北太平洋副热带环流区新生产力的贡献，发现一次强沙尘事件提供的 Fe 最大可以完全满足浮游植物生长的需要（贡献比 115%~291%）；而 N 和 P 分别最大可支持浮游植物生长所需的 1.7%~4.0%和 0.2%~0.5%。由此可见，从浮游植物生长所需营养物质的角度，亚洲沙尘沉降对 Fe 的贡献显著高于 N 和 P 等其他营养元素。在西北太平洋 K2 站位（HNLC 海区），2010 年 8 月亚洲沙尘事件过境后的 12 d 内，该站位 200 m 深度的颗粒有机碳通量达到了 60.73 mg/（m^2·a），高出 2013 年同期颗粒有机碳通量值的 5 倍左右，且卫星观测资料显示表层海水的 Chl a 浓度也出现了一定的升高，与 2001 年和 2008 年春季强沙尘事件后导致的 Chl a 浓度升高情况类似，主要与沙尘天气过程带来的大量 Fe 输入有关。同时，相较于 2010 年 8 月，2001 年和 2008 年春季沙尘事件引发的这一海域 Chl a 响应更为明显，可能的原因为春季海水层化相对较弱，沙尘带来的 Fe 能够在上层海水充分混合，从而促进了浮游植物生物量的大幅增长。利用空气质量模型 WRF-CMAQ 模拟得出，典型沙尘事件为渤海、黄海和东海提供的初级生产力分别为 20.9 mg C/（m^2·d）、51.9 mg C/（m^2·d）、42.6 mg C/（m^2·d），分别占相应海域新生产力的 7.85%、8.04%、7.75%，表明亚洲沙尘事件的发生会对我国东部近海的新生产力有不可忽视的贡献。

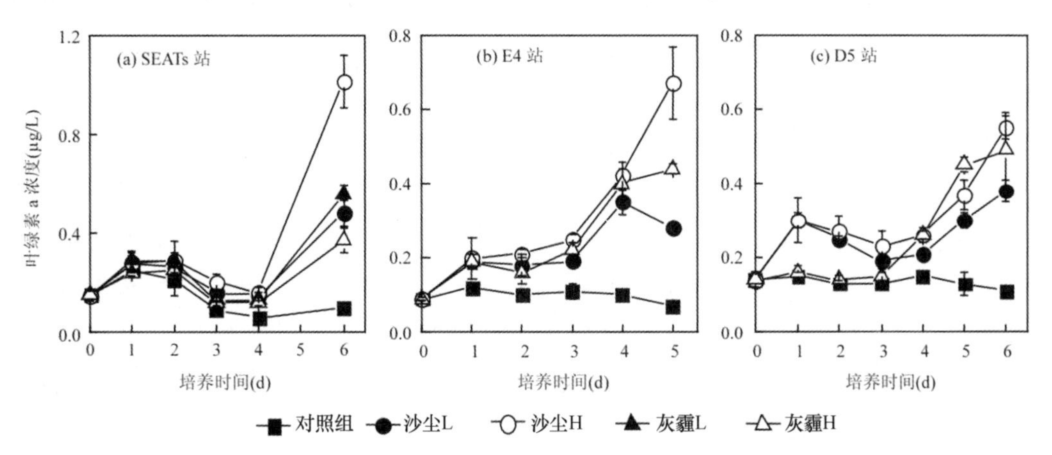

图 3　培养过程中各站位沙尘和灰霾添加组总叶绿素 a 浓度的变化（牟英春等，2018）

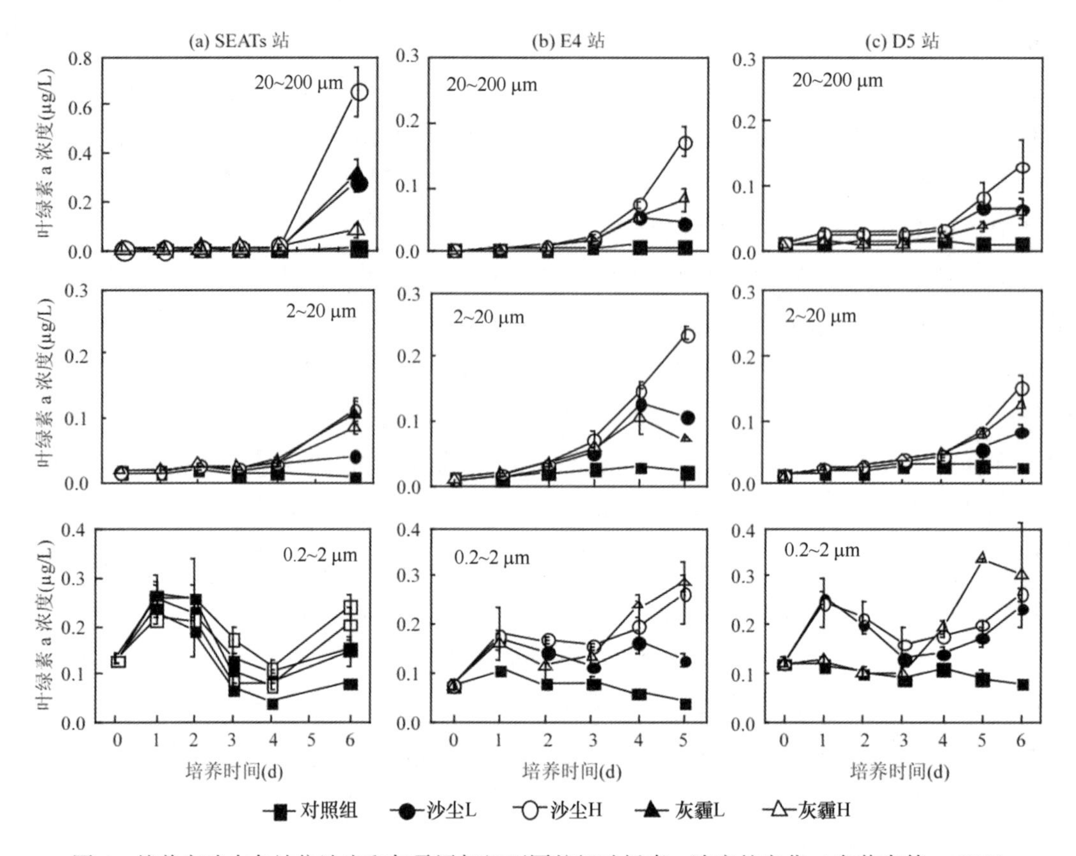

图 4　培养实验中各站位沙尘和灰霾添加组不同粒级叶绿素 a 浓度的变化（牟英春等，2018）

除浮游植物外，沙尘气溶胶沉降也会对海洋异养细菌的生长繁殖产生较大影响。沙尘气溶胶的添加均能明显促进黄海和南海海域异养细菌生物量、呼吸速率和物质转换速率的增加；在南海，沙尘对在异养细菌生物量最大时对细菌生物量增加的促进作用与黄海相比较低，可能与其所处的培养阶段不同有关；通过在黄海的不同站位之间的结果比较得出，营养水平相对低的情况下沙尘对异养细菌的生物量和呼吸作用的促进作用更为明显。同时，为排除沙尘气溶胶远距离传输过程中吸附的人为源污染物的影响，通过采集源地沙尘在南海进行培养实验，依然获得了与收集的远距离传输的沙尘气溶胶类似的结果。值得注意的是，在同时添加粒径不同的源地沙尘和 P 的情况下，异养细菌生物量和呼吸速率的增长均会受到抑制；在联合添加 N 和 P 的富营养条件下，沙尘的添加对细菌呼吸代谢的促进作用不明显，小粒径沙尘和大粒径沙尘对异养细菌呼吸速率的影响差别不大；相比于只添加 N 和 P，沙尘和 N、P 的同时添加会抑制异养细菌的呼吸代谢能力；而且，不同粒径沙尘颗粒的添加都能明显促进异养细菌的物质转换效率，而无论有无联合添加 N 和 P，小粒径沙尘对异养细菌转换效率的促进作用均高于大粒径沙尘。此外，沙尘气溶胶和源地沙尘的添加均可以在一定时期内（10 d或7 d）改变细菌的群落结构，降低细菌群落的多样性，使细菌的群落结构出现简化趋势。在南海，部分能够充分利用外源营养的细菌如α-变形菌纲（Alphaproteobacteria）和γ-变形菌纲（Gammaproteobacteria）成为培养结束后的优势菌群，而自养菌在培养结束后的优势度消失，使得细菌群落的异养程度进一步增大；与之相反，在黄海，自养细菌在添加沙尘培养实验后丰度明显增加，而变形菌纲（Proteobacteria）在培养后的优势度消失，细菌群落的异养程度有所降低。因此，由于海区生态环境条件不同，加之不同沙尘的源地差异以及在传输过程中接受的人为污染物类型和量不同，沙尘气溶胶沉降对近海异养细菌的影响具有显著的区域性差异。

除此之外，沙尘和干沉降颗粒物也可以携带少数真核自养微生物以及高多样性的原核生物（包括异养生物和可能的自养生物，如蓝藻和化能寡营养生物），这些空气微生物至少有一部分会在沉降至海表时产生一定的生物活性，但这些空气微生物是否会以及如何与海水中的原有微生物群落展开竞争以及采取何种策略争夺生存空间等尚未可知。同时，空气中的微生物也可能与海洋环境中的微生物相互作用。然而，确切结论的获得需要开展系统的研究调查沙尘/干沉降颗粒引起的化感作用，并比较空气微生物（细菌）与海水原位微生物群落的养分吸收率。在不久的将来，上述研究会变得非常重要，这是由于气候变化和人类活动可能会增强气溶胶的沉降（包括沙尘/矿物粉尘）。这反过来也会加剧空气微生物的沉降以及在海水中的转移，从而可能进一步影响海洋碳、氮的生物地球化学循环及其生态效应。

需要指出的是，由于沙尘气溶胶携带元素的复杂性，混合后的气溶胶营养成分和有害组分之间可能会发生交互作用。如在东海的培养实验中发现，添加高浓度Cu的培养体系中浮游植物的生长受到抑制，而同时添加高浓度Cu和高浓度Fe的实验组中浮游植物的生物量增加，表明气溶胶中Cu对浮游植物生长的毒性效应可能会被高浓度的Fe缓解。进一步利用中分辨率成像光谱仪获得了可溶性气溶胶Fe和Cu沉降的时间序列，并与区域的Chl a丰度进行了比较。结果表明，在大范围的近海海域可溶性Fe和Cu干沉降通量的比率与Chl a浓度呈强烈正相关，而这些变量在河流输入和上升流主导生物地球化学过程的近海海域是不耦合的。这进一步证实高Fe气溶胶可以大大缓解气溶胶Cu对海洋生态系统的毒性效应，从而促进浮游植物的生长。由此可以推测，春季东海海域Chl a浓度的升高可能与亚洲沙尘暴频发导致的Fe/Cu沉降通量比率的升高密切相关。由此可知，表征气溶胶中Fe和Cu的相互作用是理解气溶胶复杂元素沉降与海洋生产力之间联系的重要一步，与Fe和Cu类似，其他元素之间也可能存在复杂的协同/拮抗作用，这一复杂机制可能也是调控大气沉降对海洋生态系统影响的重要方面。

综上，鉴于亚洲沙尘在中国海和太平洋的巨大沉降量，其势必会对该区域元素的海洋生物地球化学循环过程产生不可忽视的影响。同时，亚洲沙尘事件对海洋生态系统的影响以及浮游植物和异养细菌对不同尺度的沙尘输入的响应存在一定的时空差异和多样性，这与沙尘事件的持续时间和带来的颗粒物沉降的量级以及沉降海域的水文、营养条件及浮游植物种类差异等有很大关系，从而进一步强调了深入研究亚洲沙尘沉降对海洋生物地球化学循环的重要性和复杂性。总之，要正确评价亚洲沙尘传输和沉降对海洋生态系统（包括赤潮）的影响，就必须对沙尘暴的迁移规律、入海通量以及沙尘粒子及其携带的化学元素和空气微生物等在海洋中的物化反应开展系统化的调查和研究，这是今后需要重点和持续开展的工作。

二、灰霾天气影响下的海洋大气沉降

（一）我国灰霾天气现状及成因

霾在气象学中的定义为："大量极细微的干尘粒等均匀地浮游在空中，使水平能见度小于 10 km 的空气普遍混浊现象"。而从环境角度来看，霾是指各种源排放的污染物（气体如 CO、SO_2、NO_x、NH_3、挥发性有机物 VOCs 和颗粒物）在特定的大气流场条件下，经过一系列复杂的物理化学过程形成的细颗粒物，并与水汽相互作用导致的大气消光现象（图 5）。灰霾的本质是大气中 PM2. 5 浓度超标。改革开放四十多年来，尤其是进入新千年以来，伴随着城市人口的迅猛膨胀，各类能源资源的大量集中消耗，机动车保有量的暴增等，导致我国城市区域大气污染日趋加重，灰霾天气频繁发生。我国以细粒子为主要特征的大气灰霾污染发生的典型区域集中在环渤海、长三角和珠三角地区，近年来又有向关中平原、长株潭区域、成渝地区以及东北的辽东南扩散的趋势。灰霾"围城"，不仅严重降低大气能见度，更会对人民生命健康产生严重危害（图 6）。2013 年以来，尽管我国大气灰霾污染总体有所下降，全国空气质量总体向好，但主要地区 PM2. 5 年均浓度依然超过国家标准一倍以上，颗粒物浓度远未达到环境显著改善的拐点。此外，我国中东部部分地区秋冬季节大气污染防控形势依然严峻，尤其是环渤海地区 PM2. 5 浓度没有得到明显改善，在很大程度上说明冬半年减排力度还远远不够。灰霾在不同区域的主要污染源并不相同，如在形成重度污染天气过程中，北京机动车的本地排放贡献更加明显，而周边地区如天津和石家庄，最大污染源依然是燃煤。

归纳起来，我国大气灰霾天气频繁出现有其复杂的内因和外因。污染物过量排放

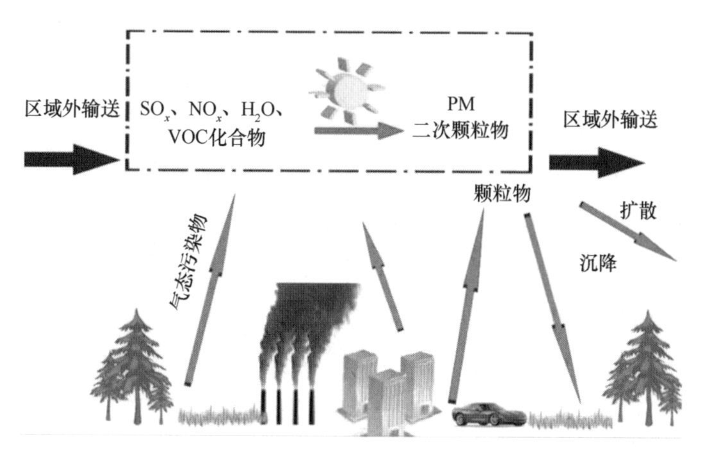

图5　灰霾天气成因简易示意图

图6　“十面霾伏”——灰霾天气笼罩下的城市

是我国大气灰霾天气出现的内因，包括本地排放和远距离输送。大气 PM2.5 来源有二：一是直接排放（一次源），二是二次生成（二次源）。各类污染源都或多或少地直接排放污染物，而二次生成是指排放到大气中的气态污染物转变成固体颗粒物的过程。二次生成表明虽然污染物在排放当时不一定产生消光现象（即当时没有出现灰霾），但若干天以后，在适当的气候条件下（城市区域近地层出现逆温时），一次排放的颗粒物和气态污染物通过多种复杂的化学物理反应（均相/非均相化学反应）过程被转化为硫酸盐、硝酸盐、铵盐和二次有机气溶胶等固体细颗粒物，从而产生消光现象（即肉眼可见的灰霾）。全球范围内，二次生成对 PM2.5 的贡献率可达 20%~80%，而中国东部地区二次颗粒物在 PM2.5 中占比常高达 60%，在静稳天气下还会更高。以低风速和逆温为特征的不利气象条件是灰霾形成的外因。冬季较其他季节大气边界层（靠近地球表面、受地面影响最大的大气层区域）低，水平风速小，大气呈静稳状态，不利于污染物扩散。这也是我国的大气灰霾天气多发生于冬季的一个重要原因。此外，内外因之间还会出现正反馈过程，从而形成下冷上热的稳定大气层结，进一步降低空气对流，促使大气边界层高度下降，导致环境容量进一步降低，从而加剧污染程度。

当前，我国经济社会仍在高速发展，在导致多种污染物同时排放的新情况下，逐渐形成了大气复合污染的特征，即污染源和污染物多样化且浓度高，不同污染物之间相互影响，进一步促进了污染物的气粒转化，促进灰霾爆发的同时也放大了污染效应。因此，我国的大气灰霾治理具有鲜明的长期性特征，既要打攻坚战，也要立足于打持久战的方针。现阶段我国的灰霾治理重点应在继续做好污染物源头减排的同时，针对性地解决冬半年的重污染问题，同时注重开展跨区域联防联控，开展系统性环境综合治理。

（二）大气灰霾成分沉降入海的生态效应

随着全球经济的持续发展，以灰霾污染为显著特征的大气污染可能会进一步加重。灰霾气溶胶沉降作为人为活动驱动的元素生物地球化学循环的重要环节，深入研究其沉降入海的效应以及海洋生态系统对其的响应过程对深入理解全球物质循环意义重大。尽管如此，目前学术界对灰霾气溶胶沉降及其生态环境影响的研究还极为稀少，这极大地制约了对全球生源要素和微痕量元素生物地球化学过程的深入理解。灰霾颗粒由于成分复杂，除 N、P 等营养成分之外，其中也吸附着极高含量的人为源有害物质，沉降入海后可能会对浮游植物产生复杂的影响。一般而言，灰霾气溶胶颗粒中的 N、P 等营养组分含量明显高于沙尘，如采自青岛海岸带地区的灰霾样品与采自腾格里沙漠的沙尘颗粒样品相比，灰霾样品中 DIN 的含量约为沙尘的 9.7 倍，SiO_3-Si 和 PO_4-P 的含量分别约为沙尘的 4.3 倍和 5.7 倍（见表 5）。而且，灰霾样品中重金属元素的含量也远远高于沙尘，其中 As、Cu、Pb 的浓度分别约为沙尘的 12 倍、30 倍和 105 倍，体现出灰霾气溶胶巨大的营养物质和重金属元素承载潜力，其大量沉降入海势必会带来比沙尘气溶胶更为显著和复杂的生态效应。

对不同天气条件下青岛近海大气气溶胶中 WSON 的浓度研究结果显示，灰霾天气期间，气溶胶中 WSON 的浓度平均为 789.2 $nmol/m^3$，干沉降通量达 409.1 $\mu mol/(m^2 \cdot d)$，均约为晴天时的 4 倍，相比晴天增长显著。在中国边缘海，灰霾天气影响下大气 DIN 和 P 的干沉降通量分别增长了 6 倍和 3 倍，表明东亚地区频繁发生的灰霾天气会显著增加近海营养盐的大气沉降通量。利用空气质量模型 WRF-CMAQ 的模拟结果发现，灰霾天气期间，大气 TIN 以氧化态 N（HNO_3、NO_3-N，占

TIN 的 84.3%）为主。灰霾天气过程导致的中国近海 TIN 沉降通量达晴天的 3 倍以上，理论上可为中国近海提供 17.1 mg C/（m^2·d）的新生产力。典型灰霾事件对黄、东海 TIN 沉降的影响相当，但显著高于渤海。灰霾事件提供的新生产力分别占渤海、黄海、东海新生产力的 3.26%、3.20%和 3.98%。在西北太平洋 N 限制海区的船载培养实验发现，来自东亚大陆的灰霾气溶胶粒子的远距离传输和沉降只有在极高负荷（高于 2 mg/L）的情况下才会对浮游植物产生毒性效应，而在较低和中等负荷（0.03~0.6 mg/L）条件下，则会显著刺激浮游植物的生长和促进浮游植物粒级结构向更大细胞结构的转变，而这主要归因于灰霾颗粒中无机 N 营养盐的供给。模型模拟计算结果表明，西北太平洋表层海水的灰霾颗粒负荷通常小于 0.2 mg/L，意味着灰霾颗粒物对以 N 限制为主体的西北太平洋浮游植物生长不仅没有毒害，反而具有明显的促进作用。海洋生物地球化学模拟研究进一步表明，来自灰霾气溶胶的 N 沉降显著促进了西北太平洋 2014 年冬季和春季 Chl a 浓度的增长。上述证据清楚地表明，来自大陆的人为源灰霾气溶胶颗粒的远距离传输和沉降对西北太平洋偏远海区的初级生产力具有明显的促进而非抑制作用。

与添加沙尘不同，在南海北部的船基围隔培养实验表明，添加灰霾后，实验组 Chl a 浓度随灰霾添加量的增加呈先升高后降低的趋势（图 3），这表明灰霾添加初期由于海水营养盐得到迅速补充，促进了浮游植物的生长和生物量的提高，此时灰霾的添加与沙尘添加引起的 Chl a 累积浓度不存在明显差别；但随着灰霾颗粒添加量的增加，浮游植物的生长受到了某种程度的抑制，导致了生物量的降低。分析发现，灰霾与沙尘颗粒主要成分的差异为灰霾颗粒中含有较高浓度的可溶性重金属元素。已有研究发现，如果气溶胶中的重金属浓度超过一定阈值，即会对浮游植物的生长产生抑制作用。当灰霾中的重金属浓度未达到这一阈值时，海水中灰霾的添加量与浮游植物生长呈现明显的正相关关系，但当重金属浓度偏高时，这一作用则趋向于抑制浮游藻类的生长。南海作为寡营养海区，超微型浮游植物具有绝对的竞争优势，因而成为南海浮游植物的优势种群。培养初期，超微型浮游植物占比最高，但在培养末期，其他粒级浮游植物占比均有一定程度的增长（图 4），导致浮游植物群落结构以超微型浮游植物占绝对优势（80%以上）向以超微型浮游植物为主（50%以上）的方向转变，表明灰霾的添加亦能够通过改变不同粒级浮游植物的生长优势对浮游植物群落结构产生影响。一般情况下，营养盐的添加会刺激硅藻等小型浮游植物的优先生长。灰霾中含有非常丰富的 N、P 营养成分，因而灰霾颗粒的添加会使得以硅藻为主的小型浮游植物竞争优势凸显。然而，培养末期并没有出现浮游植物群落结构的显著变化，浮游植物群落结构依然以超微型为主，但占比有所下降。可能的原因是灰霾颗粒中含有的高浓度人为源重金属元素如 Pb、Cd 等，抑制了藻类的生长，也有可能是灰霾气溶胶中其他元素或多种元素的复合影响所致，在某种程度上抵消了因灰霾营养盐补充带来的小型和微型浮游植物生物量的增加。进一步研究发现，高浓度灰霾对聚球藻和超微型真核浮游植物的生长有一定抑制作用，而对原绿球藻则无这一效应。由于灰霾中含有较高浓度的重金属元素，因而高浓度灰霾的添加导致了超微型真核浮游植物细胞丰度和碳生物量的降低。

与西北太平洋偏远海域和南海北部的研究结果不同，在南黄海的船基培养实验表明，灰霾添加对南黄海北部海区浮游植物生长总体上呈抑制作用，且主要对小型和微型浮游植物生长具有明显抑制作用，对微微型浮游藻类则呈现为先抑制后促进，而在南黄海中部灰霾气溶胶的沉降对浮游植物生长整体呈现先抑制后促进的作用。具体而言，培养前期对各粒径浮游植物均有抑制作用，而在培养后期对微型和微微型浮游植物具有促进作用，从而对南黄海浮游植物群落结构和粒级结构产生影响。因此，整体来看，灰霾颗粒中高含量和复杂的化学成分组成决定了其对浮游植物生物量的影响具有不同于沙尘的独特特征。同时，由于海区水文和营养状况的差异，导致不同海区浮游植物对灰霾颗粒沉降的响应不同，具体机制还需要进一步深入研究揭示。

三、结语与展望

沙尘气溶胶在全球变化中扮演重要角色，其对气候和海洋生态系统的影响一直是大气科学和海洋科学交叉研究的热点。近几十年来，亚洲沙尘远距离传输及其沉降研究得到了国际社会的广泛关注，一系列国际大科学计划如 SOLAS（国际上层海洋-低层大气研究）将其列为重点关注内容。同时，西欧国家德国、法国以及东亚的日本、韩国和我国都将其列为本国 SOLAS 研究的重点，并开展了大量的现场观测和模拟研究，取得了丰硕的成果。亚洲沙尘的一个典型特征是其从源区向西北太平洋传输过程中经由我国工农业发达、人口稠密的东部经济发达地区，会与来自高强度人为活动的污染气溶胶混合并发生转化反应。在这一系列复杂的反应过程中，沙尘气溶胶沉降入海。亚洲沙尘天气过程会使得绝大部分气溶胶元素的浓度和干沉降通量增大，然而由于受到来源和粒径分布等因素的制约，沙尘天气对气溶胶元素总量部分和可溶性部分的干沉降通量的影响机制存在差异。亚洲沙尘天气一方面增加了气溶胶元素总量部分和可溶性部分的浓度，另一方面又使得大部分元素的溶解度降低，这就使得沙尘天气过程对气溶胶可溶性元素沉降通量的影响增加了变数，这就进一步要求对气溶胶不同粒径下的元素溶解度开展深入研究。

生态效应方面，亚洲沙尘在短时间内为近海和大洋表层海水带来丰富的 N、P、Fe

等浮游植物生长必需的营养盐的同时，也会将源区和途经地区的人为污染物质裹挟入海，使海洋表层的营养物质产生加富作用并改变表层水体的营养盐结构，从而促进海洋初级生产力的增加。而且，富含大量人为污染源成分的沙尘气溶胶的大量沉降亦会对不同种类和粒级的浮游植物生长产生选择性的促进/抑制作用，从而改变海洋浮游植物优势种组成和群落/粒级结构，并可能诱发赤潮和藻华，导致生态系统的失衡。对于海洋异养细菌，沙尘气溶胶的添加均能明显促进黄海和南海海域异养细菌生物量、呼吸速率和物质转换速率的增加，且在营养水平相对低的情况下沙尘对异养细菌的生物量和呼吸作用的促进作用更为明显。沙尘气溶胶和源地沙尘的添加均可以在一定时期内（10 d或7 d）改变细菌的群落结构，降低细菌群落的多样性，使细菌的群落结构出现简化趋势。由于海区生态环境条件不同，加之不同沙尘的源地差异以及在传输过程中接受的人为污染物类型和量不同，沙尘气溶胶沉降对近海异养细菌的影响具有显著的区域性差异。此外，由于沙尘的输入短时间可促进海洋表层浮游植物生物量的迅速增加，促使海洋吸收更多的大气 CO_2，提高了生物泵的效率，从而增加“蓝碳”的沉积和埋藏，在一定程度上缓解了气候变暖，有望助力我国“碳中和”目标的实现。总而言之，亚洲沙尘和灰霾气溶胶的沉降对海洋生态环境的影响是一把“双刃剑”，既可以促进海洋的初级生产力的提高，实现大气沉降对海洋生态系统的施肥效应（补充营养盐），又会对海洋生态系统产生一定的毒性效应，这是由于大气沉降的污染物和重金属元素等也会抑制海洋生物的生长和繁殖。尽管已有研究结果证实了沙尘暴与海洋生态系统变化及初级生产力之间具有高度相关性，并认为沙尘对近海和大洋水体营养物质（如Fe、N、P、Si等）的贡献是沙尘影响海洋生态系统的主要方面，但受制于目前的观测技术手段，至今对其影响机制和过程还缺乏更深入的认识，如针对不同来源的亚洲沙尘颗粒对不同海域Chl a影响（包括细胞数量和粒级结构）的系统性研究还极为缺乏，特别是对不同营养成分之间的联合作用（营养盐与金属元素）机制及其他效应的理解尚停留在概念或实验室研究阶段，缺乏实地观测结果的验证。与国际上关注较多且研究较为成熟的撒哈拉沙尘相比，亚洲沙尘的研究尚需系统化和深入化。此外，生物气溶胶如细菌、真菌、病毒、孢子以及动植物碎裂分解体等具生命活性的微粒也会借助于沙尘颗粒进行跨区域传输，不仅影响下风向地区生物气溶胶的组成、浓度、群落结构和性质，也会远距离传输并沉降至海洋，影响N、P、Si、Fe、Cu等重要元素的生物地球化学循环，并可能会对海洋生态系统的生物群落结构产生一定的影响。沙尘发生时，生物气溶胶中不同类别微生物的组成比例会发生显著变化，同时可培养细菌、真菌和总微生物浓度也显著增长，且生物气溶胶中的微生物群落结构与优势微生物也会发生明显改变。然而，这一影响机制和程度如何尚不清楚。

关于亚洲沙尘对生物气溶胶的影响研究才刚刚起步，未来需要对沙尘天气过程影响海洋上空生物气溶胶浓度、粒径分布、海洋生物群落结构以及活性的程度和机制开展系统性研究。亚洲沙尘作为影响北太平洋甚至北极海区生态系统的一个重要物质输入源，亟待开展跨学科综合研究，以深入揭示其对元素生物地球化学循环过程的作用和影响。

由于不合理的能源结构以及经济社会发展对化石燃料的巨大需求量，我国大气污染物的排放量多年持续高位运行，由此引发的以灰霾为代表的大气复合污染已经成为我国当前面临的极为严峻的大气污染现象。尽管2013年以来我国中东部地区的灰霾天气有所减轻，但冬半年灰霾污染形势依然严峻。我国中东部大气灰霾的产生有其复杂的内因和外因，当前灰霾的治理须在持续做好源头减排的同时，集中全力解决冬半年的重污染问题，同时有必要开展跨区域联防联控，进行系统性环境综合治理。作为高强度人类活动的产物之一，灰霾天气除了已经对大气环境和人民生命健康造成严重影响之外，由于其成分复杂且具有人为源物质含量远高于沙尘的特征，使得灰霾颗粒沉降入海可能会带来比沙尘更为严重复杂的生态环境效应。一般认为，灰霾天气下大气物质沉降通量明显增大，且灰霾颗粒添加后会对浮游植物生长产生不同程度的刺激作用，并可能通过支持/抑制某些浮游植物的生长从而对海区的浮游植物群落结构和粒级结构产生影响。然而不同的研究者在不同海区得出的结论存在较大差异，主要和相关海区的初始营养状况、灰霾颗粒的成分差异、浮游植物的类群以及粒级结构有关。整体上看，灰霾颗粒中高含量和复杂的化学成分组成决定了其对浮游植物的影响具有某些不同于沙尘的独特方面。沙尘/灰霾气溶胶通过大气沉降方式进入海洋生态系统，为浮游植物及异养浮游细菌的生长繁殖提供营养物质，可以影响甚至改变海洋生态系统的生命活动过程与元素的海洋生物地球化学循环过程。然而，这种沙尘/灰霾气溶胶-海洋生态系统-气候变化之间的影响与反馈关系是异常复杂的，沙尘/灰霾气溶胶沉降对海洋初级和次级生产过程的影响是其中最基础的一环，这已成为学术界的共识。但遗憾的是，目前科学家对大气沉降、营养物质循环、海洋初级生产过程三者之间的定性、定量关系的认识还存在诸多的不确定性。尤其是对于灰霾气溶胶而言，国内目前关于其沉降入海的研究才刚刚开始。随着人为排放的不断增加和灰霾天气的持续，关于灰霾气溶胶成分沉降入海的生态效应研究迫切需要提高重视并在大尺度上从多学科交叉角度深入开展。

参考文献

白春礼，2017. 中国科学院大气灰霾追因与控制研究进展[J]. 中国科学院院刊，32(3)：

215-218.
陈春强,张强,关晓东,等, 2019. 沙尘和灰霾期间中国近海大气氮沉降通量估算[J]. 中国环境科学,39(6):2596-2605.
陈焕焕,王云涛,齐义泉,等, 2021. 北太平洋大气沉降的时空特征及其对副极区海洋生态系统的影响[J]. 热带海洋学报,40(1):21-30.
陈兴茂,冯丽娟,李先国,等, 2004. 青岛地区大气气溶胶中微量金属的时空分布[J]. 环境化学,23(3):334-340.
崔文岭,郭瑞,张浩,等, 2009. 亚洲沙尘由蒙古戈壁向长江三角洲的传输及其与污染气溶胶的混合特征[J]. 复旦学报(自然科学版),48(5):585-592.
邓祖琴,韩永翔,白虎志,等, 2008. 中国大陆沙尘气溶胶对海洋初级生产力的影响[J]. 中国环境科学,28(10):872-876.
高会旺,祁建华,石金辉,等, 2009. 亚洲沙尘的远距离输送及对海洋生态系统的影响[J]. 地球科学进展,24(1):1-10.
高会旺,闫涵,刘晓环, 2012. 沙尘天气对黄海大气气溶胶粒径谱及干沉降通量的影响[C]//第19届中国大气环境科学与技术大会暨中国环境科学学会大气环境分会2012年学术年会论文集. 青岛, 51.
郭琳, 2013. 亚洲沙尘的长途传输对东海气溶胶中痕量元素及其沉降的影响[D]. 上海:复旦大学: 1-71.
韩静, 2011. 不同天气条件对青岛大气气溶胶中有机氮和尿素浓度分布的影响[D]. 青岛:中国海洋大学: 1-60.
贺敬怡,张潮,牟英春,等, 2019. 沙尘和灰霾对西北太平洋浮游植物群落结构变化的影响[J]. 中国海洋大学学报,19(7):71-84.
侯瑞, 2014. 沙尘对中国近海不同海域异养细菌生物活性和群落结构的影响[D]. 青岛:中国海洋大学: 1-48.
金同俊,祁建华,郗梓延,等, 2019. 一次沙尘事件对沿海及海洋大气气溶胶中金属粒径分布的影响[J]. 环境科学,40(4):1562-1574.
李佳慧,张潮,刘莹,等, 2017. 沙尘和灰霾沉降对黄海春季浮游植物生长的影响[J]. 环境科学学报,37(1):112-120.
罗笠,肖化云,许世杰,等, 2018. 彭佳屿岛春季TSP中痕量金属组成及其来源解析[J]. 环境科学研究,31(3):475-486.
牟英春,褚强,张潮,等, 2018. 南海浮游植物对沙尘和灰霾添加的响应[J]. 中国环境科学,38(9):3512-3523.
祁建华,李孟哲,高冬梅,等, 2018. 沙尘天气对大气生物气溶胶中微生物浓度、特性和分布的影响[J]. 地球科学进展,33(6):568-577.

宋金明,李学刚, 2018. 海洋沉积物/颗粒物在生源要素循环中的作用及生态学功能[J]. 海洋学报,40(10): 1-13.

宋金明,李学刚,袁华茂,等, 2019. 渤黄东海生源要素的生物地球化学[M]. 北京:科学出版社: 1-870.

宋金明,李学刚,袁华茂,等, 2020. 海洋生物地球化学[M]. 北京:科学出版社: 1-690.

宋金明,邢建伟, 2022. 大气干湿沉降及其对海洋生态环境的影响[M]//李乃胜,宋金明等. 经略海洋(2021)——洁净海洋专辑. 北京:海洋出版社: 189-205.

宋金明,邢建伟, 2022. 沙尘气溶胶及在海洋中的沉降与影响[M]//李乃胜,宋金明等. 经略海洋(2021)——洁净海洋专辑. 北京:海洋出版社: 206-217.

宋金明,袁华茂,李学刚,等, 2020. 胶州湾的生态环境演变与营养盐变化的关系[J]. 海洋科学,44(8): 106-116.

宋金明,袁华茂,邢建伟, 2019. 我国近海环境健康的化学调控策略[M]//李乃胜等. 经略海洋(2019)——美丽海洋专辑. 北京:海洋出版社:3-38.

王琼真, 2012. 亚洲沙尘长途传输中与典型大气污染物的混合和相互作用及其对城市空气质量的影响[D]. 上海:复旦大学: 1-128.

王跃思,姚利,刘子锐,等, 2013. 京津冀大气霾污染及控制策略思考[J]. 中国科学院院刊,28(3): 353-363.

王跃思,张军科,王莉莉,等, 2014. 京津冀区域大气霾污染研究意义、现状及展望[J]. 地球科学进展,29(3): 388-396.

邢建伟, 2017. 人类活动影响下胶州湾的大气干湿沉降与营养物质收支[D]. 青岛:中国科学院大学(海洋研究所): 1-149.

邢建伟,宋金明,袁华茂,等, 2017. 胶州湾生源要素的大气沉降及其生态效应研究进展[J]. 应用生态学报,28(1): 353-366.

邢磊,张正斌,林彩,等, 2004. 我国沙尘暴与赤潮的相关性研究[J]. 中国海洋大学学报,34(2): 245-252.

闫涵,高会旺,姚小红,等, 2012. 沙尘传输路径上气溶胶浓度与干沉降通量的粒径分布特征[J]. 气候与环境研究,17(2): 205-214.

杨雅琴,高会旺, 2007. 城市污染与沙尘对沿海大气痕量成分影响的模拟分析[C]//2007 年中国气象学会年会论文集. 广州, 150.

张国森, 2004. 大气的干、湿沉降以及对东、黄海生态系统的影响[D]. 青岛:中国海洋大学: 1-73.

张凯, 2003. 东亚地区沙尘气溶胶入海途径及通量的初步研究[D]. 青岛:中国海洋大学:1-98.

张莉燕,王文彩,罗诚汉,等, 2020. 沙尘传输路径和沉降量对南黄海叶绿素 a 浓度的影响[J]. 中国海洋大学学报(自然科学版),50(8): 9-18.

张小曳, 2001. 亚洲粉尘的源区分布、释放、输送、沉降与黄土堆积[J]. 第四纪研究,21(1): 29-40.

中国气象局, 2022. 大气环境气象公报(2021)[R]. 北京:中国气象局: 1-52.

周林滨,谭烨辉,黄良民, 2012. 沙尘气溶胶沉降对南海浮游植物生长影响初探[C] //中国海洋湖沼学会水环境分会、中国环境科学学会海洋环境保护专业委员会 2012 年学术年会论文集. 延吉, 44.

BAO H Y, NIGGEMANN J, LUO L, et al., 2017. Aerosols as a source of dissolved black carbon to the ocean[J]. Nature Communications, 8(1): 510. doi: 10.1038/s41467-017-00437-3.

CHEN L Q, 1985. Long distance atmospheric transport of dust from Chinese desert to the north Pacific [J]. Acta Oceanologica Sinica, 4(4): 527-534.

DING X, QI J, MENG X, 2019. Characteristics and sources of organic carbon in coastal and marine atmospheric particulates over East China[J]. Atmospheric Research, 228: 281-291.

DUCE R A, LISS P S, MERRILL J T, et al., 1991. The atmospheric input of trace species to the world ocean[J]. Global Biogeochemical Cycles, 5(3): 193-259.

DUCE R A, UNNI C K, RAY B J, et al., 1980. Long-range atmospheric transport of soil dust from Asia to the tropical north Pacific-temporal variability[J]. Science, 209(4464): 1522-1524.

FU J, WANG B, CHEN Y, et al., 2018. The influence of continental air masses on the aerosols and nutrients deposition over the western North Pacific[J]. Atmospheric Environment, 172: 1-11.

GAO Y, ARIMOTO R, DUCE R A, et al., 1997. Temporal and spatial distributions of dust and its deposition to the China Sea[J]. Tellus B: Chemical and Physical Meteorology, 49B: 172-189.

GASSO S, GRASSIAN V H, MILLER R L, 2010. Interactions between Mineral Dust, Climate, and Ocean Ecosystems[J]. Elements, 6(4): 247-252.

GUO L, CHEN Y, WANG F J, et al., 2014. Effects of Asian dust on the atmospheric input of trace elements to the East China Sea[J]. Marine Chemistry, 163: 19-27.

GUO C, YU J, HO T Y, et al., 2012. Dynamics of phytoplankton community structure in the South China Sea in response to the East Asian aerosol input[J]. Biogeosciences, 9(4): 1519-1536.

HAO Y, GUO Z G, YANG Z S, et al., 2007. Seasonal variations and sources of various elements in the atmospheric aerosols in Qingdao, China[J]. Atmospheric Research, 85(1): 27-37.

HSU S-C, WONG G T F, GONG G-C, et al., 2010. Sources, solubility, and dry deposition of aerosol trace elements over the East China Sea[J]. Marine Chemistry, 120(1-4): 116-127.

JICKELLS T D, AN Z S, ANDERSEN K K, et al., 2005. Global iron connections between desert dust, ocean biogeochemistry, and climate[J]. Science, 308(5718): 67-71.

KANG C-H, KIM W-Y, KO H-J, et al., 2009. Asian dust effects on total suspended particulate (TSP) compositions at Gosan in Jeju Island, Korea[J]. Atmospheric Research, 94(2): 345-355.

LIU T-H, TSAI F, HSU S-C, et al. , 2009. Southeastward transport of Asian dust: Source, transport and its contributions to Taiwan[J]. Atmospheric Environment, 43(2): 458-467.

LIU Y, ZHANG T R, SHI J H, et al. , 2013. Responses of chlorophyll a to added nutrients, Asian dust, and rainwater in an oligotrophic zone of the Yellow Sea: Implications for promotion and inhibition effects in an incubation experiment[J]. Journal of Geophysical Research: Biogeosciences, 118(4):1763-1772.

MAHER B A, PROSPERO J M, MACKIE D, et al. , 2010. Global connections between aeolian dust, climate and ocean biogeochemistry at the present day and at the last glacial maximum[J]. Earth-Science Reviews, 99(1-2): 61-97.

MAHOWALD N M, ENGELSTAEDTER S, LUO C, et al. , 2009. Atmospheric Iron Deposition: Global Distribution, Variability, and Human Perturbations[J]. Annual Review of Marine Science, 1: 245-278.

PAYTAN A, MACKEY K R M, CHEN Y, et al. , 2009. Toxicity of atmospheric aerosols on marine phytoplankton[J]. Proceedings of the National Academy of Sciences, 106(12): 4601-4605.

QI J, LIU X, YAO X, et al. , 2018. The concentration, source and deposition flux of ammonium and nitrate in atmospheric particles during dust events at a coastal site in northern China[J]. Atmospheric Chemistry and Physics, 18(2): 571-586.

RAHAV E, PAYTAN A, CHIEN C-T, et al. , 2016. The Impact of Atmospheric Dry deposition associated microbes on the Southeastern Mediterranean Sea surface water following an intense dust storm[J]. Frontiers in Marine Science, 3. doi: 10.3389/fmars.2016.00127.

SHAO Y, WYRWOLL K-H, CHAPPELL A, et al. , 2011. Dust cycle: An emerging core theme in Earth system science[J]. Aeolian Research, 2(4): 181-204.

SHI J H, GAO H W, ZHANG J, et al. , 2012. Examination of causative link between a spring bloom and dry/wet deposition of Asian dust in the Yellow Sea, China[J]. Journal of Geophysical Research: Atmospheres, 117(D17304), doi:10.1029/2012JD017983.

SHI J-H, ZHANG J, GAO H-W, et al. , 2013. Concentration, solubility and deposition flux of atmospheric particulate nutrients over the Yellow Sea[J]. Deep Sea Research Part II: Topical Studies in Oceanography, 97: 43-50.

SONG J M, 2009. Biogeochemical processes of biogenic elements in China Marginal Sea[M]. Zhejiang University Press & Springer. 1-662.

TAN S-C, LI J, CHE H, et al. , 2017. Transport of East Asian dust storms to the marginal seas of China and the southern North Pacific in spring 2010[J]. Atmospheric Environment, 148: 316-328.

TAN S-C, SHI G-Y, SHI J-H. et al. , 2011. Correlation of Asian dust with chlorophyll and primary productivity in the coastal seas of China during the period from 1998 to 2008[J]. Journal of Geophysical Research-Biogeosciences, 116, G02029, doi: 10.1029/2010JG001456.

TAN S-C, SHI G-Y, 2012a. Dust storms in China and correlation to chlorophyll a concentration in the Yellow Sea during 1997-2007[J]. Atmospheric and Oceanic Science Letters, 5(2): 140-144.

TAN S-C, SHI G-Y, 2012b. Transport of a severe dust storm in March 2007 and impacts on chlorophyll a concentration in the Yellow Sea[J]. SOLA, 8: 85-89.

TAN S-C, WANG H, 2014. The transport and deposition of dust and its impact on phytoplankton growth in the Yellow Sea[J]. Atmospheric Environment, 99: 491-499.

TANAKA T Y, CHIBA M, 2006. A numerical study of the contributions of dust source regions to the global dust budget[J]. Global and Planetary Change, 52(1-4): 88-104.

UNO I, EGUCHI K, YUMIMOTO K, et al., 2009. Asian dust transported one full circuit around the globe[J]. Nature Geoscience, 2(8): 557-560.

WANG F J, CHEN Y, GUO Z G, et al., 2017. Combined effects of iron and copper from atmospheric dry deposition on ocean productivity[J]. Geophysical Research Letters, 44(5): 2546-2555.

WANG S-H, HSU N C, TSAY S-C, et al., 2012. Can Asian dust trigger phytoplankton blooms in the oligotrophic northern South China Sea? [J]. Geophysical Research Letters, 39, L05811, doi: 10.1029/2011GL050415.

XING J, SONG J, YUAN H, et al., 2017. Fluxes, seasonal patterns and sources of various nutrient species (nitrogen, phosphorus and silicon) in atmospheric wet deposition and their ecological effects on Jiaozhou Bay, North China[J]. Science of the Total Environment, 576: 617-627.

XING J, SONG J, YUAN H, et al., 2018. Water-soluble nitrogen and phosphorus in aerosols and dry deposition in Jiaozhou Bay, North China: Deposition velocities, origins and biogeochemical implications[J]. Atmospheric Research, 207: 90-99.

XUAN J, LIU G, DU K, 2000. Dust emission inventory in Northern China[J]. Atmospheric Environment, 34(26): 4565-4570.

YUAN C S, SAU C C, CHEN M C, et al., 2004. Mass concentration and size-resolved chemical composition of atmospheric aerosols sampled at the Pescadores Islands during Asian dust storm periods in the years of 2001 and 2002[J]. Terrestrial Atmospheric and Oceanic Sciences, 15(5): 857-879.

ZHANG C, ITO A, SHI Z, et al., 2019a. Fertilization of the Northwest Pacific Ocean by East Asia air pollutants[J]. Global Biogeochemical Cycles, 33, 690-702. doi: 10.1029/2018GB006146.

ZHANG C, YAO X, CHEN Y, et al., 2019b. Variations in the phytoplankton community due to dust additions in eutrophication, LNLC and HNLC oceanic zones[J]. Science of the Total Environment, 669: 282-293.

ZHANG J, ZHANG G S, BI Y F, et al., 2011. Nitrogen species in rainwater and aerosols of the Yellow and East China seas: Effects of the East Asian monsoon and anthropogenic emissions and relevance for the NW Pacific Ocean [J] . Global Biogeochemical Cycles, 25, GB3020, doi: 10.1029/2010GB003896.

ZHANG K, GAO H, 2007. The characteristics of Asian-dust storms during 2000-2002: From the source to the sea[J]. Atmospheric Environment, 41(39): 9136-9145.

ZHANG R, ZHU X, YANG C, et al., 2019. Distribution of dissolved iron in the Pearl River (Zhujiang) Estuary and the northern continental slope of the South China Sea[J]. Deep Sea Research Part II: Topical Studies in Oceanography, 167: 14-24.

ZHANG Y, LIU R, WANG Y, et al., 2015. Change characteristic of atmospheric particulate mercury during dust weather of spring in Qingdao, China[J]. Atmospheric Environment, 102: 376-383.

ZHAO R, HAN B, LU B, et al., 2015. Element composition and source apportionment of atmospheric aerosols over the China Sea[J]. Atmospheric Pollution Research, 6(2): 191-201.

ZHOU L, LIU F, LIU Q, et al., 2021. Aluminum increases net carbon fixation by marine diatoms and decreases their decomposition: Evidence for the iron-aluminum hypothesis[J]. Limnology and Oceanography, 66: 2712-2727.

ZHOU L, TAN Y, HUANG L, et al., 2018. Aluminum effects on marine phytoplankton: implications for a revised Iron Hypothesis (Iron-Aluminum Hypothesis)[J]. Biogeochemistry, 139: 123-137.

ZHUANG G, YI Z, DUCE R A, et al., 1992. Link between iron and sulphur cycles suggested by detection of Fe(n) in remote marine aerosols[J]. Nature, 355(6360): 537-539.

作者简介：

邢建伟，1988 年生，中国科学院海洋研究所副研究员，所青年创新促进会会员。主要从事海洋大气环境化学与海洋生物地球化学关键过程研究，对中国近海生源要素（碳、氮、磷、硅、硫）和微痕量元素的大气干、湿沉降特征以及长江口有机碳输运特征进行了系统研究。近年来主持国家自然科学基金、中国博士后科学基金特别资助和面上一等资助、山东省自然科学基金、青岛海洋科学与技术国家实验室海洋生态与环境科学功能实验室青年人才培育项目等项目 9 项。已发表论文 27 篇，其中 SCI/EI 收录 11 篇，分别发表于 Science of the Total Environment、Chemosphere、Ecotoxicology and Environmental Safety、Atmospheric Research、Marine Pollution Bulletin、海洋学报、生态学报、中国环境科学、环境科学等本领域国内外知名学术期刊；参与编撰专著 2 部。担任国际知名地学期刊 JGR-Atmospheres、Environmental Pollution、Science of the Total Environment、Journal of Environmental Management 审稿人，受邀担任国家自然科学基金委和山东省自然科学基金项目函评专家。

大气氮沉降及其对海洋生态环境的影响①

戴佳佳[1,4]　温丽联[1,4]　宋金明[1,2,3,4]邢建伟[1,2,3,4]

(1. 中国科学院海洋生态与环境科学重点实验室，中国科学院海洋研究所，山东 青岛 266071；2. 青岛海洋科学与技术国家实验室海洋生态与环境科学功能实验室，山东 青岛 266237；3. 中国科学院大学，北京 100049；4. 中国科学院海洋大科学研究中心，山东 青岛 266071)

摘要：大气氮沉降是大气沉降研究报道最多的研究领域之一，涉及氮沉降的时空变化、沉降形态、沉降过程、通量及氮沉降的生态环境影响等。1970 年全球大气氮沉降均值为 0.24 $gNm^3 \cdot a^{-1}$，到 2010 年，全球大气氮沉降达到了 0.34 $gNm^3 \cdot a^{-1}$，增加了 38.35%，人类活动对大气干湿沉降氮通量有决定性的支配作用。人类活动生产的人为活性氮（化学合成氮、化石燃料燃烧形成的 NO_x 和豆科作物及水稻扩种而增加的生物固定的氮，简称人为活性氮）约为 140 $Tg \cdot a^{-1}$，这些人为活性氮的 55%～60%又以 NHy（NH_3+NH_4^+）和 NOx 的形式返回到大气中，排放到大气中的 70%～80%氮又通过大气干湿沉降的形式返回到陆地和海洋等水体。据估计，近年来，全球每年沉降到各类生物群系的活性氮达 43.47 $Tg \cdot a^{-1}$，沉降到海洋表面的活性氮达 27 $Tg \cdot a^{-1}$，作为营养源和酸源，大气氮沉降量的急剧变化将严重影响陆地及海洋等水生生态系统的生产力和稳定性。本文从大气氮沉降样品的收集与监测/检测、大气有机氮沉降、大气氮沉降的生态环境影响三个方面比较系统地总结归纳了大气氮沉降及其对海洋生态环境的影响，为明晰海洋生态环境变化机制和持续利用海洋资源环境提供科学依据。

关键词：大气氮沉降；监测；有机氮；海洋生态环境；影响

本文观点：地球上的人为影响特别是化石燃料与化肥的巨量应用加剧了大气氮的沉降，造成陆地和海洋生态环境的变化，深入探究氮输入增量的生态环

---

① 中国科学院战略性先导科技专项（XDA23050501）与烟台双百人才项目资助。

境效应意义重大，同时要把可持续发展作为与氮排放有关一切工作的出发点，无论是利用还是恢复生态环境，尽可能降低其对生态环境的影响是根本。

在1772年前后人类发现了氮，氮作为太阳系中丰度居第五的元素是蛋白质、核酸、叶绿素及其他关键有机分子的基本组成组分，以三键结合的氮气（N_2）约占空气总体积的78%，但如此大的氮库，多数生物并不能直接利用。

含氮化合物从大气中移除并降落到地表的过程称为大气氮沉降，化石燃料燃烧、氮肥施用、畜禽养殖等人为活动，致使活性氮（非N_2）的排放量增加，这部分氮最终以干/湿沉降的方式返回到地球表面，以营养源和酸源的形式介入陆地和水生生态系统，改变了氮的自然循环。大气氮沉降是大气沉降领域除酸雨研究外报道最多的，是当今全球变化关注的焦点之一，中国是全球氮沉降三大热点地区之一，大气氮沉降研究研究的意义重大。大气氮沉降是大气沉降领域研究最为集中的研究内容之一，涉及氮沉降的时空变化、沉降形态、沉降过程、通量及氮沉降的生态环境影响等，获得了全球不同区域不同时间季节年度变化的大量研究结果，极大促进了大气沉降科学的发展，人为干扰下的大气氮沉降已成为全球氮生物化学循环的一个重要组成部分。

进入21世纪以来，除大气二氧化碳浓度升高导致全球变暖以外，大气中另一个令人担忧的问题是大气中含氮物质浓度的迅速增加，大气中微量的氮氧化物既增强了大气的温室效应，也导致了氮不断从大气向陆地和水生生态系统沉降。由于化石燃料燃烧、氮肥的大量生产和使用及畜牧业、工业的发展等人类活动的增强使向大气中排放的含氮化合物激增，改变了全球的氮的循环，引起大气氮沉降大幅增加。亚洲、西欧、北美已成为世界三大氮沉降集中区，预计到2050年人为氮年排放量将达到2.0×10^8 t。1970年全球大气N沉降均值为0.24 $gNm^3 \cdot a^{-1}$，到2010年，全球大气N沉降达到了0.34$gNm^3 \cdot a^{-1}$，增加了38.35%。大气氮沉降的大幅增加，导致陆地和水体生态系统土壤或水体的酸化、富营养化以及生物多样性降低等危害，严重威胁着水体和陆地生态系统的健康发展。大气氮沉降是氮生物地球化学循环中的关键环节之一，人类活动导致NH_3和NO_x（$NO+NO_2$）的大量排放，使得大气中含氮气体浓度持续升高，大气氮沉降也已从发达地区迅速扩展到全球范围，极大干扰了全球氮的循环。

一、大气氮沉降的研究概况

大气氮沉降包括湿沉降和干沉降两类。湿沉降是指发生降水事件时（雨、雪、雾等），高空水滴或冰晶吸附大气中的可溶性氮降落到地面的过程，主要由铵、硝酸盐以及部分可溶性有机氮（DON）。大气氮湿沉降包括雨除和冲刷两个阶段，前者在云中雨滴和冰晶形成过程中会吸附周围的物质；后者在雨滴下落过程中携带空气中的物质降到地面。湿沉降在森林生态系统中的主要表现形式为穿透雨，即通过冠层之间的空隙或与冠层接触后落到地面的湿沉降，降水经过冠层截获和蒸发后数量减少，但由于降水冲刷冠层叶片和枝干等部位时，会发生离子交换等作用，湿沉降中化学组分将发生变化，不同冠层截获吸收的氮素种类和比例差异较大，氮沉降较高地区的穿透雨中氮含量也较高，而氮沉降相对较低地区的冠层更倾向于保留氮。干沉降是指在未发生降水时，大气中含氮物质受重力、颗粒物吸附、植物气孔直接吸收等由大气沉降到地面的过程，主要包括气态 NO_2、N_2O、NH_3以及少量的 HNO_3、$(NH_4)_2SO_4$和 NH_4NO_3粒子以及吸附在其他粒子上的含氮物质。

大气氮沉降的研究始于 180 年前的瑞士的洛桑试验站（洛桑位于日内瓦湖北岸，距日内瓦东北约 50 千米，与法国的埃维昂莱班隔湖相望，北面是侏罗纪山脉），位于洛桑的该站自 1843 年起开始关注生态系统中的氮循环，1853 年即开展包括氮在内的雨水化学成分研究。继洛桑实验站之后各地的零散监测陆续增多，而系统化、网络化的研究直至 20 世纪 70 年代才初见端倪。为应对空气污染物长程输移等问题，联合国欧洲经济委员会启动了“欧洲监测与评价规划”（EMEP，1977），执行 25 个缔约国于 1979 年签署的“长程跨界空气污染公约”（CLRTAP），所含减排议定书（迄今已有 8 项）自 1983 年起生效。美国国会在 1980 年通过“酸沉降法案”后，旋即确立 10 年研究计划——“国家酸雨评估规划”（NAPAP）。这两项里程碑式的规划，连同稍晚执行的美国清洁空气法案第四修正案（CAAA/title IV，1990）一道遏制了所在地区 NO_x 的高排放，推动了其后 CAPMoN、IMPROVE、MCCPro、MADPro 等沉降监测网络发展。欧美国家在高速发展后采取的环保政策取得了比较明显的阶段性效果，经核算 NO_x 排放量经累年削减后现已达到 19—20 世纪之交的排放水平，NH_3的减排方兴未艾，荷兰于 20 世纪 80 年代末期开始实施。由日本组织的“东亚酸沉降网”（EANET，2001）辖 51 个监测点覆盖 13 个国家，旨在通过国际间的监测合作，评估东亚地区酸沉降状况，以应对跨国酸沉降污染危害，我国重庆、西安、厦门、珠海承担了 EANET 中国网络城市的监测工作。

近年来，西方发达国家的大气氮沉降观测和研究继续朝着网络化、系统化方向发展，并发展和应用了适用于不同空间尺度和时间精度需要的氮排放-传输-沉降模型，数值模拟不同生态系统的氮沉降量和沉降负荷，进而为氮减量策略的制定提供科学依据。21 世纪初，89 个国际组织、21 个国家的 200 位专家共同撰写的，迄今最为系统的氮评估报告——《The European Nitrogen Assessment》（ENA）发布。该报告以洲为区域单元，首次全方位评估了欧盟 27 国（EU27）因氮的过量输入所引发的环境危害与经济损失。ENA 中最大亮点在于应用成本－效益分析方法（cost-benefit analysis，CBA），首次估算了欧盟每年因 Nr 相关的损失，总额高达 $7.0\times10^{10}\sim3.2\times10^{11}$ 欧元（相当于当时 $6.30\times10^{11}\sim2.88\times10^{12}$ 元人民币）。这部分经济额度 2 倍于欧洲农业施氮增产所得收益，相当于人均损失 150～750 欧元（相当于当时 1350～6750 元人民币），占到年人均收入的 1%～4%，其中与健康危害和空气污染相关的损失占 75%。

中国的氮沉降研究起步稍晚，但有其鲜明的特色。作为人口大国，中国相关研究着眼于农、林生态系统中氮的研究，服务于确保粮食、生态安全的国家战略。较早的研究始于 20 世纪 70 年代末。进入 80 年代，以酸雨为代表的环境问题凸显出雨水化学研究的重要性，针对局部地区，特定时期大气含氮化合物的定量研究增多，但缺乏对全国大气氮沉降全面而系统的评价。90 年代末，国家环保部门、中国气象局开始独立运作各自逾 300 个沉降监测网络，前者网点集中分布在城市周边地区，后者则零星散布于农村或背景值地区。自 2004 年起，中国农业大学组织建立了涵盖 40 个监测点，包括农田、草原、森林、城市等生态系统的全国性氮沉降监测网络 NNDMN。

大气氮沉降的沉降形态、过程、通量及时空变异一直是科学研究的重点，备受国内外学者的关注，其中，但早期研究都集中在湿沉降和沉降中的无机氮上，干沉降及湿沉降中有机基本特征方面的研究近几年报道较多，但在其研究还很不完善，有机氮沉降的组成可分为三类，有机硝酸盐（氧化态有机氮）、还原态有机氮和生物有机氮和动植物等直接向大气中释放的氮，有机氮的主要来源包括生物质燃烧、工农牧业生产、废弃物处理、填土挥发、动植物直接排放等，大气干、湿沉降中都存在有机氮，有机组分的来源很复杂。目前的研究大多集中在氮的湿沉降，降雨中的水溶性有机氮约占总水溶性氮的 30%，仅考虑无机氮沉降，氮的沉降总量被低估。同时，随着氮沉降量的不断增加，氮沉降对陆地和海洋系统产生的生态效环境应成为研究热点。

一般而言，进入生态系统的氮主要来自生物固氮、氮的矿化和大气氮沉降等三大系统。生物固氮表征的是进入生态系统中氮的净增加，氮的矿化则是系统内部由无机态氮向有机态氮的转化。大气氮沉降指含氮化合物由地表排放源排放至大气中，再在大气中经混合、扩散、转化、漂移，直至从大气中移除并降落回地表（或植物冠层），构成了大气氮沉降的复杂耦合过程。20 世纪初以来，全球总人口膨胀趋势加快，为满足食物供给，人工合成氨技术应运而生（haber-boschprocess，1913），推动了氮肥的广泛施用，加之矿质能源的大量开采以及畜禽养殖的迅猛发展，人类活动导致 NH_3 和 NO_x（$NO+NO_2$）的大量排放，使得大气中氮浓度持续升高，大气氮沉降也已从发达地区迅速扩展到全球范围，极大干扰了氮循环。从全球尺度来看，人为氮的产生在 1860—1960 年增长较慢，然而近 50 年呈加速增长态势，由 1860 年仅为 15 Tg 攀升到

1995 年的 156 Tg，直至 2005 年的 187 Tg，而同期陆地自然产生量仅为 100 $Tg \cdot a^{-1}$。这部分人为排放的氮连同自然产生的氮一起，又以沉降的形式返回陆地和海洋表面，对生态系统和生态过程产生了深远的影响。1993 年全球大气氮沉降量（NO_y+NH_x）已逾 100 Tg，预计到 2050 年即可翻番，其中北美、西欧和东亚（含中国）已经成为全球三大氮硫沉降热点地区。

自 19 世纪工业革命以来，随着化学氮肥和能源消耗量的激增，全球陆地向大气排放的 NH_x（包括 NH_3、RNH_2和 NH_4^+）和 NO_x、陆地向水体迁移的氮以及大气沉降到陆地和水体的氮（NH_x 和 NO_x）的数量均有巨大增加，同时发现植物从大气直接吸收的氮（NH_x+NO_x）的数量也相当可观。据估算，人类活动生产的人为活性氮（化学合成氮、化石燃料燃烧形成的 NO_x 和豆科作物及水稻扩种而增加的生物固定的氮，简称人为活性氮）约为 140 $Tg \cdot a^{-1}$，这些人为活性氮的 55%～60%又以 NH_y（$NH_3+NH_4^+$）和 NO_x 的形式返回到大气中，排放到大气中的 70%～80%氮又通过大气干湿沉降的形式返回到陆地和水体。据估计，近年来，全球每年沉降到各类生物群系的活性氮达 43.47 $Tg \cdot a^{-1}$，沉降到海洋表面的活性氮达 27 $Tg \cdot a^{-1}$。作为营养源和酸源，大气氮沉降数量的急剧变化将严重影响陆地及水生生态系统的生产力和稳定性，因而成为各国科学家和公众广泛关注的议题。

目前的研究认为人类活动对大气干湿沉降氮通量起主导作用。19 世纪 60 年代，大气干湿沉降的氮量很少，在全球范围形成的 286 $Tg \cdot a^{-1}$活性氮中以 NH_x（包括 NH_3、RNH_2和 NH_4^+）和 NO_y（NO_3^-、HNO_3、N_2O_5、N_2O_3、PAN、RCN 和 NO_x）形式重新沉降到陆地与海洋生态系统的也仅为 31.6 $Tg \cdot a^{-1}$；而到 20 世纪 90 年代中期，氮沉降总量已达 103 $Tg \cdot a^{-1}$，预计到 2050 年全球活性氮的沉降量将达到 195 $Tg \cdot a^{-1}$。亚洲活性氮的沉降到陆地和海洋生态系统的 NO_y 和 NH_x 量从 1861 年的 6.0 $Tg \cdot a^{-1}$增加到 2000 年的 22.5 $Tg \cdot a^{-1}$，增长近 3 倍，预计 2030 年亚洲地区氮沉降总量将达到 37.8 $Tg \cdot a^{-1}$。全世界沉降氮量占人为活性氮量的比例经历了先急剧降低再缓慢提升的过程，即从 1860 年的 2.07 降到 20 世纪 90 年代中期的 0.66，预计到 2050 年又重新升高到 0.73。亚洲地区沉降氮量占人为活性氮量的比例与全球变化趋势一致，即从 1861 年的 0.42 降到 2000 年的 0.33，预计到 2030 年又重新升高到 0.36。以上结果表明，虽然全球或者区域性的人为活性氮的总量在当前和未来仍有不断升高的趋势，但随着人们环保意识的增强以及对所居住环境的更高要求，自然源活性氮占总活性氮比例逐步升高，而人为活性氮量占总活性氮的比例在逐步降低。在工业化前，NO_y 和 NH_x 沉降主要发生在热带地区，当时主要受土壤排放、生物燃烧排放和雷电的影响，而目前 NO_y 和 NH_x 沉降主要发生在北半球温带生态系统，其数量大大超过了热带地区，且沉降量较工业化前增加4倍多。

全球氮沉降的平均值为1.6~2.6 kg N · hm^{-2} · a^{-1}，全美国和西欧的平均值分别达到了3.4 kg N · hm^{-2} · a^{-1}和8.9 kg N · hm^{-2} · a^{-1}。仅就氮湿沉降而言，美国大气氮湿沉降通量为0.1~9.6 kg N · hm^{-2} · a^{-1}，欧洲大部分地区氮湿沉降通量已超过10 kg N · hm^{-2} · a^{-1}，其中英国的湿沉降通量高达30 kg N · hm^{-2} · a^{-1}，中国目前的大气氮湿沉降通量平均值也达9.9 kg N · hm^{-2} · a^{-1}。而在干沉降方面，美国部分区域氮沉降通量为3.6~7.7 kg N · hm^{-2} · a^{-1}，英国1~15 kg N · hm^{-2} · a^{-1}，中国仅NO_2沉降通量平均值已达到2.06~4.65 kg N · hm^{-2} · a^{-1}，目前中国的大气氮沉降均值在12 kg N · hm^{-2} · a^{-1}左右。

在海洋氮沉降方面，已有的研究表明，过去100年中，大气向大洋输入的氮增加了一倍多，占海洋外部氮供应的1/3，因此产生的初级生产力占每年新海洋生物产量的约3%，即每年约0.3 Pg碳，并且每年产生高达约1.6 Tg的氧化亚氮（N_2O）。有研究认为未来几十年，北大西洋远岸海域受到人为氮排放的影响将保持在最低水平。东海海域干湿沉降受东亚地区人为排放影响，研究认为该地区干湿沉降中的NO_x浓度在20世纪30年代依然会出现显著增加，受其影响，东海海洋初级生产力会增加19%~34%。直至2100年，东亚干湿沉降中的NO_x浓度会下降，届时东海海洋初级生产力会下降34%~63%。对珊瑚礁区大气氮沉降的研究表明，来自季节性降雨事件的DIN的湿沉降可提供高达20%的新生产力，这无疑会促进珊瑚礁上的大型海藻生长，也会对珊瑚礁体产生影响。

大气氮沉降还是酸雨的重要成因之一，传统上大气氮沉降分为干、湿沉降，现实中介于二者之间的沉降状态，如以雾、霜、露水等形式的沉降，这部分沉降量常被人为忽略。氮的湿沉降主要是铵、硝酸盐和少量可溶性有机氮随降雨、降雪等到达地面或水面，干沉降通过氮氧化物、氨以及它们与氧、氢、硫等形成的酸性物质随气流带动颗粒物而沉降，这些氮的物质既有天然形成，也有工农业排放、化石燃料燃烧等来源。研究表明，氮沉降是一种越境的大气行为，有一定的迁移性，各国产生的NO_x不仅给本国带来影响，而且NO_x能经过数千千米的迁移进入其他国家。它在大气层中的滞留时间大约是1~4天，平均迁移距离在几百千米至3000千米之间。NO_x迁移并沉降到下风方向的生态系统中，在那里影响氮循环、淋溶损失和痕量气体的释放，这就是全球系统中氮的阶式或“跃迁”变化的重要例证。

20世纪70年代以来，由于中国经济的快速发展及能源和粮食消耗的迅猛增加，导致化学合成氮和化石燃料燃烧排放的氮氧化物（NO_x）迅速增加，分别从1970年的2.52 Tg · a^{-1}和1.06 Tg · a^{-1}激增到1999年的24.45 Tg · a^{-1}和4.60 Tg · a^{-1}。活性氮和陆地氮通量的增加势必引起中国大气沉降氮的增加，尤其是 NH_4^+ 的沉降增加更是明显，这主要与农田施用化学氮肥以及人和动物排泄物产生的大量 NH_3 挥发有关。在 20 世纪 80 年代中国部分城市降水中的 NH_4^+ 浓度就已经高出欧美几倍至几十倍，NH_4^+ 浓度北方高于南方，并且降水中的 NH_4^+ 主要来自农田生态系统中的 NH_3 挥发损失，其中有约 84%以 NH_4^+ 的形态进入降水中，有约 15%以干沉降方式进入地表。在中国南方一些地区，降水中的氮浓度过去多在 1 ~ 2 $mg \cdot L^{-1}$ 之间，带入地表的氮量也多在 9.0 ~ 19.5 $kg\ N \cdot hm^{-2} \cdot a^{-1}$ 之间。氮沉降的增加已成为一些河口、海湾和江湖等水域氮富集和陆地生态系统氮饱和的诱因，引起了政府和科学界的广泛关注，在未来一段时间，大气氮沉降将会成为科研工作者的研究热点和决策部门关注的重要对象之一。

二、大气氮沉降样品的收集与监测/检测

（一）大气氮干沉降样品的收集与监测/检测

干沉降中含有氮的化合物在大气中浓度较高，化学和生物活性较强，是大气氮干沉降的主要研究对象。因为干沉降易受气温、相对湿度、活性氮物理化学属性等化学和环境因素的影响，所以氮干沉降的准确定量比较困难。干沉降的直接监测方法主要有两种，一种方法是微气象学方法，包括涡度相关法和梯度法，通过快速检测大气中含氮化合物浓度的变化，结合微气象条件计算大气含氮化合物的沉降或排放通量，该方法需要较昂贵的仪器设备以及较广阔的下垫面；另一种是推算法，其基本原理是通过分析测定大气中活性氮化合物和相应的气象参数得到这些大气活性氮组分的大气浓度，应用相应的活性氮沉降速率，沉降速率和大气活性氮浓度以及时间的乘积就是单位时间内大气氮素干沉降的通量，在该方法中，地面空气 Nr 浓度和沉降速率（V_d）是计算干沉降通量的关键因素。推算方法是目前最常用的方法，因为它操作简单，成本低，精度相对较高。干沉降的间接监测方法主要有 3 种，即：①替代面法，利用代替物体收集一定量的干沉降样品，然后除以所用的替代面的采样面积和采样时间进行估算从而得到干沉降通量；②穿透雨法，采集经过森林冠层进入林内的大气降水而观测氮沉降通量，这种方法会在一定程度上低估干沉降通量，且只适用于森林生态系统；③模型法，模型法通常与推算法相结合，结合模型将推算结果推演到更大区域、国家或全球尺度目前，地面空气 Nr 浓度采样的主要方法包括主动采样器和被动采样器，测量空气 Nr 的化学方法常用离子色谱法和分光光度法，虽然存在许多不同的取样和化学测量方法，但不同方法的结果基本一致。沉降速率 V_d 是获取干沉降通量的另一个关键因素，通常使用大叶模型和多层模型等进行模拟，对全球不同地区的观察为在区域或

全球范围内评估和验证氮沉降提供了基础。

（1）微气象学法（micrometeorological method）

微气象学法指用快速反应传感器同时测量污染物浓度和气象要素，再利用微气象学法来计算物质的干沉降通量。此方法要求测定地点观测通量的下垫面面积足够大，且均一、平坦。存在于下垫面的平衡表面边界层，即常通量层（constant fluxlayer）的通量变异在水平和垂直方向均最小，从而确保所测定的通量是对研究表面的真实反映。微气象方法是监测干沉降的理想方法，因为通量在大面积上空间整合，并且便于连续采样。常用的微气象学法包括通量梯度法和涡度相关法。有研究以中国科学院红壤生态实验站阔叶林为研究对象，利用微气象学法对该阔叶林地的大气氮沉降通量进行了系统研究，发现该地区的大气氮沉降整体水平较高，其对森林生态系统稳定性的影响值得关注。该类方法需要使用者具有较好的数理基础，且必须确保模式的适用性和干沉降速率计算的准确性，并且仪器的使用和维护费用很高，所以在实际监测中应用较少。

目前，微气象学法常用的有 2 种，即：①通量梯度法，通量梯度法（flux-gradient method）计算的干沉降通量可以表示为氮化合物的大气垂直浓度梯度（$\delta c/\delta z$，$ngN \cdot m^{-3} \cdot m^{-1}$）和涡度扩散系数（$Kg$，$m^2 \cdot s^{-1}$）的乘积，即 $Fg = Kg \times \delta c/\delta z$，式中的 Fg 为垂直方向上氮化合物的湍流通量（$ngN \cdot m^{-2} \cdot s^{-1}$）. 采用这种方法的难度较高，一方面是因为该方法需要测量至少 2~6 个高度的气体浓度，但一般情况下痕量气体的常通量层都很低；另一方面是因为痕量气体的浓度梯度很小，因此，此方法对测定仪器的精确度和灵敏度要求均很高，有研究应用通量梯度方法，研究短草表面 NO、NO_2的沉降通量和沉积速度，发现未施肥的草地是 NO 的非常小的源和 NO_2的汇，且在理想的草生长条件下有最大的 NO_2通量，在夏季最干燥时期测量的通量最低. 对于 NO_2沉积速度也有相同的季节性模式，其主要受控于表面电阻。②涡度相关法（eddycorrelation method），其干沉降通量计算公式为 $Fg = w'c'$，式中 w'是湍流运动产生的实际风速对平均风速的偏差，c'是湍流运动产生的气体浓度对平均浓度的偏差。这种方法需要采用快速反应探测仪，在小于或等于 0. 1s 的时间上测定风速和痕量气体的浓度。该方法可以在测定痕量含氮气体的垂直通量方面提供有价值的数据，但是也有比较大的局限性，即在夜间或冬季净辐射小的情况下所计算的通量结果存在很大的不确定性。

（2）基于观测的估算法（inferential method）

由于微气象学法存在一定局限性，1986 年提出了基于观测的估算法，因其操作简单、成本低、精度高，是目前最常用的推理方法。该方法估算的干沉降量计算公式为 $Fd = Cz \times V_d$，式中 Fd 为沉降通量，Cz 为一定采样高度（z）的 Nr 浓度，V_d 为 Nr 组分的干沉降速率，可通过实地气象和下垫面参数进行计算。对于气体而言，V_d 计算公式为 $V_d = (R_a + R_b + R_c)^{-1}$，式中 R_a 代表空气动力学阻力，所有气体的 R_a 数值均相同，R_b 代表片流阻力，取决于气体分子的扩散性，R_c 代表表面阻力，与污染物和接受表面的相互作用有关，R_a、R_b 可通过气象和地面参数的计算得出，而 R_c 难以用参数直接计算，一般通过间接方法得出或者取得经验值。对于颗粒物而言，V_d 计算公式为 $V_d = V_g + (R_a + R_s)^{-1}$，式中 R_s 为表面阻力，V_g 为重力沉降加速度。在这种方法中，气态氮浓度和 V_d 是干沉降通量计算的关键因素，其核心是测定干沉降污染物在不同下垫面的 V_d，在尽量保证沉降物理、化学性质一致、下垫面均一的情况下，也可以借用已发表文献中的 V_d 来代替监测点的 V_d 值计算干沉降通量，这是一种简捷高效的方法。目前，基于观测的估算法已经在大气干沉降通量计算中得到广泛应用，例如，美国的清洁空气状况与趋势网（Clean Air Status and Trends Network，CASTNET）和加拿大的 CAPMON 观测网就是采用基于观测的估算法来计算干沉降。

（3）替代面法（surrogate surface method）

替代面法是用代替物体收集一定量的干沉降样品，然后除以替代面的采样面积和采样时间进行估算从而得到干沉降通量。替代面的材料种类多样，可用金属、海绵和水等，把沉降接受面放置在大气中，然后收集其表面的物质送实验室进行分析。集尘缸湿法收集是直接测定干沉降通量的常用方法，该方法在收集干样品时，集尘缸内一般有 5 cm 液面高度的蒸馏水，当遇降雨时封盖，雨停后揭盖继续收集。采样结束后，将缸内的水样用微孔滤膜过滤，测定水样的体积和氮素含量，该方法大多用于收集颗粒态 Nr 样品。也有研究者利用集尘缸结合差减法测定干沉降，使用口径相同的总沉降采样器（一直暴露在大气中）和湿沉降采样器（降水时暴露）进行同时取样，计算二者的差值得到大气氮素干沉降通量。利用专用的降尘缸湿法对九龙江流域的 10 个站点大气氮素干沉降量进行了为期 1 年的连续观测，结果发现九龙江流域大气氮干沉降具有一定的时空差异性，总氮沉降量为 3.41～7.63 $kgN \cdot hm^{-2} \cdot a^{-1}$，这种方法仪器设备成本低，操作相对简单，有利于多站点长期观测，并且观测不受地形限制，但其时间分辨率较低，且不同表面材料对观测得到的沉降通量影响较大。虽然该方法在当前被广泛应用，但其在很大程度上低估了干沉降通量，主要原因：①替代面法不能收集气体和气溶胶等自然沉降，只能收集直径大于 2 μm 的重力沉降部分；②收集的气体（如 NH_3）在高温环境下易挥发，这些气体在干沉降的总量中占有很大比例；③不能收集如 NO_2 水溶性差的气体。

（4）穿透雨法（throughfall method）

穿透雨法指通过采集经过森林冠层进入林内的大气降水而观测氮沉降通量的方

法。主要工作原理是降水通过冲刷被林冠所拦截的大气活性氮，使它们进入林内地表，通过计算穿透雨与空旷地的氮沉降通量的差值来估算干沉降通量。该方法的不足之处在于其会在一定程度上低估干沉降通量，因为林冠会吸收一部分拦截所得的活性氮；该观测方法耗时且劳动强度大，因为水样品必须在多个点收集，需要同时观测树干径流、林外雨及林下穿透雨等，这些都会受到海拔、地形、植被类型等的影响，从而造成干沉降的空间特征存在很大的不确定性。很多森林地区的研究将穿透雨法与微气象法、离子交换树脂法等相结合或对其进行改进。在美国西南部地区的 Pion-juniper 森林生态系统中收集了松树（*Pinusedulis*）和单籽杜松（*Juniperus monosperma*）下大量降水和穿透雨，发现林冠截留的降雨量在树种间没有差异，但在夏季/秋季比冬季/春季更大。对内蒙古太仆寺旗对温带草原地区的氮沉降进行为期 1 年的观测，结果显示穿透雨法测得的沉降量明显小于总沉降，说明穿透雨法不适用于草原生态系统。

（5）串级过滤器采样法（denuder long-term atmospheric sampling，DELTA）

串级过滤器指通过连续的、不同级别的过滤器对大气中的气溶胶和气体污染物进行收集。DELTA 系统是由英国生态与水文中心（CEH）改造后的扩散收集器，借抽气泵让空气以层流通过扩散管，扩散管内壁涂有气体吸收剂，用于吸收一种或一类气体。该系统包括碱性、酸性及酸碱串联过滤器 3 部分，这 3 部分分别收集酸性、碱性气体及气溶胶。因为气体的扩散系数比颗粒物大，所以气体会被管壁吸附但颗粒物不会被吸附。气态硝酸、二氧化硫、盐酸最先被吸收，接下来被吸收的是气态氨，其余气体会进入滤膜系统，经分离和过滤后，大气中气溶胶态和气态中的不同组分被分离开，分别进行分析和量化，再结合微气象学方法计算沉降通量。该方法目前在不同的生态系统中已得到广泛应用，如利用 DELTA 系统测得大连旅顺口区农田大气活性氮干沉降通量为 8.25 $kgN \cdot hm^{-2} \cdot a^{-1}$，内蒙古多伦多草原氮素干沉降通量为 6.2 $kgN \cdot hm^{-2} \cdot a^{-1}$，陕西的氮沉降通量为 19.2 $kgN \cdot hm^{-2} \cdot a^{-1}$，该方法对于交通便利、电力供应便捷区域的监测十分方便，但是对于偏远的、无电力供应的监测点则具有局限性。

（6）数学模型法（mathematical model method）

基于研究人员对干沉降过程理解的加深，不少模型（或模块）被提出用来计算国家或地区间的氮素干沉降通量，如开发模拟英国地区 NH_3 的传输与沉降的 FRAME 模型，用于计算北美地区干沉降速率的 RDM 模型，欧洲大气污染物长程传输合作监测与评价计划（Co-operative Programme for Monitoring and Evaluation of the Long-range Transmission of Air Pollutants in Europe，EMEP）用于模拟硫和氮传输及沉降的 MADA-50 模型 以及 估算韩国地区氮素干沉降的模型。大部分模型（或模块）都将干沉降通量定义为 V_d 与干沉降物质大气浓度（C）的乘积（同推算法），V_d 常利用气象数据、植被类型或土地利用类型数据采用阻力相似理论将其参数化，C 值可以进行参数化也可以实地观测。实地观测 C 时，可采用推算法得到观测点的干沉降通量，然后再用模型将观测点的结果推演到更大区域。美国 CASTNet 和欧洲 EMEP 即采用这种方法来模拟区域内的干沉降通量，评估区域或全球尺度干沉降通量的主要方法是地质统计学方法和模型模拟方法，地质统计学方法已用于评估欧洲、美国和中国的干沉降空间格局。

（二）大气氮湿沉降样品的收集与监测/检测

大气氮湿沉降主要指发生降水事件（雨、雪、雾等）时，大气中的含氮化合物被带到地表的过程，对于湿沉降的主要监测方法包括降水采集法和离子交换树脂法。

（1）雨量器降水收集法（rain gauge precipitation collection method）

雨量器降水方法是使用固定雨量器支架手动收集每个降雨量并记录降雨量，每次采样后使用的雨量计要清洗，开放式容器在收集大气湿沉降时会混入部分干沉降，因此也称为混合沉积物。用于收集降水和干沉降的自动降雨降尘采集器较雨量器更便捷，当有降水事件时，该装置自动打开湿沉降收集器。在降雨结束后，干沉降收集器可以自动打开，可以分别收集干沉降和湿沉降，以实现干湿沉降的分离。一些先进的自动收集装置自动记录沉降量并具有样品冷却系统，以确保收集的样品在较长时间内不会发生变质。

利用雨量器对我国全国氮沉降监测网（NNDMN）43 个监测点的湿沉降进行监测，结果表明中国平均氮湿沉降通量为（19.3±9.2）$kgN \cdot hm^{-2} \cdot a^{-1}$。我国早期对氮湿沉降的研究工作多采用传统采集法，采集装置为专门的雨量器，或为自制或改造的采样器，雨量器因其简单易用、价格低廉，至今仍广泛应用于大气降水化学分析采样，但不同的材料可能会因野外环境或样品理化性质（如 pH 值等）对样品组分的分析产生干扰，总体来说，传统雨量器采样方法一般应用的设备相对简陋且误差较大，若要减少误差则需要更多人为控制，对观测人员要求较高，人为频繁采样，耗时费力。分别利用雨量器和自动降雨降尘采样器于相同的时间和地点收集北京地区混合沉降和湿沉降进行对比，结果表明，前者 NO_3-N 和 NH_4-N 的沉降量都显著大于后者。与雨量器相比，降水降尘自动收集仪需要稳定的电源，这点不能满足偏远实验站需要，且仪器对降雨事件响应的稳定性会导致观测结果的不确定性。

（2）离子交换树脂雨水收集法（ion exchange resin extraction rainfall collection method）

离子交换树脂（ion-exchange resin，IER）中的交换官能团在水溶液中能离解出某些阳离子（如 H^+ 或 Na^+）或阴离子（如 OH^- 或 Cl^-），从而吸附溶液中的离子。因此，离子交换树脂法测定湿沉降的原理是通过离子交换的方式，将降水中的 NH_4^+ 和 NO_3^-、

NO_2^- 固定在树脂中带异电荷的官能团上，增加 NH_4^+、NO_3^-、NO_2^- 的稳定性。离子交换树脂法所用采样器的基本结构上部为一个漏斗，漏斗的下管插入装有离子交换树脂的管中，离子交换树脂管的下部有孔，降水从漏斗进入树脂柱，在离子交换树脂进行离子交换后到地面. 采样装置安装高度为距地面 1 m，为防止地面泥土干扰氮沉降通量的测定结果。采样期间，大气中干沉降在重力作用下和湿沉降的冲刷下，沿漏斗壁进入到离子交换树脂柱，回收的树脂用去离子蒸馏水进行清洗，该采样器测定的大气氮沉降是部分干沉降和湿沉降总和，采样结束后离子交换树脂用 KCl 溶液浸提，测定浸提液中含氮物质的浓度，结合采样装置的面积（即漏斗口面积）计算氮沉降通量。该方法可以大大减少收集氮沉积样品所需的劳动力，并且可以在无电力供应或电力不可靠的远程站中正常工作。该方法的特点是采样周期及样品保存时间长，监测大气氮沉降的采样周期最长可达 12 个月。应用较广的树脂是 717 强碱性Ⅰ型阴离子交换树脂和 732 强酸苯乙烯阳离子交换树脂。目前，离子交换树脂法在降水氮沉降和穿透雨野外观测中已有广泛应用，如利用离子交换树脂柱法监测美国洛基山国家公园的大气氮沉降，结果表明在高海拔的荒野地区该方法更适合用于采集夏季 N 沉降的空间分布数据；加拿大阿尔伯塔省阿萨巴斯卡油砂区（AOSR）无机氮沉降量为 1. 03~2. 85 $kgN \cdot hm^{-2} \cdot a^{-1}$。离子交换树脂法的局限性是该方法主要测定氮沉降中的 NH_4^+、NO_3^-、NO_2^-，不能测定有机氮组分的湿沉降，使得氮沉降通量结果偏低。另外，该方法需要对树脂进行多次浸提以保证离子回收率，长时间在野外应用离子交换树脂进行大气氮沉降测定时，要注意树脂的使用寿命，因为长时间的野外暴露会使离子交换树脂的有机高分子化学基团分解出 NH_4^+，从而影响氮沉降中 NH_4^+ 的测定结果。

（三）大气氮沉降样品其他的收集与监测/检测方法

（1）卫星遥感数据解析（nitrogen deposition from satellite remote sensing data）

氮沉降的监测已经开始从地面监测到利用卫星遥感进行太空实时监测，如全球臭氧监测实验卫星（Global Ozone Monitoring Experiment，GOME）利用对流层柱浓度光谱仪在 ERS2 卫星上的图像序列，提供了一种新的方法对全球 NO_x 沉降进行量化，从 GOME 和扫描成像吸收光谱仪（ABSOR）中检索了中国东部地面平均 NO_2浓度的时空特征，利用大气摄影技术（SCIAMACY）对 3 个特定区域的 NO_2干沉降通量进行估算，结果表明，中国东部表层 NO_2浓度在 1996—2011 年间显著增加，并表现出明显的区域和季节变化特征。全球无机氮沉降总量为 34. 26 TgN，其中，东亚、美国和欧洲是氮沉降的重要区域，这种方法的优点在于卫星观测可用于评估空间和时间上连续的 NO_2 通量，同时还可提供比全球范围内的模型模拟更高空间分辨率的结果，而且该方法需要的参数少于模型模拟中需要的参数。

（2）综合定氮系统（integrated total nitrogen input，ITNI）

为了确定从大气中进入土壤-植物系统的活性氮的总输入，德国基于^{15}N同位素稀释原理研制出了一套综合定氮系统，这是目前唯一可以直接估算土壤-植物系统中大气氮沉降的方法，包括有机氮和无机氮、湿及干沉降，其原理为利用$^{15}NH_4^+$或$^{15}NO_3^-$示踪剂对植物体内吸收的氮素进行标记，当大气氮沉降被植物吸收后，植物体内被标记的同位素氮会被稀释，根据其被稀释的程度对大气氮沉降的输入量进行计算，该方法一般适用于盆栽试验，其应用的土壤-植物系统属于半封闭系统，能有效隔绝养分输出，在华北平原地区运用该方法，分别以玉米和黑麦草作为标记作物，测得该地区的氮沉降量分别为 $83.3\ kg \cdot hm^{-2} \cdot a^{-1}$和 $48.6\ kg \cdot hm^{-2} \cdot a^{-1}$，说明 ITNI 系统的测定结果受植物种类的影响，主要是因为不同植物对于沉降物中的氮吸收具有一定的选择性。另一方面，由于植物主要以 NO_3^- 和 NH_4^+ 形式吸收氮素，这一方法往往不能正确估算NO_2以及有机氮的沉降通量。

综合而言，大气氮干沉降的监测起步较晚，由于地理条件等各方面因素的限制使得监测方法多元化，主要包括微气象法、推断法、替代面法、穿透雨法、串级过滤器采样法和模型法，其中，微气象学法由于需要昂贵的仪器设备和广阔的下垫面使得其应用较少，替代面法因其自身的材质和形状的局限性使得观测结果可靠性较差，穿透雨法只适用于降水有冠层截获的森林地区，串级过滤器采样法对电力的需求导致其无法用于偏远的无电力供应地区，推断法由于其计算所需的气象参数和大气浓度较易获取而被广泛用于点位尺度上的大气氮素干沉降研究，而模型法则可以将点位或局域尺度上的研究结果推演到更大的区域、国家或全球尺度上，因此当前大气氮干沉降的监测方法主要为这两种方法。然而，推断法中沉降速率受下垫面和气象参数影响较大，如何为研究区域选择合适的典型下垫面并获得相应的气象参数是使用该方法的难点，监测方法的差异使得当前大气氮干沉降的研究结果可比性较差，从而影响了区域、国家或全球尺度上的大气氮素干沉降估算，因此，如何建立监测方法规范且统一的监测网络是当前大气干沉降需要关注的重点，急需建立高覆盖度、代表性强的监测点，统一规范化的监测方法，为全国氮沉降监测网络提供可靠的沉降数据，从而准确评估我国氮沉降的格局、趋势及生态环境效应，为决策者制定相应的节能减排政策提供科学依据。

三、大气有机氮沉降

早在 20 世纪 50 年代就首次检测报道过雨水和雪水中的溶解有机氮（Dissolved Organic Nitrogen，DON），但直到最近一二十年，大气有机氮的研究才逐渐得到重视。大气沉降中的有机氮化合物种类繁多，在大气中能够被定量认识的有机氮只有非常少的一部分。其中氨基酸和尿素氮可促进浮游生物的生长，能够被生物直接利用，因此研究大气沉降中的氨基酸氮和尿素氮有助于理解大气沉降中有机氮对水生环境如海洋、湖泊等生态系统浮游生物的影响。

（一）大气有机氮沉降概况

大气沉降中的有机氮按照其存在形态分为氧化态有机氮、还原态有机氮、生物/颗粒态有机氮三类。氧化态的有机氮，包括含氮的多环芳烃、杂环化合物和有机硝酸盐。有机硝酸盐是污染大气中氧化亚氮类与烃类化合物反应的最终氧化产物，是通过光化学反应现场生成的包括硝酸酯、硝酸二酯、羟基硝酸酯、过氧硝酸酯和过氧乙酰硝酸酯等。大气中的还原性有机氮包括烷基氰化物、氨基酸、脂族胺和尿素。除烷基氰化物外，其他的还原型有机氮主要来自海洋、森林和农业等环境的直接释放而非现场形成，这是由于大气本身是一个氧化环境。第三种形式的有机氮是生物/颗粒有机氮，包括细菌、粉尘和生物碎屑等，在低层大气中这种形式的有机氮浓度较高，它们主要来自陆源，这种形式的有机氮实际上也可以包括在氧化态或还原态有机氮中。

氧化型有机氮化合物在雨水中的浓度较低，例如硝酸过氧化乙酰（peroxyacetyl nitrate，PAN），偏远海区雨水中的浓度为 0.1～0.2 nmol·dm^{-3}，在内陆工业区也不超过 80 nmol·dm^{-3}。另一方面，氧化型有机氮化合物不容易被湿沉降清除，在大气中的存留时间较长，从而可以被远距离输送，对含氮化合物的地理分布和全球氮循环产生重要影响。另外，化石燃料和生物质燃烧产生大量的含碳气溶胶，其中含氮有机碳气溶胶约占 2/3。研究表明，某些含氮有机化合物可以显著改变气溶胶的表面活性、吸湿性和在水中的溶解度，并可能凝结生成云凝结核，对全球气候产生重要影响。尿素、氨基酸、挥发性胺等还原型有机氮化合物一般易溶于水，是雨水和气溶胶中溶解有机氮的主要成分。在加利福尼亚中部的雾水中，大约 22% 的 DON 为游离和结合态氨基酸；在美国弗吉尼亚郊区的降水中检出了 13 种氨基酸和 3 种脂肪胺类化合物，总浓度最高可达 6.7 μmol·dm^{-3}；墨西哥湾和西北大西洋雨水中的水溶性游离氨基酸为 1～15.2 μmol·dm^{-3}，比迈阿密内陆地区高几十倍。在太平洋中部的夏威夷，雨水中的尿素浓度为 1.1 μmol·dm^{-3}，占 DON 的 53%，而在气溶胶中，尿素大部分存在于粒径小于 1 μm 的细小颗粒中，约占 DON 的 46%；在日本和新西兰的太平洋沿岸，雨水中的尿素占 DON 的一半，而在大西洋上的百慕大群岛，雨水中尿素低于检测限，在英国东部沿海的 Norwich 也只有 10%。两个地区雨水和气溶胶中尿素含量的差别，反映出亚欧农业生产肥料使用的不同：亚洲农业生产中尿素等有机氮肥使用较多，而欧洲主要是无机氮肥。另外，在一些地区的降水和气溶胶中都发现了一定量的水溶性大分子有机物，在 Po Valley 的雾水中，腐殖质类和其他水溶性大分子有机物约占水溶性有机碳的 40%左右。有研究表明，这些大分子有机化合物可以通过大气光化学反应降解为小分子化合物，如水溶性游离氨基酸、伯胺、氨等。

总有机氮包括颗粒态和溶解态的有机氮，而溶解有机氮不包括颗粒部分的有机氮。总有机氮和溶解有机氮的分析都是对样品中溶解性（至少是可滤性）部分进行测定，两者的区别在于对样品中颗粒物粒径的要求不同。世界各地大气沉降中的有机氮对总氮的贡献为 7%~84%，虽然有机氮的变化范围很大，但 60%的数据显示有机氮的贡献在 10%~40%的范围内。由于受颗粒态有机氮的影响，未过滤的样品（总有机氮样品）对总氮的贡献将高于已滤样品（溶解有机氮样品）。溶解有机氮对总氮的贡献为 33%±19%，总有机氮对总氮的贡献为 41%±18%（表 1），尽管总有机氮所占的比例高于溶解有机氮，但两者并不存在显著性差异（T 检验，$t=1.24$，$p=0.21$）。整体而言，全球范围内大气沉降中的氮 34%是以有机氮形式存在的。大气有机氮沉降的研究主要集中在欧美地区，在亚洲、非洲、大洋洲和开阔大洋公开发表的数据很少。但这些研究结果已经表明世界各地的湿沉降中均含有一定浓度的 DON。陆地湿沉降（雨/雪）中有机氮的浓度比大洋和沿海/海岛的高（均值为 18.8 $\mu mol.L^{-1}$），其有机氮的比例接近总氮的 1/3，而在大洋中，尽管有机氮的浓度较低（均值为 6.8 $\mu mol \cdot L^{-1}$），但有机氮在总氮中所占的比例却高达 60%，这可能是由于远离污染源的大洋上空无机氮的含量较低，使得有机氮在总氮中的贡献显得更为重要。

表 1　全球不同区域大气沉降中的有机氮

地区	湿沉降中有机氮的浓度（$\mu mol \cdot dm^{-3}$）			湿沉降中有机氮在总氮中的比例（%）		
	平均值±标准偏差	中值	数据值	平均值±标准偏差	中值	数据值
陆地	18.8±11.4	19	12	30.2±15.0	30	23
大洋	6.8±1.2	6.4	5	62.8±3.3，6.4[b]	62	4
沿海地区或海岛	9.5±7.0	7.5	22	35.0±21.6	30	28
世界	12.0±7.9	8.0	39	35.0±19.8	32	55
	气溶胶中有机氮的浓度（$nmol \cdot m^{-3}$）			气溶胶中有机氮在总氮中的比例（%）		
世界	47.0±47.8	29	5	39.6±14.7	33.8	5

对大气有机氮沉降组成研究表明，过氧乙酰硝酸酯（PAN）因其在对流层中最为丰富及在大气化学中的重要意义而被广泛研究，城市大气中的 PAN 平均浓度为

40 nmol N·m^{-3}，非城市大气中的 PAN 平均浓度为 20 nmol N·m^{-3}，非污染环境下的 PAN 浓度大约为污染环境下的 50%。尽管 PAN 在大气中的浓度较高，但因其在水中的溶解度很低，所以在湿沉降中对总有机氮的贡献很小。大气中的烷基氰化物由于其相对较低的水溶性，在雨水中也不是主要成分。尽管雨水中同时测定总溶解有机氮和个别含氮化合物的数据很少，但据认为还原型有机氮（氨基酸、脂族胺和尿素等）应该是雨水中 DON 的最重要贡献者。

（二）大气有机氮沉降的来源

表 2、表 3 从有机氮的类型归纳了大气有机氮的组成、来源及性质。大气有机氮的来源有自然源和人为源，燃料燃烧、化肥生产和使用、大气复杂的物理化学过程以及扬尘等都可能排放或产生大气有机氮。自然源包括生物的释放、沙尘和海洋表层的气泡破碎；人为源包括工业生产、化肥的使用、化石燃料及生物物质的燃烧。无机氮与碳氢化合物间的反应也是大气有机氮的来源之一。生物本身可以通过直接或间接的方式向大气排放有机氮。细菌、花粉和生物碎屑是有机氮的直接来源，有研究指出在德国春季的露水中高浓度的氨基酸主要来自植物花粉。植物本身释放的挥发性有机物（VOC）如萜烯，与 NO_x 反应可生成有机氮化物。动物释放的大量含氮废物在微生物的降解作用下也可产生有机氮化合物。土壤的再悬浮把其中所含的腐殖质和细菌等带入大气，构成大气有机氮的一个来源，有报道的雨水中 DON 和地壳物质的统计关系支持了这一观点。海洋表层是大气有机氮的另一个来源，生存在海洋表层的细菌产生的有机氮，通过海洋表面的气泡破碎释放到了大气中。有研究指出智利南部云水中的有机氮即来自与毗邻的上升流区有关的海洋源。化石燃料和生物物质的燃烧可直接释放或通过大气中的气相、气-粒反应间接产生有机氮，如燃料燃烧释放的 NO_x 与生物或人为源释放的挥发性有机碳通过光化学反应可形成有机硝化物；烟尘与 NO_x 和 NH_3 的低温反应也可生成有机氮化合物。化肥工业和农业化肥的使用是大气有机氮的另一个源，迄今为止，化肥释放到大气中有机氮的研究还很少，不多的研究表明亚洲地区尿素化肥的使用可能是雨水中尿素的主要来源。

表 2　大气中的有机氮的种类与来源

有机氮类型		有机氮种类	来　源
氧化型	粒径小于 0.45 μm 的溶解有机氮	硝酸酯类化合物	大气化学反应
		芳香族氮化物	柴油燃烧、铝制造业
		杂环氮化合物	烟草、植被和化石燃料燃烧

续表

有机氮类型		有机氮种类	来　源
还原型	粒径小于 0.45 μm 的溶解有机氮	烷基氰化物	工业（橡胶制造业）、燃料燃烧
		酯族胺	有机物降解、工业（溶剂）、烟草燃烧
		氨基酸	海洋气溶胶、陆源释放（农业或天然植被）
		尿素	化肥工业、农业施肥、牲畜
生物/颗粒有机氮	生物有机氮：粒径大于 0.2 μm 的还原有机氮	溶解或颗粒形式的多种胺	细菌、花粉、生物碎屑
	颗粒有机氮：粒径大于 0.45~1 μm 的有机氮	颗粒形式的硝酸酯或胺类化合物	粉尘、有机碎屑

表 3　大气中不同来源的有机氮的组成与性质

分类	组成	来源	性质
氧化态有机氮化合物	含氮杂环，多环芳烃硝酸酯类化合物如：硝酸过氧化乙酰（PAN，CH_3COONO_2）硝酸烷基酯（$RONO_2$）等	一些挥发性有机物与 NO_x 大气光化学反应的产物。挥发性有机物来源于动植物释放（如异戊二烯等）和化石燃料的燃烧（非甲烷类烃和有机碳气溶胶等）	水中的溶解度较小，在大气中的存留时间较长，PAN 等可以在大气中分解生成 NO_2 和 NO，或水解为 NO_3^- 和 NO_2^-，增加大气的无机氮沉降
还原态有机氮化合物	尿素、氨基酸、挥发性胺类化合物、腐殖质等水溶性大分子有机物	自然或人类活动的直接释放，包括沙尘颗粒、工农业生产释放和海洋气溶胶等	易溶于水，大部分随干、湿沉降进入陆地和海洋生态系统，而且某些可以被生物直接利用

（三）大气有机氮的沉降与通量

对英国海岸带附近雨水中的氨基酸的研究表明，游离氨基酸浓度普遍低于 0.1 μmol · dm^{-3}，总游离氨基酸仅占总 DON 的 2%~3%。也有研究表明游离氨基酸对气溶胶中有机氮的贡献不到 1%，在西北太平洋海洋气溶胶中的浓度仅为 1.5~30.8 pmol N · m^{-3}。另有研究显示，游离氨基酸为细颗粒气溶胶中有机氮的 2%~4%，但总氨基酸（包括游离和结合的）占有相当大的比例，平均为 23%。在加利福尼亚中部地区雾水中氨基酸占总 DON 的 22%。尿素对雨水中总 DON 的贡献在英国和美国东部均小于 10%，但在其他地区却占很高的比例，如在日本和新西兰，尿素占总 DON 的

30%~60%，在塔希提岛（Tahiti）雨水中尿素的浓度为 1~8 μmol · dm^{-3}，超过总 DON 的 40%。表 4 归纳了雨水中溶解有机氮化合物的大体浓度。

表 4　雨水中溶解含氮有机化合物的浓度

化合物种类	脂肪胺	游离氨基酸	总水解氨基酸	尿素	含氮杂环化合物	含氮多环芳烃	PAN	乙腈
浓度范围（μmol N · dm^{-3}）	<0. 002~2. 7	<0. 002~6. 4 3~120 雾水	<0. 002~14 7~>250 雾水	<0. 4~10	≤0. 2	<0. 03	<0. 08	<0. 02

注：PAN 和乙腈的浓度是由它们的环境浓度和亨利系数计算得到的。

大气有机氮的沉降通量近年来报道不少。由于计算干沉降通量时需要的干沉降速度很难准确得到，因此目前有机氮沉降通量的计算大多数只涉及了湿沉降。根据海洋上全球每年降水量为 360×10^{12} m^3，计算溶解有机氮的湿沉降量为 28~84 Tg · a^{-1}，而通常认为大气溶解无机氮的湿沉降量为 28~70 Tg · a^{-1}，两值相当。因此，估算大气氮入海通量时，必须考虑有机氮的贡献。有机氮的湿沉降通量，其范围为 0. 06~1. 09 g N · m^{-2} · a^{-1}，平均值为 0. 31 g N · m^{-2} · a^{-1}，中值为 0. 22 g N · m^{-2} · a^{-1}。大气溶解有机氮在美国 Waquoit 湾的沉降通量为 0. 14~0. 75 g N · m^{-2} · a^{-1}，这一数值与以往其他区域的研究结果相近。

在全球尺度上，氨基酸氮对海洋的输入通量估计为 0. 6 Tg · a^{-1}，估计全球动物饲养场释放的甲胺为 0. 15 Tg · a^{-1}，生物燃烧释放的甲胺为 0. 06 Tg · a^{-1}。如果这两种估计能代表占支配地位的还原型有机氮的话，则还原型大气有机氮的沉降通量将在 1 Tg · a^{-1}以下。然而，基于目前的研究，现在就排除其他形式或来源的还原型大气有机氮或估计这些物质对全球还原型大气有机氮的贡献还为时过早。但在局地尺度上还原型有机氮对氮沉降的贡献可能会更重要，尤其是在受海洋和农业影响的区域。对氧化型有机氮，用 TM3 模型计算了 PAN 的沉降通量，美国东北和欧洲的沉降通量的范围在 0. 01~0. 2 g N · m^{-2} · a^{-1}之间，平均值为 0. 03~0. 06 g N · m^{-2} · a^{-1}。全球 PAN 总沉降量为 2. 5 Tg · a^{-1}，总硝酸酯类化合物的沉降量为 9. 1 Tg · a^{-1}。

由于人类活动的扰动，全球的沙尘量正在逐年增大，沙尘对大气有机氮的贡献就显得比较重要。沙尘颗粒的粒径范围从 0. 1 μm 到大于 20 μm 不等，目前还没有文献对不同粒径沙尘在大气有机氮沉降中的贡献做详细的评价，然而一些研究表明沙尘颗粒中含有一定量的有机物。阿根廷西南部沙尘沉降通量为 40~80 g · m^{-2} · a^{-1}，这些沙尘中 6%~8%是有机物质，其中氮含量为 8%~10%，推算出与沙尘有关的有机氮沉降通量为 0. 2~0. 64 g · m^{-2} · a^{-1}。根据全球沙尘沉降通量为 10~200 g · m^{-2} · a^{-1}，假设有机物的含量取较小值 2%，其中的氮含量也取相对较低的数值（1%），则保守估计沙尘中有机氮沉降通量为 0.002～0.04 $g \cdot m^{-2} \cdot a^{-1}$。大气中的含氮细菌对未过滤的湿沉降样品或干沉降中的总有机氮有贡献，但是大气中细菌有机氮的贡献大小和沉降通量至今尚不清楚。

对青岛 2005—2006 年大气气溶胶的观测表明，青岛 TSP 样品中总溶解有机氮的浓度平均值为 190±100 nmol $N \cdot m^{-3}$，占总氮的 20.8%±6.2%，全年总体而言总溶解有机氮浓度以 11 月、12 月、3 月较高。总游离氨基酸氮年均浓度为 808.3±417.4 pmol $N \cdot m^{-3}$，对总溶解有机氮的贡献低于 1%。游离氨基酸春季浓度较高，秋季次之，冬夏季节区别不明显。气溶胶中主要的氨基酸为精氨酸、甘氨酸和苏氨酸、酪氨酸、丙氨酸、鸟氨酸，占总氨基酸氮的 70%以上。尿素氮的浓度为 0.43～5.09 pmol $N \cdot m^{-3}$，对总溶解有机氮的贡献低于 3%。春季样品中尿素浓度最高，夏季次之，秋冬季节差别不大。颗粒物主要集中在粒径小于 2.1 μm 的细粒子上。夏季样品中约有 60%的颗粒物集中在细粒子上，春、秋季节，粗粒子上颗粒物的比例有所提高，在冬季燃煤取暖季节，颗粒物在各粒级的分布呈现明显的双峰分布。溶解有机氮浓度谱分布表明溶解有机氮主要呈现单峰分布，约 70%的有机氮出现在粒径小于 2.1 μm 的细粒子上。游离氨基酸氮的谱分布没有明显的峰值，在粗、细粒子上的分布相当，85%以上的氨基酸氮主要集中在 PM11 粒子上，在细粒子上，随着粒径的减小，氨基酸氮的比例有所升高。气溶胶中 69%的尿素氮主要集中在粒径小于 2.1 μm 的细粒子上。粗模态的峰值出现在 7.0～11 μm 粒径段，细模态的峰值出现在 0.65～1.1 μm 粒径段。

四、大气氮沉降的生态环境影响

仅就陆地生态系统而言，1970—2010 年间，全球陆地氮沉降显著增加，在平均氮沉降水平最高的 21 世纪前十年，全球氮沉降相对于 1970 年增加了 53%左右，而这一时期净初级生产和净生态系统生产的平均增加率仅为 0.64%和 4.6%，从这方面看，似乎氮沉降对生态系统的影响不是很大，但生态系统的物质循环-生物群落耦合的复杂性，远远放大了这种影响。

（一）大气氮沉降的宏观影响

在区域和全球氮沉降的研究中，观测和模型模拟的协调发展对大气氮沉降研究起到了重要推动作用。利用卫星遥感获取的全球大气 NO_2 柱浓度数据估算全球大气氮沉降，集成入陆地生态系统模型 IBIS（Integrated Biosphere Simulator）评估氮沉降的影响结果显示，全球大气氮沉降从 1970 年至今增加了 38.4%，全球绝大部分地区的大气氮沉降都已经超出了全球背景值，并表现出增加的趋势，氮沉降在全球的分布以及在历史时期的变化趋势都显著不同。印度、中国、欧洲和美国是世界氮沉降的高值地区，这些地区的平均氮沉降水平接近 0.94 gN · m^{-3} · a^{-1}，其中以印度氮沉降最为严重，其平均年氮沉降量达到了 1.58 gN · m^{-3} · a^{-1}。从全球范围来看，氮沉降增加最快地区主要在亚洲，其中以印度、中国和东南亚地区氮沉降增加幅度最为显著。

在过去的 40 年中，全球氮沉降增加显著，但其对陆地生态系统 NPP 和 NEP 的影响是有限的。在历史时期全球 NPP 和 NEP 的总量变化上，NPP 和 NEP 均保持着一定的增加趋势，分别较 20 世纪 70 年代增加了 9.3%和 14.8%。但在全球范围内，氮沉降对于 NPP 和 NEP 总量增加的贡献是有限的，分别仅为 0.64%和 4.6%。氮沉降对全球碳收支占比不高的主要原因主要受氮空间分布的不均匀和氮饱和的影响，大部分陆地生态系统并没有受到强烈氮沉降的影响，高值氮沉降区域主要集中在较小的区域范围内，造成氮依然是陆地生态系统限制生态系统光合作用的重要因子。森林作为碳同化和吸收的主体，氮沉降的增加并不显著，尤其是在北方森林中，这限制了氮对于全球碳收支的贡献。同时在氮沉降水平较高的区域，氮饱和作用的发生也使极大地限制了氮沉降对于全球碳收支的正向贡献。

氮沉降的增加将引起全球范围氮利用效率 NUE（Nitrogen Use Efficiency）下降。全球 NUE 的空间分布是不均衡的，一般而言，森林地区的 NUE 要高于草地。全球氮沉降的增加，大约使全球平均 NUE 下降了 2~4 gC/gN。在空间上 NUE 的变化趋势是不统一的，全球 NUE 下降最明显的地区出现在中国东部的亚热带森林地区和东欧的部分地区，在这些地区中 NUE 大约下降了 20.3 gC/gN；而最主要的 NUE 上升地区出现在东欧北部的北方森林地区，大约上升了 11.2 gC/Gn，NUE 的变化趋势和氮沉降的变化趋势紧密相关，二者表现出非常好的负相关性。同时气候变化和大气 CO_2的升高所带来的耦合效应正在减弱这种负相关性，它们对于 NUE 的影响正在增加。WUE 在历史时期有较为明显的增加，大约上升了 10%，而这其中氮沉降的贡献非常微弱。这一方面是由于氮沉降对于植被气孔导度的影响没有在 IBIS 模型中给予更为直接的表达，使氮沉降对于水循环的影响表现得不够充分；另一方面是由于氮沉降本身的空间分布特点和氮饱和的负面影响所致。在全球变化背景下的多因子耦合作用中，温度的增加和降水的变化对于水分利用效率 WUE（Water Use Efficency）起到负面影响，大气氮沉降和 CO_2浓度的升高促进了 WUE 的升高。其中，大气 CO_2浓度的升高所产生的耦合效应对于 WUE 的影响是最为显著的，而温度升高产生的负面影响最大。在 WUE 和 NUE 的平衡关系上，二者总体呈现出负相关的关系。WUE 和 NUE 的负相关性反映了植被资源利用的策略在全球的基本情况。从全球均值而言这种负相关性不显著，但二者的这种负相关性在全球范围是广泛分布的。同时这种总体不显著的关系，体现出其他环境胁迫都将对植被资源利用效率产生影响，这其中氮沉降对于这种负相关性的明显影响仅集中在氮沉降水平较高的地区。

（二）大气氮沉降对陆地碳–氮库的影响

氮是植物生长过程中极为重要的元素，其对植物光合作用、光合产物分配和凋落物分解等方面都具有直接或间接的影响，它深远地影响着生态系统碳循环和碳存储过程。

在氮对生态系统生产力的影响研究中，已证实植物的光合作用强度与土壤氮素状况和叶片氮素含量密切相关。生态系统的氮循环过程和净初级生产力对不同氮输入水平的三阶段响应提示在初始氮水平较低的生态系统中，植物生长主要受到可用性氮含量的限制，而土壤中的非共生微生物主要受碳（或能量）的限制。在氮输入持续增加直到氮饱和之前，大部分输入的氮被植物体吸收，而很少被土壤微生物固持。因此，植物的净初级生产力表现出增加的趋势。然而，当系统达到氮饱和后，输入的氮多数被土壤固持或经淋溶损失，植物吸收量逐渐减少，同时，土壤中的菌根真菌消耗植物体内的碳水化合物作为能量以固持输入的氮，从而造成植物净初级生产力的逐渐下降。在大气氮沉降增加的情况下，不同森林类型由氮限制生态系统向氮饱和生态系统转变，但不同生态系统转变的速率是不相同的。针对不同生态系统对氮输入增加的反应不同，一些研究人员提出了临界氮容量即生态系统可以承受低于该阈值的氮输入，而不表现出显著的有害效应。氮除了能够对生态系统的生产力产生重要影响外，其对光合作用产物在植被体内的分配也有重要影响。光合产物分配在生态系统碳氮循环和平衡的过程中扮演着重要的角色。从植物自身生长的角度来说，为了能够适应自然环境中的各种胁迫，植被会调整光合产物在叶片、茎秆、根系之间的分配比例，以获取在养分、水分和光照等方面的竞争优势。而从生物地球化学循环的角度来看，植被光合产物分配的改变将影响凋落物的质量和分解速率，使其对全球碳氮的源汇和植被与大气圈的气体交换产生影响。氮对于分配的影响体现在其对光合产物在地上和地下的分配比率上。在氮缺乏的生态系统中，通过光合作用获得的净初级生产力分配到细根中的比例会大幅增加。施氮实验也证实，土壤氮素的增加，将会使分配到细根的光合产物比例下降。而如果植被吸收的氮总量能够满足植物碳同化的需要，则氮将不再影响光合产物的分配，但分配比例还将受到植物物理特性、新组织的 C/N、大气 CO_2 浓度以及其他资源胁迫因子的影响。土壤中的氮状况不但直接调控植物光合作用和光合产物的分配过程，而且对土壤有机物的分解具有重要影响。一般认为，持续氮输入会提高土壤中氮的矿化速率，因为增加的氮与有机物质结合会降低土壤碳氮比（C/N），加速土壤有机物的分解和养分的释放过程。但目前无论是室内试验还是野外观测，都未能就外源性氮（包括大气氮沉降）对凋落物的分解作用形成统一的观点，可能存在促进和抑制两种相反方向的作用或几乎没有作用。根据相关研究显示，氮对凋落物分解影响的复杂性来自多个方面，如自然条件、试验条件、树种、树龄和林分发育阶段等，而这其中森林氮是否饱和对凋落物的分解影响显著。

大气氮沉降对植物、土壤、微生物等等都有着不同程度的影响，这种作用往往通过碳-氮耦合而发生。对氮输入的整合研究表明，氮沉降通过显著提高土壤无机氮库增幅为改善土壤营养条件促进了植物的生长，但却抑制土壤微生物的生长，对土壤碳库，特别是农业生态系统和非农业生态系统土壤碳库截留的作用有着明显的差异。增加氮导致施氮组植物碳库和植物氮库都有显著的增加，从 35. 7%的植物地上部分碳库增量和 44. 2%氮库增量，到 23. 1%的植物地下部分碳库增量和 53. 2%氮库增量不等。植物碳、氮库的增加促进了凋落物的积累，施氮组凋落物碳库和氮库都有显著的增加，分别比对照组凋落物碳库和氮库增加了 20. 9%和 23. 9%。植物和凋落物碳、氮库的增加意味着生态系统有机碳、氮输入的增加。氮输入显著增加了土壤碳库和土壤氮库，增幅分别为 2. 2%和 6. 2%。其中对于土壤碳库而言，增量的贡献主要来自农田生态系统增幅为 3. 5%，而对于非农业生态系统，氮输入虽然显著地增加了土壤氮库增幅为 4. 5%，但对土壤碳库并没有明显的改变仅有 0. 26%的降幅。氮输入对土壤微生物碳和微生物氮都为负效应，其降幅分别为 6. 4%和 5. 8%。所以，氮输入虽然促进了植物的生长但是却抑制了土壤微生物的生长。因氮输入对植物、凋落物、微生物和土壤碳、氮库影响的差别，即相关参数氮库的增幅都大于碳库的增幅微生物氮的减幅小于微生物碳的减幅，导致了植物、凋落物、土壤微生物和土壤碳氮比都有不同程度的降低。凋落物碳氮比和土壤碳氮比的下降对凋落物和土壤有机质的分解产生显著的影响。另一方面，氮输入在改变生态系统碳、氮库，显著增加生态系统有机碳、氮输入的同时，也改变了生态系统碳、氮流，显著增加了碳、氮的外流通量。土壤呼吸作用增加了 5. 3%，氮矿化、硝化和反硝化作用分别增加了 22. 9%、194. 2%和 112. 2%。另外，氮输入还显著降低了植物根冠比改变了植物生物量分配，显著降低了土壤值导致土壤酸化，对土壤容重和氮固持作用没有显著的影响。所以，施氮并不显著改变非农业生态系统土壤碳库，但能显著促进农业生态系统土壤碳库的积累，促进植物的生长以及增加凋落物产量。

大气氮沉降加大了对生态系统无机氮的输入量，导致土壤营养状况的改变而抑制土壤微生物的固氮过程，改变了自然生态系统相对封闭的氮循环过程，氮的输入也会促进植物生长、增加植物生物量，氮输入对植物氮浓度的影响也多为正效应，但对土壤微生物氮及氮收支过程影响具有不确定性。

总体而言，大气氮沉降显著增加了植物碳库和氮库，显著降低了植物碳氮比。施氮通过外源性氮输入人工施氮或者氮沉降增加了土壤无机氮的含量，进而增加了土壤可利用氮，植物根系通过吸收和运输营养元素，使植物叶氮浓度上升，从而增加植物光合速率并促进了植物体对大气的固定，因此，氮输入导致了植物地上部分和地下部分碳库、氮库的上升。另外氮输入通过改变植物根冠比改变了生物量的分配，使植物的生物量更多地分配在地上部分，而非地下部分。同时，氮输入对植物氮库的增量高于植物碳库的增量，因此氮输入在显著增加植物碳、氮库的同时也显著降低了植物碳氮比。氮输入通过促进植物的生长，显著增加了生态系统凋落物碳库和凋落物氮库，增加了生态系统有机碳、氮的输入，同时降低了凋落物碳氮比，改变了凋落物品质。因此，氮输入在通过增加生态系统净初级生产量，增加植物地上部分和地下部分碳、氮库的同时，也增加了返还到地表和地下凋落物的碳、氮库。另外，氮输入对凋落物氮库的增量大于凋落物碳库的增量，因此，氮输入在显著增加凋落物碳、氮库的同时也显著降低了植物碳氮比，凋落物品质的改变促进了凋落物的分解过程，加速了非农业生态系统碳、氮的周转。氮输入对土壤微生物为负效应，施氮显著降低了土壤微生物碳和微生物氮，抑制了微生物的生长。氮输入通过改变土壤性质（如氮饱和现象和降低土壤值导致土壤酸化等）、抑制生态系统固氮过程、改变根生物量等诸多因素影响土壤微生物的生长。生态系统微生物更多的是受到碳、磷等元素的限制。因此，虽然氮作为植物生长的营养限制因子能显著促进植物的碳、氮库，增加生态系统有机碳、氮的输入，但却会抑制微生物的生长。另外，氮输入对微生物氮的降幅小于微生物碳的降幅，因此，氮输入在显著降低微生物碳、氮的同时也显著降低了微生物碳氮比。整体上而言，氮输入显著增加了生态系统土壤碳库和氮库。但农业生态系统和非农业生态系统土壤碳库对氮输入的响应并不一致，氮输入显著增加了农业生态系统土壤碳库，但并不显著改变非农业生态系统土壤碳库，另外，氮输入对生态系统土壤氮库的增加也为正效应。同时，生态系统土壤碳库和土壤氮库的增加是动态的积累过程，整体上氮输入同时增加了生态系统碳输入、碳输出以及氮输入、氮输出，但因其不平衡关系，土壤碳库和氮库整体表现为上升。因此，施氮对植物、凋落物、土壤碳、氮库的正效应表明氮输入有利于生态系统碳库和氮库的积累。

生态系统碳、氮库对氮输入响应研究结果受到实验设计（施氮率、实验持续时间、施氮总量、土壤采样深度等）和环境因子如纬度变化、年平均气温、年平均降雨量等的影响。对植物地上部分碳库和凋落物碳库而言，对氮输入的响应主要受到施氮率的影响，同时也受到年平均降雨量的间接影响，而环境因子对植物地下部分碳库对氮输入响应的影响不显著。纬度变化、年平均气温是影响土壤微生物碳和土壤微生物氮对氮输入响应的主要因素，土壤微生物碳的变化也与施氮率呈显著正相关。同时，土壤微生物碳与土壤碳库、土壤微生物氮与土壤氮库的变化都呈显著的正相关关系。土壤碳库对氮输入的响应主要受到植物地下部分碳库、土壤呼吸作用变化的影响，同时也受到土壤本底碳氮比、纬度变化、年平均气温变化、施氮率、施氮总量以及土壤深度变化等方面因素的影响，而土壤氮库对氮输入的响应仅受植物地下部分碳库和土壤深度变化的影响。因农田生态系统相对于非农业生态系统具有较高的人为干扰频度和强度、较高的施氮率和施氮总量，较为适应高氮条件下生长的作物，较快的土壤有机质周转速率等因素，使农田生态系统与森林、草地及其他生态系统之间碳、氮循环过程对氮输入的响应有一定的差别。其中农田生态系统植物地上部分和凋落物碳、氮库的增幅都较大，土壤微生物生物量碳的降幅最低，且农业生态系统土壤碳和土壤氮库的累积效应最为明显。氮输入对农业、非农业生态系统土壤碳、氮周转速率的影响是以上结果产生的主要原因。氮输入导致农业生态系统土壤碳周转速率下降、周转时间上升，将有利于土壤碳库的积累。非农业生态系统土壤碳周转速率上升、周转时间下降则表明氮输入加速了土壤有机质的分解作用，不利于土壤碳库的积累。另外，氮输入对非农业生态系统土壤氮周转速率的增幅与周转时间的降幅均高于农业生态系统。因此，相对较低的土壤本底氮含量、周转速率、较高的周转时间都会促进农业生态系统土壤氮库的积累，且土壤氮库的增幅会大于非农业生态系统。对于土壤无机氮库，氮输入对农田生态系统的增幅比森林、草地及其他生态系统低，表明农田生态系统因具有较高的氮周转速率、人工对农作物产物的收获以及较高的氮外流通量等因素，使农田需要不断补充氮肥来增加土壤可利用氮，用以维持土壤肥力来促进农作物的高产。

在氮输入对土壤微生物影响的研究中发现，施氮将对微生物多样性产生负面影响，土壤细菌和真菌多样性会随施氮量的增加而下降，这可能与植物和微生物间其他限制性资源的竞争、植物引起的土壤真菌和细菌生态位的多样性减少以及土壤酸化等因素有关。过量氮肥会威胁生态系统的生物多样性，不仅降低土壤微生物多样性，还会对土壤动物多样性以及地上部的植物多样性造成消极影响。相反，一些研究显示施氮未使土壤微生物多样性出现显著变化，16SrRNA 基因测序表明，施氮对细菌多样性无显著影响，但却显著改变了该地的微生物群落组成，而微生物类群变化可能是氮有效性增加所导致。此外，将不同地理位置（南、北方）、气候类型以及森林生态系统类型的氮添加试验进行对比发现，在温带和北方森林生态系统中，一般认为微生物和植物可利用的有效氮有限，此时氮添加可能导致细菌和真菌多样性的增加，缓解该地区的氮限制。但许多北方森林表现出不同的趋势，例如，在一项北方森林生态系统的氮添加试验中，土壤真菌群落从 67 个 OTU（分类操作单元）下降到 52 个 OTU，生物多样性显著下降，土壤肥力随施氮量增加而下降。同时，腐殖质层真菌群落结构也发生显著改变，施氮增加了担子菌的数量。此外，在相同条件下添加淀粉，该样地凋落物中的真菌多样性和群落结构也表现出相似的变化，推测施氮改变了植物碳的输送进而影响到真菌群落。施氮会引起微生物群落组成的显著变化，对细菌群落产生消极影响。施氮不仅能影响土壤微生物多样性和群落结构，同时也会引起微生物功能类群的变化，但不同微生物功能类群对施氮的响应存在明显差异。

有研究表明，在全球范围内，氮沉降对土壤微生物的生长、组成和功能的负面影响在陆地生态系统中是普遍存在的，包括冻原、草地、森林、湿地和农田，主要表现为微生物生物量减少（总生物量，细菌生物量，真菌生物量分别减少 13.2%，16.6%，19.2%），微生物群落组成结构改变［如真菌细菌比率降低 7.9%、革兰氏阳性菌和阴性菌比率有增加趋势（$P=0.075$）等］，微生物呼吸减少 8.1%，且微生物呼吸和生物量对氮沉降的响应存在显著的相关关系。氮沉降对微生物生物量的抑制会导致对微生物呼吸的抑制作用，氮沉降浓度和时间的增加会进一步抑制微生物的活性，而较高的气温会在某种程度上使这些影响减弱。凋落物分解和养分释放对氮添加的响应受施氮浓度和施氮时间的影响，气候变暖和降水的变化也对这些响应有交互的调节作用。由于凋落物质量和植物多样性的差异，凋落物分解在人工林中减少了 3.45%，而在次生林中增加了 2.00%。

由人类活动引起的大气氮沉降对整个地球生态系统造成重要的影响，这种影响多半是负面的，但对于氮沉降引起土壤微生物变化的内在机制还存在很大争议，对氮沉降如何影响地下微生物群落相关功能知之甚少，探明氮沉降引起土壤微生物群落结构和多样性改变会对生态系功能造成何种影响，构建氮沉降生态风险评价体系以及预测生态系统功能变化势在必行。

（三）大气无机氮沉降对海洋生态系统的影响

大气中的含氮化合物以气溶胶形式存在或吸附在悬浮颗粒物表面，并通过大气干、湿沉降到达海洋。在近海区，各种形式氮的大气输入会导致或加剧水体的富营养化，而在氮限制的寡营养盐的远海区，大气沉降可能是浮游生物生长所需氮的主要来源。

大气对氮物质的输入是非常令人感兴趣的，因为氮是海洋中生物生产和生长的必需营养素。在干湿沉降输入的营养盐对海洋生态系统的影响研究表明，雨水中的 NO_3^- 能增加叶绿素 a 的产量。大气干湿沉降对北海南部氮的输入贡献大致相当，氮的湿沉

降为 $126\times10^3\ t\cdot a^{-1}$，干沉降为 $102\times10^3\ t\cdot a^{-1}$。当北海的初级生产力受营养元素限制时，在离岸分层的地区大气可能是最重要的氮源，在欧洲向大气释放的 NH_3 和 NO_x 增加时更是如此。大气干湿沉降对北佛罗里达 12 处水域来说，是氮的主要来源。河水中总溶解氮通量与大气沉降中 NO_3^- 和 NH_4^+ 的通量相近。对切萨匹克湾的研究表明，由人类活动所产生的氮中大约有 40%是经由降水直接流入切萨匹克湾或其水域的。这一结果与更早时间所做的研究结果不同，因为在这一研究中大气输入不仅包括对水域表面的直接沉降，也包括来自大气但降于海湾流域然后进入海湾的输入。就硝酸盐来说，23%是直接降于海湾的，另 77%是降于海洋流域上的（这一结果表明仅考虑直接降于海湾表面的研究可能低估了大气输入的真正重要作用）。在切萨匹克湾地区，农田全部氮肥的释放量大约为 $5.4\ g\cdot m^{-2}\cdot a^{-1}$，而通过大气进入海湾的硝酸盐和氨氮大约为 $4.8\ g\cdot m^{-2}\cdot a^{-1}$。通过大气带入的氮大部分是人为原因造成的，几乎与其流域农田通过化肥所获得的一样多。

在我国，已有证据表明，大气沉降输送的氮较之河流而言不可忽视，且以湿沉降为主。对黄海的观察发现大气沉降可能成为海水营养盐的主要来源，尤其在向上的输入（如上升流）很小的真光带。营养盐的偶发性沉降只占海水中营养盐含量的一小部分（≤10%），然而局部的降雨可能导致西北太平洋大陆架区的有害赤潮发生。雨雪向黄海输送的营养盐浓度比起偏远地区来说还是很高的，与河流输入相比（表 5），这一地区的大气沉降对海洋生产力影响非常显著，可能与河流输入差不多或者更重要一些。表中可见，大气湿沉降对黄海的 DIN 输入是主要的途径。

表 5　氮通过大气沉降和河流向黄海西部海域的输送通量（$\times10^9\ mol\cdot a^{-1}$）

途径	NO_3^-	NO_2^-	NH_4^+
大气	1.90	0.04	5.62
河流	2.38	0.12	1.75

大气输入氮对海水氮缺乏的海域尤为重要。最新研究表明，在这些海域，总体来说大气输入的氮仅占供给透光层“新鲜”氮总量的百分之几，大部分“新鲜”营养氮源于营养物丰富的深水层的上涌。然而大气的输入具有很强的时段性，作为表层水域氮来源的大气输入有时能起到重要的作用。目前关于通过河流、大气和固氮作用输入全球海洋的固态氮的估算表明，所有三种来源都十分重要，而且在估算的误差范围内它们作用大致相同。就河流情况而言，大约一半的氮输入是人为原因造成的，就大气输入而言，这些研究揭示给我们的最重要的信息也许就是有机氮的输入似乎与无机氮

（如铵和硝酸盐）的输入相同，或者可能比无机氮的输入大很多。有机氮的来源尚不清楚，但从根源上说大部分有机氮源于人类。

人们高度重视人类活动的不断增加所导致的大气对海洋氮输入的变化，如工业革命前各大陆氮产生情况，当前来源于各种能源（主要是氮氧化物）、化肥和豆科植物及人为产生的活性氮，未来几十年由于人类活动所产生的活性氮以及未来在大陆和海洋活性氮沉降的分布情况等。研究表明在世界上最发达地区，固态氮的形成相对增长不大，这其中任一地区到2050年的增长都不会超过1.5倍，使全球活性氮的增长不超过10%。预计在亚洲由能源所产生的活性氮将增长4倍并将使全球活性氮的产生增长近40%；而在非洲活性氮的产生将增长6倍并将造成全球由能源产生的固态氮增长15%。预计在亚洲由于使用化肥所造成的活性氮的产生将增长2.4倍，并使全球源于使用化肥所产生的氮增长约88%。由于能源（氮氧化物，最终为硝酸盐）和化肥（氮）的使用最终造成活性氮向大气广泛释放。以上的预测表明，在亚洲、中南美洲、非洲和苏联地区的下风区大气对海洋营养氮物质的沉降将会大大增加。

通过数值模拟预测大气对这些地区输入氮的增长情况显示，活性氮向海洋输入和沉降的增长也同样会导致这些地区对流层臭氧产生量的增长，还会为目前生物生产受到氮限制的海洋的某些区域提供新的氮营养来源。因此有可能，或至少是暂时对这些地区海洋的初级生产产生重要影响。

比较工业革命前、1990年和2020年全球人为原因造成的固态氮，工业革命前大陆固态氮为每年$90\sim130\times10^{12}$ g，1990年人类将这一数字增加到约每年140×10^{12} g，2020年这一数字增加至每年230×10^{12} g。在2020年人类使自然来源的活性氮与1990年相比增长至2~3倍。在目前每年人为原因造成的230×10^{12} g氮中，大约有60×10^{12}g进入了海洋，其中的大部分留在海岸地带。目前每年有大约18×10^{12} g人为原因生成的氮由大气输入海洋，另外大约还有源于自然的同样数量的氮。但这些数据仅仅考虑了无机氮，如果将有机氮考虑在内，输入量很有可能还会高很多。

（四）大气有机氮沉降对海洋生态系统的影响

海洋浮游生物可以利用至少一部分大气沉降中的有机氮，有报道雨水中超过30%的溶解有机氮可被浮游生物在数小时或数天后利用；也有认为雨水中45%~75%的有机氮可以被微生物很快利用。单一的有机氮化合物像尿素和氨基酸可被各种浮游生物所利用，其他有机氮化合物如尿囊素、尿酸（酰脲化合物）也可以被海洋浮游生物所利用。由于在一定条件下大气沉降中的有机氮可以增加海洋初级生产力，进而增加CO_2的吸收速率并对全球的气候变化产生影响，因此大气有机氮入海通量的计算成为相对敏感的科学问题。但有人指出与全球碳循环系统相比较，大气输入到海洋生态系统中的氮是微不足道的，这一说法是建立在对化合态氮（主要指 NO_x）入海通量为12 Tg的估计基础上的，如果海洋浮游生物以固定的 C/N 吸收 CO_2，那么这些氮相当于72 TgC，这仅为不到全球人为释放 CO_2量的 1%。然而，这种估计没有考虑大气中各种来源的有机氮及其对海洋生态系统的影响。另外，这一观点受到质疑还因为它仅考虑了氮的直接吸收，而忽略了反馈作用。如果按照大气中溶解有机氮的入海量为 28~84 Tg · a^{-1}，溶解无机氮的入海量为 28~70 Tg · a^{-1}进行计算，并假设这些氮最终都能被生物所利用，则这些氮相当于 330~930 TgC，这一数值为全球人为释放 CO_2量的 4%~12%（全球人为 CO_2释放量以 8000 Tg · a^{-1}计）。考虑到气相有机氮存在的可能性和大气有机氮干沉降数据的缺乏，上述对总氮通量的估计可能是一个保守值。因此，实际大气氮的入海通量和吸收 CO_2的量还会有所增加。

大气有机氮沉降还可能影响海洋生态系统的结构。实验研究表明，对相同浓度的有机氮和氨氮，海洋细菌和浮游植物生物量的响应大小是相似的，但是最终浮游植物的生物群落的组成却显著不同，在雨水有机氮培养组，硅藻和甲藻占浮游植物总量的90%以上，而在氨氮培养组，单细胞生物占生物量的 85%以上。这表明了入海的有机氮还可能存在潜在的反馈作用，如近海地区浮游植物生态群落的改变可能导致有害赤潮的暴发，然而，由于目前大气有机氮沉降数据的相对缺乏，还不能充分认识大气有机氮对海洋生态系统的真正意义。

五、结语与展望

最近几十年来，大气氮沉降对海洋生态环境的影响得到国内外学者的广泛重视，已成为全球变化的一个重要研究领域，来自毗邻陆地污染源和经由长距离传输的源自内陆的大气氮通过沉降过程进入海洋，在远离人类活动影响的深海大洋，大气氮沉降占据极为重要位置，大气物质中的含氮等营养物质在某种程度上能促进海洋生产力，进而影响海洋生态系统和海洋环境变化。

海洋大气氮沉降研究应重点关注：①构建规范的海洋大气氮沉降监测网。海洋大气氮沉降监测站应符合点位代表性、空间垂直条件、空间水平条件、场地畅通条件等规范要求，并避免监测人员的生活活动对大气背景值监测结果造成影响。②聚力氮沉降监测数据质量控制与科学应用。构建海洋大气氮沉降监测与评价质控体系，主要包括质量控制措施、质量保证程序以及对监测和评价过程中不确定度的评估方法等。重点开展现场监测结果与综合数学模型相结合的海洋大气氮沉降监测评价系统建设和应用，对一些敏感海洋生态系统开展大气氮沉降生态响应与反馈的长期定位试验，为我国控制大气污染对海洋生态系统的影响提供有力支撑。③亟需开展与全球变化相关的海洋大气氮沉降前沿研究。具体包括海洋大气干湿沉降新型污染物与病毒的传输与沉降机制、大气干湿沉降的生物可利用性及对海洋生态环境的影响机理、自然与人为影响海洋大气干湿沉降的甄别与效应、海洋大气干湿沉降的短期与长期生态环境效应以及大气气溶胶来源与长距离传输变化对海洋沉降的影响等的系统研究。

参考文献

吕晓霞,宋金明,2003. 海洋沉积物中氮的形态及其生态学意义[J]. 海洋科学集刊,45:101-111.

石金辉,高会旺,张经, 2006. 大气有机氮沉降及其对海洋生态系统的影响[J]. 地球科学进展, 21(7): 721-729.

宋金明,1996. 赤道西太平洋部分海域上层水的海洋化学[J]. 海洋科学,(2):40-44.

宋金明,李鹏程,詹滨秋,1997. 热带西太平洋定点海域(4°S,156°E)营养盐变化规律及降水对海水营养物质的影响研究[J]. 海洋科学集刊,(38):133-141.

宋金明,李学刚,邵君波,等,2006. 南黄海沉积物中氮、磷的生物地球化学行为[J]. 海洋与湖沼, 37(4): 562-571.

宋金明,李学刚,袁华茂,等, 2020. 海洋生物地球化学[M]. 北京:科学出版社.

宋金明,马红波,李学刚,等, 2004. 渤海南部海域沉积物中吸附态无机氮的地球化学特征[J]. 海洋与湖沼,35(4):315-322.

宋金明,马红波,吕晓霞,等,2003. 渤海沉积物氮的生物地球化学功能[J]. 海洋科学集刊,45: 86-100.

宋金明,邢建伟,2021. 大气干湿沉降及其对海洋生态环境的影响[M]//李乃胜,宋金明. 经略海洋(2021)——洁净海洋专辑. 北京:海洋出版社.

宋金明,李鹏程,1997. 热带西太平洋定点海域降水的化学特征研究[J]. 气象学报,55(5): 634-640.

吴玉凤,高霄鹏,桂东伟,等,2019. 大气氮沉降监测方法研究进展[J]. 应用生态学报, 30(10): 3605-3614.

邢建伟,宋金明, 袁华茂,等, 2017. 胶州湾生源要素的大气沉降及其生态效应研究进展[J]. 应用生态学报, 28(1): 353-366.

邢建伟,宋金明,袁华茂,等, 2017. 胶州湾夏秋季大气湿沉降中的营养盐及其入海的生态效应[J]. 生态学报, 37(14): 4817-4830.

邢建伟,宋金明,袁华茂,等, 2019. 典型海湾大气活性硅酸盐干沉降特征及其生态效应初探——以胶州湾为例[J]. 生态学报, 40(9):3096-3104.

SONG JINMING, 2010. Biogeochemical Processes of Biogenic Elements in China Marginal Seas[M]. Berlin Heidelberg and Hangzhou: Springer-Verlag GmbH & Zhejiang University Press: 1-662.

JIANWEI XING, JINMING SONG, HUAMAO YUAN, et al. , 2017. Atmospheric wet deposition of dissolved trace elements to Jiaozhou Bay, North China: Fluxes, sources and potential effects on aquatic environments[J]. Chemosphere, 174:428-436.

JIANWEI XING, JINMING SONG, HUAMAO YUAN, et al., 2017. Chemical characteristics, deposition fluxes and source apportionment of precipitation components in the Jiaozhou Bay, North China [J]. Atmospheric Research, 190: 10-20.

JIANWEI XING, JINMING SONG, HUAMAO YUAN, et al., 2018. Water-soluble nitrogen and phosphorus in aerosols and dry deposition in Jiaozhou Bay, North China: Deposition velocities, origins and biogeochemical implications[J]. Atmospheric Research, 207: 90-99.

JIANWEI XING, JINMING SONG, HUAMAO YUAN, et al., 2017. Fluxes, seasonal patterns and sources of various nutrient species (nitrogen, phosphorus and silicon) in atmospheric wet deposition and their ecological effects on Jiaozhou Bay, North China[J]. Science of the Total Environment, 576: 617-627.

JIANWEI XING, JINMING SONG, HUAMAO YUAN, et al., 2019. Atmospheric wet deposition of dissolved organic carbon to a typical anthropogenic-influenced semi-enclosed bay in the western Yellow Sea, China: Flux, sources and potential ecological environmental effects[J]. Ecotoxicology and Environmental Safety, 182: 1-9.

作者简介：

戴佳佳，博士，中国科学院海洋研究所助理研究员，2019 年在中国海洋大学获得博士学位，后在山东大学从事博士后研究。聚焦化学物质在生物体内迁移代谢研究，主持国家青年基金、山东省自然科学基金等项目，发表论文二十余篇。

酸沉降的形成及生态环境影响①

戴佳佳[1,4]　邢建伟[1,2,3,4]　宋金明[1,2,3,4]

（1. 中国科学院海洋生态与环境科学重点实验室，中国科学院海洋研究所，山东 青岛 266071；2. 青岛海洋科学与技术国家实验室海洋生态与环境科学功能实验室，山东 青岛 266237；3. 中国科学院大学，北京 100049；4. 中国科学院海洋大科学研究中心，山东 青岛 266071）

摘要：酸雨是酸沉降研究最为聚焦和人们熟知的领域，近几十年来，有关酸沉降研究在酸沉降形成机制、沉降通量以及酸沉降的生态环境影响已有大量的研究报道，获得了诸多的系统认识，我国酸沉降相关的大气污染物已从当初的以 SO_2 为主，过渡到现在的 SO_2 和 NO_x 同期控制，酸性气体 SO_2 和 NO_x 是酸雨形成的主要前体物，二者排放与能源结构和能源消费量密切相关；近年来，随着环保措施的实施，我国降水 pH 值总体有所升高，酸雨问题较为严重的地区大多都有所好转；酸性沉降物的生物影响在不同地域、不同环境下有巨大差异；酸性沉降物已经对海洋生态环境造成了一定的影响。本文从酸沉降的形成机制、酸沉降监测以及我国酸沉降的基本状况三个方面比较系统地总结归纳了酸沉降及其生态环境的影响，为探明酸沉降的发展趋势和海洋生态环境影响提供科学依据。

关键词：酸沉降；酸雨；形成机制；生态环境影响

本文观点：首先界定了酸沉降的内涵，即“酸沉降指的是由人为活动或自然过程排放出的二氧化硫（SO_2）、氮氧化物（NO_x）等致酸气体及其在大气中形成的气态或颗粒态物质与氨气（NH_3）、碱性金属离子等中和后仍呈现酸性的物质通过干沉降，或经由降水过程沉降到地表（湿沉降，一般将 pH 值小于 5.6 时的降水称为酸雨）所产生的环境问题”。对环保的重视，大量环保措施的实施，酸沉降（酸雨）的研究远不如 20 年前热，造成的环境影响也日趋减弱，但酸沉降的研究及其环境影响仍是人类可持续发展中必须关注的重

① 中国科学院战略性先导科技专项（XDA23050501）与烟台双百人才项目资助。

要问题，特别是新型致酸微痕量物质，尽管其量不大，但造成的影响特别是对人–动物–植物生命链的系统影响须倍加关注。

酸沉降是大气湿沉降研究最多的领域，所发表的论著占大气沉降总数的60%以上，国内外研究的顶峰时期在20世纪70—80年代，内容多为沉降物组成及沉降通量，近年来的论著多集中于酸沉降的机制与生态环境效应。基于对酸沉降的综合分析，提出酸沉降的内涵即是指由人为活动或自然过程排放出的二氧化硫（SO_2）、氮氧化物（NO_x）等致酸气体及其在大气中形成的气态或颗粒态物质与氨气（NH_3）、碱性金属离子等中和后仍呈现酸性的物质通过干沉降，或经由降水过程沉降到地表（湿沉降，一般将pH值小于5.6时的降水称为酸雨）所产生的环境问题。

一、酸沉降的形成机制

大气酸沉降的形成是大气化学过程、大气物理过程以及生物过程及其相互作用的复杂的过程。从化学角度看，大气中酸性物质（如SO_2，NO_x）增加，或碱物质（如NH_3、大气气溶胶）减少，或两者同时发生都将导致湿沉降的酸化。造成酸沉降的重要原因是人为污染，人类活动给大气带来了许多污染物质，排入大气的SO_2及其转化的亚硫酸、硫酸、硫酸盐以及NO_x（NO，NO_2）及其转化的亚硝酸、硝酸、硝酸盐，再加上工业排放的HCl等酸性物质，它们组成了酸沉降的主要成分和基质。这些成分和基质在太阳辐射、O_3、水滴中的锰或铁离子以及过氧化物等作用下，生成亚硝酸和亚硫酸，这些酸或溶解到雨、雪、雾中，或作为酸性粉尘降落，附着到树木或地面上，进一步被氧化成硝酸和硫酸。另一方面，还有一些物质在大气中发生化学反应后直接生成硝酸和硫酸。SO_2、NO_x在气相中被氧化成硫酸和硝酸，以气溶胶或气体形式进入液相，或者SO_2和NO_x被吸收进入液相后，在液相中被氧化成硫酸根和硝酸根，这是大气氮和硫的气相途径和液相途径。此外，SO_2和NO_x还可以在气液界面发生化学反应，在液相中被金属离子（如铁、锰、铜、钒等）或强氧化剂（如O_3，H_2O_2，ROOH等）催化氧化转化为硫酸根和硝酸根，这就是多相气液反应。当有水汽存在的情况下，两者都能被大气中的颗粒物吸收，特别是被煤烟中的细小碳粒所吸附，从而发生界面氧化（也即非均相氧化反应）。酸沉降中常含有多种无机酸和有机酸，并以无机酸为主，无机酸中又以硫酸和硝酸为主。目前还不太清楚碳氢化合物转化为有机酸的途径。综上所述，大气酸沉降的形成大体有四个过程：①水蒸气冷凝在含有硫酸盐、硝酸盐等凝结核上；②形成云雾时，SO_2、NO_2、CO_2等被水滴吸收；③气溶胶颗粒物质和水滴在云雾形成过程中互相碰撞、凝聚，并与雨滴结合在一起；④降水时空气中的一次污染物和二次污染物被冲洗进入雨水中。酸沉降即上述形成的酸性物质的湿清除过程。湿清除是常见的大气污染物汇机制，它可分为云中雨除（rain out）和云下洗脱（wash out）两种情况。云中雨除最有效过程是通过云滴进行的，在云形成过程中，云滴首先与爱根核（粒子半径为0.005~0.1 μm的气溶胶颗粒）颗粒凝结，再长大而成为雨滴，即通过成核、扩散或漂移、电效应以及惯性碰并作用，使粒子进入云滴，再由足够的云滴聚合成雨滴，在重力作用下从大气中清除。水滴形成时收集并与污染物反应是一个十分有效的酸化过程，其酸化效率依赖于一系列不同的因素，如污染物的种类和浓度以及水滴的大小和湿度。云下洗脱是指云下降雨或降雪对大气中气体和颗粒物的冲刷、溶解和吸收，使其从大气中消除的过程。其主要机制是雨滴或云雾对气体或颗粒物等污染物的吸附、吸收、扩散、溶解等传质过程，或伴随有化学反应发生，最终污染物随降水到达地面，消失于大气环境中。对于去除颗粒物而言，云下洗脱相对更重要，在水滴降落过程中，大气颗粒物对水滴酸度的影响作用更为明显，这时颗粒物的酸碱性会显著影响水滴的酸碱性，一般情况下会降低其酸度。因此，湿沉降过程是从核化成云过程开始的，与云和降水形成的微物理机制及化学过程密切相关。大气降水酸度决定于各个来源的相对贡献率，而不是决定于绝对贡献率。由于SO_2和NO_x是产生酸沉降的主要前体致酸物，因此在SO_2和NO_x排放量越大的地方，酸雨出现越频繁，酸性也越强。此外酸性污染物的迁移和扩散也是影响酸沉降形成的重要因素。SO_2和NO_x及其转化成的气溶胶，在大气中可存留数天并可随风迁移。同时，气候和气象条件也会影响前体物的转化率，其中太阳辐射和水汽含量的增加可促进SO_2和NO_x的转化，形成局地沉降等等。此外，大气扩散能力也很重要，例如当地面受反气旋控制时，近地层风力微弱，大气扩散能力弱，且伴有下沉气流，使酸性污染物在低层大气中积累，有可能在经过一系列化学反应后会增加酸性沉降。同时，大气中的碱性物质（如碱性颗粒物或碱性气体）对酸沉降的形成也起着不可忽视的作用，大气中的碱性粒子主要来源于土壤和沙尘，不同粒径的粒子来源和性质都不尽相同，所具有的缓冲能力也就不同。其中，对酸沉降起着非常重要中和作用的是Ca^{2+}，其次是Mg^{2+}。随着粒径的减小，SO_4^{2-}与Ca^{2+}含量的比值均增大，因而小粒径粒子的pH值和缓冲能力都低于大粒径。大气中的碱性气体以NH_3为主，主要来源于有机物分解和农田使用的含氮肥料的挥发，由于它易溶于水，可在有水分的条件下与SO_2反应生成硫酸铵和亚硫酸铵，对酸性物质起到中和作用，从而降低了湿沉降的酸度。

二、我国酸沉降的监测与发展

酸性沉降物监测是其研究的前提。我国酸雨业务化监测始于1982年，长江以南和青藏高原以东的广大地区，加上四川盆地，是我国主要的酸雨分布区（全年降水平均 pH 值<5.6），其中西南、中南、华南和华东地区先后出现重酸雨区（全年降水平均 pH 值<4.5），在 21 世纪初我国酸雨区分布一度出现“东移北扩”的变化趋势，2007 年之后全国酸雨区面积逐渐减少，重酸雨区的污染程度也有所缓和。我国酸雨发展可以分为 4 个主要阶段，第一阶段，20 世纪 80 年代到 90 年代中期为我国“酸雨快速发展阶段”，全国降水平均 pH 值下降到 5.25 左右，酸雨区面积占国土面积的 30%以上；第二阶段，20 世纪 90 年代中期到 21 世纪初，进入“酸雨污染缓和阶段”，降水年均 pH 值在西南地区有所上升，但长江中下游地区和东南沿海地区有所下降，2000 年全国降水平均 pH 值为 5.60；第三阶段，2000—2007 年是“酸雨再次恶化阶段”，全国降水平均 pH 值下降到 5.18，酸雨区面积有所扩大，中南、华中和华东重酸雨区连片，华北地区也恶化明显；第四阶段，2007 年至今为“酸雨持续改善阶段”，全国降水平均 pH 值明显回升，到 2018 年为 5.88，酸雨区面积仅占总国土面积的 5.5%。

酸性气体 SO_2 和 NO_x 是我国酸雨形成的主要前体物，二者排放与我国的能源结构和能源消费量密切相关。我国是煤炭消费大国，在 2000 年之前，煤炭消费总量占能源消费总量的 70%以上。2000 年之后，虽然随着能源结构的调整，煤炭消费占总体能源消费的比例有所下降，但煤炭消费总量快速上升，以煤炭为主的能源结构和快速增长的能源消耗导致我国大量 SO_2 和 NO_x 的排放。在 2006 年之前，全国 SO_2 的排放量与煤炭消耗量呈一致的增长趋势，最高达到 32 $Tg \cdot a^{-1}$。与此同时，NO_x 的排放量也随着能源消耗和汽车保有量的急剧增长而持续快速增加，到 2012 年最高达到 28 $Tg \cdot a^{-1}$，2006 年国家开始实行的 SO_2 总量控制以及 2011 年实行的 SO_2 和 NO_x 总量控制行动，有效地减少了酸性气体的排放，到 2018 年，全国 SO_2 和 NO_x 的年排放量与峰值时期相比分别下降了 72%和 51%，显然，我国酸雨的时间演变趋势与 SO_2 和 NO_x 排放呈现一致性，特别是 2006 年后，我国降水 pH 值持续上升，酸雨区面积逐渐缩小。然而，全国 SO_2 和 NO_x 排放的空间分布与酸雨强度的空间分布并没有呈现完全一致性。2005 年以来，SO_2 和 NO_x 排放强度的高值区主要集中在华北地区，然而酸雨污染最严重的区域仍集中在南方地区，这主要是因为酸雨的形成还与大气中的 NH_3 以及大气颗粒物（包括扬尘和工业排放）中盐基阳离子（base cations，BCs）等碱性物质的缓冲作用有重要关系，其中，NH_3 一方面是中和降水酸度的重要物质，另一方面沉降到生态系统中又会产生严重的酸化效应，也被认为是酸沉降的重要前体物。目前全国 NH_3 排放量（主要来自化肥施用和牲畜养殖）估算虽然存在很大不确定性，但总体上也呈上升趋势，华北及西南地区是 NH_3 排放的高值区，这在一定程度上能够降低这两个地区由高 SO_2 和 NO_x 排放带来的降水酸度。同时，华北地区大气中偏碱性的土壤沙尘和人为排放颗粒物也能部分中和降水中的酸性物质，使得华北地区并未成为降水 pH 的低值区。

三、我国酸沉降的基本状况

大气酸性和碱性物质排放量的变化决定着降水的化学组成，并最终影响降水 pH 值。通过对我国降水化学组成的观测，发现硫酸根（SO_4^{2-}）和硝酸根（NO_3^-）是主要的阴离子，贡献着降水的酸度；而铵（NH_4^+）和钙离子（Ca^{2+}）是主要的阳离子，能中和降水酸度。综合不同研究结果显示，我国 SO_4^{2-}、NO_3^- 和 NH_4^+ 的湿沉降的时间变化趋势分别与 SO_2、NO_x 和 NH_3的排放趋势呈现很好的一致性，硫沉降（主要是 SO_4^{2-}）和氮沉降（主要是 NO_3^- 和 NH_4^+）的空间分布特征也与相应气体的排放特征相一致，我国的氮沉降从以 NH_4^+ 为主，逐渐转变为 NH_4^+ 和 NO_3^- 混合，但随着近年来 NO_x 排放的快速下降及未来由于各种控制措施的实施带来的进一步下降，而 NH_3排放若无明显控制，NH_4^+ 沉降对氮沉降的贡献率可能回升。

我国近年来大气降水的 pH 值由低到高依次为西南地区、华东地区、华南地区和西北地区，各地降水 pH 值总体有所升高，酸雨问题较为严重的地区大多都有所好转。由电导率可以看出，污染程度最严重的为西北地区和西南地区，且位置偏远的地区降水较城市地区更清洁。酸性离子 SO_4^{2-}、NO_3^- 在西北和西南地区的中和程度较高，华东和华南地区较低，Ca^{2+}为降水中起最大中和作用的碱性粒子。总体上各地降水中的总离子浓度随时间逐渐降低，降水污染程度好转。除华南地区（珠海市）的降水类型以硫酸-硝酸混合型为主外，其他地区均以硫酸型为主。二次硫酸盐、机动车排放源和化石燃料燃烧源均为各地的主要污染源，此外在西南和西北地区还存在扬尘源和农业源，华东和华南地区还受生物质燃烧源和海盐源的影响。湿沉降通量在空间上表现为西南>西北>华东>华南地区，西南、西北和华东地区湿沉降量随时间有下降趋势，但华南地区在 2014 年开始升高，Ca^{2+}为大多地区沉降量最高的阳离子。硫沉降通量表现出西南>西北>华东>华南的特征，且在城市地区由于人为活动排放导致硫沉降通量更高。此外，硫沉降量在西南地区和西北地区均随时间有明显下降，重庆市下降了约 7 成。无机氮湿沉降通量在研究中主要以 NH_4^+ 为主，且总体上随时间下降明显。城市地区的无机氮沉降总量为西南>西北>华东≈华南的特征。

酸沉降的生态环境影响一直备受关注，可造成地表水、土壤等的酸化，继而对水生生态系统、陆地生态系统产生影响，这方面研究亟需加强，我国对土壤和地表水酸化的认识迄今仍主要基于个别森林小流域的长期观测和极其有限的区域性调查，缺乏网络化的长期观测与研究；在对植被的影响，特别是氮沉降对植被生长和生物多样性的影响方面，我国也缺乏长期有效研究。此外，经过多年的努力，我国的酸沉降已经开始降低，认识酸化生态系统的恢复过程，以及相关的前沿问题，比如历史上土壤吸附硫酸盐的解吸，可溶性有机碳（DOC）增加及其对重金属污染的促进，以及酸化、氮沉降同气候变化的耦合等，也依赖于国家监测体系的建立。

我国过去 40 年来酸雨发展历程研究表明，1998 年，中国酸雨城市的比例为 52.8%，到 2018 年，这一比例已降至 37.6%，酸雨面积呈下降趋势，表明空气质量有所改善。2018 年，酸雨主要集中在长江以南，滇黔以东高原，包括上海、浙江、江西中部、福建北部、湖南中部和东部、重庆南部和广东中部。酸雨类型以硫酸型酸雨为主，但自 1998 年以来降水中的硫酸根离子一直在减少，而硝酸盐离子的比例略有增加，目前酸雨化学组成由硫酸型转变成硫酸-硝酸-铵混合型，与 1998 年相比，2018 年 SO_4^{2-}/NO_3^- 的浓度比从 11.7 下降到 2.1，整体呈下降趋势，表明硝酸盐对降水酸度的贡献逐年增加。在降水中主要阳离子为钙离子和铵离子，其中主要阴离子为硫酸盐。长三角区域多年平均降水 pH 值和酸雨频率分别为 4.87±0.28 和（57.12±18.67）%，大气中 SO_2含量逐年显著下降，但是不同区域大气 NO_2含量变化趋势存在差异。其中，上海和南京地区 NO_2含量缓慢下降，而苏州和宁波地区 NO_2含量则仍然呈显著上升趋势。降水 pH 值仍然受 SO_2含量变化的显著影响，降水中硫氮比（SO_4^{2-}/NO_3^-）从 20 世纪 90 年代的 7.5 左右下降到当前的 2.0 左右，区域酸雨类型已经转变为硫酸-硝酸混合型。

我国的大气环境问题也由以酸雨和总悬浮颗粒物污染为主，转变成酸雨-细颗粒物-光化学烟雾复合型污染。就酸雨的变化来看，2001—2018 年间，浙江省酸雨污染以 2009 年为界呈先加重后减轻的趋势，降水酸度和酸雨率均得到显著改善，全省大部分城市均处于轻酸雨区，并有部分非酸雨城市出现。降水中的硫酸根离子浓度呈显著下降趋势，硝酸根离子浓度呈波动变化，但变化不显著。硫酸根离子与硝酸根离子的当量浓度比值呈显著下降趋势，由 2002 年的 3.48 降至 2018 年的 1.35，酸雨类型由硫酸主导型向复合型转变。二氧化氮、硝酸根离子和可吸入颗粒物是影响降水 pH 值的主要因素，氮氧化物对浙江省降水酸度的影响不断增大。2016—2020 年云南省主要城市 5 年降水 pH 平均值均高于 5.6，呈逐年上升趋势，2020 年全省降水 pH 平均值为 6.33，酸雨发生频率呈逐年下降趋势，总体上酸雨污染有明显改善，降水组分表明属硫酸-硝酸混合型，阴阳离子浓度均呈下降趋势。贵州省这 5 年间无酸雨出现，在全省降水的主要阳离子中，钠离子、钾离子比例总体呈下降趋势，钙离子、铵离子比例总体呈上升趋势，镁离子比例比较稳定；主要阴离子中，硫酸根、氟离子比例总体呈下降趋势，硝酸根比例总体呈上升趋势，氯离子比例比较稳定，致酸因子由硫酸型逐渐过渡为硫酸-硝酸混合型。2006—2019 年山西省酸雨次数和酸雨频率均呈下降趋势，年均 pH 值为 5.43～6.49，秋季平均 pH 值最小，为 5.70，春季最高，为 6.11。2011—2020 年兰州市大气降水 pH 值呈酸性出现次数总体呈下降趋势，其中 2013—2014 年酸雨出现最多，兰州市酸雨出现频率春季最高 15.1%，其次为秋季 8.8%、冬季 6.9%和夏季 4.2%。受主要降水月份影响，兰州市 9 月 pH 平均值最小，为 5.70，4 月pH 平均值最大，为 6.67。青岛 2016—2020 年间，市区近海点位年均降水 pH 值在 6.29～6.66 之间，郊区点位年均降水 pH 值在 6.29～7.15 之间，酸雨频率为 0。受海洋影响，氯离子占比高于硝酸根，近海点位受海洋影响程度高于郊区点位，主要阴离子以氯离子为最多。在小雨或中雨，风力在二级及以下时，海源盐受降水的影响较低。当风力达到三级以上时，随着大量海洋气溶胶的输入，氯离子占比逐渐增大，在雨量和风速正相关时氯离子占比出现高值。

四、酸沉降的生态环境影响

在酸沉降影响方面，研究报道非常多，特别是酸雨模拟研究，比如对大豆影响研究发现，酸雨造成大豆生产中产量下降，还会影响种子萌发和大豆苗生长。当 pH 值为 2.5 时，大豆的发芽率、发芽势、发芽指数、活力指数和异状发芽率等 5 个参数均为 0，即无法萌发；当 pH 值为 3.5 时，大豆的发芽势和发芽指数均显著下降。对于大豆幼苗，当 pH 值≥3 时，酸雨对大豆幼苗的生长发育影响不大，而 pH 值<3 时，则影响显著；大豆可溶性糖、还原糖以及蔗糖含量的变化幅度随酸雨胁迫强度的增大而增加，与谷胱甘肽降解相关的酶类均受到抑制，所有与活性氧降解相关的超氧化物歧化酶、过氧化氢酶以及过氧化物酶合成基因表达均受到明显促进作用。

蔬菜比谷类作物更易受酸雨危害，15 种蔬菜试验结果表明，如以 pH 值为 3.5 的模拟酸雨为准，则属于敏感性的有番茄、芹菜、茄子、春瓢白、豇豆和黄瓜 6 种，其产量下降 20%以上；属于中等敏感的有生菜、冬瓢白、四季豆和辣椒 4 种，其产量下降 10%～20%；属于抗性较强的有青椒、甘蓝、菠菜、小白菜和胡萝卜 5 种，其产量影响在 10%以下。必须指出叶菜类的蔬菜由于叶片受酸雨危害出现伤斑或叶片褪绿，也会使其质量降低，直接影响市场价格。

酸雨对陆地生态系统中绿色植物生产者的影响可分为直接影响和间接影响。直接影响是指酸雨降落在植物表面积最大的植冠或林冠部分的叶子部位而引起的形态结构，如褪绿、坏死斑、失水萎蔫和早落叶等以及生理生化过程的变化，如叶片细胞膜透性增加、膜脂过氧化作用加剧、气孔扩散传导率增高、酶活性的增高或降低、叶细胞 pH 值和原生质等电点的下降、叶绿素含量减少、光合作用速率下降和呼吸作用速率上升等导致植物生长量减少和生产率的下降。间接影响包括酸雨通过对土壤化学性质的改变如土壤 pH 值下降、土壤盐基淋失、盐基饱和度下降、铝的活性增加导致植物营养不良、生产率下降；通过对土壤微生物区系和活性的改变如抑制土壤微生物的硝化、氨化和固氮作用等，改变土壤氮素水平和土壤养分的循环，从而抑制植物的生长。

短期、低强度的酸雨不会显著抑制土壤呼吸，反而还会促进土壤呼吸，其原因可能是土壤层和凋落物层对酸雨具有一定的缓冲能力；地上部植物或作物系统对酸雨也具有一定的耐受性和缓冲性能，但而长期、高强度的酸雨对土壤呼吸大多表现为抑制作用。酸雨会破坏和改变叶片特征，降低植物叶片光合作用强度，从而减少自养呼吸活性和异养呼吸的基质供应，最终降低土壤总呼吸速率。酸雨会加速土壤酸化，降低土壤 pH 值，增加土壤容重，导致土壤环境恶化，降低土壤微生物量，从而抑制土壤呼吸；酸雨会改变土壤微生物群落结构，抑制微生物活性，使土壤有机物的分解速率降低，进而可导致土壤 CO_2 的排放量减少。酸雨使凋落物分解者（土壤动物和微生物）的种类和数量减少，降低根系生物量，土壤微生物活性降低，土壤酶活性降低，最终导致凋落物的分解速率降低，土壤 CO_2 通量减小。

酸雨对土壤有机碳有重要影响，酸雨通过影响酶的活性、改变土壤结构和微生物活动造成土壤酸化和土壤贫瘠的现象，会使土壤中有机碳含量的减少、矿化作用减弱、阻碍农作物种子萌发、抑制农作物生长，从而诱发植物病虫害导致农作物减产，破坏农作物的品质。此外，酸沉降还会通过改变土壤有机碳（SOC）的状态来减弱土壤有机碳的矿化过程，对全球碳循环产生影响，造成大气中 CO_2 浓度升高，从而会加剧温室效应。土壤团聚体可通过其自身的特性对土壤 SOC 的有效性起限制作用，土壤团聚体发生变化的同时也会对土壤有机碳矿化产生影响，土壤中大团聚体的有机碳矿化速率远高于微团聚体。因此，长期持续性的酸雨会导致土壤的团聚效应降低，破坏大的团聚体结构，降低其稳定性，使大团聚体难以形成，从而降低了土壤有机碳的矿化速率。酸雨影响土壤中的碳、氮或磷元素含量，会打破这三种营养元素在土壤中的平衡关系，影响土壤中的微生物和动植物的活性。

五、结语与展望

未来应更关注氮沉降的影响，特别是 NH_4^+ 沉降的生态环境效应以及对生物多样性的影响方面，控制决策也应因地制宜从本地化的排放控制，发展到区域性及全国性的联防联控，针对复合污染控制，我国酸沉降相关的大气污染物减排已从当初的以 SO_2 为主，过渡到现在的 SO_2 和 NO_x 同期控制，更应在未来对 SO_2、NO_x、NH_3 和颗粒物综合控制。在进一步提高对酸沉降影响认识的基础上，特别是充分考虑未来气候变化的影响，对临界负荷结果进行更新，同时探索多污染物-多环境目标的协同减排优化方法，以持续支持我国未来更加精细的大气污染控制决策。

参考文献

曲宝晓,宋金明,李学刚, 2020. 海洋酸化之时间序列研究进展[J]. 海洋通报, 39(3):281-290.

石鑫,宋金明,李学刚,等, 2019. 长江口邻近海域海水 pH 的季节变化及其影响因素[J]. 海洋与湖沼, 50(5):1033-1042.

宋金明,李学刚,曲宝晓, 2020. 直面健康海洋之问题3——海洋酸化及其对生物的影响[M]//李乃胜. 经略海洋(2020)——健康海洋专辑. 北京:海洋出版社.

宋金明,1996. 赤道西太平洋部分海域上层水的海洋化学[J]. 海洋科学,(2):40-44.

宋金明,李鹏程,詹滨秋,1997. 热带西太平洋定点海域(4°S,156°E)营养盐变化规律及降水对海水营养物质的影响研究[J]. 海洋科学集刊,38:133-141.

宋金明,李学刚,袁华茂,等, 2020. 海洋生物地球化学[M]. 北京:科学出版社.

宋金明,邢建伟, 2021. 大气干湿沉降及其对海洋生态环境的影响[M]//李乃胜,宋金明. 经略海洋(2021)——洁净海洋专辑. 北京:海洋出版社.

宋金明,李鹏程,1997. 热带西太平洋定点海域降水的化学特征研究[J]. 气象学报,55(5):634-640.

宋金明,李鹏程,詹滨秋,1994. 大气污染物 SO_2 对雾水酸度的控制作用[J]. 海洋科学,(5):50-58.

宋金明,詹滨秋,李鹏程,1992. 中国酸性沉降物致酸机理的研究[C]//中国科协首届青年学术年会论文集(理科分册). 北京:中国科技出版社.

宋金明,詹滨秋,李鹏程,1994. 青岛雾水中 SO_2 的研究[J]. 海洋科学,(2):66-69.

邢建伟, 宋金明, 袁华茂,等, 2017. 青岛近岸区域典型海陆人为交互作用下酸雨的化学特征[J]. 环境化学, 36(2): 296-308.

余倩,段雷,郝吉明,2021. 中国酸沉降: 来源、影响与控制[J]. 环境科学学报,41(3): 731-746.

作者简介：

戴佳佳，博士，中国科学院海洋研究所助理研究员，2019 年在中国海洋大学获得博士学位，后在山东大学从事博士后研究。聚焦化学物质在生物体内迁移代谢研究，主持国家青年基金、山东省自然科学基金等项目，发表论文二十余篇。

黄河三角洲生态修复湿地恢复效果监测研究

张奇奇[1,2]　韩广轩[1,3]①　于冬雪[1]　王晓杰[1,3]　初小静[1,3]

（1. 中国科学院烟台海岸带研究所，中国科学院海岸带环境过程与生态修复重点实验室，山东 烟台 264003；2. 中国科学院大学，北京 100049；3. 中国科学院黄河三角洲滨海湿地生态系统野外科学观测研究站，山东 东营 257500）

摘要：生态修复是遏制滨海湿地退化的有效手段，恢复监测能够及时掌握生态系统当前的状态、恢复速度以及演变方向等信息，进而指导后续生态修复。本研究基于 2018—2022 年 5 月和 10 月遥感影像数据，结合野外定位监测（2019—2021 年）数据，以黄河三角洲生态修复湿地为研究对象，探究生态修复后湿地景观特征、土壤理化性质和植物群落特征的演变趋势。结果表明：2018—2022 年，生态修复湿地景观向多样性、均衡化方向发展。恢复初期土壤电导率呈明显下降趋势，除速效氮外，其他土壤速效养分含量以及全量养分含量均逐年提高，土壤 C∶N 逐年减小，N∶P 则呈增大趋势，土壤氮素有效性不断增大。恢复初期植物群落盖度、高度、地上生物量随时间增加而显著提高，但植物物种多样性以及植物群落稳定性指数却无明显变化趋势。因此，生态修复后，恢复初期湿地景观特征、土壤理化性质、植物群落基本数量特征逐渐改善，但植物物种多样性指数和群落稳定性指数对修复活动的响应较为缓慢，其监测需要建立在较长的时间尺度上。

关键词：黄河三角洲；生态修复；景观特征；土壤理化性质；植物群落特征

滨海湿地只占地球表面积的 4%，却能够提供约占全球 45%的生态服务价值（孙文广，2015），在固定 CO_2、涵养水源、调节气候、提供野生动物栖息地、防止海岸侵蚀、减轻海水倒灌等方面具有重要作用（Calvo-Cubero et al.，2016；Mcleod et al.，

---

① 中国科学院 A 类战略性先导科技专项（XDA23050202）资助。

2011）。但是受全球气候变暖、海平面加速上升等自然因素以及围垦养殖、堤坝建设等人为因素的影响，滨海湿地不断退化，生态服务功能也不断下降（Pal and Talukdar，2018；Duncan et al.，2018）。为提高滨海湿地生态服务功能，促进其健康发展，滨海湿地生态修复项目大量实施。

生态修复能够通过多种途径遏制滨海湿地退化。首先，生态修复能够直接改善滨海湿地土壤和植被状况。一方面，淡水补充、疏浚土构建湿地等工程方法能够通过地表冲刷、引入外来营养物质等途径降低滨海湿地土壤盐分、提高土壤养分含量，进而为植被恢复创造适宜的土壤环境（Cui et al.，2009；McClellan et al.，2021）。另一方面，植被重建等方法能够扩大滨海湿地植被面积，而植被的恢复也能通过一系列反馈作用改善土壤环境，如植被盖度增加能够减少土壤水分蒸发，进而减轻土壤盐渍化（Zhang and Shao，2013）；植物根系的生长扩张能够改善土壤物理结构，提高土壤孔隙度，从而降低土壤容重（赵富王等，2019）；植被凋落物以及根系分泌物等输入土壤，能够提高土壤有机碳和其他养分含量（An et al.，2021；Guo et al.，2021）。其次，随着土壤和植被状况的改变，生态修复也会对滨海湿地景观特征产生重要影响。研究表明，生态修复主要通过影响滨海湿地土壤水分和盐分进而影响景观变化（张华兵等，2020），此外，人工种植植被也可以通过改变植被面积直接影响湿地景观。

尽管生态修复对滨海湿地具有重要的积极影响，但生态修复工程实施后，恢复初期生态系统受到修复扰动的影响，环境要素往往波动较大（黄海萍，2012），植被演变快速且方向不定。及时掌握恢复初期土壤、植被、景观特征等生态指标的演变动态，对于了解当前生态系统的恢复状况，判断恢复活动是否需要进行下一步管理干预等具有重要意义。本研究以黄河三角洲生态修复湿地为研究对象，探究恢复初期湿地景观特征、土壤理化性质和植物群落特征的演变趋势。

一、材料与方法

（一）研究区概况

研究区位于黄河三角洲国家级自然保护区，该区域属暖温带半湿润大陆性季风气候，四季分明，雨热同期，年均气温为 12.9℃（Han et al.，2015），年均降水量为 560 mm，其中约 70%的降水发生在夏季（Han et al.，2018）。年均蒸发量为 1962 mm，蒸降比为 3.6∶1（Cui et al.，2009）。土壤盐渍化严重，土壤类型以潮土和盐碱土为主。自然植被分布广泛但组成简单，盐生植物为其优势植被类型（Liu et al.，2018），其中盐地碱蓬（*Suaeda salsa*）、芦苇（*Phragmites australis*）、柽柳（*Tamarix chinensis*）

是该区域主要的原生植被类型。

保护区自2002年起采用“围封+补充淡水”的模式进行生态修复，该方法可以通过地表冲刷等方式降低土壤表层盐分，为湿地植物生长提供充足的淡水，从而促进湿地植被的恢复（Gallego-Fernandez et al.，2011）。但是该种修复模式容易形成芦苇的单一优势种群，不利于物种多样性的产生和维持。2015年，该区域引入“构建生境岛+淡水围封”的模式进行生态修复，该模式通过挖沟堆岛的方法形成岛顶为平面，四周为缓坡的生境岛，岛顶堆高后土壤盐分受植被生长以及雨水淋溶的影响而持续降低，从而达到土壤脱盐的目的（Wang et al.，2020）。

（二）实验设计

本研究首先基于2018—2022年5月和10月遥感影像数据，探究生态修复前后湿地景观特征的变化趋势。其次，结合野外定位监测（2019—2021年）数据，选择黄河三角洲恢复3年样地（Y3）作为典型生态修复区进行研究。Y3样地于2019年采用“构建生境岛+淡水围封”的模式进行修复，具体修复方式为结合区域地形进行地势修正，在低地势区域挖沟，并将土壤移至高地势区域，形成岛顶为平面，四周为缓坡的生境岛，岛顶由裸地开始自然演替。地势低的区域发展成集水区，对生境岛起到天然的围封作用。由于恢复初期该样地仅存在一种灌木（柽柳），因此本研究采用草本层数据来反映植物群落特征，在生境岛岛顶处设置3个0.5 m×0.5 m的草本植物调查样方。

（三）数据源及影像处理

本文主要采用2018年、2019年、2020年、2021年、2022年5月和10月9个时段的Sentinel2影像和2018年、2020年高分（GF）影像以及野外GPS调查数据。影像的预处理主要包括大气校正、重采样和研究区的提取等。在ENVI5.3软件中，采用监督分类方法，对预处理后的影像进行分类，得到2018—2022年研究区景观格局矢量图。利用2018年、2020年GF高分辨率影像及野外调查数据对分类结果进行验证，分类精度大于80%，符合本次研究的要求。

（四）样品采集与测定

自2019年10月开始，至2021年10月结束，分别于每年的生长季初（5月）和生长季末（10月）在恢复样地进行一次植被调查。记录草本植物名称、高度、盖度、株数。于每年生长季末期采集植被调查样方中的地上生物量，用镰刀将植物齐地面割下，装入档案袋中，带回实验室置于鼓风干燥机中，于105℃下杀青1 h，后于70℃下烘干至恒重，称重并记录。

植被调查结束后在各植被调查样方中利用土钻采集土层深度分别为0~10 cm、10~20 cm的土壤样品，带回实验室剔除根系和杂物，风干后过100目筛用于土壤理化性质的测定。分别利用pH计（Mettler Toledo，LE438 IP67）和电导率仪（雷磁，DDBJ-350F）测定土壤pH值和电导率（5∶1水土比）。土壤速效氮（AN）采用铵态氮、硝态氮和亚硝态氮总和表示，利用KCl浸提法进行测定。利用碳酸氢钠浸提-钼锑钪分光光度法测定土壤速效磷（AP）。利用乙酸铵浸提-原子吸收分光光度法测定土壤速效钾（AK）。采用vario MACRO元素分析仪测定土壤全碳（TC）、全氮（TN）、有机碳（SOC）。采用酸溶-钼锑抗比色法测定土壤全磷（TP）。

本研究中物种重要值、Shannon-Wiener指数、Simpson指数、Pielou均匀度指数、物种丰富度指数、稳定性指数的计算公式如下（胡冬等，2021；张荣等，2020；陈胜群等，2019）：

$$\text{重要值：} IV = (\text{相对盖度} + \text{相对密度} + \text{相对高度})/3 \tag{1}$$

Shannon-Wiener多样性指数：

$$H = -\sum_{i=1}^{S} P_i \ln P_i \tag{2}$$

Simpson优势度指数：

$$D = 1 - \sum_{i=1}^{S} P_i^2 \tag{3}$$

Pielou均匀度指数：

$$J = \frac{H}{\ln S} \tag{4}$$

物种丰富度指数：

$$R = S \tag{5}$$

群落稳定性指数：

$$ICV = \frac{\mu}{\sigma} \tag{6}$$

式中，S为样方中出现的物种数；P_i为第i个物种在全体物种中出现的重要性比例，$P_i = n_i/N$，n_i为第i个种的个体数量，N为总个体数量。采用物种种群密度变异系数（coefficient of variation，CV）的倒数ICV表示稳定性指数，μ为样方内各物种的平均密度，σ为各物种密度标准差。ICV值越大，各物种密度的变异性越小，群落稳定性越高。

群落稳定性指数（隶属函数法）：

$$X_{ik}=\begin{cases}0, & x_{ik}\leqslant x_{kmin}\\ \dfrac{x_{ik}-x_{kmin}}{x_{kmax}-x_{kmin}}, & x_{kmin}<x_{ik}<x_{kmax}\\ 1, & x_{ik}\geqslant x_{kmax}\end{cases} \tag{7}$$

$$X_{ik}=\begin{cases}1, & x_{ik}\leqslant x_{kmin}\\ \dfrac{x_{kmax}-x_{ik}}{x_{kmax}-x_{kmin}}, & x_{kmin}<x_{ik}<x_{kmax}\\ 0, & x_{ik}\geqslant x_{kmax}\end{cases} \tag{8}$$

式中，X_{ik}为第 i 个群落中 k 指标的隶属函数值；x_{ik}为第 i 个群落中 k 指标的观测值；x_{kmax}、x_{kmin}分别为所有对象群落中 k 指标的最大值和最小值。对于正向（越大越好）的指标数据利用公式（7）进行计算，对于反向（越小越好）的指标数据采用公式（8）进行计算。所选指标中，AP、AK、AN、SOC、TC、TN、TP、Shannon-Wiener 指数、Pielou 均匀度指数、物种丰富度指数、群落高度、群落盖度适用于公式（7），pH、EC 适用于公式（8）。

（五）数据处理

数据整理与统计分析采用 Excel 2016 和 SPSS 25.0 软件进行。利用 SOC、TN、TP 质量含量计算土壤 C：N、C：P、N：P。使用单因素方差分析（one-way ANOVA）和 Duncan 多重比较法对植物群落基本数量特征、物种多样性指数、群落稳定性指数以及土壤理化指标等进行差异分析（$\alpha=0.05$），使用 Kruskal-Wallis 法对未通过方差齐性检验的指标进行差异分析。Pearson 相关性分析用于分析土壤理化指标与植物群落基本数量特征、植物物种多样性指数之间的相关性。采用 SigmaPlot 14.0 软件进行数据制图。

二、结果与分析

（一）2018—2022 年修复区景观变化特征

从空间分布来看，2018 年黄河三角洲自然保护区景观单一，主要以植被区为主，占总面积的 71.4%～74.5%；2019 年起，该区域陆续使用“构建生境岛+淡水围封”模式进行修复，至 2022 年 5 月，植被区面积占比 48.3%，水面面积占比 42.1%，裸地面积占比 9.6%，与 2019 年 5 月相比，植被面积下降 6.6 km^2，水体面积上升 5.9 km^2，修复区景观向均匀化方向发展（图 1）。

从时间变化来看，2018—2022 年 5 月植被面积呈下降趋势，水体面积呈上升趋势，10 月与 5 月变化趋势相同，景观向均衡化方向发展，有利于提高生物多样性，增强鸟类提供栖息地功能（图 2 和图 3）。

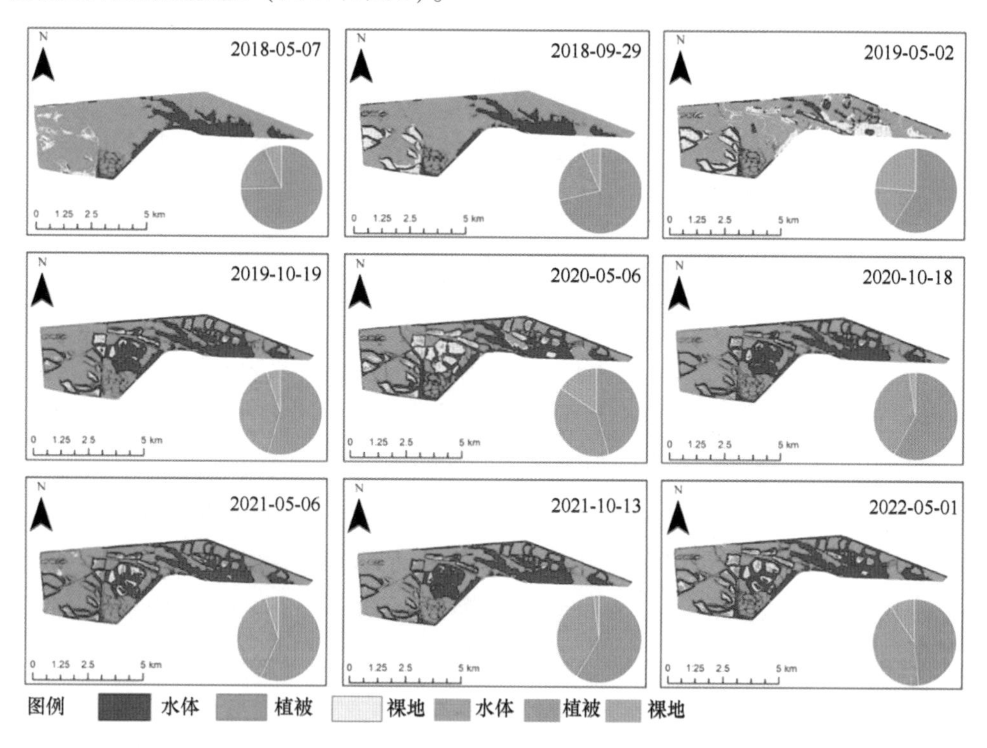

图 1　2018—2022 年黄河三角洲修复湿地演变特征及各湿地类型面积占比

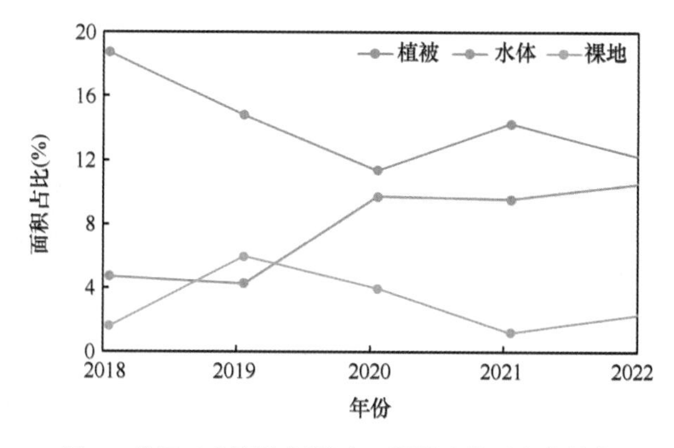

图 2　黄河三角洲修复湿地 5 月湿地类型变化趋势

（二）典型生态修复区恢复初期土壤理化性质的变化

恢复初期（恢复前 3 年）各土层土壤 pH 值均呈逐渐增大的趋势，其中 0~10 cm

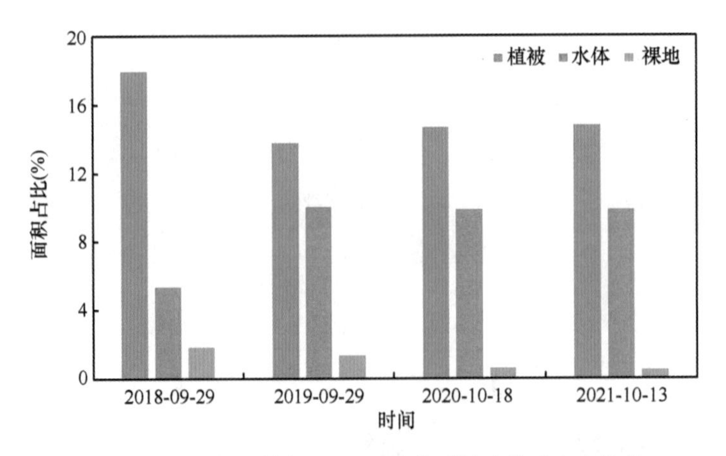

图3　黄河三角洲修复湿地10月前后湿地类型变化趋势

土层土壤pH值显著增大（图4）。0~10 cm土层土壤EC随时间增加显著减小，但10~20 cm土层却无显著差异（图4）。与前2年相比，恢复第3年时各土层土壤AP、AK含量显著增大，但AN含量在恢复初期则呈现先减小后增大的趋势（图5）。恢复初期0~10 cm土层土壤TC、TN、TP含量随恢复年限显著增大，0~10 cm土层土壤TOC含量也呈现增大趋势，但效果不显著（图5）。恢复第3年时0~10 cm土层土壤C：N显著减小（图6）。不同年份各土层土壤C：P无显著性差异，但0~10 cm土层土壤C：P存在增大趋势（图6）。各土层土壤N：P均呈现逐年递增的趋势，其中恢复第3年时0~10 cm土层土壤N：P显著大于恢复第1年（图6）。

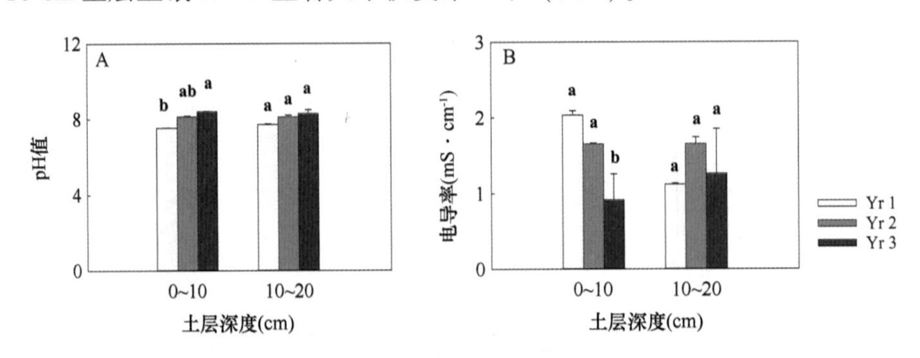

图4　典型生态修复区恢复初期土壤pH值和电导率的差异性分析

注：不同字母表示差异显著（$P<0.05$），下同。Yr 1：恢复第1年（2019年）；Yr 2：恢复第2年（2020年）；Yr 3：恢复第3年（2021年），下同

（三）典型生态修复区恢复初期植物群落基本数量特征的变化

与恢复第2年相比，恢复第3年5月植物群落密度显著增大。恢复初期10月植物

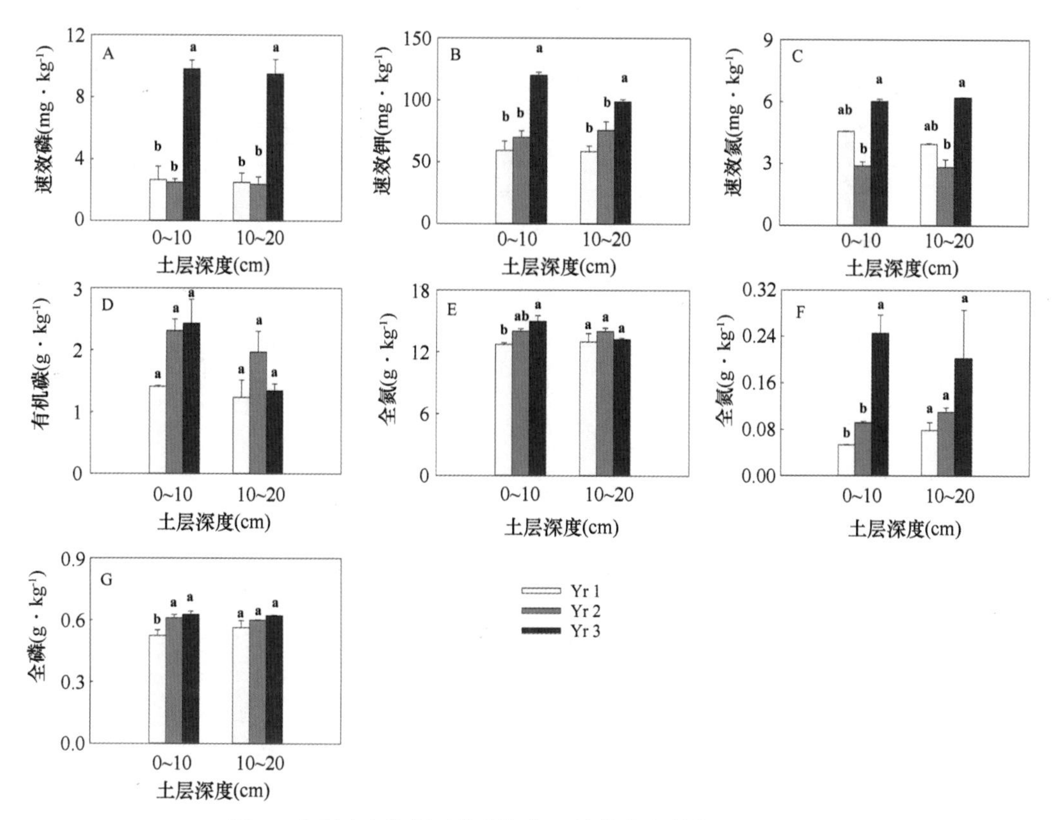

图 5　典型生态修复区恢复初期土壤养分含量的差异性分析

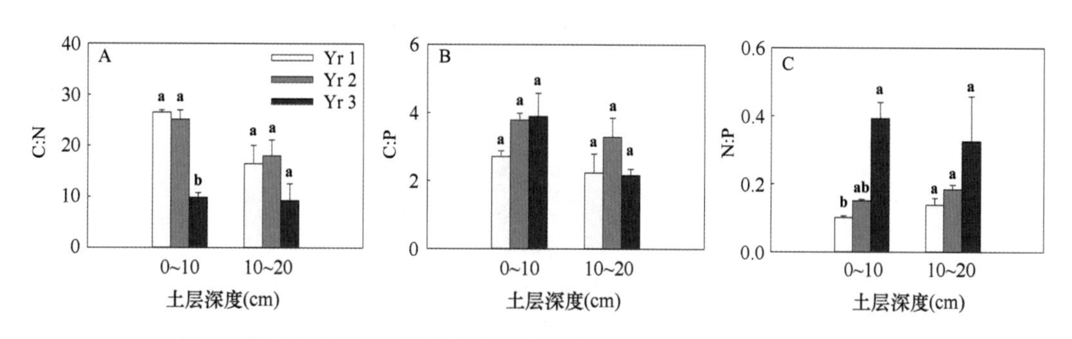

图 6　典型生态修复区恢复初期土壤碳氮磷化学计量特征的差异性分析

群落密度、盖度呈逐年增大的趋势，且恢复第 3 年显著大于恢复第 1 年（图 7）。恢复初期植物地上生物量随时间延长也呈现明显的增大趋势，恢复第 3 年植物地上生物量显著大于恢复第 1 年（图 8）。

相关分析表明，群落密度与土壤 pH、AP、AK、AN、TN、N：P 呈显著正相关，与 EC 呈显著负相关。群落高度仅与土壤 SOC 呈显著正相关。群落盖度与 AP、AK、AN、

TN、N：P 呈极显著正相关，与 C：N 呈极显著负相关，与 pH 呈显著正相关。地上生物量与土壤 pH 呈极显著正相关，与 AK、SOC、TN、TP、N：P 呈显著正相关（表 1）。

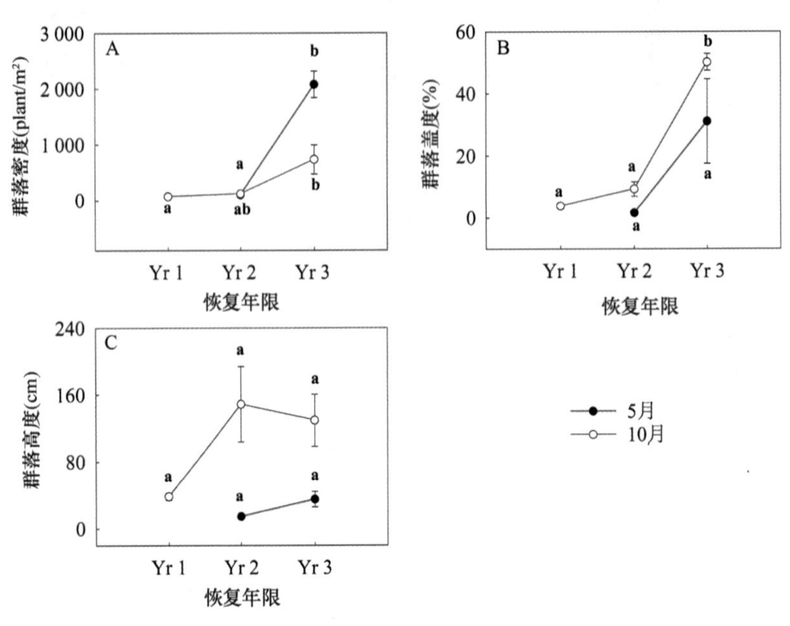

图 7　典型生态修复区恢复初期植物群落密度、盖度、高度动态变化

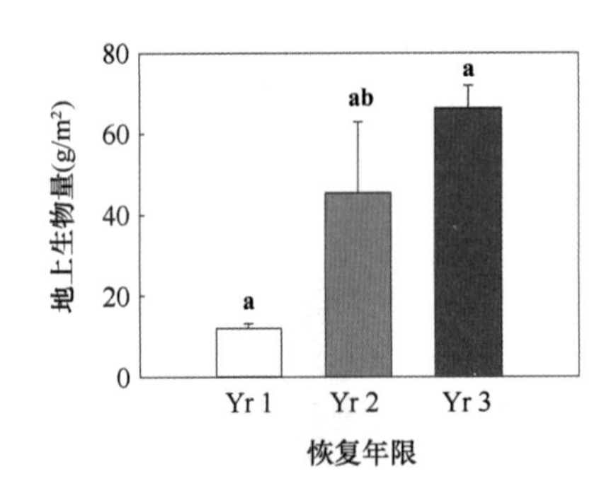

图 8　典型生态修复区恢复初期植物地上生物量动态变化

表 1　典型生态修复区恢复初期土壤理化性质与植物群落基本数量特征的 Pearson 相关关系

	群落密度	群落高度	群落盖度	地上生物量
pH	0.720*	0.627	0.756*	0.821**
电导率 EC	−0.789*	0.084	−0.479	−0.198
速效磷 AP	0.777*	0.254	0.958**	0.625
速效钾 AK	0.731*	0.367	0.960**	0.724*

续表

	群落密度	群落高度	群落盖度	地上生物量
速效氮 AN	0.696*	-0.016	0.828**	0.420
有机碳 SOC	0.365	0.711*	0.229	0.674*
全碳 TC	0.504	0.478	0.461	0.569
全氮 TN	0.753*	0.498	0.929**	0.779*
全磷 TP	0.377	0.576	0.623	0.743*
碳氮比 C : N	-0.628	-0.122	-0.855**	-0.461
碳磷比 C : P	0.301	0.623	0.077	0.534
氮磷比 N : P	0.773*	0.483	0.924**	0.762*

* $P<0.05$; ** $P<0.01$。

（四）典型生态修复区恢复初期植物物种多样性与群落稳定性的变化

恢复初期，不同年份间各植物多样性指数均不存在显著性差异，仅表现出一定的变化趋势。恢复第 3 年 5 月植物群落 Shannon-Wiener 指数、Simpson 指数和 Pielou 均匀度指数均小于恢复第 2 年。恢复前 3 年，10 月植物群落 Shannon-Wiener 指数、Simpson 指数和 Pielou 均匀度指数则呈现先下降后上升的趋势，物种丰富度指数随时间增加呈增大趋势（图 9）。

相关分析表明，Shannon-Wiener 指数、Simpson 指数与土壤 AP、TN 含量以及土壤 N : P 呈显著正相关，物种丰富度指数与 EC 呈显著负相关，与土壤 AP 含量、N : P 呈显著正相关（表 2）。

与多样性指数相似，恢复初期同一月份不同年份间 *ICV* 也不存在显著性差异（图 10）。此外，*ICV* 与各土壤化学指标均不存在显著相关关系（表 2）。同时采用隶属函数法对恢复初期植物群落稳定性进行综合评估，与 *ICV* 表示的群落稳定性结果相似（表 3），恢复第 3 年群落稳定性大于恢复前 2 年。

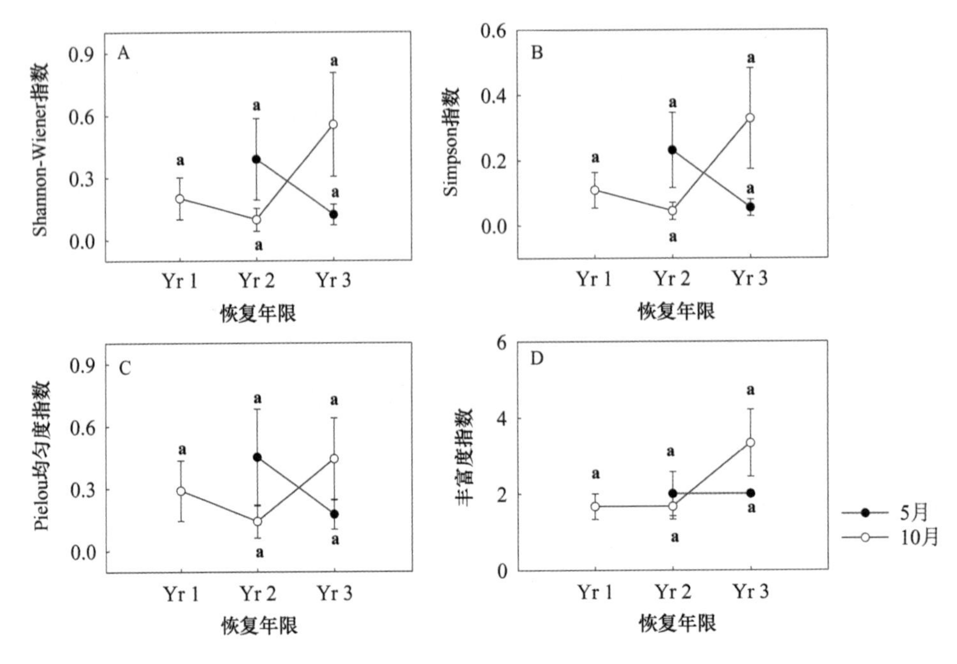

图 9　典型生态修复区恢复初期植物物种多样性动态变化

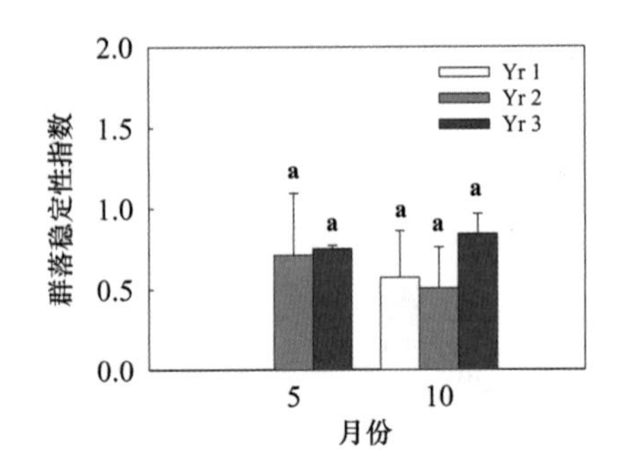

图 10　典型生态修复区恢复初期植物群落稳定性动态变化

表 2　典型生态修复区恢复初期土壤理化性质与植物物种多样性的 Pearson 相关关系

	Shannon-Wiener 指数	Simpson 指数	Pielou 均匀度指数	丰富度指数	群落稳定性指数
pH	0.309	0.329	0.034	0.589	0.173
电导率 EC	−0.288	−0.346	0.011	−0.691*	0.051
速效磷 AP	0.710*	0.716*	0.532	0.671*	0.420
速效钾 AK	0.496	0.505	0.272	0.589	0.297

续表

	Shannon-Wiener 指数	Simpson 指数	Pielou 均匀度指数	丰富度指数	群落稳定性指数
速效氮 AN	0.618	0.628	0.483	0.605	0.398
有机碳 SOC	-0.090	-0.070	-0.321	0.275	-0.076
全碳 TC	0.009	0.042	-0.307	0.307	-0.252
全氮 TN	0.723*	0.721*	0.539	0.663	0.439
全磷 TP	0.215	0.203	0.087	0.316	0.277
碳氮比 C：N	-0.666	-0.664	-0.547	-0.569	-0.411
碳磷比 C：P	-0.161	-0.135	-0.386	0.213	-0.181
氮磷比 N：P	0.745*	0.746*	0.555	0.683*	0.429

* $P<0.05$。

表 3　典型生态修复区恢复初期植物群落稳定性综合评价

指标	因子	年限		
		Yr 1	Yr 2	Yr 3
土壤质量指标	pH	0.962	0.426	0.178
	电导率	0.203	0.156	0.505
	速效磷	0.068	0.051	0.855
	速效钾	0.163	0.374	0.937
	速效氮	0.489	0.113	0.981
	有机碳	0.120	0.667	0.497
	全碳	0.235	0.747	0.783
	全氮	0.063	0.220	0.774
	全磷	0.349	0.782	0.920
物种多样性指标	Shannon-Wiener 指数	0.239	0.117	0.662
	Simpson 指数	0.224	0.091	0.678
	Pielou 均匀度指数	0.379	0.185	0.578
	丰富度指标	0.167	0.167	0.583
植物生长指标	群落高度	0.033	0.614	0.513
	群落盖度	0.035	0.138	0.909
	群落地上生物量	0.017	0.523	0.451
土壤质量隶属函数值		0.295	0.393	0.714

续表

指标	因子	年限		
		Yr 1	Yr 2	Yr 3
物种多样性隶属函数值		0.252	0.140	0.625
植物生长隶属函数值		0.028	0.425	0.624
群落隶属函数值（群落稳定性综合得分）		0.234	0.336	0.675

三、讨论

（一）2018—2022年黄河三角洲修复湿地景观特征的变化

生态修复前，研究区景观类型较为单一，以植被景观为主，水体景观以较大斑块的形式分布在局部区域。生态修复后，水体景观占比逐渐增大，且在研究区分布更为广泛。随着恢复的进行，优势景观由植被景观逐渐演变为植被景观和水体景观，景观类型也向多样性和均匀化方向发展。上述变化有利于物质和能量的流动，同时能够为鸟类、鱼类等动物提供休憩、觅食和躲避天敌的复杂生存环境，从而一定程度上提高生物多样性和生态系统稳定性（吴威等，2021）。

多数研究也呈现与本文相同的结果，吴威等对上海鹦鹉洲湿地研究发现，生态修复后其景观类型显著增加，用地类型也向多样化和均匀化方向发展，张华兵等（2020）则从生态恢复的视角，模拟了江苏盐城湿地景观演变，结果显示如果通过去除堤坝、恢复碱蓬沼泽和控制互花米草扩张三个方面进行湿地修复，能够显著提高景观多样性指数和均匀度指数。

（二）典型生态修复区恢复初期土壤理化性质的变化

恢复初期，土壤pH呈逐年增大的变化趋势，原因可能是黄河三角洲地区土壤氯化钠（NaCl）含量较高（王晓等，2018；郭鹏等，2018），土壤胶体容易吸附钠离子（Na^{+}）发生碱化进而生成碱化钠。而较高的土壤盐分会对碱化钠的水解起到抑制作用（段梦琦等，2020）。恢复初期，随着土壤盐分的下降，碱化钠水解作用增强，进而导致土壤pH升高。土壤EC能够表征土壤盐分。恢复初期，0~10 cm土层土壤EC逐年减小，这主要是随着恢复的进行，植被状况逐渐改善的结果。本研究中，植物主要通过两条途径减弱土壤毛细作用，抑制土壤深层盐分向上运移。首先，随恢复年限的增加，植被盖度不断增大，起到减小近地面风速和降低地表温度的作用，从而减少土壤水分蒸发，减弱土壤毛细作用（Xia et al.，2019；Zhang and Shao，2013）；其次，植物根系的横向生长能够切断土壤毛细管道，抑制盐分上移（赵富王等，2019）。10~20 cm土层土壤 EC 未呈现明显的变化规律，原因可能是恢复时间较短，该土层受上述降盐作用影响较小。

恢复初期 0~10 cm 土层土壤 AP、AK、TC、TN、TP 含量均呈明显上升趋势，土壤 SOC 含量也逐年提高。植物初级生产力是控制土壤养分积累的关键因素（An et al.，2021），本研究中，随着植被的恢复，更多的凋落物和根系分泌物等进入土壤，导致土壤有机质输入增多，因此恢复初期土壤 SOC、TN、TP 等全量养分含量不断增大。同时，植被的恢复以及土壤 EC 的减小为微生物提供了适宜的生存环境，微生物介导的矿化作用不断增强，从而导致土壤 AP、AK 含量不断增加。

土壤 C∶N 与土壤有机碳矿化速率呈反比，恢复前 2 年土壤 C∶N 分别为 20.47 和 21.21，而我国土壤 C∶N 平均比值仅为 10~12（张富荣等，2021），表明恢复前 2 年土壤有机碳矿化速率较慢，原因可能是此时生境条件较为恶劣，微生物矿化作用较弱。恢复第 3 年土壤 C∶N 为 8.78，表明此时有机碳矿化作用加快，原因可能是随着恢复的进行环境条件逐渐改善，微生物和酶活性增强，从而导致有机碳矿化作用加强。恢复初期土壤 N∶P 均小于 1，且 TN 含量均小于 0.5 $g \cdot kg^{-1}$，处于我国土壤养分分级标准第六级（全国土壤普查办公室，1992），因此研究区可能存在氮限制情况，但本研究中随着恢复年限的增加，土壤 N∶P 存在增大的趋势，表明氮限制情况随恢复的进行不断改善。

（三）典型生态修复区恢复初期植物群落的变化

恢复初期植物群落密度、盖度和地上生物量均随恢复年限的增加显著提高，存在较明显的变化趋势。但植物物种多样性指数和群落稳定性指数却无显著变化，仅呈现一定的变化趋势：随恢复时间的延长，不同月份植物多样性指数呈下降或先上升后下降趋势，群落稳定性指数呈现轻微的上升趋势。原因可能是修复工程会对恢复初期的黄河三角洲湿地产生扰动作用，环境要素因此呈现波动或后退现象，从而导致植物群落发展不稳定（黄海萍，2012）。

此外，本研究中植物群落密度、盖度、地上生物量等指标对恢复活动反应较为迅速，因此可以用作恢复初期指示恢复效果的敏感指标。但物种多样性指数和群落稳定性指数的响应却较为缓慢，短时间尺度上无法呈现明显变化，因此，生态修复后植物物种多样性和植物群落稳定性等指标的监测需要在较长的时间尺度上进行，短期监测可能无法反映物种多样性和群落稳定性的完整变化（Wang et al.，2012）。

参考文献

陈胜群，韦小丽，安明态，等，2019. 贵州百里杜鹃自然保护区不同演替阶段植物群落物种多样性[J]. 西北植物学报，39(07)：1298-1306.

段梦琦，丁效东，李士美，等，2020. 黄河三角洲典型区土壤 pH 值时空变化特征[J]. 灌溉排水学报，39(Supp. 2)：9-13.

郭鹏，李华，陈红艳，等，2018. 基于光谱指数优选的土壤盐分定量光谱估测[J]. 水土保持通报，38(03)：193-199+205.

胡冬，吕光辉，王恒方，等，2021. 水分梯度下荒漠植物多样性与稳定性对土壤因子的响应[J]. 生态学报，41(17)：6738-6748.

黄海萍，2012. 滨海湿地生态恢复成效评估研究 ——以五缘湾为例[D]. 厦门：国家海洋局第三海洋研究所.

孙文广，2015. 黄河口生态恢复工程对湿地氮循环关键过程的影响[D]. 北京：中国科学院大学.

王晓，任丽丽，夏江宝，等，2018. 不同潜水埋深下黄河三角洲柽柳光合作用参数变化规律研究[J]. 湿地科学，16(06)：749-755.

吴威，李彩霞，陈雪初，2021. 海岸带整治修复驱动下的城市滨海空间景观格局变化及其特征研究——以上海鹦鹉洲生态湿地为例[J]. 西北师范大学学报(自然科学版)，57(04)：24-30+37.

张富荣，柳洋，史常明，等，2021. 不同恢复年限刺槐林土壤碳、氮、磷含量及其生态化学计量特征[J]. 生态环境学报，30(03)：485-491.

张华兵，韩爽，王娟，等，2020. 生态恢复视角下海滨湿地景观模拟——以江苏盐城湿地珍禽国家级自然保护区为例[J]. 水生态学杂志，41(04)：41-47.

张荣，余飞燕，周润惠，等，2020. 坡向和坡位对四川夹金山灌丛群落结构与物种多样性特征的影响[J]. 应用生态学报，31(08)：2507-2514.

AN Y, GAO Y, LIU X H, et al. ,2021. Soil organic carbon and nitrogen variations with vegetation succession in passively restored freshwater wetlands[J]. Wetlands, 41(01): 11.

CALVO-CUBERO J, IBANEZ C, ROVIRA A, et al. ,2016. Changes in water and soil metals in a Mediterranean restored marsh subject to different water management schemes[J]. Restoration Ecology, 24(02): 235-243.

CUI BS, YANG QC, YANG ZF, et al. ,2009. Evaluating the ecological performance of wetland restoration in the Yellow River Delta, China[J]. Ecological Engineering, 35(07): 1090-1103.

DUNCAN C, OWEN HJF, THOMPSON JR, et al. ,2018. Satellite remote sensing to monitor mangrove forest resilience and resistance to sea level rise[J]. Methods in Ecology and Evolution, 9: 1837-1852.

GALLEGO-FERNANDEZ JB, SANCHEZ IA, LEY C,2011. Restoration of isolated and small coastal sand dunes on the rocky coast of northern Spain[J]. Ecological Engineering, 37(11): 1822-1832.

HAN G X, CHU X J, XING Q H, et al. ,2015. Effects of episodic flooding on the net ecosystem CO_2 exchange of a supratidal wetland in the Yellow River Delta[J]. Journal of Geophysical Research-Biogeosciences, 120(08): 1506-1520.

HAN G X, SUN B Y, CHU X J, et al. ,2018. Precipitation events reduce soil respiration in a coastal wetland based on four-year continuous field measurements[J]. Agricultural and Forest Meteorology, 256: 292-303.

LIU H Y, MI Z R, LIN L, et al. ,2018. Shifting plant species composition in response to climate change stabilizes grassland primary production[J]. Proceedings of the National Academy of Sciences, 115(16): 4051-4056.

MCCLELLAN S A, ELSEY-QUIRK T, LAWS E A, et al. ,2021. Root-zone carbon and nitrogen pools across two chronosequences of coastal marshes formed using different restoration techniques: Dredge sediment versus river sediment diversion[J]. Ecological Engineering, 169: 106326.

MCLEOD E, CHMURA GL, BOUILLON S, et al. ,2011. A blueprint for blue carbon: toward an improved understanding of the role of vegetated coastal habitats in sequestering CO_2[J]. Frontiers in Ecology and the Environment, 9(10): 552-560.

PAL S, TALUKDAR S,2018. Drivers of vulnerability to wetlands in Punarbhaba river basin of India-Bangladesh[J]. Ecological Indicators, 93: 612-626.

WANG G M, LV J Z, HAN G X, et al. ,2020. Ecological restoration of degraded supratidal wetland based on microtopography modification: a case study in the Yellow River Delta[J]. Wetlands, 40(06): 2659-2669.

XIA J B, REN J Y, ZHANG S Y, et al. ,2019. Forest and grass composite patterns improve the soil quality in the coastal saline-alkali land of the Yellow River Delta, China[J]. Geoderma, 349: 25-35.

ZHANG L W, SHAO H B,2013. Direct plant-plant facilitation in coastal wetlands: A review[J]. Estuarine, Coastal and Shelf Science, 119: 1-6.

作者简介：

张奇奇，女，1997 年生，硕士研究生，主要研究方向为滨海湿地生态修复。

南海珊瑚礁区多环芳烃污染现状及生态效应研究进展

韩民伟
（广西南海珊瑚礁研究实验室，中国珊瑚礁研究中心，广西大学海洋学院，广西 南宁 530004）

摘要： 多环芳烃（PAHs）是一类典型的持久性有机污染物，来源于化石燃料和木材等有机物质的不完全燃烧。气候变化影响下，赋存于大气、土壤、水体等环境介质中PAHs的浓度明显增加。全球变暖和人类活动带来的多重环境压力引起了人们对热带海洋珊瑚礁区PAHs污染的广泛关注。由于较长的半衰期，其能够在多种环境介质和生态系统之间传递、迁移和转化，威胁整个生态系统的健康，进而通过食物链和食物网对人类的健康造成潜在的危害。珊瑚礁是典型的热带海洋生态系统，具有巨大的生物多样性和生产力，在调节海洋生态环境和保持物种多样性等方面发挥着极其重要的作用。越来越多的证据表明，珊瑚礁生态系统正面临着PAHs的影响，珊瑚礁生物正遭受着PAHs的毒性威胁。在全球变暖和持续的人为活动的影响下，珊瑚礁生物及整个珊瑚礁生态系统面临的环境污染问题亟待解决。本文以持久性污染物PAHs为例，聚焦于珊瑚礁区的生态现状和环境健康问题，对南海珊瑚礁生态系统中PAHs的污染现状、赋存情况、潜在来源及其珊瑚礁生态系统中PAHs的营养动力学特征展开讨论，以期为未来通过国际合作、珊瑚礁区生态资源保护、珊瑚礁环境问题的治理等提供基础的数据和理论支撑，为保护我国珊瑚礁生态出谋划策。

PAHs是一种典型的持久性有机污染物，因其高的致癌、致畸和致突变而广受关注。它们的生态效应和潜在毒性已在世界范围内报告。PAHs的来源十分广泛，化石燃料和木材等有机物质的不完全燃烧以及石油及其副产品的排放过程中都会产生PAHs。和其他持久性有机污染物一样，PAHs的半衰期很长，能够长时间在环境中赋存并通过大气迁移、雨水冲刷、径流等多种形式在不同的环境介质中迁移转化。已证实PAHs能够通过转化、生物累积、界面交换在水生环境中的各种生态系统中传播，并且由于其强疏水性，它们优先分配到沉积物中，这进一步大大增加了它们的半衰期。由于海底穴居动物造成的物理干扰或生物扰动，沉积物的再悬浮可能会促进PAHs从沉积物中重新释放到水中，从而造成二次污染[1]。实验室研究发现，PAHs对海洋生物产生不利影响，扰乱正常生物代谢[2,3]。同时，PAHs可以通过食物链和食物网转移到较高的营养生物中，在热带海洋生态系统中，沉积物和水环境中的PAHs不可避免地通过生物累积作用影响珊瑚、底栖生物和高营养生物[1,4,5]。伴随着人类活动的日益加剧，源源不断的排放导致PAHs在全球大气、水体和土壤中普遍赋存，PAHs污染已经被视为全球最严重的环境问题之一。不仅如此，PAHs高脂溶性的特点让很多生物对其具有很强的生物富集性。近期的研究发现PAHs在水生生态系统食物网各生物之间存在明显的迁移性，不同水生生态系统食物网中PAHs具有不同的营养动力学特征，关于热带海洋生态系统中PAHs的营养动力学特征，目前的研究显示以珊瑚礁为代表的热带海洋生态系统中PAHs在食物网中存在着营养级放大效应，值得引起我们的持续关注，且需要进一步的数据进行验证[5]。

海洋是一个开阔而巨大的水域，污染物随洋流扩散和迁移的现象十分常见。因此，海洋是影响持久性有机污染物全球分布和环境命运的关键系统。海洋环境中的PAHs来源于多种途径，包括石油污染、大气沉积、河流输入和废水排放[3,9,10]。海洋水体可以作为PAHs的储存库，PAHs可以通过海洋环流和长距离大气输运扩散到全球海洋和大气环境中。珊瑚礁是海洋中最重要的生态系统之一，具有巨大的生物多样性和生产力，在调节海洋生态环境和保持物种多样性等方面发挥着极其重要的作用。近年来，受全球气候变化和人为活动加剧的双重影响，世界范围内的珊瑚礁正在持续白化和死亡。人类活动产生的各类污染物正在源源不断地涌入海洋，影响珊瑚礁生态系统，其中化学物质的污染是珊瑚礁区不可忽视的污染源之一，研究发现持久性有机污染物广泛存在于珊瑚礁区的各种环境介质中[6-16]。南海位于亚洲大陆南部热带、亚热带地区，常年受季风影响。面积3.0×10^6 km^2，周边有9个国家。南海是世界上种类最多、发育最完善的珊瑚礁的发源地[3]。与世界其他地区的许多珊瑚礁生态系统一样[4-6]，在全球变暖、海洋酸化和人类活动的影响下，南海的珊瑚礁已经严重退化[7]。人类排放到环境中的化学物质是对珊瑚礁生态系统的威胁之一。近期的研究已经在南海珊瑚礁区的水体、鱼类和珊瑚中发现了相当高的PAHs浓度水平[14-17]。研究发现PAHs会导致贻贝鳃的形态改变，影响鳃的功能完整性[18]，导致贻贝的能量代谢紊乱[19]，对珊瑚能够产生光诱导毒性[20]。鹿角珊瑚对苯并芘（BaP）胁迫产生不同的反应机制，影响珊瑚抗氧化酶和部分功能基因的表达[21,22]。珊瑚礁的形成主要归因于造礁石珊瑚，造礁石珊瑚是由碳酸钙骨架和分泌黏液的软组织共同组成的一种海洋无脊椎动物。其黏液层连接珊瑚上皮和海水，不仅可帮助异养性摄食和清除沉积物，同时作为屏障抵御各种环境压力。我们的研究已经证实 PAHs 广泛存在于南海沿岸甚至远海的海水和珊瑚中，并发现 PAHs 在珊瑚体内具有生物富集性，而且珊瑚黏液也可以积累大量的 PAHs[23]。综合一系列的研究表明，PAHs 能够通过大气迁移、沉降和水汽交换等方式进入海洋水体，导致珊瑚礁水体污染，改变珊瑚礁生态环境，影响珊瑚礁生物的生长，造成珊瑚白化甚至死亡。

在全球变暖的持续影响下，珊瑚正面临着越来越大的环境胁迫。珊瑚礁生态系统的生物多样性危机似乎与全球变暖和海洋酸化密切相关[24-26]。全球变暖对珊瑚以及珊瑚礁生物的影响是多方面的。一方面，全球变暖导致珊瑚在热胁迫下的白化事件越来越严重，大面积的珊瑚礁正在持续受到不同程度的破坏和退化[27-29]。另一方面，气候变暖引起的珊瑚礁区升温也会导致珊瑚体内的微生物共生藻在环境胁迫下发生系群和优势种的改变[28]。我们的研究发现珊瑚体内虫黄藻的丰度与 PAHs 的浓度水平存在着密切的联系[23]，其他类似的研究中也发现这种现象[30,31]。

一、珊瑚礁区 PAHs 的研究现状

珊瑚礁是一种重要的海洋生态系统，具有极高的生物多样性和初级生产力，珊瑚礁星罗棋布于整个南海。目前对与珊瑚礁区 PAHs 的研究并不是很全面，大都是以点源研究为主，或主要聚焦于珊瑚礁水体、沉积物以及珊瑚礁区的单一生物。报道的 PAHs 浓度赋存水平一般都是美国环境保护署优先控制的 16 种 PAHs，包括二环的萘（NAP），三环的苊（ACEY）、二氢苊（ACE）、芴（FLU）、菲（PHE）、蒽（ANTH），四环的荧蒽（FLUA）、芘（PYR）、苯并［a］蒽（BaP）、屈（CHR）、五环的苯并［k］荧蒽（BkF）、苯并［a］芘（BaP）、二苯并［a，h］蒽（DiB）和六环的苯并［g，h，i］芘（BghiP）、茚并［1，2，3-cd］芘（Ind）。较早的研究聚焦于我国台湾南部的垦丁湾珊瑚礁水域 45 种 PAHs 的研究[32]，该研究调查和报道了台湾垦丁湾珊瑚礁区水体中 PAHs 的赋存特征。其研究对象主要是基于珊瑚礁区水体（颗粒态和溶解态）PAHs 的季节差异和空间差异。此外，文中关于水体中 PAHs 的来源也运用了比较经典的同系物分子比值法来溯源。该研究第一次对珊瑚礁区 PAHs 的污染特征进行初步的评估，水体中 PAHs 的浓度较低（2.2~34.4 ng L^{-1}）。但对于珊瑚礁区 PAHs 的迁移以及珊瑚礁生物及其食物网和食物链的研究并未提及。在此基础上，海南岛鹿回头珊瑚礁区 PAHs 的报道对珊瑚礁区 PAHs 的调查更进一步，文中基于不同珊瑚礁区环境介质包括水体、表层沉积物以及珊瑚组织中 PAHs 的赋存以及分配特

征进行了系统的研究，作者对海南岛的16种美国环境保护署优先控制的PAHs的调查结果发现，海水中PAHs的浓度远高于台湾垦丁湾水体中PAHs的浓度，达到了273.8~407.8 ng·L^{-1}。海南岛与垦丁湾的纬度等地理位置很相似，但PAHs浓度却差别很大，2007年至2017年十年的时间里，PAHs的浓度显然升高了至少两个数量级，这可能与人为活动的影响密切相关。此外，文中首次报道了珊瑚组织以及珊瑚礁区表层沉积物中PAHs的赋存水平及其特征，珊瑚组织中PAHs的浓度水平为333.9~727.0 ng·g^{-1}，珊瑚生长环境的表层沉积物PAHs的浓度为67.3~197.0 ng·g^{-1}。珊瑚中PAHs浓度高于其周围环境中的赋存浓度，说明珊瑚具有对PAHs的生物富集能力。该研究通过估算珊瑚对沉积物中PAHs的生物富集系数并未发现珊瑚能够从沉积物富集PAHs，那么珊瑚中高的PAHs赋存水平就是从水体中富集的，珊瑚可能会在滤食过程中吸附周围水体中的PAHs。然而，该研究缺乏这部分的探讨，而是将一部分工作放在了对珊瑚、水体、沉积物中PAHs的源解析上，当然运用的方法也是传统的同系物分子比值法。同系物分子比值法主要就是利用分子量相同，但结构不同的几种PAHs作为某些源的标志化合物，例如此外也有高分子量PAHs（5~6环）的浓度与低分子量PAHs（2~4环）的浓度比值来定义不同的PAHs来源。就单一的溯源方法来说缺少一定的可信度，同系物比值法对生物体内PAHs的源解析在一定程度上存在着缺陷，因此，一般对PAHs的溯源都是结合主成分分析/多元线性回归（PCA/MLR），一种定性分析，一种定量分析。二者相结合不仅可以分析不同的PAHs来源，同时能够对不同来源的PAHs进行定量，确定其主要来源和各种来源的贡献比。李亚丽[33]等人的研究中报道了珊瑚礁鱼类中PAHs的赋存现状，其主要聚焦我国南海西沙群岛和南沙群岛珊瑚礁区，系统地调查了不同礁区以及不同珊瑚礁鱼类体内PAHs的赋存特征以及地域差异、种间差异等。这是首次对我国南海珊瑚礁区PAHs赋存特征开展的相关工作，该研究让我们对南海珊瑚礁区PAHs的赋存特征有一个初步的认识，西沙群岛珊瑚礁鱼类中PAHs的浓度水平（12.8~409.3 ng·g^{-1}）高于南沙群岛（32.7~139.1 ng·g^{-1}），不同鱼类体内PAHs的赋存特征也呈现出明显的差异。对鱼类体内PAHs的来源，文中结合同系物分子比值法和PCA/MLR两种方法相互结合，表明主要的PAHs来源为生物质燃烧源（大于50%），其次为石油源（25.9%）和发动机排放源（16.1%）。国外对珊瑚礁区PAHs的研究也比较少，主要从21世纪初期开始，甚至起步比国内还晚一点，按本人所了解，其研究区域主要集中在波斯湾，也都是基于珊瑚礁水体、表层沉积物以及珊瑚礁鱼类中PAHs赋存现状的研究。

综合来看，以上关于珊瑚礁区PAHs的研究分别从礁区各个环境介质入手，主要分析PAHs在不同环境介质中的赋存特征以及及其可能的来源。其中关于珊瑚中PAHs

的研究主要集中在珊瑚组织上，其组织中报告的浓度实际可能为黏液和组织中的PAHs的累计值。此外，缺乏对远海珊瑚礁区PAHs污染特征以及珊瑚黏液在珊瑚富集PAHs过程中所可能发挥的作用的相关研究。

二、南海珊瑚礁区造礁石珊瑚中PAHs的污染现状

基于前文的研究进展，本人开展了南海珊瑚礁区PAHs的研究。以我国南海不同海域的造礁石珊瑚为研究对象，首次大尺度对南海近岸（广西涠洲岛、深圳大亚湾、三亚鹿回头）和远海（西沙群岛和南沙群岛）多个礁区造礁石珊瑚中PAHs的污染特征进行了对比研究。尝试分离了珊瑚的组织和黏液，并就PAHs在珊瑚物种和珊瑚成分（如组织和黏液）之间的浓度和生物累积潜力展开。同时，对南海珊瑚礁区的水体、大气环境中的PAHs浓度水平进行了系统调查。

珊瑚中PAHs的污染水平总体较高[16]。我们的研究结果表明，美国环境保护署优先考虑控制的15种PAHs（不包括萘）的总含量在近岸珊瑚组织中明显高于远海，分别可达173±314 ng · g^{-1} dw和71±109 ng · g^{-1} dw，与对应水体的污染分布特征一致（近岸196±96 ng · L^{-1}>远海54±9 ng · L^{-1}）。对于不同珊瑚种，其浓度水平呈现出块状珊瑚>叶状珊瑚>枝状珊瑚的特征。对于不同珊瑚礁海域PAHs的赋存特征，南沙群岛珊瑚组织中总PAHs（均值：149. 8±134. 7 ng · g^{-1} dw）明显高于西沙群岛。其受西南季风的影响可能比西沙群岛更大，季风将包括PAHs在内的大量污染物带入该区域。同一种珊瑚（科水平）组织中Σ_{15}PAHs在近岸明显高于远海。通过对珊瑚组织的形貌分析，我们发现，虫黄藻含量在一定程度上可能决定了珊瑚组织中PAHs浓度的高低，虫黄藻含量较高的珊瑚组织中PAHs的平均浓度（均值：108±36 ng · g^{-1} dw）显著高于虫黄藻含量较低的珊瑚组织（均值：24±64 ng · g^{-1} dw）。尽管在近岸（77%）和远海（51%）礁区珊瑚组织中15种PAHs以3环PAHs为主，但珊瑚组织中也发现了相当量的5环和6环PAHs而礁区水体中并未检出，说明珊瑚能够从水中积累相对分子量较高的PAHs。珊瑚黏液中总PAHs的浓度比珊瑚组织高出1～2个数量级，平均高达3200±6470 ng · g^{-1} dw。珊瑚黏液富集的PAHs总量可以达到整个珊瑚富集PAHs总量的约29%。通过分析珊瑚及其组织中PAHs的生物富集，7种PAHs（CHR、BaA、BbF、BkF、BaP、Ind和BghiP）在一些珊瑚组织中具有生物累积性。就整个珊瑚来看，8种PAHs（ACEY、ANTH、PYR、FLUA、CHR、BaA、BbF和Ind）在一些珊瑚中具有生物累积性。珊瑚黏液可能在珊瑚样品PAHs的生物累积中起重要作用。珊瑚黏液能自行积累大量PAHs，从而减轻其在组织中的积累。换言之，珊瑚黏液可以起到保护层的作用，防止环境海水中的PAHs和其他毒素通过生物累积来威胁珊瑚的健

康生长。PAHs 是一种高脂溶性的化合物，其辛醇-水分配系数（K_{OW}）和生物富集系数（BAFs）之间通常存在相关性，本研究观察到 3~4 环 PAHs 的 K_{OW}对数值和 BAFs 的对数值之间存在正相关关系，这在先前的关于 PAHs 的 K_{OW}与 BAFs 的大量研究中早已被证实[5,34,35]。珊瑚由于黏液和组织的不同成分，其对 PAHs 的生物富集特征亦有所差异。

三、南海珊瑚礁区水体和大气环境中 PAHs 的污染现状

大气和水体环境中 PAHs 的污染水平相对较高[36]。我们的研究结果发现，15 种 PAHs 均在海水样品中检出。海水中 15 种 PAHs 的总浓度（Σ_{15}PAHs）范围为 14.6~746 ng·L^{-1}（平均值为 252±235 ng·L^{-1}），主要由 3 环 PAHs（即 FLU 和 PHE）贡献，平均贡献率为 95%±7.5%。对于单个 PAHs，PHE 的浓度最高（105±100 ng·L^{-1}），其次是 FLU（81.6±78.9 ng·L^{-1}）和 ACE（42.3±43.8 ng·L^{-1}）。不同珊瑚礁区中 Σ_{15}PAHs大小为：三亚鹿回头（462±244 ng·L^{-1}，$n=2$）>西沙群岛（438±178 ng·L^{-1}，$n=9$）>中沙群岛（80.5±72.1 ng·L^{-1}，$n=4$）。与其他研究相比，三亚和西沙群岛区域水体中的Σ_{15}PAHs 与海南岛相当，但高于台湾南部垦丁湾珊瑚礁区。人类活动是影响 PAHs 浓度的重要因素。海南岛和西沙群岛附近海域的Σ_{15}PAHs 显著高于其他地点。主要由于人类活动强度的减弱，Σ_{15}PAHs 从近岸（海南岛和西沙群岛）到中沙群岛显著下降。南海西边界流可能参与了 PAHs 的迁移。中西沙海域可能是巽他陆架外缘西边界流与北赤道流的汇合点，夏季接收马来西亚和中南半岛沿岸的污染源。以往研究表明，中南半岛南部海河表层沉积物中的Σ_{16}PAHs（1544±1503 ng·g^{-1}、1119±1881 ng·g^{-1}和 1756±1533 ng·g^{-1}）远高于南海表层沉积物Σ_{16}PAHs（430±216 ng·g^{-1}和 310±92.4 ng·g^{-1}）。此外，中国和吕宋岛的工农业生产过程中产生的污染物也可能通过北赤道流增加 PAHs 对南海造成的污染。然而，这一过程的贡献可以忽略不计，夏季南海与外部水体之间的水交换主要是由南向北。无论是在沿海地区还是近海地区，在洋流影响较小的地区Σ_{15}PAHs 相对较低。各珊瑚礁区 PM2.5 的浓度表现出不同的水平。高值出现在受陆源物质显著影响的沿海地区，颗粒相 PM2.5 与 PAHs 呈正相关。对于定量的 15 种 PAHs，气相和颗粒相大气样品中检出了 11~15 种 PAHs。中西沙航次中Σ_{15}PAHs 明显高于南沙航次，这种差异可能是由于两次航行中不同风向引起的气团轨迹的差异。气相中Σ_{15}PAHs 显著高于颗粒相，且主要以 4 环（FLUA 和 CHR）为主，在中西沙航次和南沙航次对总 PAHs 的平均贡献率分别为 56%±14%和 44%±5%。然而，两次航行之间显示了不同的颗粒相 PAHs 分布，

但两个航次中颗粒相中 5 环和 6 环 PAHs 的贡献率均显著高于气相。这主要与多 PAHs 的物理化学性质有关，如过冷蒸汽压，高分子量 PAHs 更容易吸附在气溶胶颗粒上。通过相关分析，确定了不同介质中气象因子（风速、温度、降水量）与 $\sum_{15}$PAHs 的关系。温度通常被认为是 POPs 大气沉积/挥发的主要控制因素。然而，由于 PAHs 不是持久性的，而且有很强的季节性来源，大气中 PAHs 的温度依赖性与其他半挥发性化合物不完全相同。本研究中气相 $\sum_{15}$PAHs 与气温、海面温度（SST）呈显著负相关。根据我们的观测，在采样过程中，东南风温度较低，西南风温度较高。因此，这种负相关实际上可能是由于不同风向的气团不同造成的，如前所述，西南风带来的气团中 PAHs 的浓度通常比东南风中更高。

通过双膜模型的水气交换通量估算发现[37,38]，南海珊瑚礁区 PAHs 的负通量可能是由于气团输送过来了高浓度的 PAHs，这大大促进了大气中 PAHs 的沉降和海水的吸收效率。与东南风相比，在西南风影响下大气环境中 PAHs 浓度较高，促进了海面的吸收。来自南海周边国家和地区的陆源 PAHs 影响了珊瑚礁区 PAHs 的大气-水交换过程。PAHs 通过气团进入大气环境，增加了海水对 PAHs 的表面吸收作用。随后通过生物蓄积等作用被累积到珊瑚和鱼类等生物体中，影响生物体的正常生命活动，从而威胁到整个海洋生态系统。随着夏季气温的升高，更多的溶解性 PAHs 挥发到大气中，减缓了海洋表面对大气中 PAHs 的吸收。珊瑚礁生态系统的生物多样性危机似乎与全球变暖和海洋酸化密切相关，在全球变暖和海洋酸化的影响下，PAHs 的环境命运必然会受到影响，珊瑚礁区 PAHs 的储量可能会出现波动。本研究通过估算发现：气温每升高 1℃，每平方米海面将可能减少 8.26~28.7 ng 的 PAHs 沉降。基于温度主导的通量变化，忽略其他气象条件和水质的影响，全球变暖可能会抑制大气环境中的 PAHs 进入海水。通过估算南海珊瑚礁区 PAHs 的干沉降，PAHs 的平均干沉降通量（31.7±39.0 $ng \cdot m^{-2} \cdot d^{-1}$）显著高于平均气-水交换通量（7.94±12.2 $ng \cdot m^{-2} \cdot d^{-1}$）。夏季海水是南海珊瑚区 PAHs 的汇，其分布主要受干沉降控制。估算的总大气沉降通量（不包括湿沉降）范围为 7.97 ~ 191 $ng \cdot m^{-2} \cdot d^{-1}$（平均值：39.6 ± 42.0 $ng \cdot m^{-2} \cdot d^{-1}$），干沉降的平均贡献率达到 74.3%±21.6%。总之，PAHs 在大气干沉降和气-水交换过程中，通过大气迁移从周边地区进入南海大气，进而进入珊瑚礁生态系统。结合 PAHs 在珊瑚礁区的生物蓄积性，PAHs 在南海可能具有大气—海洋—珊瑚的迁移模式，但这种迁移模式可能随着全球变暖和珊瑚礁退化而减缓。

四、南海珊瑚礁区 PAHs 的来源

南海周边国家众多，珊瑚礁区长期受周边陆源 PAHs 污染物的影响较大，周边陆

源 PAHs 不仅能够通过入海河流携带进入南海，同时在夏季风的驱动下通过气团的形式搬运至南海珊瑚礁区大气环境，在雨水冲刷及界面交换的共同作用下进入南海水体。研究通过采用特征比值、PCA-MLR 和 PMF 模型对 PAHs 的环境来源进行了解析。特征比值结果显示西沙群岛水体中 PAHs 的污染源主要是石油，而中沙群岛中 PAHs 的污染源可能是石油和生物质燃烧的混合源。而珊瑚礁区大气环境中 PAHs 的来源可能是石油和生物质燃烧的混合来源。PCA-MLR 结果显示溢油（>70%）是海水中 PAHs 的主要来源，而大气气相和颗粒相环境中燃烧产生的 PAHs 相对贡献率分别大于 52%和 61%。风向对的大气环境中 PAHs 的贡献不同，东南风主要携带溢油和石油燃烧相关源，在气相和颗粒相中分别占$\sum_{15}$PAHs 的 66%和 67.7%以上；西南风主要携带生物质和石油燃烧源，分别占$\sum_{15}$PAHs 的 96.1%和 80.6%。溢油和生物质燃烧是南海珊瑚礁区大气环境中 PAHs 的主要来源，相对贡献率大于 52%。而溢油是水体中 PAHs 重要贡献者，在西部边界流和北赤道流的共同作用下，吕宋岛西部沿海和中南半岛东部沿海的溢油向南海中西沙群岛漂移。水体中 PAHs 的生物质燃烧源可能来源于大气沉降。由于风向通常会影响气团轨迹，大气干沉降可能由生物质燃烧的扩散方向决定，结合气团轨迹和南海周边的火点情况分析，南海珊瑚礁大气中的 PAHs 可能主要来自中南半岛和吕宋岛的燃烧源。受风向影响，中南半岛或吕宋岛的大型农业活动，如秸秆燃烧产生的大量烟雾颗粒，通过气团输送到南海大气环境中，东南风携带着来自菲律宾的生物质燃烧源，而西南风携带着来自越南、泰国和其他东南亚国家的生物质燃烧源。这些可能是南海珊瑚礁大气环境中 PAHs 的主要来源。此外，石油产品的燃烧、机动车辆和船舶的排放也贡献了南海珊瑚礁区大气和水体中 PAHs 的一小部分。

五、研究展望

关于珊瑚礁生态系统中 PAHs 生态效应及营养动力学的最新研究发现，以珊瑚礁为代表的热带海洋生态系统食物网中 PAHs 表现为营养放大，这进一步表明了 PAHs 在珊瑚礁区的潜在生态危害值得引起我们更多的关注。研究还发现，各珊瑚礁生物中 PAHs 的赋存差异化的原因主要是由人类活动、饮食习惯和脂肪水平等的协同作用造成的。在这之前的大量研究表明，中高纬度水生生态系统食物网中 PAHs 主要的营养动力学过程为营养稀释。而对于，以珊瑚礁为代表的热带海洋生态系统，PAHs 在食物网中更容易发生营养放大。这一现象提醒我们，在低纬度和热带海洋生态系统的各种食物网中，PAHs 污染所造成的生态危害和环境问题的放大效应的确应该引起我们的高度重视。重要的是，珊瑚在热带海洋生态系统中扮演着极其重要的角色。高生产力促进了热带海洋生态系统的进化，即使在食物网的低营养水平的情况下也是如此。

受全球蒸馏效应的影响，PAHs 造成的环境问题和生态效应等已在以往的许多研究得到证实。如果 PAHs 对珊瑚构成一定的威胁和生态毒性，且由于珊瑚礁生态系统中营养放大效应的存在，那么低纬度的珊瑚生态系统则更容易受到 PAHs 的影响。在相对高纬度的珊瑚礁生态系统中，PAHs 很可能出现营养稀释，这对珊瑚礁生态系统无疑具有很大的积极意义。

然而，目前对珊瑚礁区 PAHs 的生态效应、不同纬度的珊瑚礁生态系统中 PAHs 的营养动力学特征、珊瑚共附生功能体对 PAHs 的响应机制的研究尚不清楚，未来需要进一步关注珊瑚礁区 PAHs 的生态效应、环境效应以及礁区生物可能产生的毒性效应。此外，随着全球变暖背景下人类活动的持续增强，海洋升温复合 PAHs 污染的胁迫必然会引起珊瑚生长过程中其体内微生物和虫黄藻系群的改变，致使珊瑚的生长发育受到多重环境因素的协同影响。同时，珊瑚中微生物和虫黄藻系群的改变可能也会引起 PAHs 浓度的改变，从而影响珊瑚礁区 PAHs 的环境命运，珊瑚礁中 PAHs 的储量可能会出现波动。因此，未来亟需开展珊瑚礁生态系微宇宙的室内模拟实验，结合高通量测序等生物学分析手段，旨在解析造礁石珊瑚在 PAHs 和升温复合胁迫下健康状况的变化，同时揭示珊瑚不同健康状况下对 PAHs 环境命运的影响。以便为进一步揭示在全球变暖引起的升温和持续人为活动导致的 PAHs 正增加大背景下珊瑚共附生功能体的响应机制、适应策略提供数据支撑，为将来长期的珊瑚礁保护与生态修复献言献策。

参考文献

[1] V CARRASCO NAVARRO, M T LEPPANEN, J V K KUKKONEN, S G OLMOS. Trophic transfer of pyrene metabolites between aquatic invertebrates[J]. Environmental Pollution, 2013, (173):61-67.

[2] M ENGRAFF, C SOLERE, K E C SMITH, P MAYER, I DAHLLOF. Aquatic toxicity of PAHs and PAH mixtures at saturation to benthic amphipods: Linking toxic effects to chemical activity [J]. Aquatic Toxicology, 2011,(102): 142-149.

[3] Y S EL-ALAWI, B J MCCONKEY, D G DIXON, B M GREENBERG. Measurement of short- and long-term toxicity of polycyclic aromatic hydrocarbons using luminescent bacteria[J]. Ecotoxicology and Environmental Safety, 2002,(51):12-21.

[4] Y DING, M HAN, Z WU, R ZHANG, A LI, K YU, Y WANG, W HUANG, X ZHENG, B MAI. Bioaccumulation and trophic transfer of organophosphate esters in tropical marine food web, South China Sea[J]. Environment International, 2020,(143).

[5] M HAN, H LI, Y KANG, H LIU, X HUANG, R ZHANG, K YU. Bioaccumulation and trophic

transfer of PAHs in tropical marine food webs from coral reef ecosystems, the South China Sea: Compositional pattern, driving factors, ecological aspects, and risk assessment [J]. Chemosphere, 2022,(308):136295-136295.

[6] A R JAFARABADI, A R BAKHTIARI, S MITRA, M MAISANO, T CAPPELLO, C JADOT. First polychlorinated biphenyls (PCBs) monitoring in seawater, surface sediments and marine fish communities of the Persian Gulf: Distribution, levels, congener profile and health risk assessment[J]. Environmental pollution, 2019,(253):78-88.

[7] A R JAFARABADI, M DASHTBOZORG, S MITRA, A R BAKHTIARI, S M DEHKORDI, T CAPPELLO. Historical sedimentary deposition and ecotoxicological impact of aromatic biomarkers in sediment cores from ten coral reefs of the Persian Gulf, Iran[J]. Science of the Total Environment, 2019,(696).

[8] Y DING, Z WU, R ZHANG, K YU, Y WANG, Q ZOU, W ZENG, M HAN. Organochlorines in fish from the coastal coral reefs of Weizhou Island, south China sea: Levels, sources, and bioaccumulation[J]. Chemosphere, 2019,(232):1-8.

[9] Y DING, M HAN, Z WU, R ZHANG, A LI, K YU, Y WANG, W HUANG, X ZHENG, B MAI. Bioaccumulation and trophic transfer of organophosphate esters in tropical marine food web, South China Sea[J]. Environment international, 2020,(143):105919-105919.

[10] R ZHANG, R ZHANG, K YU, Y WANG, X HUANG, J PEI, C WEI, Z PAN, Z QIN, G ZHANG. Occurrence, sources and transport of antibiotics in the surface water of coral reef regions in the South China Sea: Potential risk to coral growth[J]. Environmental pollution, 2017,(232).

[11] R ZHANG, K YU, A LI, Y WANG, X HUANG. Antibiotics in coral reef fishes from the South China Sea: Occurrence, distribution, bioaccumulation, and dietary exposure risk to human[J]. Science of The Total Environment, 135288,2019.

[12] RUIJIE ZHANG, KEFU, YINGHUI WANG, XUEYONG HUANG. Antibiotics in corals of the South China Sea: Occurrence, distribution, bioaccumulation, and considerable role of coral mucus[J]. Environmental pollution (Barking, Essex: 1987), 2019.

[13] C G PAN, K F YU, Y H WANG, R J ZHANG, X Y HUANG, C S WEI, W Q WANG, W B ZENG, Z J QIN. Species-specific profiles and risk assessment of perfluoroalkyl substances in coral reef fishes from the South China Sea[J]. Chemosphere, 2017,(191):450-457.

[14] N XIANG, C JIANG, T YANG, P LI, H WANG. Occurrence and distribution of Polycyclic aromatic hydrocarbons (PAHs) in seawater, sediments and corals from Hainan Island, China[J]. Ecotoxicology and environmental safety, 2018.

[15] Y LI, C WANG, X ZOU, Z FENG, Y YAO, T WANG, C ZHANG. Occurrence of polycyclic

aromatic hydrocarbons (PAHs) in coral reef fish from the South China Sea[J]. Marine pollution bulletin, 2019,(139):339-345.

[16] M HAN, R ZHANG, K YU, A LI, Y WANG, X HUANG. Polycyclic aromatic hydrocarbons (PAHs) in corals of the South China Sea: Occurrence, distribution, bioaccumulation, and considerable role of coral mucus[J]. Journal of Hazardous Materials, 2020,(384).

[17] F C KO, C W CHANG, J O CHENG. Comparative study of polycyclic aromatic hydrocarbons in coral tissues and the ambient sediments from Kenting National Park, Taiwan[J]. Environmental pollution, 2014,(185):35-43.

[18] M MAISANO, T CAPPELLO, A NATALOTTO, V VITALE, V PARRINO, A GIANNETTO, S OLIVA, G MANCINI, S CAPPELLO, A MAUCERI. Effects of petrochemical contamination on caged marine mussels using a multi-biomarker approach: Histological changes, neurotoxicity and hypoxic stress[J]. Marine Environmental Research, 2016, S0141113616300332.

[19] T CAPPELLO, M MAISANO, A MAUCERI, S FASULO. H-1 NMR-based metabolomics investigation on the effects of petrochemical contamination in posterior adductor muscles of caged mussel Mytilus galloprovincialis[J]. Ecotoxicology and environmental safety, 2017,(142): 417-422.

[20] M D C G MARTÍNEZ, P R ROMERO, A T BANASZAK. Photoinduced toxicity of the polycyclic aromatic hydrocarbon, fluoranthene, on the coral,Porites divaricata[J]. Journal of Environmental Science & Health Part A, 2007.

[21] N XIANG, C JIANG, W HUANG, I NORDHAUS, H ZHOU, M DREWS, X DIAO. The impact of acute benzo(a)pyrene on antioxidant enzyme and stress-related genes in tropical stony corals (Acropora spp.)[J]. The science of the Total Environment, 2019,(694):133474. 133471-133474. 133476.

[22] 项楠. 珊瑚礁区 PAHs 分布特征及对珊瑚的毒理效应[D]. 海口:海南大学,2018.

[23] M HAN, R ZHANG, K YU, A LI, X HUANG. Polycyclic aromatic hydrocarbons (PAHs) in Corals of the South China Sea: Occurrence, Distribution, Bioaccumulation, and Considerable Role of Coral Mucus[J]. Journal of Hazardous Materials, 2019,(384):121299.

[24] J M PANDOLFI, S R CONNOLLY, D J MARSHALL, A L COHEN. Projecting Coral Reef Futures Under Global Warming and Ocean Acidification[J]. Science, 2011,(333):418-422.

[25] M MCCULLOCH, J FALTER, J TROTTER, P MONTAGNA. Coral resilience to ocean acidification and global warming through pH up-regulation[J]. Nature Climate Change, 2012,(2): 623-627.

[26] W KIESSLING, C SIMPSON. On the potential for ocean acidification to be a general cause of ancient reef crises[J]. Global Change Biology, 2015,(17):56-67.

[27] O HOEGH-GULDBERG. Coral bleaching, climate change and the future of the world's coral reefs[J]. Marine & Freshwater Research, 1999,(50).

[28] M J H VAN OPPEN, J M LOUGH. Coral Bleaching: Patterns, Processes, Causes and Consequences[M]. Ecological Studies, volume 205. Springer, Berlin, Heidelberg, 2009. https://doi.org/10.1007/978-3-540-69775-6_11.

[29] R ROWAN, N KNOWLTON, A BAKER, J JARA. Landscape ecology of algal symbionts creates variation in episodes of coral bleaching[J]. Nature, 1997,(388):265-269.

[30] A R JAFARABADI, A R BAKHTIARI, M ALIABADIAN, H LAETITIA, A S TOOSI, C K YAP. First report of bioaccumulation and bioconcentration of aliphatic hydrocarbons (AHs) and persistent organic pollutants (PAHs, PCBs and PCNs) and their effects on alcyonacea and scleractinian corals and their endosymbiotic algae from the Persian Gulf, Iran: Inter and intra-species differences[J]. Science of the Total Environment, 2018,(627):141-157.

[31] H CHEN, L XU, W ZHOU, X HAN, L ZENG. Occurrence, Distribution and Seasonal Variation of Chlorinated Paraffins in Coral Communities from South China Sea[J]. Journal of Hazardous Materials, 2020,(402):123529.

[32] J O CHENG, Y M CHENG, T H CHEN, P C HSIEH, M D FANG, C L LEE, F C KO. A preliminary assessment of polycyclic aromatic hydrocarbon distribution in the kenting coral reef waters of southern Taiwan[J]. Archives of environmental contamination and toxicology, 2010,(58):489-498.

[33] Y LIA, C WANG, X ZOU, Z FENG, Y YAO, T WANG, C ZHANG. Occurrence of polycyclic aromatic hydrocarbons (PAHs) in coral reef fish from the South China Sea[J]. Marine Pollution Bulletin, 2019,(139):339-345.

[34] S A VAN DER HEIJDEN, M T O JONKER. Evaluation of Liposome-Water Partitioning for Predicting Bioaccumulation Potential of Hydrophobic Organic Chemicals[J]. Environmental Science & Technology, 2009,(43):8854-8859.

[35] M HAN, F LIU, Y KANG, R ZHANG, K YU, Y WANG, R WANG. Occurrence, distribution, sources, and bioaccumulation of polycyclic aromatic hydrocarbons (PAHs) in multi environmental media in estuaries and the coast of the Beibu Gulf, China: a health risk assessment through seafood consumption[J]. Environmental Science and Pollution Research, 2022.

[36] R ZHANG, M HAN, K YU, Y KANG, Y WANG, X HUANG, J LI, Y YANG. Distribution, fate and sources of polycyclic aromatic hydrocarbons (PAHs) in atmosphere and surface water of multiple coral reef regions from the South China Sea: A case study in spring-summer[J]. Journal of hazardous materials, 2021,(412):125214-125214.

[37] M ODABASI, A SOFUOGLU, N VARDAR, Y TASDEMIR, T M HOLSEN. Measurement of

Dry Deposition and Air-Water Exchange of Polycyclic Aromatic Hydrocarbons with the Water Surface Sampler[J]. Environmental Science & Technology, 1999,(33).

[38] W G WHITMAN. The two film theory of gas absorption[J]. International Journal of Heat & Mass Transfer, 1924,(5):429-433.

作者简介：

韩民伟，博士研究生，研究方向为南海珊瑚礁区持久性有机污染物的环境效应与环境命运，研究区域主要为珊瑚礁生态系统、海岸带和海产养殖系统。共发表学术论文 17 篇，其中以第一和第二作者在 *Journal of Hazardous Materials*、*Environment International*、*Science of the total Environment*、*Chemosphere*、*Environmental Research*、*Marine Pollution Bulletin* 等专业期刊发表 SCI 论文 7 篇。

陆海统筹宜“标准”先行

胡娜娜　盛彦清[1]

（1. 中国科学院烟台海岸带研究所，中国科学院海岸带环境过程与生态修复重点实验室，山东省海岸带环境工程技术研究中心，山东 烟台 264003）

摘要：陆海统筹是实现海洋环境综合管理的重要思路，也是实现海岸带可持续发展的重要途径。然而，由于长期以来陆海分割式的管理模式，使得海岸带这一特殊区域成为实现陆海统筹的关键地带，特别是该区域相关“标准”的构建。本文简要概述了我国国家标准方法中对海岸带水体与沉积物氮、磷的测定方法，以及相关环境质量标准，并基于我国海岸带环境管理相关“标准”的缺失，系统探讨了水体与沉积物氮、磷常规污染物的评价方法，提出了该评价方法在海岸带的应用缺陷和标准完善的必要性。尽管当前对海岸带水体氮磷质量的评价均选自《海水水质标准》（GB 3097—1997），但其忽略了《地表水水质标准》（GB 3838—2002）以及陆地对海岸带的影响，而对于沉积物氮磷质量的评估则无据可依，因为《海洋沉积物质量》（GB 18668—2002）未涵盖相应指标。因此，若想真正实现海岸带生态环境综合管理的陆海统筹，必须首先创建海岸带水体与沉积物的相关检测方法标准和环境质量标准，陆海统筹宜“标准”先行。本文研究成果为海岸带污染要素的精准监测及海岸带生态环境的综合管理提供科学依据。

关键词：海岸带；检测方法；环境质量；标准

陆海统筹是在陆地和海洋两大自然系统之间建立的关于资源、经济、环境与生态的综合协调关系和发展模式[1]。海岸带是连接陆地与海洋的中间地带，是研究陆地-河口-海洋耦合模式的关键区域，是实现陆海统筹的关键地带[2-3]。其中，海岸带水体是地表水体与海水的过渡水体，同样，海岸带沉积物是陆地土壤或河流沉积物与海洋沉积物的过渡区域。海岸带水体与沉积物兼具陆地与海洋的共同特征，但又与二者不完全相同。然而，人类对海岸带粗放、不合理的开发利用，导致大量的污染物聚集在海岸带水体与沉积物中，其生态功能与健康水平正日益受到人类活动的严重威胁[4,5]。

其中，氮、磷营养盐及其引发的海岸带水体黑臭及富营养化等问题已经成为困扰我国多年的重要环境问题[6,7]。

氮、磷是动植物生长所必需的营养元素，也是衡量水体与沉积物环境质量的重要指标[8-9]。氮、磷过量造成的污染对海岸带的生态系统与经济发展带来的损失非常巨大。研究表明，仅福建沿海由于氮、磷的过量造成的赤潮污染在2012年造成的直接经济损失达20.11亿元，2019年达3100万元，赤潮频发严重地制约了我国海岸带渔业经济的可持续发展[10]。因此，海岸带氮、磷的准确测定与评估对于海岸带的赤潮防治具有重要意义。目前，我国海岸带水体氮、磷的测定与环境质量评价依据均采用《海水水质标准》（GB 3097—1997）[11]，而沉积物氮、磷质量的评估则无据可依，因为《海洋沉积物质量》（GB 18668—2002）未涵盖关于氮、磷的相应指标[12]。此外，在河口-近岸海域，陆地对海岸带氮、磷污染的影响往往大于海洋的影响。因此，仅用海洋相关标准测定与评价海岸带水体与沉积物氮、磷水平显然不够严谨。因此，精准测定与评价海岸带氮、磷污染对海岸带的综合开发利用及环境保护具有重要的意义。

本文针对海岸带氮、磷污染这一现实问题，基于我国海岸带环境管理相关“标准”的缺失，系统总结目前海岸带水体与沉积物氮、磷的测定方法、相关环境质量标准及评价方法，并提出其在海岸带水体与沉积物中的应用缺陷，为掌握海岸带水体与沉积物中氮、磷污染状况，应兼顾陆地与海洋对海岸带的共同影响，从而构建海岸带氮、磷的测定方法标准与环境质量标准。为准确检测与评估海岸带氮、磷污染状况提供可行建议，为实现陆海统筹提供科学依据。

一、海岸带氮、磷测定方法研究进展

据我国近岸海域国家标准《海洋监测规范 第7部分 近海污染生态调查和生物监测》（GB 17378.7—2007）规定[13]，我国海岸带水体与沉积物中的氮磷的测定和评价指标包括必测和选测项目，其中海岸带水质监测中必测项目主要有无机氮（氨氮、硝氮、亚硝氮）和活性磷，选测项目主要有总氮、总磷。海岸带沉积物监测中总磷和总氮为选测项目。

（一）海岸带水体氮、磷测定方法及质量标准

1. 无机氮

海岸带水体中测定氨氮、硝酸盐、亚硝酸盐的方法分别为《次溴酸盐氧化法》《镉柱还原法》和《盐酸萘乙二胺分光光度法》，其中氨氮和硝酸盐的检测原理分别为用碱性次溴酸盐将水样中的氨氮氧化为亚硝氮和用镉柱将水样中的硝酸盐定量还原为

亚硝氮，然后使用重氮-偶氮分光光度法测定亚硝氮[14-16]。测定海岸带水体无机氮的方法均来自测定海水的《海洋监测规范 第 4 部分：海水分析》（GB 17378.4—2007）[17]。然而，对于河口-近海这一区域受到陆海水体的共同影响，仅采用海水相关标准对海岸带水体的测定并不精准，尤其是在内陆河流向海洋过渡的盐度较低且无机氮含量较高的区域。根据我国的《海水水质标准》(GB 3097—1997）中对无机氮，即氨氮、硝氮、亚硝氮之和的四类海水的标准限值分别为 0.20 $mg \cdot L^{-1}$、0.30 $mg \cdot L^{-1}$、0.40 $mg \cdot L^{-1}$、0.50 $mg \cdot L^{-1}$，非离子氨的四类海水的标准限值均为 0.20 $mg \cdot L^{-1}$（表 1），而《地表水环境质量标准》(GB 3838—2002）中仅氨氮一项的五类水体的标准限值分别为 0.15 $mg \cdot L^{-1}$、0.5 $mg \cdot L^{-1}$、1.0 $mg \cdot L^{-1}$、1.5 $mg \cdot L^{-1}$、2.0 $mg \cdot L^{-1}$（表 2）[11, 18]。显然，地表水标准中的无机氮浓度限值显著高于海水。因此，河口-近海区域的海岸带水体的无机氮的浓度是介于陆地水体与海水之间的，而仅采用《海水水质标准》(GB 3097—1997）对海岸带水体中的无机氮浓度进行评估会导致海岸带水体的水质分类评估出现总体偏高的情况，影响近岸海域功能区的划分和近海资源的开发利用。而解决该问题的根本方法就是结合陆地与海洋对海岸带水体的共同影响，为海岸带水体制定新的无机氮浓度限值作为质量标准，实现海岸带水体无机氮的精准评估。

2. 总氮

测定海岸带水体中的总氮采用测定海水的“过硫酸钾氧化法”（GB/T 12763.4—2007），其测定范围为 0.053~0.448 $mg \cdot L^{-1}$，该方法是将碱性过硫酸钾消解法与锌镉还原法结合，先将水样在碱性和高温高压条件下，用过硫酸钾氧化，将各种氮化合物转化为硝酸氮，硝酸氮被还原为亚硝氮后与显色剂反应生成深红色偶氮染料[19]。该方法主要缺点是操作复杂，人为误差大。因此，在河口-近海区域盐度≤5.0 的水域，采用操作简单、测定准确的地表水测定总氮的“碱性过硫酸钾消解紫外分光光度法”（GB 11894—1989）更为准确[20,21]。由表 1 可知，《海水水质标准》（GB 3097—1997）中并未规定海水总氮的不同水质类型的浓度限值[11]，而仅无机氮浓度的限值就与《地表水环境质量标准》（GB 3838—2002）中总氮的浓度限值相当（表 2）[18]。此外，目前的近海及海水监测中只对无机氮的浓度作了要求，而忽略了有机氮及总氮对近海赤潮污染及生态系统的影响[13]。研究表明，2011—2014 年长江河口水域有机氮的浓度为 0.14~1.27 $mg \cdot L^{-1}$，占总氮的 7.4%~50.9%，其中具有较高生物利用性的组分占有机氮的 23.9%[22]。因此，有机氮也是衡量海岸带水体氮质量的重要指标，海岸带水质标准的制定不能缺少对总氮的浓度限值的规定。

表 1 《海水水质标准》（GB 3097—1997）中氮、磷相关项目标准限值 单位：mg · L^{-1}

项目	第一类	第二类	第三类	第四类
无机氮	0. 20	0. 30	0. 40	0. 50
非离子氨	0. 20	0. 20	0. 20	0. 20
活性磷酸盐	0. 015	0. 030	0. 030	0. 045

3. 活性磷

活性磷酸盐是水体分析中最早明确测定方法的营养盐之一。目前，《海水水质标准》（GB 3097—1997）中测定活性磷酸盐的标准方法是“抗坏血酸还原的磷钼兰法”（GB/T 12763. 4—2007）[23]。该方法的原理是在酸性介质中，活性磷酸盐与钼酸铵反应，在酒石酸锑钾的催化作用下，生成磷钼杂多酸（磷钼黄）后，立即被抗坏血酸还原，生成磷钼蓝络合物，其吸收光谱在 882 nm 处呈现最大吸收峰，测定范围为 0. 000 62~0. 15 mg · L^{-1}。其中，《海水水质标准》（GB 3097—1997）中对活性磷酸盐（表 1）[11]的四类海水的标准限值分别为 0. 015 mg · L^{-1}、0. 030 mg · L^{-1}、0. 030 mg · L^{-1}、0. 045 mg · L^{-1}，而《地表水环境质量标准》（GB 3838—2002）中没有规定活性磷酸盐的质量标准（表 2）[18]。然而，在《海洋监测规范 第 7 部分：近海污染生态调查和生物监测》（GB 17378. 7—2007）中规定对近海活性磷酸盐测定的标准方法为“磷钼蓝分光光度法”（GB 17378. 4—2007）[24]，该方法原理与“抗坏血酸还原的磷钼兰法”（GB/T 12763. 4—2007）测定活性磷酸盐的原理相似，测定上限为 0. 24 mg · L^{-1}。此外，《海洋监测规范 第 4 部分 海水分析》（GB 17318. 4—2007）中关于测定“活性磷酸盐”的标题被误称为“无机磷”，实际上，无机磷包括活性磷酸盐和聚合磷酸盐，而“磷钼蓝分光光度法”（GB 17378. 4—2007）只能测定海水中活性磷酸盐的含量。

4. 总磷

海岸带水质监测的选测项目中包含对总磷的测定，其测定方法为“过硫酸钾氧化法”（GB/T 12763. 4—2007），该方法的原理是在用磷钼蓝法测定总磷前，先用过硫酸钾将水样中的有机磷和聚合磷酸盐消解为活性磷酸盐[25]。消解通常是指在高温高压的条件下将有机磷和聚合磷酸盐中的 P-O-P、C-O-P 和 C-P 键打破，并转化为活性磷酸盐的过程[26]，其测定范围为 0. 002 8~0. 20 mg · L^{-1}。但是，目前用来评价海岸带水体环境质量的《海水水质标准》（GB 3097—1997）中却没有对总磷质量标准的规定[11]，因此，仅用《海水水质标准》（GB 3097—1997）评定海岸带水体的水质状况是不够准确的。虽然《地表水环境质量标准》（GB 3838—2002）中Ⅰ类、Ⅱ类、Ⅲ类、Ⅳ类、Ⅴ类水体的总磷质量标准分别为 0.02 mg・L^{-1}、0.1 mg・L^{-1}、0.2 mg・L^{-1}、0.3 mg・L^{-1}、0.4 mg・L^{-1}（表2）[18]，但是，该标准中对总磷质量标准的规定限值远大于海岸带水体中总磷的真实浓度，尤其是Ⅲ类、Ⅳ类、Ⅴ类水体的总磷浓度限值。因此在制定海岸带水体总磷浓度标准限值时，可参考《地表水环境质量标准》（GB 3838—2002）中的总磷浓度限值，但不可脱离海岸带水体环境中总磷的真实值。

表 2　《地表水环境质量标准》（GB 3838—2002）中氮、磷相关项目标准限值

单位：mg・L^{-1}

项目	Ⅰ类	Ⅱ类	Ⅲ类	Ⅳ类	Ⅴ类
氨氮	0.15	0.5	1.0	1.5	2.0
总氮	0.2	0.5	1.0	1.5	2.0
总磷	0.02	0.1	0.2	0.3	0.4

（二）海岸带沉积物氮、磷测定方法及质量标准

海岸带沉积物监测的选测项目包含对沉积物总磷总氮的测定，根据《海洋监测规范 第7部分：近海污染生态调查和生物监测》（GB 17378.7—2007），沉积物总氮分析方法为“凯式滴定法”（GB 17378.5—2007），该方法原理是样品在催化剂作用下，用浓硫酸将沉积物中的有机氮转化为硫酸铵，加入强碱进行蒸馏使氨溢出，用硼酸吸收后，再用酸滴定，测出总氮含量[27]。而海岸带沉积物总磷的分析方法为“分光光度法”（GB 17378.5—2007），该方法原理是样品在催化剂作用下，用浓硫酸将沉积物中的有机磷和无机磷全部转化为活性磷，在酸性溶液中，加入钒钼酸铵，生成黄色物质，在波长 420 nm 处测定吸光度[28]。海岸带沉积物总磷和总氮的分析方法均来自《海洋监测规范 第5部分：沉积物分析》（GB 17378.5—2007）[29]。但是，在《海洋沉积物质量》（GB 18668—2002）标准中没有规定沉积物氮、磷的质量标准[12]。此外，地表水沉积物氮、磷质量也无相应标准。因此海岸带沉积物氮磷质量的评估无据可依。

三、海岸带水体与沉积物氮、磷的污染评价方法

《海洋监测规范 第7部分：近海污染生态调查和生物监测》（GB 17378.7—2007）国家标准方法中的海岸带水体与沉积物的氮磷污染评价方法主要有单因子指数法、营

养指数法、有机污染评价指数法、营养状态质量指数法[13]。

（一）单因子指数法

单因子指数法（Single Factor Index Method，S）是将海岸带水体与沉积物中的氮或磷为单一参数作为评价指标，通过直接分析海岸带水体与沉积物中的氮、磷的实测浓度与其评价标准之间的关系，客观地反映海岸带水体与沉积物的污染程度[30]。其计算公式为：

$$S_i = \frac{C_i}{C_s}$$

式中：S_i为氮或磷的污染指数；C_i为氮或磷的实测值；C_s为氮或磷的评价标准值。参照水体与沉积物综合污染程度分级标准（表3），得到海岸带水体与沉积物的氮、磷污染程度。

表3 单因子指数法污染程度分级标准

S_i值	<0.5	0.5~1.0	>1.0
污染程度	未受到氮或磷沾污	受到氮或磷沾污	已受到该因子污染

目前，我国的《海洋监测规范 第7部分：近海污染生态调查和生物监测》（GB 17378.7—2007）中规定近海水体中的评价标准值采用《海水水质标准》（GB 3097—1997）中的第二类标准[13]。2009年胶州湾水体的氮磷污染程度进行单因子指数法评价结果表明，该区域主要污染物是无机氮和活性磷，其污染指数范围分别是0.3~3.9和0.2~2.5[31]。近海沉积物的评价标准值采用《海洋沉积物质量》（GB 18668—2002）中的第一类标准[13]，单因子指数法也是国家标准方法中唯一评价海岸带沉积物氮磷污染程度的方法。然而，由于我国的《海洋沉积物质量》（GB 18668—2002）标准中没有规定沉积物氮、磷的质量标准，我国许多学者会借鉴1992年加拿大安大略省环境和能源部发布的指南中沉积物总氮和总磷的评价标准值评价滨海沉积物总氮和总磷污染状况，其规定沉积物引起的最低级别生态毒性效应的总氮和总磷的浓度分别为550 $\mu g \cdot g^{-1}$和600 $\mu g \cdot g^{-1}$，引起的严重级别生态毒性效应的总氮和总磷的浓度分别为4800 $\mu g \cdot g^{-1}$和2000 $\mu g \cdot g^{-1}$[32]。珠江口表层沉积物中总氮和总磷污染评价结果表明，珠江口沉积物总氮含量为1203~2365 $\mu g \cdot g^{-1}$，其生态毒效应在最低级别与严重级别生态风险之间；总磷浓度范围为340~581 $\mu g \cdot g^{-1}$，说明珠江口表层沉积物的总磷属于安全级生态效应，环境危害较小[33]。

采用单因子指数法对海岸带水体与沉积物氮磷评价具有简单易行的优点，但是，其所采用的水体与沉积物中标准值基本来自海洋水体与沉积物质量标准值，而没有对海岸带水体与沉积物的氮磷值给出符合其特点的单独的标准值。此外，海岸带水体与沉积物氮、磷及其引发的环境问题是受多因素影响的复杂现象，因此单因子评价法已无法满足现在海岸带氮、磷评价的需求[34,35]。

（二）营养指数法

营养指数法（Eutrophication Index Method，E）是指以水体中的 COD、溶解性无机氮（Dissolved Inorganic Nitrogen，DIN）、溶解性无机磷（Dissolved Inorganic Phosphorus，DIP）浓度来评估水体是否发生富营养化及程度[36]。其表达式为：

$$E = \frac{COD \times DIN \times DIP \times 10^6}{4500}$$

式中：E 为富营养化指数，COD、DIN、DIP 分别为 COD、DIN、DIP 的实测浓度，单位均为 $mg \cdot L^{-1}$。参照水质富营养程度分级标准（表 4），得到海岸带水体的富营养化等级。

表 4　营养指数法评价表

E 值	> 1.0	$1.0 \leqslant E < 2.0$	$2.0 \leqslant E < 5.0$	$5.0 \leqslant E < 15.0$	$E \geqslant 15.0$
水质评价	贫营养	轻度富营养	中度富营养	重度富营养	严重富营养

营养指数法是国内最常用的评价水体富营养化的方法之一。对 2013 年春季莱州湾海水富营养化评估研究表明，春季莱州湾发生富营养化（$E \geqslant 1$）的范围比夏季高 45%，其富营养化程度最大的区域发生在黄河口外侧[37]。运用营养指数法对黄河口附近海域进行评价的分析结果表明，该海域已处于富营养化状态，其中 DIN 过量是造成该区域水体富营养化的主要原因[38]。

该方法最早在日本使用，1983 年由邹景忠在研究渤海问题时引入[39]，当时采用渔业水质标准结合海水水质标准，同时参考了日本大阪府年规定的海水水质基准、日本水产环境水质基准和上田和夫为防止赤潮发生而提出的富营养化临界值[40]。其中规定，营养指数法中的 COD 浓度为 1~3 $mg \cdot L^{-1}$、DIN 浓度为 0.2~0.3 $mg \cdot L^{-1}$、DIP 浓度限值为 0.045 $mg \cdot L^{-1}$。然而，从引进这个方法到现在已将近 40 年，我国的渔业水质标准和海水水质标准也修订了新的版本。并且根据《海水水质标准》（GB 3097—1997）中的第一类海水中规定的 COD、DIN 和 DIP 浓度限值分别为 2 $mg \cdot L^{-1}$、0.20 $mg \cdot L^{-1}$和 0.015 $mg \cdot L^{-1}$，经计算一类海水的营养指数 $E = 1.3 > 1$[11]，此外，该评价方法以海水水质标准为依据，忽略了地表水对海岸带水体的影响，导致评价海岸带水质的结论一般为陆地河流入海河口水域富营养化程度高于近海。

（三）有机污染评价指数法

有机污染评价指数法主要是针对海岸带水体有机污染程度的一种综合评价方法，该方法利用化学需氧量（Chemical Oxygen Demand，COD）、DIN、DIP、溶解氧（Dissolved Oxygen，DO）4 个水质指标对海岸带水体质量状况进行评价，综合考虑了海岸带水体的有机污染和无机污染指标，可反映海岸带水体的整体环境质量[41]。其计算公式为：

$$A=\frac{COD}{COD_0}+\frac{DIN}{DIN_0}+\frac{DIP}{DIP_0}-\frac{DO}{DO_0}$$

式中：COD、DIN、DIP、DO 分别代表水体中的 COD、DIN、DIP、DO 的实测浓度，单位均为 $mg \cdot L^{-1}$。COD_0、DIN_0、DIP_0、DO_0分别为水体上述指标的评价标准，《海洋监测规范 第 7 部分：近海污染生态调查和生物监测》（GB 17378. 7—2007）规定其分别为 $3.0\ mg \cdot L^{-1}$、$0.1\ mg \cdot L^{-1}$、$0.015\ mg \cdot L^{-1}$、$5\ mg \cdot L^{-1}$[13]。其中 COD_0、DIP_0、DO_0分别对应《海水水质标准》（GB 3097—1997）第二类标准、第一类标准、第二类标准限值[11]。而 DIN_0的标准值远低于《海水水质标准》（GB 3097—1997）第一类标准（$0.2\ mg \cdot L^{-1}$）。参照水质有机污染评价表（表 5），得到海岸带水体的水质状况。

表 5　有机污染评价表

A 值	<0	0~1	1~2	2~3	3~4	> 4
污染程度分级	0	1	2	3	4	5
水质评价	良好	较好	开始受到污染	轻度污染	中度污染	重度污染

有机污染指数在我国的近岸海域水质污染评价研究中应用非常广泛。洋山深水港水质有机污染评价指数法评价结果表明，该区域水质 A 值范围在 1. 9~4. 1 之间，平均值为 2. 9，总体属轻度污染，但大洋山水域在 1—5 月属于中度污染[42]。然而，有些学者会自定义 COD_0、DIN_0、DIP_0、DO_0的评价标准值，如戴纪翠等（2009）对深圳近海海域进行有机污染评价采用的要素标准值均为一类海水水质标准值，结果表明，深圳西部海域的有机污染程度级别均属于重度污染的程度，中部海域的有机污染指数最高[43]。党二莎等（2019）在对珠江口近岸海域有机污染评价时采用《海水水质标准》（GB 3097—1997）中的三类海水水质标准值，调查结果表明该研究区域有机污染指数范围为 0. 6~25. 0，平均值为 10. 7，总体属于重度污染[44]。

综上，有机污染指数法虽然污染评价分级是统一的，但在实际应用中并无统一的环境要素标准，因此很有可能会用根据不同的要素标准评价出同一区域水体的有机污染程度不同，导致其评价结果不具有参考价值。此外，该方法同样只考虑了将《海水水质标准》（GB 3097—1997）中的浓度限值作为各要素标准，忽略了陆地水体对海岸带水体的影响。

（四）营养状态质量指数法

营养状态质量指数法（Nutritional Quality Index，NQI）是指以调查海水中总氮（Total Nitrogen，TN）、总磷（Total Phosphorus，TP）浓度为基本环境要素，以COD浓度增加来表征海水富营养化直接或间接环境生态效应[45]。其计算公式为：

$$NQI = \frac{COD}{COD_0} + \frac{TN}{TN_0} + \frac{TP}{TP_0}$$

式中：COD、TN、TP 分别代表水体中的 COD、TN、TP 的实测浓度，单位均为 $mg \cdot L^{-1}$。COD_0、TN_0、TP_0分别为水体上述指标的评价标准，分别为 3.0 $mg \cdot L^{-1}$、0.6 $mg \cdot L^{-1}$、0.03 $mg \cdot L^{-1}$。其中COD是以《海水水质标准》（GB 3097—1982）一类海水水质标准为基础[11]，但因该标准中TN和TP限值未做具体规定，因此，陈于望（1987）参考有关资料，将TN和TP的标准限值定为0.6 $mg \cdot L^{-1}$和0.03 $mg \cdot L^{-1}$[46]。参照水质营养状态评价表（表6），得到海岸带水体的营养状态。

表6　营养状态评价表

*NQI*值	<2	2~3	>3
营养水平	贫营养水平	中营养水平	富营养水平

该评价方法是陈于望在1987年提出的海水水质评价方法[46, 42]。对广海湾海域营养状态评价研究表明，该海域秋季的富营养化状态比春季严重，秋季NQI指数范围为4.2~17.1，调查海域均为富营养化状态；春季*NQI*指数范围为1.9~4.8，海湾北部及东部湾内海域为富营养化状态，并且，从分布上看，春、秋季的NQI指数值均呈现近岸高、远海低的变化趋势[47]。然而，有研究者认为该方法只是取营养盐方面参数作为评价标准，考虑的评价要素较少，在其理论上存在一定的局限性[48]。另一方面，对COD、TN、TP的评价标准浓度选取时，采用的是废止的《海水水质标准》（GB 3097—1982）的一类水体，而现行的《海水水质标准》（GB 3097—1997）的一类水体与废止标准中的一类水体水质状况完全不同[49, 11]。此外，在TN和TP标准值的选取中表述模糊不清，没有明确的标准与文献支撑。因此，该评价方法的可靠性与科学性本身存疑。

四、海岸带水体与沉积物氮磷测定与评价标准方法的总结与展望

随着我国沿海地区经济的迅猛增长，海岸带区域的人为氮磷输入量急剧增长，过量的氮磷导致水体中藻类过度生长，引发赤潮污染，影响了河口-近岸海域正常开发利用。为了实现我国海岸带区域的研究与管理，准确测定海岸带水体与沉积物的各形态氮磷、制定统一的氮磷质量标准以及规范氮磷的评价方法尤为迫切。并且在构建海岸带区域相关“标准”的基础上可以全面掌握海岸带水体氮磷污染问题的程度和范围，在管理和消除该问题上能优化资源配置、制定正确决策。

综合考虑，目前的海岸带水体氮磷测定及评价方法存在以下不足：①长期以来陆海割裂管理，导致海岸带区域无法得到应有的重视，水体与沉积物的氮磷测定方法基本来自海洋相关国家标准方法，忽视了陆地对河口-近海区域的影响。②目前海岸带水体是以海水环境质量标准为依据来划分海岸带水体的功能区，而海岸带地处陆地与海洋共同作用的地带，海水的环境质量“基准”并不完全适用于海岸带水体。此外，《海洋沉积物质量》（GB 18668—2002）标准中没有规定沉积物氮磷的质量标准。③氮磷评价方法无统一标准，尤其是评价标准值的选取依据模糊，从而导致研究学者自定义环境要素的评价标准值的现象，不利于我国海岸带氮磷管理体系的构建。

因此，为实现海岸带生态环境综合管理的陆海统筹，未来我国海岸带水体与沉积物污染指标测定与质量评价应重点关注以下三个问题：①明确海岸带水体与沉积物的氮磷等指标测定的标准方法，实现海岸带氮磷的精准测定。②实地调查并探究海岸带水体与沉积物的环境质量“基准”，尽快制定专属于海岸带特定区域的水质标准与沉积物质量标准，准确划分海岸带的水质分类与功能区划。③结合海岸带环境质量“基准”与“标准”，制定清晰明确的评价标准值，赋予评价标准值科学性和可靠性。

参考文献

[1] 闵婷婷，李挚萍，陈绵润．水体氮磷评价陆海统筹背景下河口水生态环境整治修复协同机制研究[J]．海洋开发与管理，2022：1-10.

[2] 李少斌，余丹，孔俊，等．海岸带陆海气氮磷污染协同治理：监测、模拟与决策[J]．环境工程，2022：1-14.

[3] 骆永明．中国海岸带可持续发展中的生态环境问题与海岸科学发展[J]．中国科学院院刊，2016，31(10)：1133-1142.

[4] SCOTT C DONEY. The growing human footprint on coastal and open-ocean biogeochemistry[J]. Science, 2010, 328(5985): 1512-1516.

[5]　ADYASARI D, PRATAMA M A, TEGUH N A, et al. Anthropogenic impact on Indonesian coastal water and ecosystems: Current status and future opportunities[J]. Marine Pollution Bulletin, 2021, 171: 112689.
[6]　HOWARTH R W. Coastal nitrogen pollution: A review of sources and trends globally and regionally[J]. Harmful Algae, 2008, 8(1): 14-20.
[7]　LI X Y, YU R C, GENG H X, et al. Increasing dominance of dinoflagellate red tides in the coastal waters of Yellow Sea, China[J]. Marine Pollution Bulletin, 2021, 168: 112439.
[8]　罗广飞, 韩志伟, 田永著, 等. 岩溶流域不同水体氮磷分布、影响因素及富营养化评价[J]. 中国农村水利水电, 2020,(10): 94-99+105.
[9]　盛路遥, 魏佳豪, 兰林, 等. 洪泽湖湖滨带表层沉积物氮、磷、有机质分布及污染评价[J]. 环境监控与预警, 2022, 14(03): 13-18.
[10]　何恩业, 季轩梁, 李晓, 等. 2001—2020年福建沿海赤潮灾害分级和时空分布特征研究[J]. 海洋通报, 2021, 40(05): 578-590.
[11]　国家环境保护局,1997. 海水水质标准:GB 3097—1997[S]. 北京:中国标准出版社.
[12]　国家海洋标准计量中心,2002. 海洋沉积物质量:GB 18668—2002[S]. 北京:中国标准出版社.
[13]　全国海洋标准化技术委员会,2007. 海洋监测规范 第7部分 近海污染生态调查和生物监测:GB 17378.7—2007[S]. 北京:中国标准出版社.
[14]　全国海洋标准化技术委员会,2007. 海洋监测规范 第4部分:海水分析 次溴酸盐氧化法:GB 17378.4—2007[S]. 北京:中国标准出版社.
[15]　全国海洋标准化技术委员会,2007. 海洋监测规范 第4部分:海水分析 镉柱还原法:GB 17378.4—2007[S]. 北京:中国标准出版社.
[16]　全国海洋标准化技术委员会,2007. 海洋监测规范 第4部分:海水分析 萘乙二胺分光光度法:GB 17378.4—2007[S]. 北京:中国标准出版社.
[17]　全国海洋标准化技术委员会,2007. 海洋监测规范 第4部分:海水分析:GB 17378.4—2007[S]. 北京:中国标准出版社.
[18]　国家环境保护总局科技标准司,2002. 地表水环境质量标准:GB 3838—2002[S]. 北京:中国标准出版社.
[19]　国家海洋标准计量中心,2007. 海洋调查规范 第4部分:海水化学要素调查 过硫酸钾氧化法:GB/T 12763.4—2007[S]. 北京:中国标准出版社.
[20]　胡娜娜, 盛彦清, 唐琪, 等. 海岸带水体氮、磷的测定方法与准确测定[J]. 海洋科学进展, 2022, 40(02): 274-286.
[21]　环境保护部科技标准司,2012. 水质 总氮的测定: 碱性过硫酸钾消解紫外分光光度法:HJ 636—2012[S]. 北京:中国环境科学出版社.

[22] 张桂成．长江口及其邻近海域溶解有机氮的生物可利用性及其在赤潮爆发过程中的作用研究[D]．青岛：中国海洋大学，2015.

[23] 国家海洋标准计量中心,2007. 海洋调查规范 第4部分：海水化学要素调查 抗坏血酸还原的磷钼兰法：GB/T 12763.4—2007[S]．北京：中国标准出版社．

[24] 全国海洋标准化技术委员会,2007. 海洋监测规范 第4部分：海水分析 抗坏血酸还原的磷钼兰法：GB 17378.4—2007[S]．北京：中国标准出版社．

[25] 国家海洋标准计量中心,2007. 海洋调查规范 第4部分：海水化学要素调查 过硫酸钾氧化法：GB/T 12763.4—2007[S]．北京：中国标准出版社．

[26] Worsfold P, Mckelvie I, Monbet P. Determination of phosphorus in natural waters: A historical review[J]. Analytical Chimica Acta, 2016, 918: 8-20.

[27] 全国海洋标准化技术委员会,2007. 海洋监测规范 第5部分：沉积物分析 凯式滴定法：GB 17378.5—2007[S]．北京：中国标准出版社．

[28] 全国海洋标准化技术委员会,2007. 海洋监测规范 第5部分：沉积物分析 分光光度法：GB 17378.5—2007[S]．北京：中国标准出版社．

[29] 全国海洋标准化技术委员会,2007. 海洋监测规范 第5部分：沉积物分析：GB 17378.5—2007[S]．北京：中国标准出版社．

[30] 林晓娟，高姗，仉天宇，等．海水富营养化评价方法的研究进展与应用现状[J]．地球科学进展，2018，33(4)：373-384.

[31] 董兆选．胶州湾海水环境质量评价及污染防治研究[D]．青岛：中国海洋大学，2011.

[32] Leivuori M, Niemisto L. Sedimentation of trace metals in the Gulf of Bothnia[J]. Chemosphere, 1995, 31(8) :3839-3856.

[33] 岳维忠，黄小平，孙翠慈．珠江口表层沉积物中氮、磷的形态分布特征及污染评价[J]．海洋与湖沼，2007,(02)：111-117.

[34] DETTMANN E H. Effect of water residence time on annual export and denitrification of nitrogen in estuaries: A model analysis[J]. Estuaries, 2001, 24: 481-490.

[35] LOERN J E. Our evolving conceptual model of the coastal eutrophication problem[J]. Marine Ecology Progress, 2001, 210 (4): 223-253.

[36] GLIBERT P M, SEITZINGER S, HEIL C A, et al. The role of eutrophication in the global proliferation of harmful algal blooms: New perspectives and new approaches[J]. Oceanography, 2005, 18(2): 198-209.

[37] 徐艳东，魏潇，李佳蕙，等．2013年春夏季莱州湾海水环境要素特征和富营养化评估[J]．中国环境监测，2016，32(06)：63-69.

[38] 胡琴，曲亮，黄必桂，等．2014年秋季黄河口附近海域营养现状与评价[J]．海洋环境科学，2016，35(05)：732-738.

[39] 邹景忠，董丽萍，秦保平．渤海湾富营养化和赤潮问题的初步探讨[J]．海洋环境科学，1983，(02)：41-54.

[40] Gangshiyouli. The Pollution of Shallow Sea and the Occurrence of Red Tide, Mechanism of the Occurrence of Red Tide in Inner Bay[Z]. Japan Aquatic Resources Protection Association, 1972: 58-76.

[41] 全为民，沈新强，韩金娣，等．长江口及邻近水域富营养化现状及变化趋势的评价与分析[J]．海洋环境科学，2005，(03)：13-16.

[42] 边佳胤，袁林，王琼，等．洋山深水港海域水质变化趋势分析及富营养化评价[J]．海洋通报，2013，32(1)：107-112.

[43] 戴纪翠，高晓薇，倪晋仁，等．深圳近海海域营养现状分析与富营养化水平评价[J]．环境科学，2009，30(10)：2879-2883.

[44] 党二莎，唐俊逸，周连宁，等．珠江口近岸海域水质状况评价及富营养化分析[J]．大连海洋大学学报，2019，34(04)：580-587.

[45] 刘宪斌，朱琳，张桂香，等．天津塘沽驴驹河海岸带海水和沉积物现状调查[J]．天津科技大学学报，2005，(02)：31-34.

[46] 陈于望，王宪，蔡明宏．湄洲湾海域营养状态评价[J]．海洋环境科学，1999，(3)：39-42.

[47] 李保石，厉丞烜，金玉休，等．广海湾海域营养盐时空分布及富营养化评价[J]．海洋环境科学，2020，39(05)：657-663.

[48] 张庆林，张学雷，王晓，等．辽东湾东南海域富营养化评价[J]．海岸工程，2009，28(01)：38-43.

[49] 国家环境保护局，1982. 海水水质标准：GB 3097—1982[S]. 北京：中国标准出版社.

作者简介：

胡娜娜（1997—），女，汉族，博士研究生在读，环境工程专业，主要从事水环境污染控制与治理方面的研究。邮箱：nnhu@yic.ac.cn。

GNSS/声学定位关键技术研究

刘焱雄[1,2,3*]，徐承德[1,2]，李梦昊[1,2,3]，陈冠旭[1,2]，刘杨[1,2]
（1. 自然资源部第一海洋研究所，山东 青岛 266061；2. 自然资源部海洋测绘重点实验室，山东 青岛 266061；3. 河海大学地球科学与工程学院，江苏 南京 211100）

摘要：海洋时空基准是全球时空基准的重要组成，也是海洋立体观测系统的基础设施。全球导航卫星系统（GNSS）/声学（Acoustics）定位是海洋时空基准建设的重要技术支撑，本文聚焦 GNSS/声学（GNSS-A）定位方法，梳理了国内外 GNSS-A 研究进展，重点探讨了 GNSS-A 定位的数据处理方法和几个关键技术问题解决方案，最后简要总结了 GNSS-A 的当前进展和展望了未来技术与应用问题。

关键词：海洋时空基准；GNSS/声学定位

空天地海一体化全球时空基准是世界强国战略竞争的重点领域，也是覆盖全球的时空信息基础设施。全球时空基准包括海洋时空基准和近地（包括地表）时空基准，以 GPS/北斗为代表的近地时空基准建设已经建成，但海洋时空基准尚处起步阶段，且复杂的海洋环境为实施提出了挑战[1]。海洋蕴藏了丰富的资源，人类已经探明的海洋油气储量约 400 亿吨，北冰洋就存储了 13%的原油和 25%的天然气；太平洋海底稀土资源超过陆地的 1000 倍。同时，海洋也是地球灾害的主要发源地，全球 80%火山和地震发生在海洋，这些海洋灾害直接影响人类的生存环境，也会通过海气交换影响全球环境和气候变化。开发海洋资源、监测海洋灾害都离不开海洋时空基准，因此构建全球统一的海洋时空基准十分重要。

我国是海洋大国，正在实施“海洋强国”建设，“关心海洋、认识海洋、经略海洋”已经成为海洋发展共识。海洋时空基准是一切海洋活动的前提和基础，发展海洋经济、开发海洋资源、探索海洋奥秘都需要海洋时空基准支撑；海底大地基准网是海洋时空基准的重要构成，是国家陆域大地基准网向海域的自然延伸[2, 3]，也是构建空天地海一体化空间基准的国家基础设施。加快布设海底大地基准网，大力发展海底大地测量技术，推动水下导航定位技术进步，满足国防安全保障和经济社会发展需求，也是建设海洋强国的重要支撑。

海底大地基准网建设是当今世界强国战略竞争领域。美国、加拿大、俄罗斯、日本等海洋强国早已开启海底大地基准网研究[3-7]。2015 年，美国国防高级研究计划局（DARPA）提出构建“深海导航定位系统”，与英国的 BAE 军工巨头合作研究在海床上安装声学信号源，组成水下 GPS 系统；2016 年，美国在菲律宾海开展海洋声学深水计划，验证水下 GPS[8]；俄罗斯也开展了水下导航定位系统研制，在北极冰盖下构建了相关系统，通过低频、被动接收的水声定位方式为水下潜器提供导航定位服务。目前，在国家重点研发计划项目“海洋大地测量基准与海洋导航新技术”的支持下，杨元喜院士带领相关科研团队，开展了海洋大地基准的技术攻关，取得系列研究成果，并在我国南海 3000 m 水深的海域开展了海底基准网试验，实现了分米级精度的海底定位和米级精度的水下声学导航，但是海底大地基准网的布设尚未大规模开展[2]。

海底大地基准网由若干海底基准站组成，需要率先确定这些基准站的准确位置。联合 GNSS、水下声学定位等技术，可实现海底基准站的位置标定，可以将全球统一的时空基准传递到海底[3]。水下声学定位是构建海底大地基准网的关键支撑，目前水下声学定位系统依据声学单元的距离分为超短基线（<1 m）、短基线（1~50 m）、长基线（100~6000 m）及其混合系统等 4 种类型[9]，近年来出现的 GNSS/声学（GNSS-A）定位是目前最高精度的海底大地基准测量技术，本文聚焦 GNSS-A 定位方法，梳理 GNSS-A 技术发展现状，分析 GNSS-A 数据处理中的关键技术问题及其解决方案，并对未来应用进行了展望。

一、GNSS-A 定位方法及研究现状

GNSS-A 定位方法最初由美国斯克里普斯海洋研究所提出[4, 10]，是一种将海面平台上的动态 GNSS 定位和海面平台与海床声学基准之间的水下声学测距相组合的技术。通过 GNSS-A 定位，可以实现国际椭球参考框架（ITRF）下海底点的位置测量。GNSS-A 定位以 GNSS 为基准，借助海面平台进行坐标传递，利用声学定位技术确定海底基准点的精准位置。GNSS-A 定位系统通常包括：①水上的 GNSS 定位系统；②水面的声学换能器、GNSS 接收机、姿态测量单元；③水下的海底基准站、声学应答器、声速测量设备。GNSS-A 观测数据包括 GNSS 观测值、姿态、声学时延、声速剖面等。GNSS-A 定位模型包括单程模型和双程模型，相关模型如下：

单程定位模型：$c \cdot t = \| X_{trnspndr} - X_{trnscvr} \| + \Delta\rho + \varepsilon$

双程定位模型：$c \cdot t_{12} = \| X_{trnspndr1} - X_{trnscvr} \| + \| X_{trnspndr2} - X_{trnscvr} \| + \Delta\rho + \varepsilon$

其中，t 和 t_{12} 为声学时延观测值；c 为参考声速；$X_{trnscvr}$ 为海面换能器位置；$X_{trnspndr(1,2)}$ 为海底基准点位置；$\Delta\rho$ 为声学时延误差；ε 为观测噪声。

根据大量多源观测数据，建立以海底基准点为核心未知数的观测方程，通过最小二乘法或卡尔曼滤波方式，可以得到海底基准点坐标及其他未知参数的估值。

（一）国内外研究进展

美国斯克里普斯研究所的 GPS-A（后发展成为 GNSS-A）观测系统同时对 3 个海底应答器进行声学测量，24~48 h 连续测量能达到厘米级定位精度，而 80 h 以上的连续测量则优于 1 cm[11, 12]。日本东京大学于 1987 年首次尝试在 Sagami 湾进行海底定位实验[13]；20 世纪 90 年代中期，日本海上保安厅海洋水文部研发 GPS-A 观测系统，2000 年在日本南部海槽 2000 m 水深的熊野盆地布设了海底基准点[14]；目前，日本已采用 GNSS-A 定位系统，获取了许多重要的海底大地测量结果，包括检测同震/震后与板块俯冲区变形的关系、海底山脊边界附近的板块运动[5, 15]；日本京都大学徐培亮等[16]基于 GNSS 差分技术思路，进而提出了 GNSS-A 差分定位方法，并证实其有效性。近年来，在国家重点研发计划项目和其他工程项目的支持下，我国先后开展了浅海、深海环境的海底基准站位置标校试验，并建立了 3000 m 水深的长期海底基准点，实现了分米级精度海底定位和米级精度声呐导航[2]。

目前，我国 GNSS-A 定位技术研究主要集中在定位模型和误差处理等方面。主要表现在：①提高计算效率。阳凡林等[17]、赵建虎等[18]利用声速剖面的先验信息，反演声速值或声速剖面，提高了定位解算效率。②提高定位精度。陈冠旭等[19]提出了样本搜索的偏心误差解算方法，解决了杆臂矢量垂向偏心误差与海底基准点高程间的耦合问题；赵建虎等[20, 21]、陈冠旭等[22]、曾安敏等[23]分析了圆形航迹下动态观测策略的定位优势，提出了精度更高的航迹优化方法。③处理声速时空变化。杨元喜[24]结合 Fujita 等[25]的方法，从定位残差中拟合声速长期时域变化项、声速周期性变化项；王君婷等[26]采用两步估计法，分别估计海底基准点的位置、系统误差，以及声速长周期项误差。④优化随机模型。杨元喜[24]提出建立海洋场景的自适应弹性随机模型、弹性函数模型；赵爽等[27, 28]、王薪普等[29]提出了与声线入射角相关的分段指数随机模型，马越原等[30]指出海洋环境的复杂性影响随机模型的效果。⑤分析函数模型的影响。李铁等[31]、闫凤池等[32]分别研究了单程和双程声学传播时间的定位观测方程；邝英才等[33, 34]研究了联合解算船载换能器与海底应答器位置的方法。面对复杂海洋环境，为了增加海底大地基准测量的可用性、可靠性、精确性，还需要进一步完善定位算法和误差处理。

（二）误差来源分析

GNSS-A 定位误差源包括两类，一类是与海面换能器有关的误差，如 GNSS 定位误差、GNSS 天线与海面换能器相对位置偏差、姿态偏差等，另一类是与声学信号传播有关的误差，如声学信号时延观测误差、声速时空变化等。声学换能器位置通过 GNSS 定位获取，如 HEXAGON 公司的 VeriPos、NavCom 公司的 Starfire、Fugro 集团的 OmniSTAR 等实时定位服务，以及后处理精密单点定位（PPP），前者可提供分米量级的实时导航定位服务，后者则能够实现厘米级的动态定位精度[35, 36]；惯性测量单元的姿态测量精度可达 0.01°[37]；GNSS 天线与海面换能器相对位置可通过全站仪精确测定，也可以作为待估参数参与位置参数一起解算[19]。除上述误差外，时延测量误差和声速传播误差是 GNSS-A 中需要重点考虑的误差来源。

（1）时延测量误差

GNSS-A 定位系统可以精确测量直达波声学信号传播时间，时延测量误差为 3~10 μs，等效声学测距误差优于 1.5 cm[16,38,39]。直达波声学信号经常受到海面反射波的影响，在互相关波形时序中，波峰与直达信号到达时刻存在偏差[40]。反射波表现为多重峰值，将反射波错误识别为直达波，将导致声学信号传播时间的测量误差[41, 42]。Honsho 等[43]考虑了声学信号入射角与互相关波形的关系，提出了一种相位互相关法（Phase-Only Correlation），以减少传播时间测量的不确定性；Tadokoro 等[41]引入了能量比概念（Energy Ratio）检测识别直接波。由于 Tadokoro 等设计了浮标平台搭载 GNSS-A 定位系统，直接波和海面反射波之间存在 1.3~1.8 ms 时间延迟，即使声学信号被海面反射污染，也可以有效地分辨出反射波。此外，声学换能器与应答器的相对运动，会引起声学信号的多普勒频移，通常在声学信号的探测与识别过程移除多普勒效应影响[44, 45]。

（2）声速传播误差

海洋声速主要与海水温度、盐度和静压力有关[46]。由于海洋动态变化，表层海水快速混合，海水温度和盐度的变化十分复杂，进而影响上层海洋的声速分布；随着深度增加，海水混合作用减弱，温度和盐度趋于稳定，声速变化呈现线性变化趋势。因此，从海表面到海底的声速变化出现垂向分层[47]，其时空变化主要体现在海洋上层并具有时空异质性[48, 49]。海洋声速变化具有较大的空间和时间尺度，难以实现声速的连续测量以表征声速时空变化，而且声速测量准确度通常是相对的，声速测量设备标校误差可能会引起每秒几米的偏差。另外，基于实测声速数据建立的经验正交函数（Empirical Orthogonal Function）反演模型，仍存在声速时空分辨率不足等问题[50]。声学信号传播时间可以反映声学信号路径的声速变化信息[47]，因此，在 GNSS-A 定位中可以同时估计声速的变化和海底基准点位置[24, 47, 51]。

（三）GNSS-A 测量及参数估计

GNSS-A 定位可采用“静态测量”和“动态测量”方式。静态测量主要是测量平台固定/锚系在海底基准网中心的上方进行连续测量，动态测量则是测量平台在海底基准网/站上方按照一定线路移动测量。由于海洋声速结构具有垂向分层特征，利用对称分布的长时间声学观测数据，可以削弱声速时域变化对位置参数估计的影响，提高海底基准网中心的水平方向估值精度；静态测量平台通常在海底基准网的中心位置，具有较好的对称性，因此，静态测量可获得较好的水平方向精度，其 24 h 数据可达 1.5 cm 精度、72～96 h 可达亚厘米级精度[4]；但是，静态测量的几何精度因子（PDOP）固定，法方程的垂直方向呈现病态，导致垂直方向的精度不高[24, 45]，需要额外观测数据（如深度传感器），以增加垂直方向的约束。与之相反，动态测量缺乏良好的对称性，无法有效消除海洋声速时域变化影响，水平定位不如静态测量的精度高，且远离海底基准网中心导致定位精度逐渐下降[40, 52, 53]；但是其观测航迹构成的动态变化 PDOP 特征，有效改善了垂直方向的估值精度[3, 51 54, 55]。

结合 GNSS 和声学的观测数据可以估计海底基准点的位置。理想情况下，如果海底基准点位置的估计是正确的，那么计算出的单程传播时间之和应该等于测定的往返传播时间，当海底基准点的估计值与真实值有偏差时，传播时间也存在偏差。海底基准点（应答器）位置最佳估计的过程，是寻找传播时间测量值与计算值之差（Observation Minus Computed，OMC）平方和最小的过程[24,45,54]。

参数估计策略分为“整体解”和“历元解”两类。整体解是联合全部观测数据计算一组位置估值[24, 51, 56]，历元解则是采用滤波方式、利用单历元观测数据完成一次定位解算[48]。由于海洋声速结构的时空变化，单历元解算可能存在几十厘米的定位误差，但是组合滤波后可获得与静态解算匹配的定位结果[54, 57]。GNSS-A 定位的参数估计中，主要是计算海底基准点的水平和垂直坐标，但是海洋声速结构时域变化影响基准点估值精度，Fujita 等[24]和 Ikuta 等[45]提出了同时估算海底基准点的位置和声速时域变化的方法。前者利用定位残差提取多项式拟合的声速时域变化，迭代修正位置参数，后者则是基于 B 样条函数参数化表示平均声速时域变化，联合位置参数迭代计算。进一步地，通过引入 GNSS 定位中“天顶对流层延迟”的思路[58]，Kido 等[47]、Honsho 等[51]提出了“垂向总延迟”（Nadir Total Delay/NTD）表示平均声速时域变化，联合解算 NTD 和位置参数的方法。

另外，参数估计中还应考虑海洋声速结构水平梯度的变化。Yasuda 等[59]假设 1000 m 以浅水层的声速结构受黑潮的影响向一个方向倾斜，提出了构建同时包含声速时域变化和声速水平梯度变化的模型，该模型反映了特定的海洋变化特征；Yokota 等[60]从直接估计的声速时域变化中提取了浅水层的声速水平梯度变化，但与海底基准点位置有关的深水层声速梯度变化无法用声速时域变化模型表示，结合 Fujita 等[24]的方法可从定位残差中提取这部分声速变化；Honsho 等[61]在 NTD 的基础上，考虑了更为普遍的方向性声速梯度，主要与海底基准点位置有关。Tomita 等[48]尝试了海底基准点的位置、NTD 和声速水平梯度参数联合估计；Watanabe 等[62]也开发了海底基准点位置和声速结构参数估计方法。

二、几个关键技术问题及解决方案

在 GNSS-A 定位中，如果要达到 0.2 m 的海底定位精度，需要重点做好偏心改正、航迹优化和声速误差控制等关键的技术问题。

（一）偏心改正

在 GNSS-A 定位系统中，GNSS 接收机和声学换能器不可能在同一个地点，由此出现了偏心误差改正问题。对于长期、固定安装 GNSS-A 定位系统的调查船，可以采用全站仪在船体上坞时精确测定；但是 GNSS-A 定位系统一般很难长期、固定安装，这就需要考虑偏心改正问题。

GNSS 和换能器的相位中心的偏心误差可以作为未知数，与海底基准站的位置一并计算。但是，垂向偏心分量与海底基准站高程严重耦合（图 1），二者的相关系数达

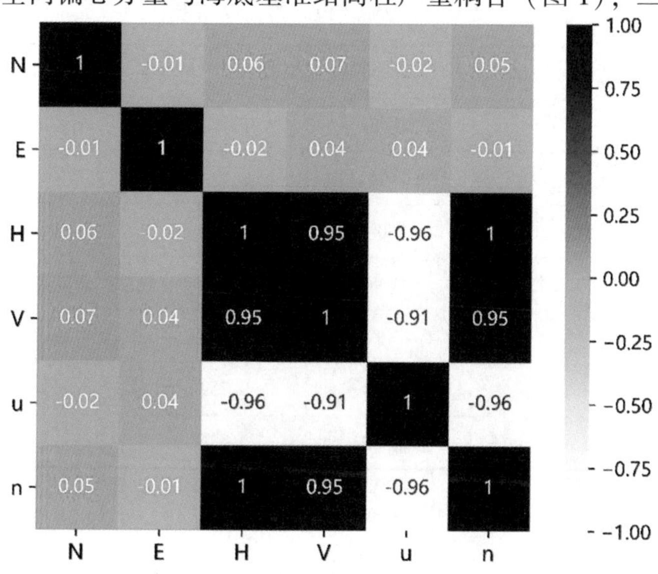

图 1　偏心分量与基准站位置结果相关系数

到 1，因此，很难准确计算出二者的正确估值，表 1 也显示如果同时估计偏心误差和海底基准点位置，海底基准点高程和垂向偏心分量的中误差都超过 4.5 m，垂向偏心分量估值明显不对。通过引入样本搜索法[19]，固定垂向偏心误差后（图 2），同时估算水平偏心误差和海底基准点位置，则定位结果正常，高程误差从 4.453 m 提高到 0.159 m（表 1），改正效果明显。

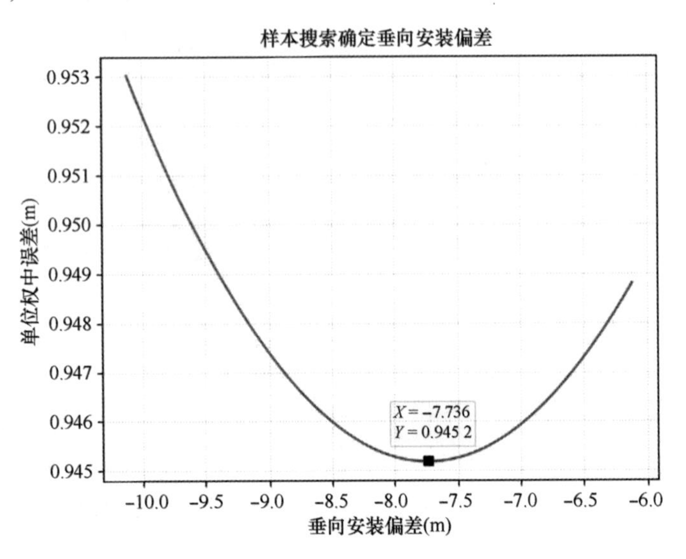

图 2　样本搜索法固定垂向偏心分量

表 1　三种估计模式的定位结果

参数	NEH 模式		NEH+WVU 模式		NEH+WV 模式	
	估计值	中误差	估计值	中误差	估计值	中误差
N	3 963 161. 343	0. 112	3 963 161. 328	0. 072	3 963 161. 333	0. 072
E	248 380. 512	0. 136	248 380. 397	0. 089	248 380. 397	0. 089
H	−14. 902	0. 242	−20. 961	4. 453	−15. 212	0. 159
W	—	—	4. 197	0. 256	4. 513	0. 077
V	—	—	3. 179	0. 259	2. 860	0. 077
U	—	—	−13. 504	4. 436	—	—

（二）航迹优化

与 GNSS 定位类似，海底基准点与海面平台航迹之间构成一定的几何结构，这个几何结构也称为几何精度因子（PDOP），其决定最终定位的精度，也影响海底基准点位置标校的效率。

这里引入费希尔信息矩阵 $F=A^{T}PA$（A 为观测方程的设计矩阵）[22]。航迹几何信息越丰富，包含的多余观测量越多，则 $tr(F^{-1})$ 越小、$|F|$ 越大，对应的几何构型也就越好。所有的几何构型中，十字形航迹几何指标最差［$|F|$ 为 1880.651、$tr(F^{-1})$ 为 0.250］，表明实测的十字形航迹几何结构不均匀；接着是圆形轨迹［小圆 $tr(F^{-1})$ 为 0.170］；最好的是圆形加十字形航迹［小圆加十字 $tr(F^{-1})$ 为 0.110］（表 2）。

尽管十字形航迹的结果中误差最小（N、E、H 方向分别为 0.017、0.016 和 0.020，表 2），但它在水平方向的定位结果与其他图形的结果之间存在明显的偏差（约 20 cm），说明不均匀的几何构型（十字形）会使结果中产生较大的系统偏差。圆形轨迹水平方向定位结果精度较好，但其垂向定位结果精度较差，这与圆形轨迹半径过大有关，亦说明圆形轨迹存在垂向几何缺陷。在圆形轨迹基础上增加十字形航迹可将垂向定位结果精度提高数个厘米。然而，随着测船轨迹半径的增大，估算结果单位权方差变大（小圆 0.0160、大圆 0.0349），说明时延数据反演的距离观测值中包含较大误差。同时，随着声线倾角的增大，观测值中垂向信息的分辨率下降，垂向定位结果的精度变差（小圆 0.040、大圆 0.085），说明观测数据中各方向距离信息量比例影响了海底基准点的定位效果。因此，在综合考虑效率、精度及可靠性的前提下，本文推荐半径为 $\sqrt{2}$ 倍水深的圆形航迹附加水平距离为 1 倍水深的十字航迹（图 3）。

表 2　试验验证结果

航迹	费希尔信息		N		E		H		单位权方差
	$\|F\|$	$tr(F^{-1})$	估计值	中误差	估计值	中误差	估计值	中误差	
十字	1 880.651	0.250	43.620	0.017	15.520	0.016	−12.417	0.020	0.003 8
小圆	8 704.881	0.170	43.829	0.025	15.353	0.022	−12.480	0.040	0.016 0
小圆加十字	24 877.215	<u>0.110</u>	43.795	0.022	15.378	0.020	−12.428	<u>0.029</u>	0.015 7
大圆	12 304.822	0.248	43.869	0.028	15.286	0.026	−12.873	0.085	0.034 9
大圆加十字	62 961.224	<u>0.099</u>	43.786	0.026	15.358	0.024	−12.536	<u>0.052</u>	0.040 2
嵌套圆	99 293.317	0.092	43.845	0.021	15.309	0.019	−12.619	0.047	0.033 1
套圆加十字	218 338.993	<u>0.062</u>	43.788	0.019	15.359	0.017	−12.500	<u>0.035</u>	0.029 8

（三）声速改正

声速误差是水下声学精密定位的主要误差源之一。由于海水的动态变化，声速传

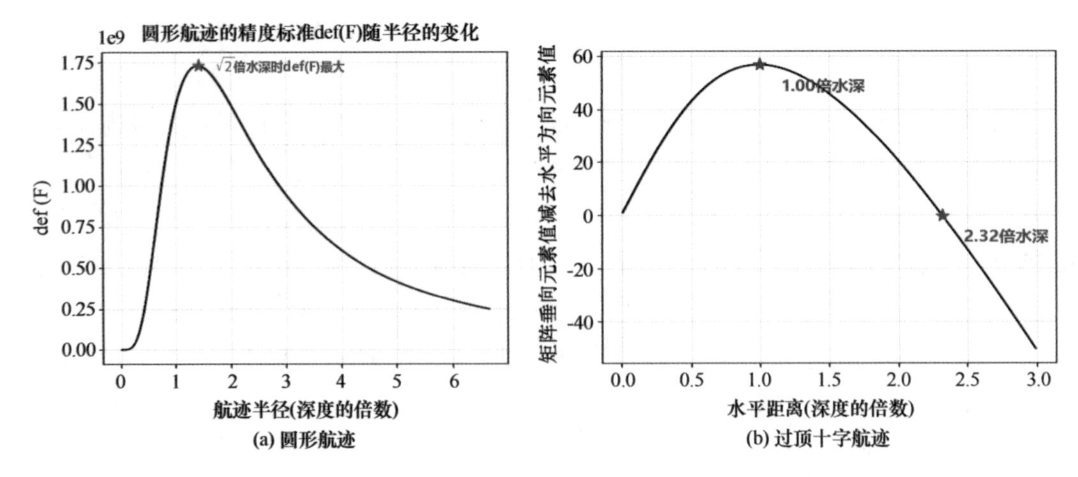

图 3　不同航迹的最优距离

播误差呈现动态变化的特性，不仅在时间域存在变化，在空间域也存在变化。通常声速水平梯度约为垂直梯度的千分之一，只有在洋流汇集或洋流剧烈变化的地方需要考虑水平梯度的问题，这里只考虑垂向的时变问题。

为估计声速垂向变化，这里引入 GNSS 中的映射函数的概念，通过映射函数建立倾斜和垂直声速误差的关系。顾及声速垂向变化的观测方程可表示为：

$$T_i^{obs} = T_i^{cal,\ down}(p;\ d_i;\ c) + T_i^{cal,\ up}(p;\ d'_i;\ c) + M \cdot \delta T'_i \quad (i = 0,\ 1,\ 2,\ \cdots,\ n)$$

式中，M 为与初始掠射角有关的映射函数；$\delta T'_i$ 为垂向总时延。T 为时间观测值，p 为海底基准点位置，d 和 d′为换能器瞬时位置，c 为声速。

声速时变参数估计可采用 B-spline 函数、随机游走模型（Random Walk/RW）和分段常量模型（Piece Wise Constant/PWC）等。图 4 显示几种不同情形的残差分布：①未考虑声速变化引起时延误差，其定位残差较大，RMS 为 1. 169 ms；②采用随机游走模型估计时延误差，定位残差的 RMS 降低至 0. 145 ms；③采用分段常量模型，对比不同经验时段长度下，给出了 440 s 时长的最优时段长度，其定位残差的 RMS 为 0. 128 ms。另外，表 2 显示不同模式下计算的三维位置的差值，采取 RW 和 PWC 模型明显提高了水平和高程方向的中误差。

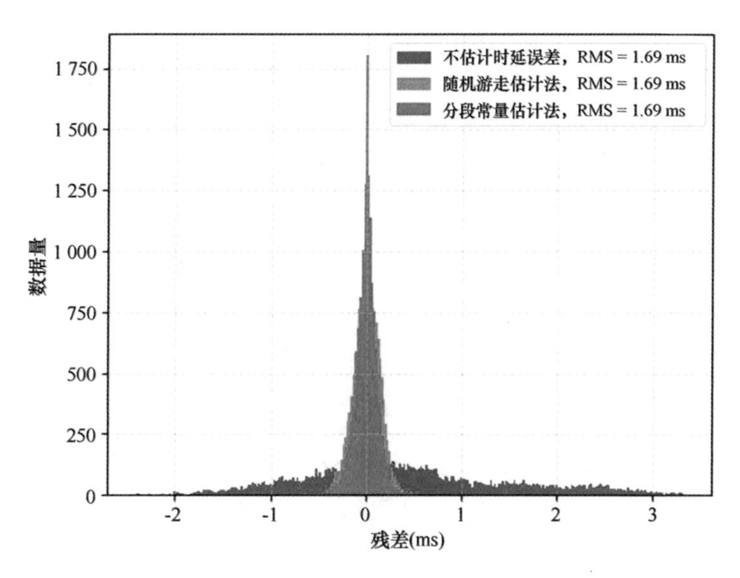

图4　不同声速时延估值模式的残差

表2　不同模式的位置中误差比较

时延误差估计方式	组合解（前向+后向滤波解）			定位偏差 RMS		
	E（m）	N（m）	H（m）	E（m）	N（m）	H（m）
不估计	-188.49	26.08	-3074.03	0.18	0.15	0.34
随机游走模型/RW	-188.76	26.04	-3071.56	0.01	0.02	0.01
分段常量模型/PWC	-188.50	26.19	-3071.57	0.04	0.06	0.03

三、主要结论及展望

稳定的海底基准站是海底大地基准网的基础，“放得稳、测得准、待得久”是海底基准站的建设目标。其中“测得准”就是GNSS-A定位技术的主要任务，鉴于此，本文的主要结论如下：

1）基于GNSS-A定位技术，已实现了海底基准点的精确测量，并成功应用于海底构造运动监测，其分辨率达到了厘米级，揭示了大洋构造板块的运动和变形、俯冲带和其他板块的地震过程以及海底火山和扩张中心的变形，相关应用在日本取得了较好的发展。

2）近几年持续研究，我国在GNSS-A定位研究中取得重要进展，形成了较为全面的高精度 GNSS-A 定位方法和技术体系，海底基准点定位精度与国外持平。另外，我国科研团队在南海 3000 m 水深建立了我国首个高精度海底基准网和海洋导航定位试验场；积累了深海海底大地基准网的高精度、高效率建设经验，填补了我国海洋大地测量领域的研究空白，也为国家海洋弹性 PNT 系统建设提供了理论和技术支撑。

3）GNSS-A 定位数据处理中，需要充分控制偏心误差和声速误差，也要精确设计海底基准点标校航迹。通过有效的偏心改正，可解除垂向偏心分量和海底基准点高程的耦合问题，准确计算海底基准点高程估值。同时，通过设置声速时变参数，可进一步降低声速残差对海底基准点位置估算的影响，位置估值的中误差由分米量级提高到厘米量级。另外，综合考虑精度、效率和可靠性，推荐海底基准点标校的航迹为半径 $\sqrt{2}$ 倍水深的圆形航迹附加水平距离为 1 倍水深的十字航迹。

4）虽然我国的 GNSS-A 定位技术已取得了显著的进步，但建设海底大地基准网仍然任重道远，面对新一代国家综合 PNT 的建设需求和水下导航定位实时应用需求，还需要进一步开展定位模式、定位精度等方面的研究，重点解决时间同步、远程定位精度等关键技术问题，也需要在分级布设和立体组网方面开展应用研究。

参考文献

[1] 刘经南，陈冠旭，赵建虎，等．海洋时空基准网的进展与趋势[J]．武汉大学学报(信息科学版)，2019，44(1)：17-37. LIU J, GUANXU C, JIANHU Z, et al. Development and Trends of Marine Spcae-Time Frame Network[J]. Geomatics and Information Science of Wuhan University, 2019, 44(1): 17-37.

[2] 杨元喜，刘焱雄，孙大军，等．海底大地基准网建设及其关键技术[J]．中国科学(地球科学)，2020，50(07)：936-945. YANG Y, LIU Y, SUN D, et al. Seafloor geodetic network establishment and key technologies[J]. Science China Earth Sciences, 2020, 50(07): 936-945.

[3] 李林阳，柴洪洲，李姗姗，等．海洋立体观测网建设与发展综述[J]．测绘通报，2021，(05)：30-37. LI L, CHAI H, LI S, et al. Summary of the establishment and development of marine stereoscopic observation network[J]. Bulletin of Surveying and Mapping, 2021, (05): 30-37.

[4] SPIESS F N, CHADWELL C D, HILDEBRAND J A, et al. Precise GPS/Acoustic positioning of seafloor reference points for tectonic studies[J]. Physics of the Earth & Planetary Interiors, 1998, 108(2): 101-112.

[5] BURGMANN R, CHADWELL D. Seafloor Geodesy[J]. Annual Review of Earth and Planetary Sciences, 2014, 42: 509-534.

[6] SATO M, ISHIKAWA T, UJIHARA N, et al. Displacement Above the Hypocenter of the 2011

Tohoku-Oki Earthquake[J]. Science, 2011, 332: 1395.

[7] YOKOTA Y, ISHIKAWA T, WATANABE S, et al. Seafloor geodetic constraints on interplate coupling of the Nankai Trough megathrust zone[J]. Nature, 2016, 534(7607): 374.

[8] 许江宁, 林恩凡, 何泓洋, 等. 水下 PNT 技术进展及展望[J]. 飞航导弹, 2021, (06): 139-147. XU J, LIN E, HE H, et al. Progress and Prospect of Underwater PNT[J]. Aerodynamic Missile Journal, 2021, (06): 139-147.

[9] 孙大军, 郑翠娥, 张居成, 等. 水声定位导航技术的发展与展望[J]. 中国科学院院刊, 2019, 34(3): 331-338. SUN D, ZHENG C, ZHANG J, et al. Development and Prospect for Underwater Acoustic Positioning and Navigation Technology [J]. Bulletin of the Chinese Academy of Sciences, 2019, 34(3): 331-338.

[10] 李风华, 路艳国, 王海斌, 等. 海底观测网的研究进展与发展趋势[J]. 中国科学院院刊, 2019, 34(03): 321-330. LI F, LU Y, WANG H, et al. Research Progress and Development Trend of Seafloor Observation Network[J]. Bulletin of the Chinese Academy of Sciences, 2019, 34(03): 321-330.

[11] SPIESS F N. Suboceanic Geodetic Measurements[J]. IEEE Transactions on Geoscience and Remote Sensing, 1985, GE-23: 502-510.

[12] CHADWELL C D. Shipboard towers for Global Positioning System antennas[J]. Ocean Engineering, 2003, 30(12): 1467-1487.

[13] GAGNON K, CHADWELL C D, NORABUENA E. Measuring the onset of locking in the Peru-Chile trench with GPS and acoustic measurements[J]. Nature, 2005, 434(7030): 205-208.

[14] FUJIMOTO H, KANAZAWA T, OSADA Y. Monitoring seafloor crustal movements: progress report of relative positioning on the seafloor, F 1998-01-01, 1998 [C]. IEEE.

[15] ASADA A, YABUKI T. Centimeter-level positioning on the seafloor[J]. Proceedings of the Japan Academy, 2001, : 7-12.

[16] XU P, ANDO M, TADOKORO K. Precise, three-dimensional seafloor geodetic deformation measurements using difference techniques[J]. Earth, Planets and Space, 2005, 57(9): 795-808.

[17] YANG F, LU X, LI J, et al. Precise Positioning of Underwater Static Objects without Sound Speed Profile[J]. Marine Geodesy, 2011, 34(2): 138-151.

[18] ZHAO J, LIANG W, MA J, et al. A Self-constraint Underwater Positioning Method Without the Assistance of Measured Sound Velocity Profile[J]. Marine Geodesy, 2022, 0: 1-17.

[19] CHEN G, LIU Y, LIU Y, et al. Adjustment of Transceiver Lever Arm Offset and Sound Speed Bias for GNSS-Acoustic Positioning[J]. Remote Sensing, 2019, 11(13): 1606.

[20] CHEN X, ZHANG H, ZHAO J, et al. Positioning Accuracy Model of Sailing-Circle GPS-A-

coustic Method[J]. Earth and Space Science, 2021, 8: 1-23.

[21] ZHAO J, ZOU Y, ZHANG H, et al. A new method for absolute datum transfer in seafloor control network measurement[J]. Journal of Marine Science and Technology, 2016, 21(2): 216-226.

[22] CHEN G, LIU Y, LIU Y, et al. Improving GNSS-acoustic positioning by optimizing the ship's track lines and observation combinations[J]. Journal of Geodesy, 2020, 94(6): 61.

[23] 曾安敏, 杨元喜, 明锋, 等. 海底大地基准点圆走航模式定位模型及分析[J]. 测绘学报, 2021, 50(07): 939-952. ZENG A, YANG Y, MING F, et al. Positioning model and analysis of the sailing circle mode of seafloor geodetic datum points[J]. Acta Geodaetica et Cartographica Sinica, 2021, 50(07): 939-952.

[24] YANG Y, QIN X. Resilient observation models for seafloor geodetic positioning[J]. Journal of Geodesy, 2021, 95(7): 79.

[25] FUJITA M, ISHIKAWA T, MOCHIZUKI M, et al. GPS/Acoustic seafloor geodetic observation: method of data analysis and its application[J]. Earth, Planets and Space, 2006, 58(3): 265-275.

[26] WANG J, XU T, LIU Y, et al. Kalman filter based acoustic positioning of deep seafloor datum point with two-step systematic error estimation[J]. Applied Ocean Research, 2021, 114: 102817.

[27] ZHAO S, WANG Z, NIE Z, et al. Investigation on total adjustment of the transducer and seafloor transponder for GNSS/Acoustic precise underwater point positioning[J]. Ocean Engineering, 2021, 221: 108533.

[28] ZHAO S, WANG Z, HE K, et al. Investigation on underwater positioning stochastic model based on acoustic ray incidence angle[J]. Applied Ocean Research, 2018, 77: 69-77.

[29] 王薪普, 薛树强, 曲国庆, 等. 水下定位声线扰动分析与分段指数权函数设计[J]. 测绘学报, 2021, 50(7): 982-989. WANG X, XUE S, QU G, et al. Disturbance analysis of underwater positioning acoustic ray and design of piecewise exponential weight function[J]. Acta Geodaetica et Cartographica Sinica, 2021, 50(7): 982-989.

[30] 马越原, 曾安敏, 许扬胤, 等. 声线入射角随机模型在深海环境中的应用[J]. 导航定位学报, 2020, 8(3): 65-68. MA Y, ZENG A, XU Y, et al. Application of incidence angle stochastic model of acoustic lines under deep sea environment[J]. Journal of Navigation and Positioning, 2020, 8(3): 65-68.

[31] LI T, ZHAO J, MA J. A precise underwater positioning method by considering the location difference of transmitting and receiving sound waves[J]. Ocean Engineering, 2022, 247: 110480.

[32] 闫凤池，王振杰，赵爽，等．顾及双程声径的常梯度声线跟踪水下定位算法[J]．测绘学报，2022，51(1)：31. YAN F，WANG Z，ZHAO S，et al. A layered constant gradient acoustic ray tracing underwater positioning algorithm considering round-trip acoustic path[J]. Acta Geodaetica et Cartographica Sinica，2022，51(1)：31.

[33] 邝英才，吕志平，王方超，等．GNSS/声学联合定位的自适应滤波算法[J]．测绘学报，2020，49(07)：854-864. KUANG Y，LU Z，WANG F，et al. The adaptive filtering algorithm of GNSS/acousticjoint positioning[J]. Acta Geodaetica et Cartographica Sinica，2020，49(07)：854-864.

[34] 邝英才，吕志平，王方超，等．不同作业模式下的GNSS/声学联合定位模型[J]．导航定位学报，2020，8(03)：40-46+57. KUANG Y，LU Z，WANG F，et al. Study on GNSS/acoustic joint positioning model under different measurement schemes[J]. Journal of Navigation and Positioning，2020，8(03)：40-46+57.

[35] 周东旭，唐秋华，张化疑，等．星站差分与PPP技术在深远海调查中的位置服务精度分析[J]．海洋通报，2020，39(02)：215-222. ZHOU D，TANG Q，ZHANG H，et al. Accuracy analysis of location service of Star Station Differential and PPP in deep sea investigation[J]. Marine Science Bulletin，2020，39(02)：215-222.

[36] GENG J，TEFERLE N，MENG X，et al. Kinematic precise point positioning at remote marine platforms[J]. GPS Solutions，2010，14：343-350.

[37] SAKIC P，CHUPIN C，BALLU V，et al. Geodetic Seafloor Positioning Using an Unmanned Surface Vehicle—Contribution of Direction-of-Arrival Observations[J]. Frontiers in Earth Science，2021，9：636156.

[38] CHADWELL C D，SWEENEY A D. Acoustic Ray-Trace Equations for Seafloor Geodesy[J]. Marine Geodesy，2010，33(2)：164-186.

[39] CHEN H，WANG C. Accuracy assessment of GPS/Acoustic positioning using a Seafloor Acoustic Transponder System[J]. Ocean Engineering，2011，38(13)：1472-1479.

[40] IMANO M，KIDO M，OHTA Y，et al. Improvement in the Accuracy of Real-Time GPS/Acoustic Measurements Using a Multi-Purpose Moored Buoy System by Removal of Acoustic Multipath[M]. Proceedings of the International Symposium on Geodesy for Earthquake and Natural Hazards (GENAH). ChamMatsushima，Japan. 2014.

[41] TADOKORO K，KINUGASA N，KATO T，et al. A Marine-Buoy-Mounted System for Continuous and Real-Time Measurement of Seafloor Crustal Deformation[J]. Frontiers in Earth Science，2020，8：123.

[42] TADOKORO K，IKUTA R，WATANABE T，et al. Interseismic seafloor crustal deformation immediately above the source region of anticipated megathrust earthquake along the Nankai

Trough, Japan[J]. Geophysical Research Letters, 2012, 39(10): 1-5.

[43] HONSHO C, KIDO M, ICHIKAWA T, et al. Application of Phase-Only Correlation to Travel-Time Determination in GNSS-Acoustic Positioning[J]. Frontiers in Earth Science, 2021, 9: 1-12.

[44] SATO M, FUJITA M, MATSUMOTO Y, et al. Improvement of GPS/acoustic seafloor positioning precision through controlling the ship's track line[J]. Journal of Geodesy, 2013, 87(9): 825-842.

[45] IKUTA R, TADOKORO K, ANDO M, et al. A new GPS-acoustic method for measuring ocean floor crustal deformation: Application to the Nankai Trough[J]. Journal of Geophysical Research: Solid Earth, 2008, 113: B02041.

[46] JENSEN F B, KUPERMAN W A, PORTER M B, et al. Computational Ocean Acoustics [M]. Springer New York, 2011.

[47] KIDO M, OSADA Y, FUJIMOTO H. Temporal variation of sound speed in ocean: a comparison between GPS/acoustic and in situ measurements[J]. Earth, Planets and Space, 2008, 60(3): 229-234.

[48] TOMITA F, KIDO M, HONSHO C, et al. Development of a kinematic GNSS-Acoustic positioning method based on a state-space model[J]. Earth, Planets and Space, 2019, 71(1): 1-24.

[49] MATSUI R, KIDO M, NIWA Y, et al. Effects of disturbance of seawater excited by internal wave on GNSS-acoustic positioning[J]. Marine Geophysical Researches, 2019, 40(3): 541-555.

[50] 孙文舟, 殷晓冬, 暴景阳, 等. 声速剖面 EOF 表示的第一模态解析[J]. 海洋测绘, 2019, 39(03): 31-35. ZHOU S, YIN X, BAO J, et al. The First Model Analysis of Sound Speed Profile Represented by EOF[J]. Hydrographic Surveying and Charting, 2019, 39(03): 31-35.

[51] HONSHO C, KIDO M. Comprehensive Analysis of Travel time Data Collected Through GPS-Acoustic Observation of Seafloor Crustal Movements[J]. Journal of Geophysical Research: Solid Earth, 2017, 122(10): 8583-8599.

[52] IMANO M, KIDO M, HONSHO C, et al. Assessment of directional accuracy of GNSS-Acoustic measurement using a slackly moored buoy[J]. Progress in Earth and Planetary Science, 2019, 6(1): 1-14.

[53] KIDO M. Detecting horizontal gradient of sound speed in ocean[J]. Earth, Planets and Space, 2007, 59(8): e33-e36.

[54] KIDO M, FUJIMOTO H, MIURA S, et al. Seafloor displacement at Kumano-nada caused by

the 2004 off Kii Peninsula earthquakes, detected through repeated GPS/Acoustic surveys[J]. Earth, Planets and Space, 2006, 58(7): 911-915.

[55] CHEN H, IKUTA R, LIN C, et al. Back-Arc Opening in the Western End of the Okinawa Trough Revealed From GNSS/Acoustic Measurements[J]. Geophysical Research Letters, 2018, 45(1): 137-145.

[56] YOKOTA Y, ISHIKAWA T, WATANABE S. Seafloor crustal deformation data along the subduction zones around Japan obtained by GNSS - A observations [J]. Sci Data, 2018, 5: 180182.

[57] TOMITA F, KIDO M, OSADA Y, et al. First measurement of the displacement rate of the Pacific Plate near the Japan Trench after the 2011 Tohoku-Oki earthquake using GPS/acoustic technique[J]. Geophysical Research Letters, 2015, 42(20): 8391-8397.

[58] MARINI J W. Correction of Satellite Tracking Data for an Arbitrary Tropospheric Profile[J]. Radio Science, 1972, 7(2): 223-231.

[59] YASUDA K, TADOKORO K, TANIGUCHI S, et al. Interplate locking condition derived from seafloor geodetic observation in the shallowest subduction segment at the Central Nankai Trough, Japan[J]. Geophysical Research Letters, 2017, 44(8): 3572-3579.

[60] YOKOTA Y, ISHIKAWA T, WATANABE S. Gradient field of undersea sound speed structure extracted from the GNSS-A oceanography[J]. Marine Geophysical Research, 2018, 40(4): 493-504.

[61] HONSHO C, KIDO M, TOMITA F, et al. Offshore Postseismic Deformation of the 2011 Tohoku Earthquake Revisited: Application of an Improved GPS - Acoustic Positioning Method Considering Horizontal Gradient of Sound Speed Structure [J]. Journal of Geophysical Research: Solid Earth, 2019, 124(6): 5990-6009.

[62] WATANABE S, ISHIKAWA T, YOKOTA Y, et al. GARPOS: Analysis Software for the GNSS-A Seafloor Positioning With Simultaneous Estimation of Sound Speed Structure[J]. Frontiers in Earth Science, 2020, 8: 508.

作者简介：

刘焱雄，博士、研究员、博士生导师，自然资源部第一海洋研究所海洋测绘研究中心主任，自然资源部海洋测绘重点实验室副主任。主要从事海洋测绘研究工作，主持科研项目 50 余项，发表论文 100 多篇，获得专利 4 项、省部级一等奖 3 次/二等奖 5 次。

开展底层水体异动对海水养殖业影响研究的建议

崔国平　王斐　李斌
（山东省海洋资源与环境研究院，山东 烟台 264006）

摘要：通过10年的底层水温连续数据发现，北黄海南部烟台威海局部海域曾出现底层水体异常运动（简称底层水体异动，表现为底层水温异常），跟踪对海水养殖业的影响发现水体异动对部分养殖品种可能产生重大影响，由水体异动造成的底层水温骤降对增养殖业的影响与发生时间密切相关，水体异动造成的底层水温缓升对增养殖业影响巨大且不易发现。建议通过大量布设温度潜标开展北黄海南部水体异动的长期观测。

关键词：水体异动；水温骤降；水温缓升；水温潜标

底层水体异常运动（简称底层水体异动，主要表现为底层水温异常）是2014年我们观测到的一种特殊水文现象，这种现象发生在北黄海南部烟台威海海域底层，发生概率低，观测困难，异动发生时底层海水温度出现重大变化或与常规年份表现明显不同，对海水增养殖业有重大影响。通过近10年的底层水温连续观测数据以及与之对应的海水增养殖业的实际情况，我们认为烟威北部海域发生的海水养殖灾害大都与底层水体异动有直接关系，因此开展北黄海南部烟威海域底层水体异动对海水增养殖业影响的研究对山东省乃至北黄海周边省份以及世界类似海域的渔业生产有重要的现实意义。

常规而言，北黄海南部每个海区都有自己的变化规律，山东半岛顶端存在明显的上升流现象，导致当地海域表层水温偏低；长岛周边受北黄海冷水团影响海域底层水温偏低并且变化大；莱州湾大部分海域夏季水温高，这些都是特定海域固有的自然现象，有一定规律可循，掌握好这些规律对海水增养殖业生产有重大价值。

一、底层水体异动

北黄海南部烟台威海海域的底层水体异动，是指在该海域海洋底层海水发生与常规年份明显异常的运动，造成底层海水温度或者温度分布出现明显异常，打破了该海域底层水温变化的一般规律，从目前掌握的数据分析，暂无确切原因。北黄海南部烟台威海海域的底层水体异动现象主要有底层水温骤降和底层水温缓升两种表现。

1. 底层水温骤降

这种现象是指没有大风等重大异常气象条件的影响，海洋底层水温短时间骤降2.5℃以上，即可以认为底层海水在短时间内出现了大幅度的异常运动，即底层水体异动。对烟台威海北部海域而言，可以确定是外部低温海水异常运动到观测海域，造成海域底层水温骤降，2014年6月下旬、2022年6月上中旬出现的底层水温骤降就属于典型的底层水体异动现象，这种现象可打破常规潮汐周期，出现持续降温。这种底层水体异动与大风等引起的海水温度突然变化有明显区别，大风等常规气象要素造成的主要是水体短时间的垂向混合。对海水增养殖业而言，水体异动可能对增养殖品种造成直接影响，部分品种出现应激反应造成养殖灾害，这种底层水体异动改变了该海域的水文条件和生态，造成整个生态系统紊乱，一些生物品种可能在短期暴发并对增养殖品种造成重大影响。

2014年6月下旬，烟威北部海域（烟台牟平区至威海环翠区）现场观测数据发现底层海水温度出现持续大幅下降，多个温度潜标站位连续温度监测数据都有记录，48 h内底层水温最大降幅达到4.5℃，20天后底层水温才恢复到水体异动前的温度（图1和图2）。海湾扇贝处于苗种海上中间培育阶段，当年大部分海域海湾扇贝产量降低50%以上，产值比上年减少70%以上，给当地海湾扇贝养殖造成了数亿元的损失，至收获期部分海湾扇贝因闭壳肌小直接被抛弃；正在进入夏眠期的刺参重新出现在礁体上并且正常摄食，延长刺参夏眠期20天以上；当年相同海域的栉孔扇贝产量达到历史较好水平，少量养殖的虾夷扇贝次年也达到历史较好水平。

2. 底层水温缓升

底层水温缓升是一种非典型的底层水体异动现象，需要连续观测和长期历史数据才能确定。不同海域有其独有的特点，有很多海域底层水温一直表现为缓升现象。但对北黄海南部烟台威海海域而言，在7月后一般表现为波动上升，很少出现底层水温持续缓升。底层水温缓升具体表现为海域底层水温持续缓慢升高，温度跃层不明显，通过反复观测分析认为这是观测海域与外界底层水体较长时间交换少所致，这种现象与底层水温骤降有明显差别。由于各种常规化验指标短期变化小，观测间隔长，其对海水增养殖业的影响更加难以把握，2020年、2021年烟威大部分海域7月下旬后出现的底层水温缓升异常即属于这种现象。

山东省现代农业产业技术体系刺参创新团队

体系首页 首 页 团队简介 工作动态 研究成果 相关资讯 技术需求 相关文献 工作制度

站内搜索： 搜索

当前位置： 首页>>工作动态

烟威近海部分海域出现罕见温度异常，请生产单位注意加强养殖生产管理

发表时间：2014-06-24

通过例行出海观察发现，烟威近海部分海域出现了罕见的温度异常，底层海水温度骤降4度，具体原因不详，有待进一步出海测量分析。

进入6月份，海水温度与往年变化不大，6月中旬上下温度变化处于正常状态，水温缓步上升。刺参生长正常，捕捞刺参也正常。部分刺参已接近夏眠状态。

但近日表层水温正常，底层水温明显变低，上下温差在7.5度，相当罕见，这种异常能否对刺参增殖及其他底层养殖品种构成威胁有待观察，我们将持续监控这种异常现象，对这种异常的持续性进行测量。一旦有可能影响到刺参增殖的趋势，我们将通过相关行政管理部门及时通知，采取措施，

图 1　底层水温骤降信息

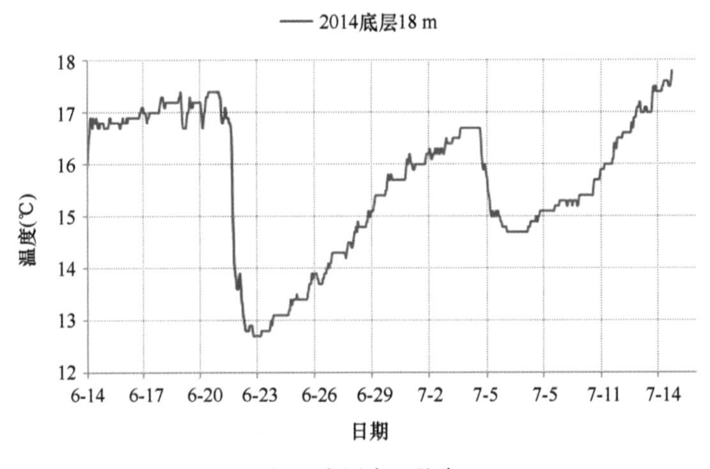

图 2　底层水温骤降

2021 年 7 月下旬后，烟威北部海域底层水温出现了与大多数年份不同的现象，底层海水温度表现打破了常规的变化规律，出现了较长时间的单边缓慢上升现象

(图 3)，测温链剖面数据和现场观测数据表明温度跃层不明显，对烟威北部海域至北黄海冷水团南缘的走航观测也证实当年近岸海域温度跃层情况明显异于常规年份(图 4)，具体表现在烟威北部海域水温与北黄海冷水团相对独立，水体交换少。

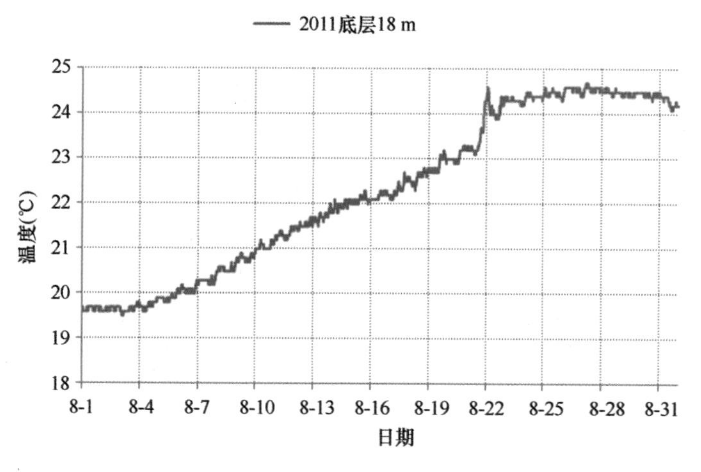

图 3　底层水温缓升

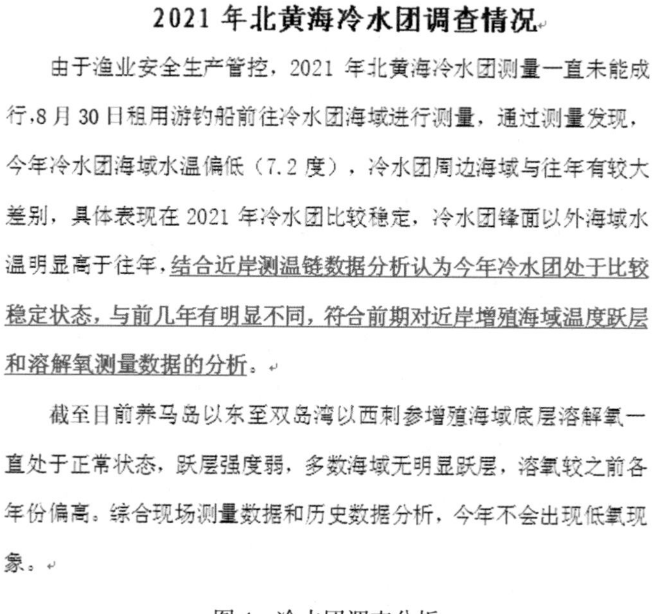

2021 年北黄海冷水团调查情况

由于渔业安全生产管控，2021 年北黄海冷水团测量一直未能成行,8 月 30 日租用游钓船前往冷水团海域进行测量，通过测量发现，今年冷水团海域水温偏低（7.2 度），冷水团周边海域与往年有较大差别，具体表现在 2021 年冷水团比较稳定，冷水团锋面以外海域水温明显高于往年，结合近岸测温链数据分析认为今年冷水团处于比较稳定状态，与前几年有明显不同，符合前期对近岸增殖海域温度跃层和溶解氧测量数据的分析。

截至目前养马岛以东至双岛湾以西刺参增殖海域底层溶解氧一直处于正常状态，跃层强度弱，多数海域无明显跃层，溶氧较之前各年份偏高。综合现场测量数据和历史数据分析，今年不会出现低氧现象。

图 4　冷水团调查分析

北黄海南部烟台威海海域底层水体异动（底层水温骤降）发生的必要条件是观测海域外部有低温海水的存在，只有外部有足够数量的低温海水出现异常运动才有可能造成观测海域底层海水温度骤降，因此底层水体异动的发生与北黄海冷水团可能有一定的联系，但烟台威海北部海域又远离北黄海冷水团，这种异动并非冷水团锋面影响所致，具体原因有待进一步研究。

二、烟台威海海域增养殖灾害

自有海水养殖以来，烟台威海沿岸渔民根据当地的海洋条件及特点进行海水增养殖生产，摸索选择适宜的增养殖品种，如长岛周边海域由于水温较低，主要进行鲍鱼、栉孔扇贝、虾夷扇贝、刺参、海胆等增养殖生产，部分品种曾成为长岛的主导产业，对长岛的经济发展起到了决定性的作用；莱州周边大规模养殖海湾扇贝；牟平主要进行海湾扇贝、栉孔扇贝的养殖，刺参的底播增殖；荣成主要进行海带、海胆、刺参以及栉孔扇贝等品种的养殖；近几年牡蛎又成为烟威多数海域的重要养殖品种。这些对当地的经济发展及就业起到了积极的作用，并且已经形成了相当规模的海洋产业。

1. 增养殖灾害情况

自 20 世纪 80 年代后期开展大规模海水养殖以来，先后发生过多次大规模的养殖灾害，其中 90 年代后期的扇贝大范围死亡现象对山东长岛扇贝养殖产业造成了毁灭性影响，海洋水产养殖业作为长岛的支柱产业受到严重冲击；2013 年烟台威海北部近海增殖刺参大规模死亡给当地刺参产业造成严重影响，至今该海域底播增殖刺参远未恢复到灾害前的水平；2014 年烟威北部海域海湾扇贝出现了历史上最差的收成，养殖企业出现全面亏损，同年 10 月辽宁獐子岛报道底播增殖的虾夷扇贝出现大范围不明原因的死亡现象；2019 年烟威海域筏式养殖的栉孔扇贝、牡蛎、贻贝、虾夷扇贝又出现较大程度的灾害，这些灾害造成的直接损失每次在几亿元至十几亿元；2021 年 11 月后烟台威海部分海域又出现了历史上罕见的长时间水色变深现象（图 5），后期威海市荣成报道养殖海带出现灾害，受灾程度之大为有史以来首次。

2. 水体异动对增养殖业影响分析

通过对近 10 年北黄海南部烟威北部增养殖海域底层海水温度连续数据的分析和对灾害发生前后养殖品种的生长情况跟踪观察（图 6），我们认为这些养殖灾害的发生主要与养殖海域海洋水文条件发生重大变化有关，不同海域、不同品种受水文条件变化的影响不尽相同。从多年灾害发生前连续观测的数据分析，每次灾害发生前养殖品种所在海域底层水体大都出现明显异动，有短期出现水温骤降（2014 年）、有大风引起的整体水温升高（2019 年）、也有水文条件表现与其他年份明显不同或者海水跃层表现明显不同（2020 年、2021 年）。由于同样的养殖灾害发生时间间隔长，常规海上取

图 5　水色变深

样分析难以反映灾害发生前的实际养殖条件，养殖灾害发生后的取样分析又无法代表灾害发生时的实际情况，因此很难从常规化验数据分析海水养殖业灾害发生的具体原因，并且由于各种增养殖品种所处海域不同、养殖水层差异、每个品种生长发育阶段不同，难以从细节分析每次水体异动对某一具体品种的直接影响，即使同样的水体异动发生时间和强度不同对养殖品种的影响也有很大的差别，每次灾害的具体表现也不尽相同，甚至对部分养殖品种有积极影响，因此只能从宏观逻辑分析判断水体异动对增养殖品种可能产生的影响程度。

从 2013 年起我们在烟威北部海域连续观测底层水温，2014 年烟威北部海域发生底层水体异动后，我们开始大量投放温度潜标监测到底层水体异动的发生，得到有效的底层温度数据。受试验条件和经费所限，水温潜标布设点位少，前几年观测距离局限于近岸 5 海里主要增养殖区，2017 年起观测范围延伸至北黄海冷水团南缘，在投放大量温度潜标后获取了少量的冷水团及锋面的部分时段水温连续数据。2019 年冷水团锋面附近出现剧烈波动（9~21℃）（图 7），我们及时告知獐子岛及山东相关养殖企业注意风险，2020—2021 年锋面附近波动远小于 2019 年，贝类养殖风险小。

2019 年出现温度异常（由台风“利奇马”引起）后，山东省海洋局召集中国海洋大学、中国科学院海洋研究所、中国科学院烟台海岸带研究所、国家海洋环境预报

刺参增殖海域赤潮继续

根据出海观察和与联防体系成员交流，刺参增殖海域赤潮在连续几场大风后继续存在，海水颜色仍发黄，个别养殖企业已出现恐慌现象。

针对这种现象，我们要求联防体系成员潜水观察礁体附近刺参活动情况，关注赤潮发展，同时也提醒他们减少不必要的恐慌。

根据反映上来的情况，极个别单位出现偶尔的刺参化皮现象（无证据），总体未出现异常，预计此次赤潮不会对刺参造成大的直接影响。

另外有单位反映荣成海带出现异常。

我们将持续跟踪，关注可能出现的新情况，防止出现养殖灾害。

增殖岗位 李斌 王斐 崔国平

2021.12.21

图 6　刺参增殖分析

中心、自然资源部海洋减灾中心、大连海洋大学、山东省海洋科学研究院等 10 几家科研院所相关行业专家进行专题研讨。

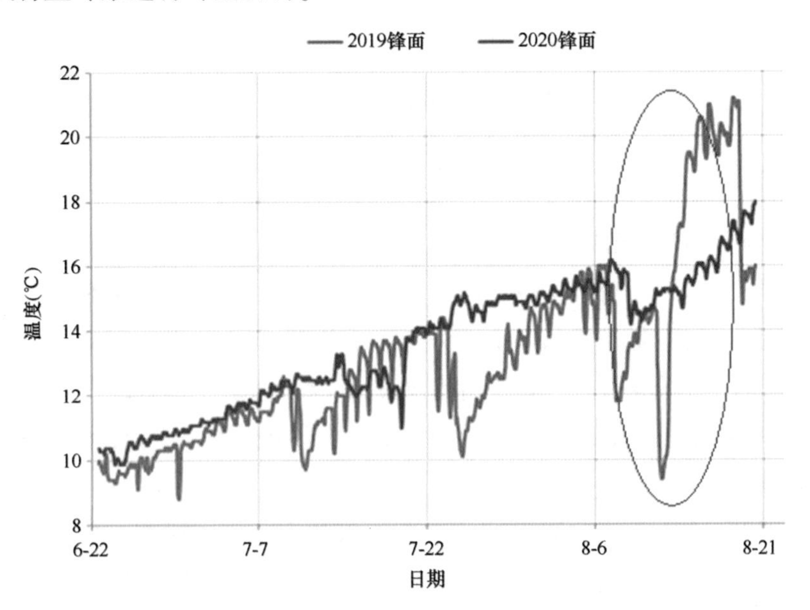

图 7　不同年份冷水团锋面温度变化

三、开展增养殖海域水体异动的长期观测

1. 现有海域数据观测情况

目前北黄海南部近岸建有大量的海底综合观测网，一般离岸较近，离主要增养殖区有一定距离，离岸建有部分海洋环境观测浮标，可以得到实时观测数据，重点在气象、海洋环境和表温数据，这些潜标和浮标对研究当地海洋环境变化具有重要价值，对海水养殖业有一定的指导作用，但由于海洋观测的复杂性，这些浮标往往难以得到对渔业生产有针对性的数据。由于成本方面的原因，不可能大范围地按需布设，难以作为长期有效的观测手段。

2. 烟威北部海域底层水温（水体异动）观测的建议

北黄海南部烟台威海海域有长岛县以及零星岛屿，周边有烟台威海部分县市区，是重要的海洋渔场，流刺网、拖网作业渔船多，商业航道较多，开展水体底层水温连续数据获取难度相当大。固定浮标容易受到碰撞损坏，近岸增养殖区更是如此，观测设备的布设有相当难度；多参数传感器由于生物附着等原因使用一段时间后数据出现不可修正的随机偏移，造成得到的测量数据可信度降低。

建议通过大量布设潜标、人工巡测方式在休渔期间对北黄海南部重点海域底层水温进行连续同步观测，通过大量布设潜标研究北黄海南部底层水温同步变化规律，重点探索底层水体运动规律，研究水体异动的发生现象，做好预警分析，总结与海水增养殖业生产密切相关的温度数据，避免单独研究观测数据而忽视渔业生产应用现象的发生。

国家之前在相关方面已经投入大量资金，但由于一些原因造成目前针对养殖业有效数据少，并且底层水温数据对增养殖品种的影响直接与发生的时间和强度有关，需要同步开展对养殖品种影响的跟踪观测。如果今后在此方向进行投入，建议先进行前期的中试研究，在取得可操作结果后，再进行政府主导的底层水温观测网络建设，避免仓促建设造成浪费。北黄海南部、北部应单独进行，无论南部、北部的研究数据对另一方都有直接参考价值。

数据的观测一定要真实有效，研究探索与渔业的关系，要本着为渔业生产服务的宗旨，避免盲目追求高精度、多指标的数据，真正做到观测的数据为海洋渔业生产提供基础服务，为海水增养殖业提供风险分析，逐步实现有条件的预报预警。

建议开展烟威北部海域水体异动及对海水养殖业影响的持续研究，逐步摸清北黄海南部烟台威海海域底层水体变化规律，权衡对海水增养殖业的影响程度，合理划分

增养殖风险等级，保障山东省以及北黄海周边省份海水养殖业的健康发展。

作者简介：

崔国平，毕业于山东海洋学院（现中国海洋大学）水产系，山东省海洋资源与环境研究院二级研究员，山东省专业技术拔尖人才，享受国务院政府特殊津贴，曾获国家科技进步二等奖（第二位），山东省刺参产业技术体系增殖岗位专家。

中国海洋生物医药产业发展研究

董争辉
（青岛阜外心血管病医院，山东 青岛 266071）

摘要：海洋生物医药产业已成为我国海洋战略性新兴产业的主体产业之一。本文首先论述了发展我国海洋生物医药业的意义和我国发展海洋生物医药业的良好基础，分析了海洋生物医药现存的一些问题：一是我国从事海洋生物医药研究的单位多集中在高校和科研机构，研产脱节较为严重；二是目前海洋生物医药国际合作的机制较为单一，不利于协调和利用我国在海洋生物医药资源利用方面的各类要素。并论述了中国海洋生物医药业开展国际合作的模式，最后提出了发展对策：一是我国海洋生物医药产业的发展要秉承“生态化”原则；二是完善我国海洋生物医药国际合作的人力、物力支撑体系；三是要借助于当前海洋生物医药相关的国际法律和政策来推动国际合作的进程。

关键词：海洋生物医药；蓝色粮仓；成果转化率；海洋生物药品；国际药物标准

海洋是生命的摇篮，资源的宝库，是人类赖以生存的海上粮仓和第二疆土。丰富而巨大的海洋生物资源宝库为医药产业的发展开辟了得天独厚的优渥空间，中国海洋生物医药发展历经40余年，探索的步伐从沿海迈向浅海，再延伸到深海、扩展到极地，研发成果备受世界高度关注，产业发展势头也十分迅猛，海洋生物医药产业表现出巨大的发展活力和潜力。海洋生物医药产业已成为我国海洋战略性新兴产业的主体产业之一，其中环渤海地区、长三角地区和珠三角地区的海洋生物医药产业产值占比超过90%。① 海洋生物医药产业增加值从“十二五”末的302亿元增加到“十四五”初的494亿元，见图1；② 占海洋产业增加值的比例也从2015年的0.77%上升到2021

① 张栋华、杨剑、孙逊、于学钊、赵峡：《山东省海洋生物医药产业发展研究》，《海洋开发与管理》2021年第10期。

② 图1数据来源于中国海洋经济统计公报（2015—2021）。

年的 1. 45%,① 海洋生物医药产业成为我国海洋产业中最亮眼的产业门类。但同时也要看到，从“十二五”末到“十三五”期间，海洋生物医药的增长率呈现出总体下降的趋势，从 2021 年则开始上升，见图 2。②

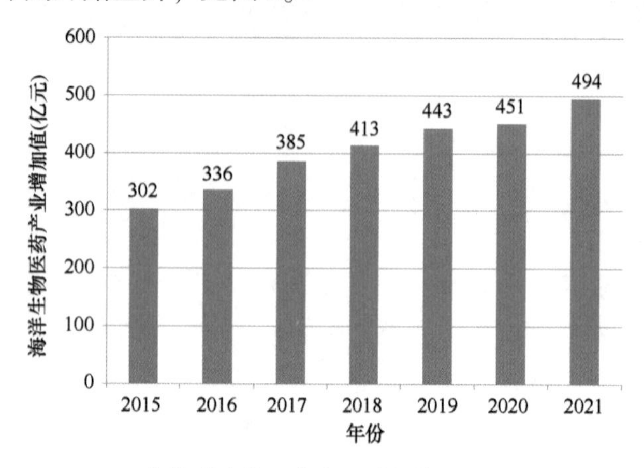

图 1　2015—2021 年海洋生物医药产业增加值变化情况（单位：亿元）

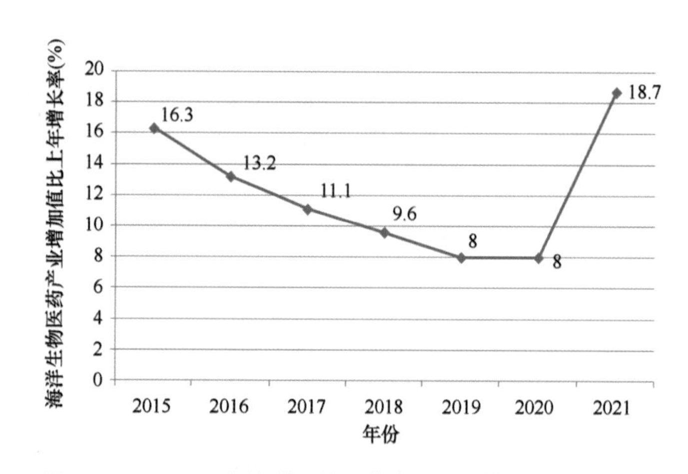

图 2　2015—2021 年海洋生物医药产业增加值增长情况（%）

作为一种战略性海洋新兴产业，我国的海洋生物医药产业发展尚处于一种发展方式较为粗放、技术要求较低和产业链端位处底层的状态，海洋生物医药逐渐受到一种束缚或遇到瓶颈，而要做大做强我国的海洋生物医药产业，实现产业的高端化、转型化的“升级换代”式发展，必须要通过创新来加速技术的研发和发展，开发出适应我

① 数据来源于中国海洋经济统计公报（2015—2021 年）。

② 图 2 数据来源于中国海洋经济统计公报（2015—2021 年）。

国乃至世界主流市场的“大品牌”海洋生物医药产品，提升我国海洋生物医药的整体质量水平，而这就需要通过国际合作交流的开展，一方面实现技术研发的共同创新，另一方面，在以国际合作大力发展我国海洋生物医药的同时，提升我国海洋医药的国际知名度和我国的海洋话语权，为我国海洋的高质量发展“发声”。

中国海洋生物医药的发展一方面通过国际合作与交流来建立海洋生物、药物的研发平台，通过强强联合、技术共享、合作创新、协同发展等方式，突破海洋生物医药技术研发的瓶颈和限制，提升我国海洋生物医药行业的整体水平，促进海洋生物医药产业的升级发展；另一方面，通过国际合作，使得中国海洋生物医药走向更高的国际舞台，促进世界海洋和平、和谐新秩序的诞生。

从目前学界对于海洋生物医药产业的研究来看，探索我国海洋生物医药的产业化发展现状、发展趋势、战略路径、产业价值链、区域海洋生物医药发展研究模式、海洋生物医药的国际合作机制等几个方面是当前研究的热点。戴桂林等利用层次分析法对中国沿海 11 省份的海洋药用生物资源进行了可持续利用潜力评估①；黄秀蓉提出我国海洋生物医药产业将着重开发海洋生物基因工程类药物和海洋微生物药物②；孟菲从全球海洋生物医药价值链的视角出发，通过创建并分析宏观价值链中的关键变量，来探索全球生物医药价值链的问题③；付秀梅探索了我国海洋生物医药开展国际合作的三个机制，包括保障机制、激励机制和约束机制④；于志伟从市场驱动、技术推动费、双链互动三个方面提出要充分结合海洋生物医药业的产业链和技术链⑤；李黄

① 戴桂林，林春宇，付秀梅，等：《中国海洋药用生物资源可持续利用潜力评价——基于熵权-层次分析法》，《资源科学》2017 年第 11 期，第 2176-2185 页。

② 黄秀蓉：《我国海洋生物制药业现状与发展趋势探析》，《商业经济》2016 年第 3 期，第 46-49 页。

③ 孟菲：《基于全球价值链的中国海洋生物医药产业发展研究》，中国海洋大学硕士学位论文，2015 年。

④ 付秀梅：《我国海洋生物医药研究成果产业化国际合作机制研究》，《太平洋学报》2015 年第 12 期，第 93-102 页。

⑤ 于志伟：《海洋生物医药业技术链与产业链融合机制及实现路径研究——以山东半岛蓝色经济区为例》，《产业与科技论坛》2014 年第 12 期。

庭①、王娜②、刘睿③、汪帆④、周墨⑤等分别对福建、广西、江苏、山东、广东等地的海洋生物医药产业发展现状和路径进行了区域化研究，提出了发展当地海洋生物医药业、促进产业集聚式发展、实现产业可持续发展的路径。在诸多学者研究的基础上，本文以海洋生物医药为主题，探索我国海洋生物医药的转型升级发展。

一、发展我国海洋生物医药业的意义

随着我国新形势下产业结构的不断完善和产业的转型升级发展，海洋产业结构战略性调整力度加大，我国的海洋生物医药业也因为技术密集、附加值高而走在了当前海洋产业发展的前列，体现出了重要的意义。在这种背景下，海洋生物医药迅猛发展，在药物的基础研发方面不断积累，部分药物已在国际舞台崭露头角。虽然我国海洋生物医药行业技术不断更新进步、产业不断积累发展，但较之其他行业来说，海洋生物药业仍然是新兴产业，其发展仍需要更多的技术支撑，且与世界发达国家相比，我国海洋生物医药的研发相对较为落后：药源的采集存在一定的困难、药物研发技术创新动力较缺乏、研发成果向产业化转变的效率不高、相应的服务平台和技术人才较为匮乏。

一方面，在全球海洋生物医药产业发展格局中，占据着新高地的英国伦敦、伯明翰；法国巴塞尔、德国勒沃库森等城市拥有着较多的产业发展创新资源，在海洋生物医药产业方面有着较为先进的技术和突出的成就，通过与这几个海洋生物药业发展领先城市的国际合作，可以强强联合、共同利用海洋生物资源，来实现合作创新、技术共享，最后实现协同发展，这将会大大缩短海洋生物医药的研发时间和周期，减少研发实验成本，加快研发成果转化的进程，为我国海洋生物医药的发展注入活力，有效地带动我国海洋生物医药行业的健康、可持续发展。

另一方面，许多发展中国家海洋生物医药发展不足或尚未发展，他们或是面临着药源供给的困境，或是因为技术和人才的不足使得产业发展受到阻碍，继续通过与中

① 李黄庭：《福建省海洋生物医药产业发展研究》，《海洋开发与管理》2017 年第 10 期，第 55-60 页。

② 王娜：《广西海洋生物药业发展路径探究》，《中国海洋药物》2017 年第 3 期，第 60-67 页。

③ 刘睿：《江苏海洋生物医药研究现状与发展机遇的思考》，《南京中医药大学学报》2018 年第 3 期，第 217-221 页。

④ 汪帆：《山东省海洋生物医药业可持续发展模式研究》，中国海洋大学硕士学位论文，2014 年 6 月。

⑤ 周墨：《基于区位商方法的广东省海洋生物医药产业集群发展分析》，《商企管理》2018 年第 11 期，第 107-112 页。

国的合作来建立起新的海洋生物药物供给渠道和药物生产技术研发平台，既能满足国际对海洋生物药物的需求，也有利于中国有效地识别和打开未来我国海洋生物医药产业的市场需求。因此，积极开展海洋生物医药的国际合作，不仅能促进我国海洋生物医药的发展水平和质量，还有助于推进海洋生物医药资源的多元开发，促进解决全球性海洋医药问题，搭建安全高效的海洋生物医药资源研发体系，这将极大地扩大中国海洋生物药业在国际上的影响力，也是海洋医药业发展和人民健康需求满足的共同要求和期待。

二、我国发展海洋生物医药业的良好基础

中国海洋生物医药开展国际合作，具有良好的现实基础。我国有着绵长的海岸线和数量众多的岛屿，黄海、渤海、东海、南海四大海域环绕，热带、亚热带、温带三种气候自南向北分布，得天独厚的资源禀赋条件为海洋生物资源的生存创造了良好的条件，截至 2015 年 6 月，在中国沿海海域确切记录的海洋药物达 725 种。① 近几年，随着我国海洋经济的转型升级发展，海洋产业不断呈现发展新动能，带动了海洋生物医药等一批新兴海洋产业的发展，同时，通过海洋功能区域的划分，生态红线的划定，使得我国沿海、近海的海洋生态系统不断优化，为海洋生物创造了更优质的生存环境，也优化了海洋生物医药资源的筛选和获取。

中国与许多沿海国家在海洋领域已开展了大量的交流合作活动，如中国科学院大连化学物理研究所与英国石油集团的合作；与意大利、缅甸、韩国等国家联合举办的印度洋-南海海洋生态环境遥感与台风科学国际研讨会等等。在海洋生物医药领域，中国与美国、日本等国家在技术研发和成果转化等方面已展开较多合作，这无疑为我国海洋生物医药发展提供了更为广阔的空间。

三、海洋生物医药现存的一些问题

一是我国从事海洋生物医药研究的单位多集中在高校和科研机构，产学研尚未形成高效的对接与合作，研产脱节较为严重。研发成果多，而成果转化率不高、产业孵化缓慢、进行产业化生产的规模更低等问题是许多高校和科研机构在海洋生物医药研究中面临的问题，这将极大地影响海洋生物药品的实际生产力。海洋生物医药的研发耗时多、风险大，且成本又高，而通过国际合作加速科研成果的转化，将海洋生物医

① Fu X M, Zhang M Q, Shao C L, et al. Chinese Marine Materia Medica Resources: Status and Potential [J]. Marine Drugs, 2016, 14 (3): 46.

药实现产业化发展对提高我国海洋生物医药的效益来说，无疑尤为重要。例如，“山东省海洋生物医药科研成果无法及时转化为生产力的重要原因即中试阶段的投资具有不确定因素，信贷资金和社会资金极少涉足。受中试平台设备和资金的制约，多数海洋生物医药科研成果与产业化对接之间存在较大的距离。同时，由于海洋药物的生产流程复杂，且研发、测试和临床等阶段的周期较长，产业规模难以扩大。”①

二是目前海洋生物医药国际合作的机制较为单一，不利于协调和利用我国在海洋生物医药资源利用方面的各类要素。我国海洋生物医药的发展面临着资金投入不足、技术相对不成熟、产业发展制度不健全等问题。例如我国每年用于海洋生物医药方面的经费投入约 2×10^9 元人民币，而日本、欧盟等国家每年的投入是 $3\times10^9\sim4\times10^9$ 美元。② 这些问题的解决需要在国际法规、合作组织、国际对话平台、民间支持等多种形式的合作机制下展开。再以海洋生物医药合作的国际法规为例，我国海洋药物的行业标准不完善，大批的海洋生物药品因为与国际药物标准不一致而难以达到国际市场药物标准，从而难以进入国际市场。因此，国际规章机制上的国际合作也将会增加我国海洋生物医药走出去、迈向国际舞台道路的通畅性。

四、中国海洋生物医药业开展国际合作的模式

海洋生物医药产业的发展是由一条完整的产业价值链条贯穿始终的，从海洋生物医药资源的获取、筛选，到海洋生物药品的研发、生产再到最终的产品销售走向市场，包括贯穿其中的资金支持、贸易往来活动，都是一个一个产业活动衔接完成的。③ 在产业链价值的实现过程中，通过国际合作，可以将沿海国家所拥有的各种资源和资本进行相互交流、充分作用，利用原本分散的人力、技术、资本、海洋生物医药资源等基本元素，高效地完成海洋生物医药的完整供给。

如图 3 所示，中国海洋生物医药的产业链包括了海洋生物医药资源的供给、海洋生物医药的研发、海洋生物医药的生产、海洋生物医药的销售、海洋生物医药的售后等几个主要产业环节。

在整个产业链的运行过程中，通过国际合作可以为我国海洋生物医药产业的发展

① 张栋华、杨剑、孙逊、于学钊、赵峡：《山东省海洋生物医药产业发展研究》，《海洋开发与管理》2021 年第 10 期。

② 刘明：《我国海洋高科技产业的金融支持研究》，《中国科技投资》2011 第 2 期。转引自李晓、王颖、李红艳、纪蕾、郑永允：《我国海洋生物医药产业发展现状与对策分析》，《渔业研究》2020 年第 6 期。

③ 李岩：《海洋药物生态产业国际合作模式研究》，中国海洋大学硕士学位论文，2013 年 6 月。